山西省建筑施工企业安全生产管理人员培训教材

建筑施工企业安全生产管理人员考核指南

山西省建设工程质量安全技术站　组织编写

中国建材工业出版社

图书在版编目（CIP）数据

建筑施工企业安全生产管理人员考核指南 / 山西省建设工程质量安全技术站组织编写. —北京：中国建材工业出版社，2023.8

ISBN 978-7-5160-3762-1

Ⅰ. ①建… Ⅱ. ①山… Ⅲ. ①建筑施工企业－安全生产－生产管理－安全培训－指南 Ⅳ. ①TU714-62

中国国家版本馆 CIP 数据核字（2023）第 106620 号

建筑施工企业安全生产管理人员考核指南

JIANZHU SHIGONG QIYE ANQUAN SHENGCHAN GUANLI RENYUAN KAOHE ZHINAN

山西省建设工程质量安全技术站　组织编写

出版发行：中国建材工业出版社

地　　址：北京市海淀区三里河路 11 号

邮　　编：100831

经　　销：各地新华书店

印　　刷：山西省建筑科学研究院印刷科技有限公司

开　　本：880 mm×1230 mm　1/16

印　　张：21

字　　数：570 千字

版　　次：2023 年 8 月第 1 版

印　　次：2023 年 8 月第 1 次印刷

定　　价：148.00 元

本社网址：**www.jccbs.com**，微信公众号：**zgjcgycbs**

本书如有印装质量问题，由我社市场营销部负责调换，联系电话：**（010）57811387**

本书编委会

主　　编：茹望民　金新安　贾　赟

主　　审：常治富　钦　佩

编写人员：孙鸿亮　尹志晖　田治国　张新龙　王　晶　李　晖

申　岳　许　莹　刘雅俊　光秀梅　秦　端　王　彬

李　强　叶　萍　双娟娟　徐亚鹏　王　乐　许瑞雪

岳广宇　徐发想

前　　言

安全生产是发展大计、民生大事，事关人民福祉，事关经济社会发展全局，是经济社会高质量发展的重要标志，是党和政府对人民利益高度负责的重要体现。习近平总书记站在事关党和国家事业发展全局的战略高度，对安全生产作出一系列重要论述，强调各级党委政府务必把安全生产摆到重要位置，统筹发展和安全，坚持人民至上、生命至上，树牢安全发展理念，严格落实安全生产责任制，强化风险防控，从根本上消除事故隐患，把确保人民生命安全放在第一位落到实处，深刻阐明了抓好新时代安全生产工作的理念、原则、方法、路径等重大问题。

近年来，房屋建筑和市政工程领域安全生产形势严峻、复杂，在较大及以上事故方面，以土方和基坑开挖、模板支撑体系、建筑起重机械等危险性较大的分部分项工程事故占比较高，现场管理粗放、安全防护不到位、人员麻痹大意，市场主体违法违规问题突出。党的二十大报告明确提出“推动公共安全治理模式向事前预防转型”。各级各部门要牢固树立“宁可十防九空、不可失防万一”的思维，推动安全防范关口前移、重心下沉，尽最大可能把风险隐患化解在萌芽之时、成灾之前。为严格落实企业安全生产主体责任，切实加强房屋建筑与市政基础设施工程安全生产工作，有效帮助建筑施工企业安全生产管理人员有针对性开展安全生产知识学习，进一步提升安全生产管理能力，山西省建设工程质量安全技术站组织有关专家，根据有关最新法规、标准和管理规定编写了《建筑施工企业安全生产管理人员考核指南》。本书以《建筑施工安全检查标准》内容为主线，共分为十一章，分别是法定责任与职业道德、安全管理、现场管理、基坑工程、脚手架、模板支架、高处作业、施工用电、起重机械与吊装、施工机具、有限空间作业。

结合住房城乡建设部对从业人员职业培训工作要求，为便于学员学习，依据《建筑施工企业主要负责人、项目负责人和专职安全生产管理人员安全生产考核要点》编写了配套考核题库，分为安全生产法律法规、安全管理、安全技术及案例分析（综合知识与能力）四部分，供广大学员学习参考。

在编写过程中参阅了相关著作、技术规程等资料，并多次得到同行专家的指导，在此对资料的作者以及各位同行深表谢意。

由于编者水平和经验有限，不妥之处，恳请读者、同行批评指正。

编委会

2023 年 8 月

目　录

第一章　法定责任与职业道德

第二章　安全管理

第三章　现场管理

第四章　基坑工程

第五章　脚手架

第六章　模板支架

第七章　高处作业

第八章　施工用电

第九章　起重机械与吊装

第十章　施工机具

第十一章　有限空间作业

附　录

第一章　法定责任与职业道德

第一节　总体宗旨

安全生产，重如泰山。安全生产关乎社会大众权利福祉，关乎经济社会发展大局，更关乎人民生命财产安全。所谓安全，指没有危险，不出事故，未造成人身伤亡、财产损失。因此，安全不仅包括人身安全，还包括财产安全。所谓“安全生产”，是指在生产经营活动中，为避免发生造成人员伤害和财产损失的事故，有效消除或控制危险和有害因素而采取一系列措施，使生产经营过程在符合规定的条件下进行，以保证从业人员的人身安全与健康、设备和设施免受损坏、环境免遭破坏，保证生产经营活动得以顺利进行的相关活动。

党的十八大以来，以习近平同志为核心的党中央高度重视安全生产工作，始终把安全生产摆在全局工作的重要位置。习近平总书记多次发表重要讲话，作出重要指示批示，系统回答了安全生产一系列重大理论和实践问题，体现了总书记深厚的为民情怀、深沉的忧患意识和底线思维，体现了以习近平同志为核心的党中央以人民为中心的发展思想、统筹发展和安全的理念，为我们做好安全生产工作指明了方向、提供了根本遵循。

学习贯彻习近平总书记关于安全生产重要论述，就是要坚持理念先导，牢固树立安全发展红线意识；要落实关键举措，坚决遏制重特大事故；要采取有力抓手，建立健全安全生产隐患排查和风险预防治理体系；要做到保障到位，明确并严格落实安全生产责任制。

一、安全生产工作的总体要求

1. 安全生产工作的指导思想

《中华人民共和国安全生产法》规定，安全生产工作坚持中国共产党的领导。安全生产工作应当以人为本，坚持人民至上、生命至上，把保护人民生命安全摆在首位，树牢安全发展理念。

2. 安全生产工作的基本方针

《中华人民共和国安全生产法》规定，安全生产工作应当坚持安全第一、预防为主、综合治理的方针，从源头上防范化解重大安全风险。

3. 安全生产工作的基本原则

《中华人民共和国安全生产法》规定，安全生产工作实行管行业必须管安全、管业务必须管安全、管生产经营必须管安全。

4. 安全生产工作机制

《中华人民共和国安全生产法》规定，安全生产工作要建立生产经营单位负责、职工参与、政府监管、行业自律和社会监督的机制。

二、统筹发展和安全

习近平总书记指出：“安全是发展的前提，发展是安全的保障，安全和发展要同步推进。”统筹发展和安全就是要实现高质量发展和高水平安全相互支持、相互促进，既善于运用发展成果夯实国家安全的实力基础，又善于塑造有利于经济社会发展的安全环境。

2016 年 12 月，《中共中央国务院关于推进安全生产领域改革发展的意见》（中发〔2016〕32 号）发布，这是中华人民共和国成立以来第一个以党中央、国务院名义出台的安全生产工作的纲领性文件，从健全落实责任、改革监管体制、推进安全法治、建立防控体系、强化基础保障等五个方面细化了安全生产领域改革发展的主要方向、时间表、路线图，是当前和今后一个时期指导我国安全生产改革发展的行动纲领。

第二节　法律法规

安全生产法律法规是指调整在生产过程中产生的，同劳动者或生产人员的安全与健康，以及生产资料和社会财富安全保障有关的各种社会关系的法律规范的总和，是对有关安全生产的法律、法规、规章、技术标准的总称，是我国法律体系的重要组成部分，所有人员必须严格遵守和执行。

一、建设工程安全生产法律体系

建设工程安全生产法律法规经过几十年的发展，基本形成了以《中华人民共和国宪法》为基本遵循，以《中华人民共和国安全生产法》《中华人民共和国建筑法》为基本法律规范，以《中华人民共和国消防法》《中华人民共和国职业病防治法》《中华人民共和国特种设备安全法》《中华人民共和国环境保护法》等专业法律为补充，以《建设工程安全生产管理条例》《安全生产许可证条例》等行政法规，有关地方性法规和部门、政府规章以及安全生产技术标准为支撑的安全生产法律体系。按其立法权限的不同，可分为法律、法规、部门规章和技术标准。

（一）法律

建设工程安全生产法律是指全国人民代表大会及其常务委员会制定颁布的有关安全生产的规范性法律文件。其地位和效力仅次于宪法。它是建设工程安全生产法律体系的核心。例如，2021 年 6 月 10 日中华人民共和国主席令第八十八号修订《中华人民共和国安全生产法》，自 2021 年 9 月 1 日起施行。

（二）行政法规

建设工程安全生产行政法规是指最高行政机关国务院根据宪法和法律就有关执行法律和履行行政管理职权的问题，以及依据全国人民代表大会及其常务委员会特别授权所制定的规范性文件的总称。其地位和效力次于宪法和法律。现行的安全生产行政法规主要有《建设工程安全生产管理条例》《生产安全事故应急条例》等。

（三）地方性法规

地方性法规是指地方国家权力机关依照法定职权和程序制定和颁布的、施行于本行政区域的规范性文件。一般指省、市级人大出台的条例。例如，山西省第十三届人民代表大会常务委员会第三十八次会议于 2022 年 12 月 9 日修订通过《山西省安全生产条例》。

（四）部门规章

建设工程安全生产部门规章是指由国务院组成部门及直属机构根据法律、行政法规制定的规范性文件，或由国务院几个部委联合制定并发布的规范性文件。它的效力次于行政法规。例如，2018 年 3 月 8 日住房城乡建设部颁布《危险性较大的分部分项工程安全管理规定》（住建部令第 37 号）、2019 年 9 月 11 日施行《生产安全事故应急预案管理办法》（应急管理部第 2 号令）等。

（五）地方政府规章

地方政府规章是指由省、自治区、直辖市和较大的市的人民政府根据法律和法规，并按照规定的程序所制定的普遍适用于本行政区域的规定、办法、细则、规则等规范性文件的总称。仅在其行政区域内有效，其法律效力次于地方性法规。一般以省、市政府令形式出台。

（六）技术标准

安全技术标准是安全生产法律体系的重要组成部分。为适应国际技术法规与技术标准通行规则，2016 年以来，住房城乡建设部陆续印发《深化工程建设标准化工作改革的意见》等文件，提出政府制定强制性标准、社会团体制定自愿采用性标准的长远目标，明确了逐步用全文强制性工程建设规范取代现行标准中分散的强制性条文的改革任务，逐步形成由法律、行政法规、部门规章中的技术性规定与全文强制性工程建设规范构成的“技术法规”体系。

强制性工程建设规范体系覆盖工程建设领域各类建设工程项目，分为工程项目类规范（简称项目规范）和通用技术类规范（简称通用规范）两种类型。强制性工程建设规范具有强制约束力，是保障人民生命财产安全、人身健康、工程安全、生态环境安全、公众权益和公众利益，以及促进能源资源节约利用、满足经济社会管理等方面的控制性底线要求。

强制性工程建设规范实施后，现行相关工程建设国家标准、行业标准中的强制性条文同时废止。现行工程建设标准（包括强制性标准和推荐性标准）中有关规定与强制性工程建设规范的规定不一致的，以强制性工程建设规范的规定为准。例如，《建筑与市政施工现场安全卫生与职业健康通用规范》GB 55034—2022、《施工企业安全生产管理规范》GB 50656—2011、《建筑施工安全检查标准》JGJ 59—2011 等。

在以上建设工程安全生产法律体系中，按照法的不同层级，分为上位法与下位法。不同的安全生产立法对同一类或者同一个安全生产行为做出不同的法律规定的，以上位法的规定为准，适用上位法的规定。上位法没有规定的，可以适用下位法。《中华人民共和国立法法》规定，下位法不得与上位法相抵触，同位法之间具有同等效力，在各自的权限范围内施行。

二、相关法律规定

（一）《中华人民共和国建筑法》

《中华人民共和国建筑法》（以下简称《建筑法》）是我国制定的第一部规范建筑活动的法律，由建筑市场管理、安全、质量三大内容构成整个法律的主框架。《建筑法》第五章明确了建筑安全生产管理基本规定，对强化建筑安全生产管理、规范安全生产行为、保障人民群众生命和财产的安全，具有非常重要的意义。主要有以下内容：

1. 坚持安全生产方针，建立健全安全生产责任制度和群防群治制度。

2. 强化施工现场的安全管理。建筑施工企业应当在施工现场采取维护安全、防范危险、预防火灾等措施；有条件的，应当对施工现场实行封闭管理。施工现场对毗邻的建筑物、构筑物和特殊作业环境可能造成损害的，建筑施工企业应当采取安全防护措施。建设单位应当向建筑施工企业提供与施工现场相关的地下管线资料，建筑施工企业应当采取措施加以保护。建筑施工企业应当遵守有关环境保护和安全生产方面的法律、法规的规定，采取控制和处理施工现场的各种粉尘、废气、废水、固体废物以及噪声、振动对环境的污染和危害的措施。

3. 落实安全生产管理制度

（1）安全生产责任制度

《建筑法》第四十四条规定，建筑施工企业必须依法加强对建筑安全生产的管理，执行安全生产责任制度，采取有效措施，防止伤亡和其他安全生产事故的发生。

建筑施工企业的法定代表人对本企业的安全生产负责。

（2）制定安全技术措施制度

《建筑法》第三十八条规定，建筑施工企业在编制施工组织设计时，应当根据建筑工程的特点制定相应的安全技术措施；对专业性较强的工程项目，应当编制专项安全施工组织设计，并采取安全技术措施。

（3）安全生产教育制度

《建筑法》第四十六条规定，建筑施工企业应当建立健全劳动安全生产教育培训制度，加强对职工安全生产的教育培训；未经安全生产教育培训的人员，不得上岗作业。

（4）施工现场安全负责制度

《建筑法》第四十五条规定，施工现场安全由建筑施工企业负责。实行施工总承包的，由总承包单位负责。分包单位向总承包单位负责，服从总承包单位对施工现场的安全生产管理。

（5）工伤保险制度

《建筑法》第四十八条规定，建筑施工企业应当依法为职工参加工伤保险，缴纳工伤保险费。鼓励企业为从事危险作业的职工办理意外伤害保险，支付保险费。

（6）拆除工程安全保证制度

《建筑法》第五十条规定，房屋拆除应当由具备保证安全条件的建筑施工单位承担，由建筑施工单位负责人对安全负责。

（7）事故救援及报告制度

《建筑法》第五十一条规定，施工中发生事故时，建筑施工企业应当采取紧急措施减少人员伤亡和事故损失，并按照国家有关规定及时向有关部门报告。

4. 施工企业和作业人员的义务

《建筑法》第四十七条规定，建筑施工企业和作业人员在施工过程中，应当遵守有关安全生产的法律、法规和建筑行业安全规章、规程，不得违章指挥或者违章作业。

5. 作业人员的权利

《建筑法》第四十七条规定，作业人员有权对影响人身健康的作业程序和作业条件提出改进意见，有权获得安全生产所需的防护用品。作业人员对危及生命安全和人身健康的行为有权提出批评、检举和控告。

（二）《中华人民共和国安全生产法》

《中华人民共和国安全生产法》（以下简称《安全生产法》）是我国安全生产领域的综合性基本法。2021 年 6 月 10 日第十三届全国人民代表大会常务委员会第二十九次会议《关于修改〈中华人民共和国安全生产法〉的决定》第三次修正，修改后的《安全生产法》共七章 119 条，自 2021 年 9 月 1 日起施行。

《安全生产法》的立法目的在于加强安全生产工作，防止和减少生产安全事故，保障人民群众生命和财产安全，促进经济社会持续健康发展。

1.生产经营单位的法定义务

《安全生产法》第四条规定，生产经营单位必须遵守本法和其他有关安全生产的法律、法规，加强安全生产管理，建立健全全员安全生产责任制和安全生产规章制度，加大对安全生产资金、物资、技术、人员的投入保障力度，改善安全生产条件，加强安全生产标准化、信息化建设，构建安全风险分级管控和隐患排查治理双重预防机制，健全风险防范化解机制，提高安全生产水平，确保安全生产。

2.生产经营单位应当具备法定的安全生产条件

《安全生产法》第二十条规定，生产经营单位应当具备本法和有关法律、行政法规和国家标准或者行业标准规定的安全生产条件；不具备安全生产条件的，不得从事生产经营活动。

3.生产经营单位主要负责人主体责任和安全生产职责

《安全生产法》第五条规定，生产经营单位的主要负责人是本单位安全生产第一责任人，对本单位的安全生产工作全面负责。其他负责人对职责范围内的安全生产工作负责。同时，《安全生产法》第二十一条规定生产经营单位的主要负责人对本单位安全生产工作负有下列职责：

（1）建立健全并落实本单位全员安全生产责任制，加强安全生产标准化建设；

（2）组织制定并实施本单位安全生产规章制度和操作规程；

（3）组织制定并实施本单位安全生产教育和培训计划；

（4）保证本单位安全生产投入的有效实施；

（5）组织建立并落实安全风险分级管控和隐患排查治理双重预防工作机制，督促、检查本单位的安全生产工作，及时消除生产安全事故隐患；

（6）组织制定并实施本单位的生产安全事故应急救援预案；

（7）及时、如实报告生产安全事故。

4.对生产经营单位安全生产的基本要求

（1）全员安全生产责任制

《安全生产法》第二十二条规定，生产经营单位的全员安全生产责任制应当明确各岗位的责任人员、责任范围和考核标准等内容。

生产经营单位应当建立相应的机制，加强对全员安全生产责任制落实情况的监督考核，保证安全生产责任制的落实。

（2）保证安全生产资金投入

《安全生产法》第二十三条规定，生产经营单位应当具备的安全生产条件所必需的资金投入，由生产经营单位的决策机构、主要负责人或者个人经营的投资人予以保证，并对由于安全生产所必需的资金投入不足导致的后果承担责任。

（3）安全生产管理机构及人员

《安全生产法》第二十四条规定，矿山、金属冶炼、建筑施工、运输单位和危险物品的生产、经营、储存、装卸单位，应当设置安全生产管理机构或者配备专职安全生产管理人员。

（4）安全生产管理机构和人员职责

《安全生产法》第二十五条规定，生产经营单位的安全生产管理机构以及安全生产管理人员履行下列职责：

①组织或者参与拟订本单位安全生产规章制度、操作规程和生产安全事故应急救援预案；

②组织或者参与本单位安全生产教育和培训，如实记录安全生产教育和培训情况；

③组织开展危险源辨识和评估，督促落实本单位重大危险源的安全管理措施；

④组织或者参与本单位应急救援演练；

⑤检查本单位的安全生产状况，及时排查生产安全事故隐患，提出改进安全生产管理的建议；

⑥制止和纠正违章指挥、强令冒险作业、违反操作规程的行为；

⑦督促落实本单位安全生产整改措施。

生产经营单位可以设置专职安全生产分管负责人，协助本单位主要负责人履行安全生产管理职责。

（5）安全生产管理机构和人员的履职要求和履职保障

《安全生产法》第二十六条规定，生产经营单位的安全生产管理机构以及安全生产管理人员应当恪尽职守，依法履行职责。

生产经营单位作出涉及安全生产的经营决策，应当听取安全生产管理机构以及安全生产管理人员的意见。

（6）安全生产知识与管理能力

《安全生产法》第二十七条规定，生产经营单位的主要负责人和安全生产管理人员必须具备与本单位所从事的生产经营活动相应的安全生产知识和管理能力。

（7）安全生产教育和培训

《安全生产法》第二十八条规定，生产经营单位应当对从业人员进行安全生产教育和培训，保证从业人员具备必要的安全生产知识，熟悉有关的安全生产规章制度和安全操作规程，掌握本岗位的安全操作技能，了解事故应急处理措施，知悉自身在安全生产方面的权利和义务。未经安全生产教育和培训合格的从业人员，不得上岗作业。

《安全生产法》第二十九条规定，生产经营单位采用新工艺、新技术、新材料或者使用新设备，必须了解、掌握其安全技术特性，采取有效的安全防护措施，并对从业人员进行专门的安全生产教育和培训。

（8）特种作业人员从业资格

《安全生产法》第三十条规定，生产经营单位的特种作业人员必须按照国家有关规定经专门的安全作业培训，取得相应资格，方可上岗作业。

特种作业人员的范围由国务院应急管理部门会同国务院有关部门确定。

（9）建设项目安全设施“三同时”

《安全生产法》第三十一条规定，生产经营单位新建、改建、扩建工程项目的安全设施必须与主体工程同时设计、同时施工、同时投入生产和使用，安全设施投资应当纳入建设项目概算。

（10）安全生产的各项规章制度和操作规程

①安全警示标志规定。生产经营单位应当在有较大危险因素的生产经营场所和有关设施、设备上，设置明显的安全警示标志。

②安全设备达标和管理规定。安全设备的设计、制造、安装、使用、检测、维修、改造和报废，应当符合国家标准或者行业标准。生产经营单位必须对安全设备进行经常性维护、保养，并定期检测，保证正常运转。维护、保养、检测应当作好记录，并由有关人员签字。

③生产安全的工艺、设备管理规定。国家对严重危及生产安全的工艺、设备实行淘汰制度，具体目录由国务院应急管理部门会同国务院有关部门制定并公布。法律、行政法规对目录的制定另有规定的，适用其规定。省、自治区、直辖市人民政府可以根据本地区实际情况制定并公布具体目录，对前款规定以外的危及生产安全的工艺、设备予以淘汰。生产经营单位不得使用应当淘汰的危及生产安全的工艺、设备。

④重大危险源管理和备案规定。生产经营单位对重大危险源应当登记建档，进行定期检测、评估、监控，并制定应急预案，告知从业人员和相关人员在紧急情况下应当采取的应急措施。

生产经营单位应当按照国家有关规定将本单位重大危险源及有关安全措施、应急措施报有关地方人民政府应急管理部门和有关部门备案。有关地方人民政府应急管理部门和有关部门应当通过相关信息系统实现信息共享。

⑤安全风险管控制度与事故隐患治理制度。生产经营单位应当建立安全风险分级管控制度，按照安全风险分级采取相应的管控措施。生产经营单位应当建立健全并落实生产安全事故隐患排查治理制度，采取技术、管理措施，及时发现并消除事故隐患。事故隐患排查治理情况应当如实记录，并通过职工大会或者职工代表大会、信息公示栏等方式向从业人员通报。其中，重大事故隐患排查治理情况应当及时向负有安全生产监督管理职责的部门和职工大会或者职工代表大会报告。

⑥从业人员安全管理规定。生产经营单位应当教育和督促从业人员严格执行本单位的安全生产规章制度和安全操作规程，并向从业人员如实告知作业场所和工作岗位存在的危险因素、防范措施以及事故应急措施。生产经营单位应当关注从业人员的身体、心理状况和行为习惯，加强对从业人员的心理疏导、精神慰藉，严格落实岗位安全生产责任，防范从业人员行为异常导致事故发生。

⑦劳动防护用品规定。生产经营单位必须为从业人员提供符合国家标准或者行业标准的劳动防护用品，并监督、教育从业人员按照使用规则佩戴、使用。

⑧生产设施、场所安全距离及紧急疏散管理规定。生产、经营、储存、使用危险物品的车间、商店、仓库不得与员工宿舍在同一座建筑物内，并应当与员工宿舍保持安全距离。生产经营场所和员工宿舍应当设有符合紧急疏散要求、标志明显、保持畅通的出口、疏散通道。禁止占用、锁闭、封堵生产经营场所或者员工宿舍的出口、疏散通道。

⑨危险作业现场安全管理规定。生产经营单位进行爆破、吊装、动火、临时用电以及国务院应急管理部门会同国务院有关部门规定的其他危险作业，应当安排专门人员进行现场安全管理，确保操作规程的遵守和安全措施的落实。

⑩安全检查与报告义务规定。生产经营单位的安全生产管理人员应当根据本单位的生产经营特点，对安全生产状况进行经常性检查；对检查中发现的安全问题，应当立即处理；不能处理的，应当及时报告本单位有关负责人，有关负责人应当及时处理。检查及处理情况应当如实记录在案。生产经营单位的安全生产管理人员在检查中发现重大事故隐患，依照前款规定向本

单位有关负责人报告，有关负责人不及时处理的，安全生产管理人员可以向主管的负有安全生产监督管理职责的部门报告，接到报告的部门应当依法及时处理。

⑪交叉作业安全管理规定。两个以上生产经营单位在同一作业区域内进行生产经营活动，可能危及对方生产安全的，应当签订安全生产管理协议，明确各自的安全生产管理职责和应当采取的安全措施，并指定专职安全生产管理人员进行安全检查与协调。

⑫生产经营项目、场所、设备发包或者出租管理规定。生产经营单位不得将生产经营项目、场所、设备发包或者出租给不具备安全生产条件或者相应资质的单位或者个人。生产经营项目、场所发包或者出租给其他单位的，生产经营单位应当与承包单位、承租单位签订专门的安全生产管理协议，或者在承包合同、租赁合同中约定各自的安全生产管理职责；生产经营单位对承包单位、承租单位的安全生产工作统一协调、管理，定期进行安全检查，发现安全问题的，应当及时督促整改。

⑬生产安全事故处理规定。生产经营单位发生生产安全事故时，单位的主要负责人应当立即组织抢救，并不得在事故调查处理期间擅离职守。

⑭工伤保险与安全生产责任保险规定。生产经营单位必须依法参加工伤保险，为从业人员缴纳保险费。国家鼓励生产经营单位投保安全生产责任保险；属于国家规定的高危行业、领域的生产经营单位，应当投保安全生产责任保险。

5.从业人员安全生产权利和义务

（1）从业人员的权利

《安全生产法》规定从业人员在生产作业活动中，享有以下权利：知情权；建议权；批评、检举、控告权；拒绝权；紧急避险权；请求赔偿权；获得劳动防护用品的权利；获得安全生产教育和培训的权利。

（2）从业人员的义务

《安全生产法》规定从业人员应当履行如下有关安全生产的义务：遵章守规服从管理的义务；正确佩戴和使用劳保用品的义务；接受培训掌握安全生产技能的义务；发现事故隐患及时报告的义务。

《安全生产法》第六十一条规定，生产经营单位使用被派遣劳动者的，被派遣劳动者享有本法规定的从业人员的权利，并应当履行本法规定的从业人员的义务。

6.生产安全事故的应急救援与调查处理

（1）生产安全事故的应急救援

《安全生产法》第八十一条规定，生产经营单位应当制定本单位生产安全事故应急救援预案，与所在地县级以上地方人民政府组织制定的生产安全事故应急救援预案相衔接，并定期组织演练。

《安全生产法》第八十二条规定，危险物品的生产、经营、储存单位以及矿山、金属冶炼、城市轨道交通运营、建筑施工单位应当建立应急救援组织；生产经营规模较小的，可以不建立应急救援组织，但应当指定兼职的应急救援人员。

危险物品的生产、经营、储存、运输单位以及矿山、金属冶炼、城市轨道交通运营、建筑施工单位应当配备必要的应急救援器材、设备和物资，并进行经常性维护、保养，保证正常运转。

（2）生产安全事故的报告与调查处理

《安全生产法》第八十三条规定，生产经营单位发生生产安全事故后，事故现场有关人员应当立即报告本单位负责人。

单位负责人接到事故报告后，应当迅速采取有效措施组织抢救，防止事故扩大，减少人员伤亡和财产损失，并按照国家有关规定立即如实报告当地负有安全生产监督管理职责的部门，不得隐瞒不报、谎报或者迟报，不得故意破坏事故现场、毁灭有关证据。

《安全生产法》第八十六条规定，事故调查处理应当按照科学严谨、依法依规、实事求是、注重实效的原则，及时、准确地查清事故原因，查明事故性质和责任，评估应急处置工作，总结事故教训，提出整改措施，并对事故责任单位和人员提出处理建议。事故调查报告应当依法及时向社会公布。事故调查和处理的具体办法由国务院制定。

（三）《中华人民共和国环境保护法》

《中华人民共和国环境保护法》于 1989 年 12 月 26 日第七届全国人民代表大会常务委员会第十一次会议通过，2014 年 4 月 24 日第十二届全国人民代表大会常务委员会第八次会议修订。与建设工程安全生产相关的内容有：

1. 一般要求。企业事业单位和其他生产经营者应当防止、减少环境污染和生态破坏，对所造成的损害依法承担责任。公民应当增强环境保护意识，采取低碳、节俭的生活方式，自觉履行环境保护义务。

2. 实施环境评价。编制有关开发利用规划，建设对环境有影响的项目，应当依法进行环境影响评价。未依法进行环境影响评价的开发利用规划，不得组织实施；未依法进行环境影响评价的建设项目，不得开工建设。

3. 减少环境污染危害。排放污染物的企业事业单位和其他生产经营者，应当采取措施，防治在生产建设或者其他活动中产生的废气、废水、废渣、医疗废物、粉尘、恶臭气体、放射性物质以及噪声、振动、光辐射、电磁辐射等对环境的污染和危害。

4. 建立环境保护制度。排放污染物的企业事业单位，应当建立环境保护责任制度，明确单位负责人和相关人员的责任。

5. 环境保护的“三同时”制度。建设项目中防治污染的设施，应当与主体工程同时设计、同时施工、同时投产使用。防治污染的设施应当符合经批准的环境影响评价文件的要求，不得擅自拆除或者闲置。

6. 防治污染的规定。国家对严重污染环境的工艺、设备和产品实行淘汰制度。任何单位和个人不得生产、销售或者转移、使用严重污染环境的工艺、设备和产品。禁止引进不符合我国环境保护规定的技术、设备、材料和产品。

7. 制定突发环境事件应急预案。企业事业单位应当按照国家有关规定制定突发环境事件应急预案，报环境保护主管部门和有关部门备案。在发生或者可能发生突发环境事件时，企业事业单位应当立即采取措施处理，及时通报可能受到危害的单位和居民，并向环境保护主管部门和有关部门报告。

8. 特殊物品规定。生产、储存、运输、销售、使用、处置化学物品和含有放射性物质的物品，应当遵守国家有关规定，防止污染环境。

（四）《中华人民共和国噪声污染防治法》

《中华人民共和国噪声污染防治法》已由中华人民共和国第十三届全国人民代表大会常务委员会第三十二次会议于 2021 年 12 月 24 日通过，自 2022 年 6 月 5 日起施行。对建筑施工噪声污染防治的规定主要有：

1. 本法所称建筑施工噪声，是指在建筑施工过程中产生的干扰周围生活环境的声音。

2. 建设单位应当按照规定将噪声污染防治费用列入工程造价，在施工合同中明确施工单位的噪声污染防治责任。

施工单位应当按照规定制定噪声污染防治实施方案，采取有效措施，减少振动、降低噪声。建设单位应当监督施工单位落实噪声污染防治实施方案。

3. 在噪声敏感建筑物集中区域施工作业，应当优先使用低噪声施工工艺和设备。

4. 在噪声敏感建筑物集中区域施工作业，建设单位应当按照国家规定，设置噪声自动监测系统，与监督管理部门联网，保存原始监测记录，对监测数据的真实性和准确性负责。

5. 在噪声敏感建筑物集中区域，禁止夜间进行产生噪声的建筑施工作业，但抢修、抢险施工作业，因生产工艺要求或者其他特殊需要必须连续施工作业的除外。

因特殊需要必须连续施工作业的，应当取得地方人民政府住房城乡建设主管部门、生态环境主管部门或者地方人民政府指定的部门的证明，并在施工现场显著位置公示或者以其他方式公告附近居民。

（五）《中华人民共和国大气污染防治法》

《中华人民共和国大气污染防治法》于 1987 年 9 月 5 日第六届全国人民代表大会常务委员会第二十二次会议通过，2018 年 10 月 26 日第十三届全国人民代表大会常务委员会第六次会议第二次修正，于 2018 年 10 月 26 日起实施。对建筑施工大气污染防治的规定主要有：

1. 建设单位应当将防治扬尘污染的费用列入工程造价，并在施工承包合同中明确施工单位扬尘污染防治责任。施工单位应当制定具体的施工扬尘污染防治实施方案。

2. 从事房屋建筑、市政基础设施建设、河道整治以及建筑物拆除等施工单位，应当向负责监督管理扬尘污染防治的主管部门备案。

3. 施工单位应当在施工工地设置硬质围挡，并采取覆盖、分段作业、择时施工、洒水抑尘、冲洗地面和车辆等有效防尘降尘措施。建筑土方、工程渣土、建筑垃圾应当及时清运；在场地内堆存的，应当采用密闭式防尘网遮盖。工程渣土、建筑垃圾应当进行资源化处理。

4. 施工单位应当在施工工地公示扬尘污染防治措施、负责人、扬尘监督管理主管部门等信息。

5. 暂时不能开工的建设用地，建设单位应当对裸露地面进行覆盖；超过三个月的，应当进行绿化、铺装或者遮盖。

（六）《中华人民共和国固体废物污染环境防治法》

《中华人民共和国固体废物污染环境防治法》于 1995 年 10 月 30 日第八届全国人民代表大会常务委员会第十六次会议通过，2020 年 4 月 29 日第十三届全国人民代表大会常务委员会第十七次会议第二次修订，自 2020 年 9 月 1 日起施行。

1. 一般规定

（1）产生、收集、贮存、运输、利用、处置固体废物的单位和其他生产经营者，应当采取防扬散、防流失、防渗漏或者其他防止污染环境的措施，不得擅自倾倒、堆放、丢弃、遗撒固体废物。

（2）禁止任何单位或者个人向江河、湖泊、运河、渠道、水库及其最高水位线以下的滩地和岸坡以及法律法规规定的其他地点倾倒、堆放、贮存固体废物。

2. 建筑垃圾污染环境的防治

（1）国家鼓励采用先进技术、工艺、设备和管理措施，推进建筑垃圾源头减量，建立建筑垃圾回收利用体系。

（2）工程施工单位应当编制建筑垃圾处理方案，采取污染防治措施，并报县级以上地方人民政府环境卫生主管部门备案。

工程施工单位应当及时清运工程施工过程中产生的建筑垃圾等固体废物，并按照环境卫生主管部门的规定进行利用或者处置。

工程施工单位不得擅自倾倒、抛撒或者堆放工程施工过程中产生的建筑垃圾。

（七）《中华人民共和国突发事件应对法》

《中华人民共和国突发事件应对法》于 2007 年 8 月 30 日由第十届全国人民代表大会常务委员会第二十九次会议通过，自 2007 年 11 月 1 日起施行。其立法目的是预防和减少突发事件的发生，控制、减轻和消除突发事件引起的严重社会危害，规范突发事件应对活动，保护人民生命财产安全，维护国家安全、公共安全、环境安全和社会秩序。

1. 突发事件及分类分级

突发事件，是指突然发生，造成或者可能造成严重社会危害，需要采取应急处置措施予以应对的自然灾害、事故灾难、公共卫生事件和社会安全事件。

按照社会危害程度、影响范围等因素，自然灾害、事故灾难、公共卫生事件分为特别重大、重大、较大和一般四级。

2. 突发事件应急管理体制

国家建立统一领导、综合协调、分类管理、分级负责、属地管理为主的应急管理体制。

3. 与建设工程安全生产相关的内容

（1）国家建立健全突发事件应急预案体系。国务院制定国家突发事件总体应急预案，组织制定国家突发事件专项应急预案；国务院有关部门根据各自的职责和国务院相关应急预案，制定国家突发事件部门应急预案。

地方各级人民政府和县级以上地方各级人民政府有关部门根据有关法律、法规、规章、上级人民政府及其有关部门的应急预案以及本地区的实际情况，制定相应的突发事件应急预案。

应急预案制定机关应当根据实际需要和情势变化，适时修订应急预案。应急预案的制定、修订程序由国务院规定。

（2）应急预案应当根据本法和其他有关法律、法规的规定，针对突发事件的性质、特点和可能造成的社会危害，具体规定突发事件应急管理工作的组织指挥体系与职责和突发事件的预防与预警机制、处置程序、应急保障措施以及事后恢复与重建措施等内容。

(3)所有单位应当建立健全安全管理制度，定期检查本单位各项安全防范措施的落实情况，及时消除事故隐患；掌握并及时处理本单位存在的可能引发社会安全事件的问题，防止矛盾激化和事态扩大；对本单位可能发生的突发事件和采取安全防范措施的情况，应当按照规定及时向所在地人民政府或者人民政府有关部门报告。

(4) 矿山、建筑施工单位和易燃易爆物品、危险化学品、放射性物品等危险物品的生产、经营、储运、使用单位，应当制定具体应急预案，并对生产经营场所、有危险物品的建筑物、构筑物及周边环境开展隐患排查，及时采取措施消除隐患，防止发生突发事件。

(5) 公共交通工具、公共场所和其他人员密集场所的经营单位或者管理单位应当制定具体应急预案，为交通工具和有关场所配备报警装置和必要的应急救援设备、设施，注明其使用方法，并显著标明安全撤离的通道、路线，保证安全通道、出口的畅通。

有关单位应当定期检测、维护其报警装置和应急救援设备、设施，使其处于良好状态，确保正常使用。

(6) 有关单位和人员报送、报告突发事件信息，应当做到及时、客观、真实，不得迟报、谎报、瞒报、漏报。

(7) 受到自然灾害危害或者发生事故灾难、公共卫生事件的单位，应当立即组织本单位应急救援队伍和工作人员营救受害人员，疏散、撤离、安置受到威胁的人员，控制危险源，标明危险区域，封锁危险场所，并采取其他防止危害扩大的必要措施，同时向所在地县级人民政府报告；对因本单位的问题引发的或者主体是本单位人员的社会安全事件，有关单位应当按照规定上报情况，并迅速派出负责人赶赴现场开展劝解、疏导工作。

突发事件发生地的其他单位应当服从人民政府发布的决定、命令，配合人民政府采取的应急处置措施，做好本单位的应急救援工作，并积极组织人员参加所在地的应急救援和处置工作。

(8) 公民参加应急救援工作或者协助维护社会秩序期间，其在本单位的工资待遇和福利不变；表现突出、成绩显著的，由县级以上人民政府给予表彰或者奖励。

(八)《中华人民共和国消防法》

《中华人民共和国消防法》于 1998 年 4 月 29 日第九届全国人民代表大会常务委员会第二次会议通过，2021 年 4 月 29 日第十三届全国人民代表大会常务委员会第二十八次会议第三次修订。该法的立法目的在于预防火灾和减少火灾危害，加强应急救援工作，保护人身、财产安全，维护公共安全。

消防工作贯彻“预防为主、防消结合”的方针，按照“政府统一领导、部门依法监管、单位全面负责、公民积极参与”的原则，实行消防安全责任制，建立健全社会化的消防工作网络。与建设工程安全生产相关的内容有：

1.消防设计的审查与验收规定

(1) 建设工程的消防设计、施工必须符合国家工程建设消防技术标准。建设、设计、施工、工程监理等单位依法对建设工程的消防设计、施工质量负责。

(2) 国务院住房城乡建设主管部门规定的特殊建设工程，建设单位应当将消防设计文件报送住房城乡建设主管部门审查，住房城乡建设主管部门依法对审查的结果负责。

前款规定以外的其他建设工程，建设单位申请领取施工许可证或者申请批准开工报告时应当提供满足施工需要的消防设计图纸及技术资料。

（3）特殊建设工程未经消防设计审查或者审查不合格的，建设单位、施工单位不得施工；其他建设工程，建设单位未提供满足施工需要的消防设计图纸及技术资料的，有关部门不得发放施工许可证或者批准开工报告。

（4）国务院住房城乡建设主管部门规定应当申请消防验收的建设工程竣工，建设单位应当向住房城乡建设主管部门申请消防验收。

前款规定以外的其他建设工程，建设单位在验收后应当报住房城乡建设主管部门备案，住房城乡建设主管部门应当进行抽查。

依法应当进行消防验收的建设工程，未经消防验收或者消防验收不合格的，禁止投入使用；其他建设工程经依法抽查不合格的，应当停止使用。

2.工程建设中应当采取的消防安全措施

（1）生产、储存、经营易燃易爆危险品的场所不得与居住场所设置在同一建筑物内，并应当与居住场所保持安全距离。生产、储存、经营其他物品的场所与居住场所设置在同一建筑物内的，应当符合国家工程建设消防技术标准。

（2）禁止在具有火灾、爆炸危险的场所吸烟、使用明火。因施工等特殊情况需要使用明火作业的，应当按照规定事先办理审批手续，采取相应的消防安全措施；作业人员应当遵守消防安全规定。

进行电焊、气焊等具有火灾危险作业的人员和自动消防系统的操作人员，必须持证上岗，并遵守消防安全操作规程。

（3）生产、储存、装卸易燃易爆危险品的工厂、仓库和专用车站、码头的设置，应当符合消防技术标准。易燃易爆气体和液体的充装站、供应站、调压站，应当设置在符合消防安全要求的位置，并符合防火防爆要求。

已经设置的生产、储存、装卸易燃易爆危险品的工厂、仓库和专用车站、码头，易燃易爆气体和液体的充装站、供应站、调压站，不再符合前款规定的，地方人民政府应当组织、协调有关部门、单位限期解决，消除安全隐患。

（4）生产、储存、运输、销售、使用、销毁易燃易爆危险品，必须执行消防技术标准和管理规定。进入生产、储存易燃易爆危险品的场所，必须执行消防安全规定。禁止非法携带易燃易爆危险品进入公共场所或者乘坐公共交通工具。储存可燃物资仓库的管理，必须执行消防技术标准和管理规定。

（5）消防产品必须符合国家标准；没有国家标准的，必须符合行业标准。

（6）建筑构件、建筑材料和室内装修、装饰材料的防火性能必须符合国家标准；没有国家标准的，必须符合行业标准。人员密集场所室内装修、装饰，应当按照消防技术标准的要求，使用不燃、难燃材料。

（7）任何单位、个人不得损坏、挪用或者擅自拆除、停用消防设施、器材，不得埋压、圈占、遮挡消火栓或者占用防火间距，不得占用、堵塞、封闭疏散通道、安全出口、消防车通道。人员密集场所的门窗不得设置影响逃生和灭火救援的障碍物。

（九）《中华人民共和国劳动合同法》

《中华人民共和国劳动合同法》于 2007 年 6 月 29 日第十届全国人民代表大会常务委员会

第二十八次会议通过，2012 年 12 月 28 日第十一届全国人民代表大会常务委员会第三十次会议修订，自 2013 年 7 月 1 日起施行。其立法目的是完善劳动合同制度，明确劳动合同双方当事人的权利和义务，保护劳动者的合法权益，构建、发展和谐稳定的劳动关系。有关安全生产的规定主要有：

1.用人单位在制定、修改或者决定有关劳动报酬、工作时间、休息休假、劳动安全卫生、保险福利、职工培训、劳动纪律以及劳动定额管理等直接涉及劳动者切身利益的规章制度或者重大事项时，应当经职工代表大会或者全体职工讨论，提出方案和意见，与工会或者职工代表平等协商确定。

2.用人单位招用劳动者时，应当如实告知劳动者工作内容、工作条件、工作地点、职业危害、安全生产状况、劳动报酬，以及劳动者要求了解的其他情况；用人单位有权了解劳动者与劳动合同直接相关的基本情况，劳动者应当如实说明。

3.劳动者拒绝用人单位管理人员违章指挥、强令冒险作业的，不视为违反劳动合同。 劳动者对危害生命安全和身体健康的劳动条件，有权对用人单位提出批评、检举和控告。

4.用人单位有下列情形之一的，劳动者可以解除劳动合同：

（1）未按照劳动合同约定提供劳动保护或者劳动条件的；

（2）未及时足额支付劳动报酬的；

（3）未依法为劳动者缴纳社会保险费的；

（4）用人单位的规章制度违反法律、法规的规定，损害劳动者权益的；

（5）以欺诈、胁迫的手段或者乘人之危，使对方在违背真实意思的情况下订立或者变更劳动合同致使劳动合同无效的；

（6）法律、行政法规规定劳动者可以解除劳动合同的其他情形。

用人单位以暴力、威胁或者非法限制人身自由的手段强迫劳动者劳动的，或者用人单位违章指挥、强令冒险作业危及劳动者人身安全的，劳动者可以立即解除劳动合同，不需事先告知用人单位。

5.用人单位有下列情形之一的，依法给予行政处罚；构成犯罪的，依法追究刑事责任；给劳动者造成损害的，应当承担赔偿责任。

（1）以暴力、威胁或者非法限制人身自由的手段强迫劳动的；

（2）违章指挥或者强令冒险作业危及劳动者人身安全的；

（3）侮辱、体罚、殴打、非法搜查或者拘禁劳动者的；

（4）劳动条件恶劣、环境污染严重，给劳动者身心健康造成严重损害的。

（十）《中华人民共和国劳动法》

《中华人民共和国劳动法》于 1994 年 7 月 5 日由第八届全国人民代表大会第八次会议通过，2018 年 12 月 29 日第十三届全国人民代表大会常务委员会第七次会议第二次修正。有关安全生产的规定主要有以下几个方面：

1.用人单位在职业安全卫生方面的职责

（1）用人单位必须建立健全劳动安全卫生制度，严格执行国家劳动安全卫生规程和标准，对劳动者进行劳动安全卫生教育，防止劳动过程中的事故，减少职业危害。

（2）劳动安全卫生设施必须符合国家规定的标准。新建、改建、扩建工程的劳动安全卫生设施必须与主体工程同时设计、同时施工、同时投入生产和使用。

2. 职业安全卫生条件及劳动防护用品要求

用人单位必须为劳动者提供符合国家规定的劳动安全卫生条件和必要的劳动防护用品，对从事有职业危害作业的劳动者应当定期进行健康检查。

3. 对劳动者的职业培训

从事特种作业的劳动者必须经过专门培训并取得特种作业资格。

4. 劳动者在职业安全卫生方面的权利和义务

劳动者在劳动过程中必须严格遵守安全操作规程。劳动者对用人单位管理人员违章指挥、强令冒险作业，有权拒绝执行；对危害生命安全和身体健康的行为，有权提出批评、检举和控告。

5. 建立伤亡事故和职业病统计报告和处理制度

国家建立伤亡事故和职业病统计报告和处理制度。县级以上各级人民政府劳动行政部门、有关部门和用人单位应当依法对劳动者在劳动过程中发生的伤亡事故和劳动者的职业病状况，进行统计、报告和处理。

（十一）《中华人民共和国职业病防治法》

《中华人民共和国职业病防治法》于 2001 年 10 月 27 日第九届全国人民代表大会常务委员会第二十四次会议通过，2018 年 12 月 29 日第十三届全国人民代表大会常务委员会第七次会议第四次修正。与建设工程安全生产相关的内容有：

1. 用人单位的主要职责

健康保障：用人单位应当为劳动者创造符合国家职业卫生标准和卫生要求的工作环境和条件，并采取措施保障劳动者获得职业卫生保护。

防治责任：用人单位应当建立、健全职业病防治责任制，加强对职业病防治的管理，提高职业病防治水平，对本单位产生的职业病危害承担责任。用人单位的主要负责人对本单位的职业病防治工作全面负责。

工伤保险：用人单位必须依法参加工伤保险。

前期预防：用人单位应当依照法律、法规要求，严格遵守国家职业卫生标准，落实职业病预防措施，从源头上控制和消除职业病危害。

申报制度：用人单位工作场所存在职业病目录所列职业病的危害因素的，应当及时、如实向所在地卫生行政部门申报危害项目，接受监督。

经费保障：用人单位应当保障职业病防治所需的资金投入，不得挤占、挪用，并对因资金投入不足导致的后果承担责任。

防护设施：用人单位必须采用有效的职业病防护设施，并为劳动者提供个人使用的职业病防护用品。

检测、评价：用人单位应当按照国务院卫生行政部门的规定，定期对工作场所进行职业病危害因素检测、评价。检测、评价结果存入用人单位职业卫生档案，定期向所在地卫生行政部门报告并向劳动者公布。

教育培训：用人单位的主要负责人和职业卫生管理人员应当接受职业卫生培训，遵守职业病防治法律、法规，依法组织本单位的职业病防治工作。用人单位应当对劳动者进行上岗前的职业卫生培训和在岗期间的定期职业卫生培训，普及职业卫生知识，督促劳动者遵守职业病防治法律、法规、规章和操作规程，指导劳动者正确使用职业病防护设备和个人使用的职业病防护用品。

禁止行为：用人单位不得安排未成年工从事接触职业病危害的作业；不得安排孕期、哺乳期的女职工从事对本人和胎儿、婴儿有危害的作业。

提供资料：用人单位应当如实提供职业病诊断、鉴定所需的劳动者职业史和职业病危害接触史、工作场所职业病危害因素检测结果等资料。

待遇保障：用人单位应当保障职业病病人依法享受国家规定的职业病待遇。用人单位应当按照国家有关规定，安排职业病病人进行治疗、康复和定期检查。

2.劳动者的权利

（1）知情权。产生职业病危害的用人单位，应当在醒目位置设置公告栏，公布有关职业病防治的规章制度、操作规程、职业病危害事故应急救援措施和工作场所职业病危害因素检测结果。

对产生严重职业病危害的作业岗位，应当在其醒目位置设置警示标识和中文警示说明。警示说明应当载明产生职业病危害的种类、后果、预防以及应急救治措施等内容。

用人单位与劳动者订立劳动合同（含聘用合同）时，应当将工作过程中可能产生的职业病危害及其后果、职业病防护措施和待遇等如实告知劳动者，并在劳动合同中写明，不得隐瞒或者欺骗。对从事接触职业病危害的作业的劳动者，用人单位应当按照国务院卫生行政部门的规定组织上岗前、在岗期间和离岗时的职业健康检查，并将检查结果书面告知劳动者。职业健康检查费用由用人单位承担。

（2）培训权。劳动者应当学习和掌握相关的职业卫生知识，增强职业病防范意识，遵守职业病防治法律、法规、规章和操作规程，正确使用、维护职业病防护设备和个人使用的职业病防护用品，发现职业病危害事故隐患应当及时报告。

（3）拒绝违章冒险权。劳动者有权拒绝在没有职业病防护措施下从事职业危害作业，有权拒绝违章指挥和强令的冒险作业。若用人单位与劳动者订立劳动合同时，没有将可能产生的职业病危害及其后果等告知劳动者，劳动者有权拒绝从事存在职业病危害的作业，用人单位不得因此解除或者终止与劳动者所订立的劳动合同。

（4）检举控告权。任何单位和个人有权对违反本法的行为进行检举和控告。有关部门收到相关的检举和控告后，应当及时处理。

（5）特殊保障权。未成年人、女职工、有职业禁忌的劳动者，在《中华人民共和国职业病防治法》中享有特殊的职业卫生保护的权利。

（6）参与决策权。参与用人单位职业卫生工作的民主管理，对职业病防治工作提出意见和建议。

（7）职业健康权。对于从事接触职业病危害的作业的劳动者，用人单位除了应组织职业健康检查外，《中华人民共和国职业病防治法》还规定了用人单位应当为劳动者建立职业健康监护档案，并按照规定的期限妥善保存。对遭受或者可能遭受急性职业病危害的劳动者，用人单位应及时组织救治，进行健康检查和医学观察，所需费用由用人单位承担。

（8）损害赔偿权。用人单位应当建立健全职业病防治责任制，加强对职业病防治的管理，提高职业病防治水平，对本单位产生的职业病危害承担责任。这是《中华人民共和国职业病防治法》总则中的一项规定。根据这个规定，职业病病人除依法享有工伤社会保险外，依照有关民事法律，尚有获得赔偿权利的，有权向用人单位提出赔偿要求。

3. 劳动者的义务

《中华人民共和国职业病防治法》也对劳动者的相关义务作出了规定，如履行劳动合同、遵守职业病防治法律法规规定、遵守用人单位相关卫生规章、接受职业卫生培训、按规定使用职业卫生防护设施及个人防护用品、遵守操作规程等义务。

（十二）《中华人民共和国特种设备安全法》

《中华人民共和国特种设备安全法》于 2013 年 6 月 29 日由中华人民共和国第十二届全国人民代表大会常务委员会第三次会议通过，自 2014 年 1 月 1 日起施行。对特种设备的生产、经营、使用，检验、检测，安全监督管理，事故应急救援与调查处理，法律责任等分别作了详细规定。与建设工程安全生产相关的主要内容有：

1. 特种设备安全工作应当坚持安全第一、预防为主、节能环保、综合治理的原则。

2. 特种设备生产、经营、使用单位应当遵守本法和其他有关法律、法规，建立健全特种设备安全和节能责任制度，加强特种设备安全和节能管理，确保特种设备生产、经营、使用安全，符合节能要求。

3. 特种设备生产、经营、使用、检验、检测应当遵守有关特种设备安全技术规范及相关标准。

4. 特种设备生产、经营、使用单位及其主要负责人对其生产、经营、使用的特种设备安全负责。

特种设备生产、经营、使用单位应当按照国家有关规定配备特种设备安全管理人员、检测人员和作业人员，并对其进行必要的安全教育和技能培训。

5. 特种设备出租单位不得出租未取得许可生产的特种设备或者国家明令淘汰和已经报废的特种设备，以及未按照安全技术规范的要求进行维护保养和未经检验或者检验不合格的特种设备。

6. 特种设备在出租期间的使用管理和维护保养义务由特种设备出租单位承担，法律另有规定或者当事人另有约定的除外。

7. 特种设备使用单位应当使用取得许可生产并经检验合格的特种设备。禁止使用国家明令淘汰和已经报废的特种设备。

8. 特种设备使用单位应当在特种设备投入使用前或者投入使用后三十日内，向负责特种设备安全监督管理的部门办理使用登记，取得使用登记证书。登记标志应当置于该特种设备的显著位置。

9. 特种设备使用单位应当建立岗位责任、隐患治理、应急救援等安全管理制度，制定操作规程，保证特种设备安全运行。

10. 特种设备使用单位应当建立特种设备安全技术档案。安全技术档案应当包括以下内容：

（1）特种设备的设计文件、产品质量合格证明、安装及使用维护保养说明、监督检验证明等相关技术资料和文件；

（2）特种设备的定期检验和定期自行检查记录；

（3）特种设备的日常使用状况记录；

（4）特种设备及其附属仪器仪表的维护保养记录；

（5）特种设备的运行故障和事故记录。

11. 特种设备使用单位应当对其使用的特种设备进行经常性维护保养和定期自行检查，并作出记录。特种设备使用单位应当对其使用的特种设备的安全附件、安全保护装置进行定期校验、检修，并作出记录。

12. 特种设备作业人员在作业过程中发现事故隐患或者其他不安全因素，应当立即向特种设备安全管理人员和单位有关负责人报告；特种设备运行不正常时，特种设备作业人员应当按照操作规程采取有效措施保证安全。

13. 特种设备生产、经营、使用单位应当按照安全技术规范的要求向特种设备检验、检测机构及其检验、检测人员提供特种设备相关资料和必要的检验、检测条件，并对资料的真实性负责。

（十三）《中华人民共和国刑法》

《中华人民共和国刑法》（以下简称《刑法》）由中华人民共和国第五届全国人民代表大会第二次会议于 1979 年 7 月 1 日通过，自 1980 年 1 月 1 日起施行。《刑法》设立了危害公共安全罪，迄今为止经过十一次修订，其中《刑法修正案（六）》《刑法修正案（十一）》对危害公共安全罪进行修正。从实践中看，建设工程安全生产领域中的犯罪主要涉及以下六项罪名：

1. 危险作业罪。在生产、作业中违反有关安全管理的规定，有下列情形之一，具有发生重大伤亡事故或者其他严重后果的现实危险的，处一年以下有期徒刑、拘役或者管制：

（1）关闭、破坏直接关系生产安全的监控、报警、防护、救生设备、设施，或者篡改、隐瞒、销毁其相关数据、信息的；

（2）因存在重大事故隐患被依法责令停产停业、停止施工、停止使用有关设备、设施、场所或者立即采取排除危险的整改措施，而拒不执行的；

（3）涉及安全生产的事项未经依法批准或者许可，擅自从事矿山开采、金属冶炼、建筑施工，以及危险物品生产、经营、储存等高度危险的生产作业活动的。

2. 重大责任事故罪。指在生产、作业中违反有关安全管理的规定，或者强令他人违章冒险作业，因而发生重大伤亡事故或者造成其他严重后果的行为。

《刑法》第 134 条规定：在生产、作业中违反有关安全管理的规定，因而发生重大伤亡事故或者造成其他严重后果的，处三年以下有期徒刑或者拘役；情节特别恶劣的，处三年以上七年以下有期徒刑。

3. 强令、组织他人违章冒险作业罪。指强令他人违章冒险作业或者明知存在重大事故隐患而拒不排除，仍冒险组织作业，因而发生重大伤亡事故或者造成其他严重后果的行为。

《刑法修正案（十一）》第 134 条第二款规定：强令他人违章冒险作业，或者明知存在重大事故隐患而拒不排除，仍冒险组织作业，因而发生重大伤亡事故或者造成其他严重后果的，处五年以下有期徒刑或者拘役；情节特别恶劣的，处五年以上有期徒刑。

4. 重大劳动安全事故罪。指安全生产设施或者安全生产条件不符合国家规定，因而发生重大伤亡事故或者造成其他严重后果的行为。

《刑法》第 135 条以及《刑法修正案（六）》规定：安全生产设施或者安全生产条件不符合国家规定，因而发生重大伤亡事故或者造成其他严重后果的，对直接负责的主管人员和其他直接责任人员，处三年以下有期徒刑或者拘役；情节特别恶劣的，处三年以上七年以下有期徒刑。

5. 工程重大安全事故罪。指建设单位、设计单位、施工单位、工程监理单位违反国家规定，降低工程质量标准，造成重大安全事故的行为。

《刑法》第 137 条规定：建设单位、设计单位、施工单位、工程监理单位违反国家规定，降低工程质量标准，造成重大安全事故的，对直接责任人员，处五年以下有期徒刑或者拘役，并处罚金；后果特别严重的，处五年以上十年以下有期徒刑，并处罚金。

6. 不报、谎报安全事故罪。指在安全事故发生后，负有报告安全事故职责的人员不报或者谎报事故情况，贻误事故抢救，情节严重的行为。

《刑法》第 139 条以及《刑法修正案（六）》规定：在安全事故发生后，负有报告职责的人员不报或者谎报事故情况，贻误事故抢救，情节严重的，处三年以下有期徒刑或者拘役；情节特别严重的，处三年以上七年以下有期徒刑。

三、相关行政法规

（一）《建设工程安全生产管理条例》

《建设工程安全生产管理条例》于 2003 年 11 月 12 日国务院第 28 次常务会议通过，自 2004 年 2 月 1 日起施行。凡在中华人民共和国境内从事建设工程的新建、扩建、改建和拆除等有关活动及实施对建设工程安全生产的监督管理，必须遵守本条例。本条例所称建设工程，是指土木工程、建筑工程、线路管道和设备安装工程及装修工程。抢险救灾和农民自建低层住宅的安全生产管理不适用本条例；军事建设工程的安全生产管理，按照中央军事委员会的有关规定执行。《建设工程安全生产管理条例》建立了安全生产管理基本制度：安全生产责任制度；群防群治制度；安全生产教育培训制度；安全生产检查制度；伤亡事故处理报告制度；安全责任追究制度。同时明确了建设工程相关单位的安全责任。

1. 建设单位安全生产责任

（1）向施工单位提供有关资料。建设单位应当向施工单位提供施工现场及毗邻区域内供水、排水、供电、供气、供热、通信、广播电视等地下管线资料，气象和水文观测资料，相邻建筑物和构筑物、地下工程的有关资料，并保证资料的真实、准确、完整。

建设单位因建设工程需要，向有关部门或者单位查询前款规定的资料时，有关部门或者单位应当及时提供。

（2）依法履行合同的责任。建设单位不得对勘察、设计、施工、工程监理等单位提出不符合建设工程安全生产法律、法规和强制性标准规定的要求，不得压缩合同约定的工期。

（3）提供安全生产费用的责任。建设单位在编制工程概算时，应当确定建设工程安全作业环境及安全施工措施所需费用。

（4）不得推销劣质材料设备的责任。建设单位不得明示或者暗示施工单位购买、租赁、使用不符合安全施工要求的安全防护用具、机械设备、施工机具及配件、消防设施和器材。

（5）提供安全施工措施资料的责任。建设单位在申请领取施工许可证时，应当提供建设工程有关安全施工措施的资料。

依法批准开工报告的建设工程，建设单位应当自开工报告批准之日起 15 日内，将保证安全施工的措施报送建设工程所在地的县级以上地方人民政府建设行政主管部门或者其他有关部门备案。

（6）对拆除工程进行备案的责任。建设单位应当将拆除工程发包给具有相应资质等级的施工单位。建设单位应当在拆除工程施工 15 日前，将下列资料报送建设工程所在地的县级以上地方人民政府建设行政主管部门或者其他有关部门备案：

①施工单位资质等级证明；

②拟拆除建筑物、构筑物及可能危及毗邻建筑的说明；

③拆除施工组织方案；

④堆放、清除废弃物的措施。

实施爆破作业的，应当遵守国家有关民用爆炸物品管理的规定。

2.勘察、设计、工程监理及其他有关单位的安全责任

（1）勘察单位的安全责任

勘察单位应当按照法律、法规和工程建设强制性标准进行勘察，提供的勘察文件应当真实、准确，满足建设工程安全生产的需要。勘察单位在勘察作业时，应当严格执行操作规程，采取措施保证各类管线、设施和周边建筑物、构筑物的安全。

（2）设计单位的安全责任

设计单位应当按照法律、法规和工程建设强制性标准进行设计，防止因设计不合理导致生产安全事故的发生。设计单位应当考虑施工安全操作和防护的需要，对涉及施工安全的重点部位和环节在设计文件中注明，并对防范生产安全事故提出指导意见。

采用新结构、新材料、新工艺的建设工程和特殊结构的建设工程，设计单位应当在设计中提出保障施工作业人员安全和预防生产安全事故的措施建议。

设计单位和注册建筑师等注册执业人员应当对其设计负责。

（3）工程监理单位的安全责任

①审查施工组织设计的责任。工程监理单位应当审查施工组织设计中的安全技术措施或者专项施工方案是否符合工程建设强制性标准。

②安全隐患报告的责任。工程监理单位在实施监理过程中，发现存在安全事故隐患的，应当要求施工单位整改；情况严重的，应当要求施工单位暂时停止施工，并及时报告建设单位。施工单位拒不整改或者不停止施工的，工程监理单位应当及时向有关主管部门报告。

③依法监理的责任。工程监理单位和监理工程师应当按照法律、法规和工程建设强制性标准实施监理，并对建设工程安全生产承担监理责任。

（4）其他有关单位的安全责任

①设备供应单位的责任。为建设工程提供机械设备和配件的单位，应当按照安全施工的要求配备齐全有效的保险、限位等安全设施和装置。

②设备出租单位的责任。出租的机械设备和施工机具及配件，应当具有生产（制造）许可证、产品合格证。

出租单位应当对出租的机械设备和施工机具及配件的安全性能进行检测，在签订租赁协议时，应当出具检测合格证明。

禁止出租检测不合格的机械设备和施工机具及配件。

③安拆单位的责任。在施工现场安装、拆卸施工起重机械和整体提升脚手架、模板等自升式架设设施，必须由具有相应资质的单位承担。

安装、拆卸施工起重机械和整体提升脚手架、模板等自升式架设设施，应当编制拆装方案、制定安全施工措施，并由专业技术人员现场监督。

施工起重机械和整体提升脚手架、模板等自升式架设设施安装完毕后，安装单位应当自检，出具自检合格证明，并向施工单位进行安全使用说明，办理验收手续并签字。

施工起重机械和整体提升脚手架、模板等自升式架设设施的使用达到国家规定的检验检测期限的，必须经具有专业资质的检验检测机构检测。经检测不合格的，不得继续使用。

④检验检测机构的责任。检验检测机构对检测合格的施工起重机械和整体提升脚手架、模板等自升式架设设施，应当出具安全合格证明文件，并对检测结果负责。

3. 施工单位的安全责任

（1）具备安全生产资质条件。施工单位从事建设工程的新建、扩建、改建和拆除等活动，应当具备国家规定的注册资本、专业技术人员、技术装备和安全生产等条件，依法取得相应等级的资质证书，并在其资质等级许可的范围内承揽工程。

（2）安全管理人员及机构的安全生产责任

①主要负责人的安全责任。施工单位主要负责人依法对本单位的安全生产工作全面负责。施工单位应当建立健全安全生产责任制度和安全生产教育培训制度；制定安全生产规章制度和操作规程；保证本单位安全生产条件所需资金的投入；对所承担的建设工程进行定期和专项安全检查，并做好安全检查记录。

②项目负责人的安全责任。施工单位的项目负责人应当由取得相应执业资格的人员担任，对建设工程项目的安全施工负责。落实安全生产责任制度、安全生产规章制度和操作规程；确保安全生产费用的有效使用；根据工程的特点组织制定安全施工措施，消除安全事故隐患；及时、如实报告生产安全事故。

③安全生产管理机构及专职安全生产管理人员的安全责任。施工单位应当设立安全生产管理机构，配备专职安全生产管理人员。

安全生产管理机构的设立及其职责。安全生产管理机构是指施工单位及其在建设工程项目中设置的负责安全生产管理工作的独立职能部门。其安全责任主要包括：落实国家有关安全生产法律法规和标准；编制并适时更新安全生产管理制度；组织开展全员安全教育培训及安全检查等活动。

专职安全生产管理人员的安全职责。专职安全生产管理人员是指经建设主管部门或者其他有关部门安全生产考核合格取得安全生产考核合格证书，并在建筑施工企业及其项目从事安全生产管理工作的专职人员。其安全责任主要包括：对安全生产进行现场监督检查；发现安全事故隐患，应当及时向项目负责人和安全生产管理机构报告；对违章指挥、违章操作的，应当立即制止。

（3）安全生产基本保障措施

①安全生产费用的保障。施工单位对列入建设工程概算的安全作业环境及安全施工措施所需费用，应当用于施工安全防护用具及设施的采购和更新、安全施工措施的落实、安全生产条件的改善，不得挪作他用。

②安全生产管理机构及人员的设置。施工单位应当设立安全生产管理机构，配备专职安全生产管理人员。专职安全生产管理人员的配备办法由国务院建设行政主管部门会同国务院其他有关部门制定。

③编制安全技术措施及专项施工方案的规定。施工单位应当在施工组织设计中编制安全技术措施和施工现场临时用电方案，对下列达到一定规模的危险性较大的分部分项工程编制专项施工方案，并附具安全验算结果，经施工单位技术负责人、总监理工程师签字后实施，由专职安全生产管理人员进行现场监督：

a.基坑支护与降水工程；b.土方开挖工程；c.模板工程；d.起重吊装工程；e.脚手架工程；f.拆除、爆破工程；g.国务院建设行政主管部门或者其他有关部门规定的其他危险性较大的工程。

对上述工程中涉及深基坑、地下暗挖工程、高大模板工程的专项施工方案，施工单位还应当组织专家进行论证、审查。

达到一定规模的危险性较大工程的标准，由国务院建设行政主管部门会同国务院其他有关部门制定。

④安全施工技术交底的规定。建设工程施工前，施工单位负责项目管理的技术人员应当对有关安全施工的技术要求向施工作业班组、作业人员作出详细说明，并由双方签字确认。

⑤施工现场安全警示标志设置规定。施工单位应当在施工现场入口处、施工起重机械、临时用电设施、脚手架、出入通道口、楼梯口、电梯井口、孔洞口、桥梁口、隧道口、基坑边沿、爆破物及有害危险气体和液体存放处等危险部位，设置明显的安全警示标志。安全警示标志必须符合国家标准。

⑥施工现场安全防护的规定。建设单位或者施工单位应当做好施工现场安全保卫工作，采取必要的防盗措施，在现场周边设立围护设施。施工现场在市区的，周围应当设置遮挡围栏，临街的脚手架也应当设置相应的围护设施。非施工人员不得擅自进入施工现场。

施工单位应当根据不同施工阶段和周围环境及季节、气候的变化，在施工现场采取相应的安全施工措施。施工现场暂时停止施工的，施工单位应当做好现场防护，所需费用由责任方承担，或者按照合同约定执行。

⑦施工现场布置应当符合安全和文明施工要求。施工单位应当将施工现场的办公、生活区与作业区分开设置，并保持安全距离；办公、生活区的选址应当符合安全性要求。职工的膳食、饮水、休息场所等应当符合卫生标准。施工单位不得在尚未竣工的建筑物内设置员工集体宿舍。

施工现场临时搭建的建筑物应当符合安全使用要求。施工现场使用的装配式活动房屋应当具有产品合格证。

⑧对周边环境采取防护措施。施工单位对因建设工程施工可能造成损害的毗邻建筑物、构筑物和地下管线等，应当采取专项防护措施。

施工单位应当遵守有关环境保护法律、法规的规定，在施工现场采取措施，防止或者减少粉尘、废气、废水、固体废物、噪声、振动和施工照明对人和环境的危害和污染。在城市市区内的建设工程，施工单位应当对施工现场实行封闭围挡。

⑨施工现场消防安全保障措施。施工单位应当在施工现场建立消防安全责任制度，确定消防安全责任人，制定用火、用电、使用易燃易爆材料等各项消防安全管理制度和操作规程，设置消防通道、消防水源，配备消防设施和灭火器材，并在施工现场入口处设置明显标志。

⑩劳动安全管理规定。施工单位应当向作业人员提供安全防护用具和安全防护服装，并书面告知危险岗位的操作规程和违章操作的危害。作业人员应当遵守安全施工的强制性标准、规章制度和操作规程，正确使用安全防护用具、机械设备等。

作业人员有权对施工现场的作业条件、作业程序和作业方式中存在的安全问题提出批评、检举和控告，有权拒绝违章指挥和强令冒险作业。

在施工中发生危及人身安全的紧急情况时，作业人员有权立即停止作业或者在采取必要的应急措施后撤离危险区域。

⑪安全防护设备管理。施工单位采购、租赁的安全防护用具、机械设备、施工机具及配件，应当具有生产（制造）许可证、产品合格证，并在进入施工现场前进行查验。

施工现场的安全防护用具、机械设备、施工机具及配件必须由专人管理，定期进行检查、维修和保养，建立相应的资料档案，并按照国家有关规定及时报废。

⑫起重机械设备管理。施工单位在使用施工起重机械和整体提升脚手架、模板等自升式架设设施前，应当组织有关单位进行验收，也可以委托具有相应资质的检验检测机构进行验收；使用承租的机械设备和施工机具及配件的，由施工总承包单位、分包单位、出租单位和安装单位共同进行验收。验收合格的方可使用。

《特种设备安全监察条例》规定的施工起重机械，在验收前应当经有相应资质的检验检测机构监督检验合格。

施工单位应当自施工起重机械和整体提升脚手架、模板等自升式架设设施验收合格之日起30日内，向建设行政主管部门或者其他有关部门登记。登记标志应当置于或者附着于该设备的显著位置。

⑬办理意外伤害保险。施工单位应当为施工现场从事危险作业的人员办理意外伤害保险。

意外伤害保险费由施工单位支付。实行施工总承包的，由总承包单位支付意外伤害保险费。意外伤害保险期限自建设工程开工之日起至竣工验收合格止。

（4）施工总承包单位和分包单位安全责任的划分

①总承包单位的安全责任。建设工程实行施工总承包的，由总承包单位对施工现场的安全生产负总责。

总承包单位应当自行完成建设工程主体结构的施工。

②总承包单位与分包单位的安全责任划分。总承包单位依法将建设工程分包给其他单位的，分包合同中应当明确各自的安全生产方面的权利、义务。总承包单位和分包单位对分包工程的

安全生产承担连带责任。

分包单位应当服从总承包单位的安全生产管理，分包单位不服从管理导致生产安全事故的，由分包单位承担主要责任。

(5) 安全生产教育培训

①特种作业人员培训和持证上岗。特种作业人员是指从事特殊岗位作业的人员。对于垂直运输机械作业人员、安装拆卸工、爆破作业人员、起重信号工、登高架设作业人员等特种作业人员，必须按照国家有关规定经过专门的安全作业培训，并取得特种作业操作资格证书后，方可上岗作业。

②安全管理人员和作业人员的安全教育和考核。施工单位的主要负责人、项目负责人、专职安全生产管理人员应当经建设行政主管部门或者其他有关部门考核合格后方可任职。

施工单位应当对管理人员和作业人员每年至少进行一次安全生产教育培训，其教育培训情况记入个人工作档案。安全生产教育培训考核不合格的人员，不得上岗。

③作业人员进入新岗位、新工地或采用新技术时的上岗教育培训。作业人员进入新的岗位或者新的施工现场前，应当接受安全生产教育培训。未经教育培训或者教育培训考核不合格的人员，不得上岗作业。

施工单位在采用新技术、新工艺、新设备、新材料时，应当对作业人员进行相应的安全生产教育培训。

4.监督管理部门的职责

(1) 建设工程的综合监督管理部门的职责

国务院负责安全生产监督管理的部门依照《中华人民共和国安全生产法》的规定，对全国建设工程安全生产工作实施综合监督管理。

县级以上地方人民政府负责安全生产监督管理的部门依照《中华人民共和国安全生产法》的规定，对本行政区域内建设工程安全生产工作实施综合监督管理。

(2) 专业建设工程安全生产的监督管理部门的职责

国务院建设行政主管部门对全国的建设工程安全生产实施监督管理。国务院铁路、交通、水利等有关部门按照国务院规定的职责分工，负责有关专业建设工程安全生产的监督管理。

县级以上地方人民政府建设行政主管部门对本行政区域内的建设工程安全生产实施监督管理。县级以上地方人民政府交通、水利等有关部门在各自的职责范围内，负责本行政区域内的专业建设工程安全生产的监督管理。

(3) 专业行政主管部门和安全生产监督管理的部门工作协同

建设行政主管部门和其他有关部门应当将本条例规定的有关资料的主要内容抄送同级负责安全生产监督管理的部门。

(4) 施工许可管理

建设行政主管部门在审核发放施工许可证时，应当对建设工程是否有安全施工措施进行审查，对没有安全施工措施的，不得颁发施工许可证。

建设行政主管部门或者其他有关部门对建设工程是否有安全施工措施进行审查时，不得收取费用。

（5）建设工程安全生产监督管理部门的权限

县级以上人民政府负有建设工程安全生产监督管理职责的部门在各自的职责范围内履行安全监督检查职责时，有权采取下列措施：

①要求被检查单位提供有关建设工程安全生产的文件和资料；

②进入被检查单位施工现场进行检查；

③纠正施工中违反安全生产要求的行为；

④对检查中发现的安全事故隐患，责令立即排除；重大安全事故隐患排除前或者排除过程中无法保证安全的，责令从危险区域内撤出作业人员或者暂时停止施工。

（6）监督检查委托实施

建设行政主管部门或者其他有关部门可以将施工现场的监督检查委托给建设工程安全监督机构具体实施。

（7）对严重危及施工安全的工艺、设备、材料实行淘汰制度

国家对严重危及施工安全的工艺、设备、材料实行淘汰制度。具体目录由国务院建设行政主管部门会同国务院其他有关部门制定并公布。

（8）建设工程的社会监督

县级以上人民政府建设行政主管部门和其他有关部门应当及时受理对建设工程生产安全事故及安全事故隐患的检举、控告和投诉。

5.生产安全事故的应急救援和调查处理规定

（1）生产安全事故的应急救援

①县级以上地方人民政府建设行政主管部门应当根据本级人民政府的要求，制定本行政区域内建设工程特大生产安全事故应急救援预案。

②施工单位应当制定本单位生产安全事故应急救援预案，建立应急救援组织或者配备应急救援人员，配备必要的应急救援器材、设备，并定期组织演练。

③施工单位应当根据建设工程施工的特点、范围，对施工现场易发生重大事故的部位、环节进行监控，制定施工现场生产安全事故应急救援预案。实行施工总承包的，由总承包单位统一组织编制建设工程生产安全事故应急救援预案，工程总承包单位和分包单位按照应急救援预案，各自建立应急救援组织或者配备应急救援人员，配备救援器材、设备，并定期组织演练。

（2）生产安全事故的报告

施工单位发生生产安全事故，应当按照国家有关伤亡事故报告和调查处理的规定，及时、如实地向负责安全生产监督管理的部门、建设行政主管部门或者其他有关部门报告；特种设备发生事故的，还应当同时向特种设备安全监督管理部门报告。接到报告的部门应当按照国家有关规定，如实上报。

实行施工总承包的建设工程，由总承包单位负责上报事故。

（3）生产安全事故的调查处理

①发生生产安全事故后，施工单位应当采取措施防止事故扩大，保护事故现场。需要移动现场物品时，应当作出标记和书面记录，妥善保管有关证物。

②建设工程生产安全事故的调查、对事故责任单位和责任人的处罚与处理，按照有关法律、

法规的规定执行。

（二）《安全生产许可证条例》

《安全生产许可证条例》于 2004 年 1 月 7 日国务院第 34 次常务会议通过，2014 年 7 月 29 日国务院令第 653 号第二次修订。为了严格规范安全生产条件，进一步加强安全生产监督管理，防止和减少生产安全事故，国家对矿山企业、建筑施工企业和危险化学品、烟花爆竹、民用爆炸物品生产企业实行安全生产许可制度。企业未取得安全生产许可证的，不得从事生产活动。

1.企业取得安全生产许可证的条件

企业取得安全生产许可证，应当具备下列安全生产条件：

（1）建立、健全安全生产责任制，制定完备的安全生产规章制度和操作规程；

（2）安全投入符合安全生产要求；

（3）设置安全生产管理机构，配备专职安全生产管理人员；

（4）主要负责人和安全生产管理人员经考核合格；

（5）特种作业人员经有关业务主管部门考核合格，取得特种作业操作资格证书；

（6）从业人员经安全生产教育和培训合格；

（7）依法参加工伤保险，为从业人员缴纳保险费；

（8）厂房、作业场所和安全设施、设备、工艺符合有关安全生产法律、法规、标准和规程的要求；

(9)有职业危害防治措施，并为从业人员配备符合国家标准或者行业标准的劳动防护用品；

（10）依法进行安全评价；

（11）有重大危险源检测、评估、监控措施和应急预案；

（12）有生产安全事故应急救援预案、应急救援组织或者应急救援人员，配备必要的应急救援器材、设备；

（13）法律、法规规定的其他条件。

2.安全生产许可证的管理

(1)安全生产许可证的式样要求。安全生产许可证由国务院安全生产监督管理部门规定统一的式样。

(2)安全生产许可证的有效期限和延期。安全生产许可证的有效期为 3 年。安全生产许可证有效期满需要延期的，企业应当于期满前 3 个月向原安全生产许可证颁发管理机关办理延期手续。

企业在安全生产许可证有效期内，严格遵守有关安全生产的法律法规，未发生死亡事故的，安全生产许可证有效期届满时，经原安全生产许可证颁发管理机关同意，不再审查，安全生产许可证有效期延期 3 年。

（3）强制性规定

依据《安全生产许可证条例》和《建筑施工企业安全生产许可证管理规定》，建筑施工企业应当遵守下列强制性规定：

①未取得安全生产许可证的，不得从事建筑施工活动。建设主管部门在审核发放施工许可证时，应当对已经确定的建筑施工企业是否有安全生产许可证进行审查，对没有取得安全生产

许可证的，不得颁发施工许可证；

②企业不得转让、冒用安全生产许可证或者使用伪造的安全生产许可证；

③企业取得安全生产许可证后，不得降低安全生产条件，并应当加强日常安全生产管理，接受安全生产许可证颁发管理机关的监督检查。

（三）《生产安全事故应急条例》

《生产安全事故应急条例》（以下简称《条例》）已经2018年12月5日国务院第33次常务会议通过，现予公布，自2019年4月1日起施行。它是第一部专门针对生产安全事故应急工作的行政法规。《条例》作为实施安全生产法、突发事件应对法的重要支撑，其颁布实施必将全面提高我国生产安全事故应急工作的法治水平和应急能力。

针对生产经营单位的事故应急工作，《条例》明确了三项制度、一个机制和四方面应急管理保障要求，即应急预案制度、定期应急演练制度和应急值班制度，第一时间应急响应机制，人员、物资、组织和信息化等方面应急管理保障要求。同时，规定了应急工作违法行为的法律责任。

1. 三项制度

（1）应急救援预案制度

生产经营单位应当针对本单位可能发生的生产安全事故的特点和危害，进行风险辨识和评估，制定相应的生产安全事故应急救援预案，并向本单位从业人员公布。

生产安全事故应急救援预案应当符合有关法律、法规、规章和标准的规定，具有科学性、针对性和可操作性，明确规定应急组织体系、职责分工以及应急救援程序和措施。

建筑施工单位应当将其制定的生产安全事故应急救援预案按照国家有关规定报送县级以上人民政府负有安全生产监督管理职责的部门备案，并依法向社会公布。

（2）应急演练制度

建筑施工单位应当至少每半年组织1次生产安全事故应急救援预案演练，并将演练情况报送所在地县级以上地方人民政府负有安全生产监督管理职责的部门。

（3）应急值班制度

建筑施工单位应当建立应急值班制度，配备应急值班人员。

2. 第一时间响应机制

发生生产安全事故后，生产经营单位应当立即启动生产安全事故应急救援预案，采取下列一项或者多项应急救援措施，并按照国家有关规定报告事故情况：

（1）迅速控制危险源，组织抢救遇险人员；

（2）根据事故危害程度，组织现场人员撤离或者采取可能的应急措施后撤离；

（3）及时通知可能受到事故影响的单位和人员；

（4）采取必要措施，防止事故危害扩大和次生、衍生灾害发生；

（5）根据需要请求邻近的应急救援队伍参加救援，并向参加救援的应急救援队伍提供相关技术资料、信息和处置方法；

（6）维护事故现场秩序，保护事故现场和相关证据；

（7）法律、法规规定的其他应急救援措施。

3.应急管理保障要求

（1）人员保障

生产经营单位应当加强生产安全事故应急工作，建立、健全生产安全事故应急工作责任制，其主要负责人对本单位的生产安全事故应急工作全面负责。

建筑施工单位应当建立应急救援队伍。其中小型企业或者微型企业等规模较小的生产经营单位，可以不建立应急救援队伍，但应当指定兼职的应急救援人员，并且可以与邻近的应急救援队伍签订应急救援协议。

应急救援队伍的应急救援人员应当具备必要的专业知识、技能、身体素质和心理素质。应急救援队伍建立单位或者兼职应急救援人员所在单位应当按照国家有关规定对应急救援人员进行培训；应急救援人员经培训合格后，方可参加应急救援工作。应急救援队伍应当配备必要的应急救援装备和物资，并定期组织训练。

生产经营单位应当及时将本单位应急救援队伍建立情况按照国家有关规定报送县级以上人民政府负有安全生产监督管理职责的部门，并依法向社会公布。

生产经营单位应当对从业人员进行应急教育和培训，保证从业人员具备必要的应急知识，掌握风险防范技能和事故应急措施。

（2）物资保障

建筑施工单位应当根据本单位可能发生的生产安全事故的特点和危害，配备必要的灭火、排水、通风以及危险物品稀释、掩埋、收集等应急救援器材、设备和物资，并进行经常性维护、保养，保证正常运转。

应急救援队伍根据救援命令参加生产安全事故应急救援所耗费用，由事故责任单位承担；事故责任单位无力承担的，由有关人民政府协调解决。

（3）组织保障

发生生产安全事故后，有关人民政府认为有必要的，可以设立由本级人民政府及其有关部门负责人、应急救援专家、应急救援队伍负责人、事故发生单位负责人等人员组成的应急救援现场指挥部，并指定现场指挥部总指挥。现场指挥部实行总指挥负责制，按照本级人民政府的授权组织制定并实施生产安全事故现场应急救援方案，协调、指挥有关单位和个人参加现场应急救援。参加生产安全事故现场应急救援的单位和个人应当服从现场指挥部的统一指挥。

生产安全事故的威胁和危害得到控制或者消除后，有关人民政府应当决定停止执行依照本条例和有关法律、法规采取的全部或者部分应急救援措施。

（4）信息化保障

生产经营单位可以通过生产安全事故应急救援信息系统办理生产安全事故应急救援预案备案手续，报送应急救援预案演练情况和应急救援队伍建设情况；但依法需要保密的除外。

（四）《生产安全事故报告和调查处理条例》

《生产安全事故报告和调查处理条例》已经 2007 年 3 月 28 日国务院第 172 次常务会议通过，2007 年 4 月 9 日以国务院令第 493 号公布，自 2007 年 6 月 1 日起施行。为了规范生产安全事故的报告和调查处理，落实生产安全事故责任追究制度，防止和减少生产安全事故。该条例适用于生产经营活动中发生的造成人身伤亡或者直接经济损失的生产安全事故的报告和调查处理。国家机关、事业单位、人民团体发生的事故的报告和调查处理，参照本条例的规定执行。

1. 生产安全事故的等级划分

根据生产安全事故（以下简称事故）造成的人员伤亡或者直接经济损失，事故一般分为以下等级：

（1）特别重大事故，是指造成 30 人以上死亡，或者 100 人以上重伤（包括急性工业中毒，下同），或者 1 亿元以上直接经济损失的事故；

（2）重大事故，是指造成 10 人以上 30 人以下死亡，或者 50 人以上 100 人以下重伤，或者 5000 万元以上 1 亿元以下直接经济损失的事故；

（3）较大事故，是指造成 3 人以上 10 人以下死亡，或者 10 人以上 50 人以下重伤，或者 1000 万元以上 5000 万元以下直接经济损失的事故；

（4）一般事故，是指造成 3 人以下死亡，或者 10 人以下重伤，或者 1000 万元以下直接经济损失的事故。

国务院安全生产监督管理部门可以会同国务院有关部门，制定事故等级划分的补充性规定。本条第一款所称的“以上”包括本数，所称的“以下”不包括本数。

2. 事故报告

（1）事故报告原则：及时、准确、完整和不得迟报、漏报、谎报、瞒报原则。

安全生产监督管理部门和负有安全生产监督管理职责的有关部门应当建立值班制度，并向社会公布值班电话，受理事故报告和举报。

（2）事故报告的时限要求及程序

①事故单位：事故发生后，事故现场有关人员应当立即向本单位负责人报告；单位负责人接到报告后，应当于 1 小时内向事故发生地县级以上人民政府安全生产监督管理部门和负有安全生产监督管理职责的有关部门报告。情况紧急时，事故现场有关人员可以直接向事故发生地县级以上人民政府安全生产监督管理部门和负有安全生产监督管理职责的有关部门报告。

②行政部门：安全生产监督管理部门和负有安全生产监督管理职责的有关部门接到事故报告后，应当依照下列规定上报事故情况，并通知公安机关、劳动保障行政部门、工会和人民检察院。

a. 特别重大事故、重大事故逐级上报至国务院安全生产监督管理部门和负有安全生产监督管理职责的有关部门；b. 较大事故逐级上报至省、自治区、直辖市人民政府安全生产监督管理部门和负有安全生产监督管理职责的有关部门；c. 一般事故上报至设区的市级人民政府安全生产监督管理部门和负有安全生产监督管理职责的有关部门。

安全生产监督管理部门和负有安全生产监督管理职责的有关部门依照前款规定上报事故情况，应当同时报告本级人民政府。国务院安全生产监督管理部门和负有安全生产监督管理职责的有关部门以及省级人民政府接到发生特别重大事故、重大事故的报告后，应当立即报告国务院。必要时，安全生产监督管理部门和负有安全生产监督管理职责的有关部门可以越级上报事故情况。

安全生产监督管理部门和负有安全生产监督管理职责的有关部门逐级上报事故情况，每级上报的时间不得超过 2 小时。

③事故报告的内容

报告事故应当包括下列内容：

a. 事故发生单位概况；b. 事故发生的时间、地点以及事故现场情况；c. 事故的简要经过；d. 事故已经造成或者可能造成的伤亡人数（包括下落不明的人数）和初步估计的直接经济损失；e. 已经采取的措施；f. 其他应当报告的情况。

④补报的规定

事故报告后出现新情况的，应当及时补报。

自事故发生之日起30日内，事故造成的伤亡人数发生变化的，应当及时补报。道路交通事故、火灾事故自发生之日起7日内，事故造成的伤亡人数发生变化的，应当及时补报。

3. 事故抢救

（1）事故发生单位负责人接到事故报告后，应当立即启动事故相应应急预案，或者采取有效措施，组织抢救，防止事故扩大，减少人员伤亡和财产损失。

（2）事故发生地有关地方人民政府、安全生产监督管理部门和负有安全生产监督管理职责的有关部门接到事故报告后，其负责人应当立即赶赴事故现场，组织事故救援。

（3）事故发生后，有关单位和人员应当妥善保护事故现场以及相关证据，任何单位和个人不得破坏事故现场、毁灭相关证据。

因抢救人员、防止事故扩大以及疏通交通等原因，需要移动事故现场物件的，应当做出标志，绘制现场简图并做出书面记录，妥善保存现场重要痕迹、物证。

4. 事故调查

（1）事故调查原则

事故调查处理应当坚持实事求是、尊重科学的原则。及时、准确地查清事故经过、事故原因和事故损失；查明事故性质，认定事故责任；总结事故教训，提出整改措施；并对事故责任者依法追究责任。

（2）事故调查的主体及其责任

县级以上人民政府应当依照本条例的规定，严格履行职责，及时、准确地完成事故调查处理工作。

事故发生地有关地方人民政府应当支持、配合上级人民政府或者有关部门的事故调查处理工作，并提供必要的便利条件。

参加事故调查处理的部门和单位应当互相配合，提高事故调查处理工作的效率。

工会依法参加事故调查处理，有权向有关部门提出处理意见。

任何单位和个人不得阻挠和干涉对事故的报告和依法调查处理。

对事故报告和调查处理中的违法行为，任何单位和个人有权向安全生产监督管理部门、监察机关或者其他有关部门举报，接到举报的部门应当依法及时处理。

（3）事故调查的权限划分

特别重大事故由国务院或者国务院授权有关部门组织事故调查组进行调查。

重大事故、较大事故、一般事故分别由事故发生地省级人民政府、设区的市级人民政府、县级人民政府负责调查。省级人民政府、设区的市级人民政府、县级人民政府可以直接组织事故调查组进行调查，也可以授权或者委托有关部门组织事故调查组进行调查。

未造成人员伤亡的一般事故，县级人民政府也可以委托事故发生单位组织事故调查组进行调查。

上级人民政府认为必要时，可以调查由下级人民政府负责调查的事故。

自事故发生之日起30日内（道路交通事故、火灾事故自发生之日起7日内），因事故伤亡人数变化导致事故等级发生变化，依照本条例规定应当由上级人民政府负责调查的，上级人民政府可以另行组织事故调查组进行调查。

特别重大事故以下等级事故，事故发生地与事故发生单位不在同一个县级以上行政区域的，由事故发生地人民政府负责调查，事故发生单位所在地人民政府应当派人参加。

（4）事故调查组的组成及职责

①事故调查组的组成

事故调查组的组成应当遵循精简、效能的原则。

根据事故的具体情况，事故调查组由有关人民政府、安全生产监督管理部门、负有安全生产监督管理职责的有关部门、监察机关、公安机关以及工会派人组成，并应当邀请人民检察院派人参加。

事故调查组可以聘请有关专家参与调查。

事故调查组成员应当具有事故调查所需要的知识和专长，并与所调查的事故没有直接利害关系。

事故调查组组长由负责事故调查的人民政府指定。事故调查组组长主持事故调查组的工作。

②事故调查组的职责

事故调查组履行下列职责：

a.查明事故发生的经过、原因、人员伤亡情况及直接经济损失；b.认定事故的性质和事故责任；c.提出对事故责任者的处理建议；d.总结事故教训，提出防范和整改措施；e.提交事故调查报告。

（5）事故调查的有关规定

事故调查组有权向有关单位和个人了解与事故有关的情况，并要求其提供相关文件、资料，有关单位和个人不得拒绝。

事故发生单位的负责人和有关人员在事故调查期间不得擅离职守，并应当随时接受事故调查组的询问，如实提供有关情况。

事故调查中发现涉嫌犯罪的，事故调查组应当及时将有关材料或者其复印件移交司法机关处理。

事故发生地公安机关根据事故的情况，对涉嫌犯罪的，应当依法立案侦查，采取强制措施和侦查措施。犯罪嫌疑人逃匿的，公安机关应当迅速追捕归案。

事故调查中需要进行技术鉴定的，事故调查组应当委托具有国家规定资质的单位进行技术鉴定。必要时，事故调查组可以直接组织专家进行技术鉴定。技术鉴定所需时间不计入事故调查期限。

事故调查组成员在事故调查工作中应当诚信公正、恪尽职守，遵守事故调查组的纪律，保守事故调查的秘密。未经事故调查组组长允许，事故调查组成员不得擅自发布有关事故的信息。

（6）事故调查的时限

事故调查组应当自事故发生之日起60日内提交事故调查报告；特殊情况下，经负责事故调查的人民政府批准，提交事故调查报告的期限可以适当延长，但延长的期限最长不超过60日。

（7）事故调查报告的内容

事故调查报告应当包括下列内容：

①事故发生单位概况；

②事故发生经过和事故救援情况；

③事故造成的人员伤亡和直接经济损失；

④事故发生的原因和事故性质；

⑤事故责任的认定以及对事故责任者的处理建议；

⑥事故防范和整改措施。

事故调查报告应当附具有关证据材料。事故调查组成员应当在事故调查报告上签名。

事故调查报告报送负责事故调查的人民政府后，事故调查工作即告结束。事故调查的有关资料应当归档保存。

5.事故处理

（1）调查报告的批复期限

重大事故、较大事故、一般事故，负责事故调查的人民政府应当自收到事故调查报告之日起15日内作出批复；特别重大事故，30日内做出批复，特殊情况下，批复时间可以适当延长，但延长的时间最长不超过30日。

（2）事故责任的追究

有关机关应当按照人民政府的批复，依照法律、行政法规规定的权限和程序，对事故发生单位和有关人员进行行政处罚，对负有事故责任的国家工作人员进行处分。

事故发生单位应当按照负责事故调查的人民政府的批复，对本单位负有事故责任的人员进行处理。

负有事故责任的人员涉嫌犯罪的，依法追究刑事责任。

（3）事故预防和整改

事故发生单位应当认真吸取事故教训，落实防范和整改措施，防止事故再次发生。防范和整改措施的落实情况应当接受工会和职工的监督。

安全生产监督管理部门和负有安全生产监督管理职责的有关部门应当对事故发生单位落实防范和整改措施的情况进行监督检查。

（4）事故处理情况的公布

事故处理的情况由负责事故调查的人民政府或者其授权的有关部门、机构向社会公布，依法应当保密的除外。

（五）《工伤保险条例》

《工伤保险条例》于2003年4月27日中华人民共和国国务院令第375号公布，2010年12月20日国务院令第586号《国务院关于修改〈工伤保险条例〉的决定》发布，自2011年1月

1 日起施行。为了保障因工作遭受事故伤害或者患职业病的职工获得医疗救治和经济补偿，促进工伤预防和职业康复，分散用人单位的工伤风险。

1. 适用对象

中华人民共和国境内的企业、事业单位、社会团体、民办非企业单位、基金会、律师事务所、会计师事务所等组织和有雇工的个体工商户应当依照本条例规定，为本单位全部职工或者雇工缴纳工伤保险费。

2. 工伤保险基金

工伤保险基金的构成：工伤保险基金由用人单位缴纳的工伤保险费、工伤保险基金的利息和依法纳入工伤保险基金的其他资金构成。

用人单位应当按时缴纳工伤保险费，职工个人不缴纳工伤保险费。

3. 工伤认定

（1）职工有下列情形之一的，应当认定为工伤：

①在工作时间和工作场所内，因工作原因受到事故伤害的；

②工作时间前后在工作场所内，从事与工作有关的预备性或者收尾性工作受到事故伤害的；

③在工作时间和工作场所内，因履行工作职责受到暴力等意外伤害的；

④患职业病的；

⑤因工外出期间，由于工作原因受到伤害或者发生事故下落不明的；

⑥在上下班途中，受到非本人主要责任的交通事故或者城市轨道交通、客运轮渡、火车事故伤害的；

⑦法律、行政法规规定应当认定为工伤的其他情形。

（2）职工有下列情形之一的，视同工伤：

①在工作时间和工作岗位，突发疾病死亡或者在 48 小时之内经抢救无效死亡的；

②在抢险救灾等维护国家利益、公共利益活动中受到伤害的；

③职工原在军队服役，因战、因公负伤致残，已取得革命伤残军人证，到用人单位后旧伤复发的。

职工有前款第①项、第②项情形的，按照本条例的有关规定享受工伤保险待遇；职工有前款第③项情形的，按照本条例的有关规定享受除一次性伤残补助金以外的工伤保险待遇。

（3）职工符合本条例（1）、（2）的规定，但是有下列情形之一的，不得认定为工伤或者视同工伤：

①故意犯罪的；

②醉酒或者吸毒的；

③自残或者自杀的。

（4）职工发生事故伤害或者按照职业病防治法规定被诊断、鉴定为职业病，所在单位应当自事故伤害发生之日或者被诊断、鉴定为职业病之日起 30 日内，向统筹地区社会保险行政部门提出工伤认定申请。遇有特殊情况，经报社会保险行政部门同意，申请时限可以适当延长。

用人单位未按前款规定提出工伤认定申请的，工伤职工或者其近亲属、工会组织在事故伤害发生之日或者被诊断、鉴定为职业病之日起 1 年内，可以直接向用人单位所在地统筹地区社会保险行政部门提出工伤认定申请。

按照本条第一款规定应当由省级社会保险行政部门进行工伤认定的事项，根据属地原则由用人单位所在地的设区的市级社会保险行政部门办理。

用人单位未在本条第一款规定的时限内提交工伤认定申请，在此期间发生符合本条例规定的工伤待遇等有关费用由该用人单位负担。

（5）提出工伤认定申请应当提交下列材料：

①工伤认定申请表；

②与用人单位存在劳动关系（包括事实劳动关系）的证明材料；

③医疗诊断证明或者职业病诊断证明书（或者职业病诊断鉴定书）。

职工或者其近亲属认为是工伤，用人单位不认为是工伤的，由用人单位承担举证责任。

4.劳动能力鉴定

职工发生工伤，经治疗伤情相对稳定后存在残疾、影响劳动能力的，应当进行劳动能力鉴定。劳动能力鉴定是指劳动功能障碍程度和生活自理障碍程度的等级鉴定。劳动功能障碍分为十个伤残等级，最重的为一级，最轻的为十级。

劳动能力鉴定标准由国务院社会保险行政部门会同国务院卫生行政部门等部门制定。

5.工伤保险待遇

职工因工作遭受事故伤害或者患职业病进行治疗，享受工伤医疗待遇。工伤职工有下列情形之一的，停止享受工伤保险待遇：

①丧失享受待遇条件的；

②拒不接受劳动能力鉴定的；

③拒绝治疗的。

四、部门规章及规范性文件

（一）《建筑施工企业主要负责人、项目负责人和专职安全生产管理人员安全生产管理规定》（中华人民共和国住房和城乡建设部令第17号）（节录）

第三条　企业主要负责人，是指对本企业生产经营活动和安全生产工作具有决策权的领导人员。是指企业的法定代表人、总经理、主管质量安全和生产工作的副总经理、总工程师和副总工程师。

项目负责人，是指取得相应注册执业资格，由企业法定代表人授权，负责具体工程项目管理的人员。

专职安全生产管理人员，是指在企业专职从事安全生产管理工作的人员，包括企业安全生产管理机构的人员和工程项目专职从事安全生产管理工作的人员。

第七条　安全生产考核包括安全生产知识考核和管理能力考核。

安全生产知识考核内容包括：建筑施工安全的法律法规、规章制度、标准规范，建筑施工安全管理基本理论等。

安全生产管理能力考核内容包括：建立和落实安全生产管理制度、辨识和监控危险性较大的分部分项工程、发现和消除安全事故隐患、报告和处置生产安全事故等方面的能力。

第九条　安全生产考核合格证书有效期为3年，证书在全国范围内有效。证书式样由国务院住房城乡建设主管部门统一规定。

第十条　安全生产考核合格证书有效期届满需要延续的，“安管人员”应当在有效期届满前3个月内，由本人通过受聘企业向原考核机关申请证书延续。准予证书延续的，证书有效期延续3年。

对证书有效期内未因生产安全事故或者违反本规定受到行政处罚，信用档案中无不良行为记录，且已按规定参加企业和县级以上人民政府住房城乡建设主管部门组织的安全生产教育培训的，考核机关应当在受理延续申请之日起20个工作日内，准予证书延续。

第十一条　“安管人员”变更受聘企业的，应当与原聘用企业解除劳动关系，并通过新聘用企业到考核机关申请办理证书变更手续。考核机关应当在受理变更申请之日起5个工作日内办理完毕。

第十四条　主要负责人对本企业安全生产工作全面负责，应当建立健全企业安全生产管理体系，设置安全生产管理机构，配备专职安全生产管理人员，保证安全生产投入，督促检查本企业安全生产工作，及时消除安全事故隐患，落实安全生产责任。

第十五条　主要负责人应当与项目负责人签订安全生产责任书，确定项目安全生产考核目标、奖惩措施，以及企业为项目提供的安全管理和技术保障措施。

工程项目实行总承包的，总承包企业应当与分包企业签订安全生产协议，明确双方安全生产责任。

第十六条　主要负责人应当按规定检查企业所承担的工程项目，考核项目负责人安全生产管理能力。发现项目负责人履职不到位的，应当责令其改正；必要时，调整项目负责人。检查情况应当记入企业和项目安全管理档案。

第十七条　项目负责人对本项目安全生产管理全面负责，应当建立项目安全生产管理体系，明确项目管理人员安全职责，落实安全生产管理制度，确保项目安全生产费用有效使用。

第十八条　项目负责人应当按规定实施项目安全生产管理，监控危险性较大分部分项工程，及时排查处理施工现场安全事故隐患，隐患排查处理情况应当记入项目安全管理档案；发生事故时，应当按规定及时报告并开展现场救援。

工程项目实行总承包的，总承包企业项目负责人应当定期考核分包企业安全生产管理情况。

第十九条　企业安全生产管理机构专职安全生产管理人员应当检查在建项目安全生产管理情况，重点检查项目负责人、项目专职安全生产管理人员履责情况，处理在建项目违规违章行为，并记入企业安全管理档案。

第二十条　项目专职安全生产管理人员应当每天在施工现场开展安全检查，现场监督危险性较大的分部分项工程安全专项施工方案实施。对检查中发现的安全事故隐患，应当立即处理；不能处理的，应当及时报告项目负责人和企业安全生产管理机构。项目负责人应当及时处理。检查及处理情况应当记入项目安全管理档案。

第二十二条　建筑施工企业安全生产管理机构和工程项目应当按规定配备相应数量和相关专业的专职安全生产管理人员。危险性较大的分部分项工程施工时，应当安排专职安全生产管理人员现场监督。

第二十七条　“安管人员”隐瞒有关情况或者提供虚假材料申请安全生产考核的，考核机关不予考核，并给予警告；“安管人员”1年内不得再次申请考核。

“安管人员”以欺骗、贿赂等不正当手段取得安全生产考核合格证书的，由原考核机关撤销安全生产考核合格证书；“安管人员”3年内不得再次申请考核。

第二十八条 “安管人员”涂改、倒卖、出租、出借或者以其他形式非法转让安全生产考核合格证书的，由县级以上地方人民政府住房城乡建设主管部门给予警告，并处1000元以上5000元以下的罚款。

第三十二条 主要负责人、项目负责人未按规定履行安全生产管理职责的，由县级以上人民政府住房城乡建设主管部门责令限期改正；逾期未改正的，责令建筑施工企业停业整顿；造成生产安全事故或者其他严重后果的，按照《生产安全事故报告和调查处理条例》的有关规定，依法暂扣或者吊销安全生产考核合格证书；构成犯罪的，依法追究刑事责任。

主要负责人、项目负责人有前款违法行为，尚不够刑事处罚的，处2万元以上20万元以下的罚款或者按照管理权限给予撤职处分；自刑罚执行完毕或者受处分之日起，5年内不得担任建筑施工企业的主要负责人、项目负责人。

第三十三条 专职安全生产管理人员未按规定履行安全生产管理职责的，由县级以上地方人民政府住房城乡建设主管部门责令限期改正，并处1000元以上5000元以下的罚款；造成生产安全事故或者其他严重后果的，按照《生产安全事故报告和调查处理条例》的有关规定，依法暂扣或者吊销安全生产考核合格证书；构成犯罪的，依法追究刑事责任。

第三十五条 本规定自2014年9月1日起施行。

（二）《建筑施工企业安全生产许可证管理规定》（中华人民共和国住房和城乡建设部令第128号）（节录）

第二条 国家对建筑施工企业实行安全生产许可制度。

建筑施工企业未取得安全生产许可证的，不得从事建筑施工活动。

本规定所称建筑施工企业，是指从事土木工程、建筑工程、线路管道和设备安装工程及装修工程的新建、扩建、改建和拆除等有关活动的企业。

第三条 国务院建设主管部门负责中央管理的建筑施工企业安全生产许可证的颁发和管理。

省、自治区、直辖市人民政府建设主管部门负责本行政区域内前款规定以外的建筑施工企业安全生产许可证的颁发和管理，并接受国务院建设主管部门的指导和监督。

市、县人民政府建设主管部门负责本行政区域内建筑施工企业安全生产许可证的监督管理，并将监督检查中发现的企业违法行为及时报告安全生产许可证颁发管理机关。

第九条 建筑施工企业变更名称、地址、法定代表人等，应当在变更后10日内，到原安全生产许可证颁发管理机关办理安全生产许可证变更手续。

第十条 建筑施工企业破产、倒闭、撤销的，应当将安全生产许可证交回原安全生产许可证颁发管理机关予以注销。

第十一条 建筑施工企业遗失安全生产许可证，应当立即向原安全生产许可证颁发管理机关报告，并在公众媒体上声明作废后，方可申请补办。

第十五条 建筑施工企业取得安全生产许可证后，不得降低安全生产条件，并应当加强日常安全生产管理，接受建设主管部门的监督检查。安全生产许可证颁发管理机关发现企业不再具备安全生产条件的，应当暂扣或者吊销安全生产许可证。

第十八条　建筑施工企业不得转让、冒用安全生产许可证或者使用伪造的安全生产许可证。

（三）《危险性较大的分部分项工程安全管理规定》（中华人民共和国住房和城乡建设部令第37号）

第一条　为加强对房屋建筑和市政基础设施工程中危险性较大的分部分项工程安全管理，有效防范生产安全事故，依据《中华人民共和国建筑法》《中华人民共和国安全生产法》《建设工程安全生产管理条例》等法律法规，制定本规定。

第二条　本规定适用于房屋建筑和市政基础设施工程中危险性较大的分部分项工程安全管理。

第三条　本规定所称危险性较大的分部分项工程（以下简称“危大工程”），是指房屋建筑和市政基础设施工程在施工过程中，容易导致人员群死群伤或者造成重大经济损失的分部分项工程。

危大工程及超过一定规模的危大工程范围由国务院住房城乡建设主管部门制定。

省级住房城乡建设主管部门可以结合本地区实际情况，补充本地区危大工程范围。

第四条　国务院住房城乡建设主管部门负责全国危大工程安全管理的指导监督。

县级以上地方人民政府住房城乡建设主管部门负责本行政区域内危大工程的安全监督管理。

第十条　施工单位应当在危大工程施工前组织工程技术人员编制专项施工方案。

实行施工总承包的，专项施工方案应当由施工总承包单位组织编制。危大工程实行分包的，专项施工方案可以由相关专业分包单位组织编制。

第十一条　专项施工方案应当由施工单位技术负责人审核签字、加盖单位公章，并由总监理工程师审查签字、加盖执业印章后方可实施。

危大工程实行分包并由分包单位编制专项施工方案的，专项施工方案应当由总承包单位技术负责人及分包单位技术负责人共同审核签字并加盖单位公章。

第十二条　对于超过一定规模的危大工程，施工单位应当组织召开专家论证会对专项施工方案进行论证。实行施工总承包的，由施工总承包单位组织召开专家论证会。专家论证前专项施工方案应当通过施工单位审核和总监理工程师审查。

专家应当从地方人民政府住房城乡建设主管部门建立的专家库中选取，符合专业要求且人数不得少于5名。与本工程有利害关系的人员不得以专家身份参加专家论证会。

第十三条　专家论证会后，应当形成论证报告，对专项施工方案提出通过、修改后通过或者不通过的一致意见。专家对论证报告负责并签字确认。

专项施工方案经论证需修改后通过的，施工单位应当根据论证报告修改完善后，重新履行本规定第十一条的程序。

专项施工方案经论证不通过的，施工单位修改后应当按照本规定的要求重新组织专家论证。

第十四条　施工单位应当在施工现场显著位置公告危大工程名称、施工时间和具体责任人员，并在危险区域设置安全警示标志。

第十五条　专项施工方案实施前，编制人员或者项目技术负责人应当向施工现场管理人员进行方案交底。

施工现场管理人员应当向作业人员进行安全技术交底，并由双方和项目专职安全生产管理人员共同签字确认。

第十六条 施工单位应当严格按照专项施工方案组织施工，不得擅自修改专项施工方案。

因规划调整、设计变更等原因确需调整的，修改后的专项施工方案应当按照本规定重新审核和论证。涉及资金或者工期调整的，建设单位应当按照约定予以调整。

第十七条 施工单位应当对危大工程施工作业人员进行登记，项目负责人应当在施工现场履职。

项目专职安全生产管理人员应当对专项施工方案实施情况进行现场监督，对未按照专项施工方案施工的，应当要求立即整改，并及时报告项目负责人，项目负责人应当及时组织限期整改。

施工单位应当按照规定对危大工程进行施工监测和安全巡视，发现危及人身安全的紧急情况，应当立即组织作业人员撤离危险区域。

第十八条 监理单位应当结合危大工程专项施工方案编制监理实施细则，并对危大工程施工实施专项巡视检查。

第十九条 监理单位发现施工单位未按照专项施工方案施工的，应当要求其进行整改；情节严重的，应当要求其暂停施工，并及时报告建设单位。施工单位拒不整改或者不停止施工的，监理单位应当及时报告建设单位和工程所在地住房城乡建设主管部门。

第二十条 对于按照规定需要进行第三方监测的危大工程，建设单位应当委托具有相应勘察资质的单位进行监测。

监测单位应当编制监测方案。监测方案由监测单位技术负责人审核签字并加盖单位公章，报送监理单位后方可实施。

监测单位应当按照监测方案开展监测，及时向建设单位报送监测成果，并对监测成果负责；发现异常时，及时向建设、设计、施工、监理单位报告，建设单位应当立即组织相关单位采取处置措施。

第二十一条 对于按照规定需要验收的危大工程，施工单位、监理单位应当组织相关人员进行验收。验收合格的，经施工单位项目技术负责人及总监理工程师签字确认后，方可进入下一道工序。

危大工程验收合格后，施工单位应当在施工现场明显位置设置验收标识牌，公示验收时间及责任人员。

第二十二条 危大工程发生险情或者事故时，施工单位应当立即采取应急处置措施，并报告工程所在地住房城乡建设主管部门。建设、勘察、设计、监理等单位应当配合施工单位开展应急抢险工作。

第二十三条 危大工程应急抢险结束后，建设单位应当组织勘察、设计、施工、监理等单位制定工程恢复方案，并对应急抢险工作进行后评估。

第二十四条 施工、监理单位应当建立危大工程安全管理档案。

施工单位应当将专项施工方案及审核、专家论证、交底、现场检查、验收及整改等相关资料纳入档案管理。

监理单位应当将监理实施细则、专项施工方案审查、专项巡视检查、验收及整改等相关资料纳入档案管理。

第三十二条　施工单位未按照本规定编制并审核危大工程专项施工方案的，依照《建设工程安全生产管理条例》对单位进行处罚，并暂扣安全生产许可证30日；对直接负责的主管人员和其他直接责任人员处1000元以上5000元以下的罚款。

第三十三条　施工单位有下列行为之一的，依照《中华人民共和国安全生产法》《建设工程安全生产管理条例》对单位和相关责任人员进行处罚：

（一）未向施工现场管理人员和作业人员进行方案交底和安全技术交底的；

（二）未在施工现场显著位置公告危大工程，并在危险区域设置安全警示标志的；

（三）项目专职安全生产管理人员未对专项施工方案实施情况进行现场监督的。

第三十四条　施工单位有下列行为之一的，责令限期改正，处1万元以上3万元以下的罚款，并暂扣安全生产许可证30日；对直接负责的主管人员和其他直接责任人员处1000元以上5000元以下的罚款：

（一）未对超过一定规模的危大工程专项施工方案进行专家论证的；

（二）未根据专家论证报告对超过一定规模的危大工程专项施工方案进行修改，或者未按照本规定重新组织专家论证的；

（三）未严格按照专项施工方案组织施工，或者擅自修改专项施工方案的。

第三十五条　施工单位有下列行为之一的，责令限期改正，并处1万元以上3万元以下的罚款；对直接负责的主管人员和其他直接责任人员处1000元以上5000元以下的罚款：

（一）项目负责人未按照本规定现场履职或者组织限期整改的；

（二）施工单位未按照本规定进行施工监测和安全巡视的；

（三）未按照本规定组织危大工程验收的；

（四）发生险情或者事故时，未采取应急处置措施的；

（五）未按照本规定建立危大工程安全管理档案的。

第四十条　本规定自2018年6月1日起施行。

（四）《建筑起重机械安全监督管理规定》（中华人民共和国建设部令第166号）（节录）

本规定所称建筑起重机械，是指纳入特种设备目录，在房屋建筑工地和市政工程工地安装、拆卸、使用的起重机械。

第三条　国务院建设主管部门对全国建筑起重机械的租赁、安装、拆卸、使用实施监督管理。

县级以上地方人民政府建设主管部门对本行政区域内的建筑起重机械的租赁、安装、拆卸、使用实施监督管理。

第四条　出租单位出租的建筑起重机械和使用单位购置、租赁、使用的建筑起重机械应当具有特种设备制造许可证、产品合格证、制造监督检验证明。

第五条　出租单位在建筑起重机械首次出租前，自购建筑起重机械的使用单位在建筑起重机械首次安装前，应当持建筑起重机械特种设备制造许可证、产品合格证和制造监督检验证明到本单位工商注册所在地县级以上地方人民政府建设主管部门办理备案。

第六条 出租单位应当在签订的建筑起重机械租赁合同中，明确租赁双方的安全责任，并出具建筑起重机械特种设备制造许可证、产品合格证、制造监督检验证明、备案证明和自检合格证明，提交安装使用说明书。

第七条 有下列情形之一的建筑起重机械，不得出租、使用：

（一）属国家明令淘汰或者禁止使用的；

（二）超过安全技术标准或者制造厂家规定的使用年限的；

（三）经检验达不到安全技术标准规定的；

（四）没有完整安全技术档案的；

（五）没有齐全有效的安全保护装置的。

第八条 建筑起重机械有本规定第七条第（一）、（二）、（三）项情形之一的，出租单位或者自购建筑起重机械的使用单位应当予以报废，并向原备案机关办理注销手续。

第九条 出租单位、自购建筑起重机械的使用单位，应当建立建筑起重机械安全技术档案。

建筑起重机械安全技术档案应当包括以下资料：

（一）购销合同、制造许可证、产品合格证、制造监督检验证明、安装使用说明书、备案证明等原始资料；

（二）定期检验报告、定期自行检查记录、定期维护保养记录、维修和技术改造记录、运行故障和生产安全事故记录、累计运转记录等运行资料；

（三）历次安装验收资料。

第十条 从事建筑起重机械安装、拆卸活动的单位（以下简称安装单位）应当依法取得建设主管部门颁发的相应资质和建筑施工企业安全生产许可证，并在其资质许可范围内承揽建筑起重机械安装、拆卸工程。

第十一条 建筑起重机械使用单位和安装单位应当在签订的建筑起重机械安装、拆卸合同中明确双方的安全生产责任。

实行施工总承包的，施工总承包单位应当与安装单位签订建筑起重机械安装、拆卸工程安全协议书。

第十二条 安装单位应当履行下列安全职责：

（一）按照安全技术标准及建筑起重机械性能要求，编制建筑起重机械安装、拆卸工程专项施工方案，并由本单位技术负责人签字；

（二）按照安全技术标准及安装使用说明书等检查建筑起重机械及现场施工条件；

（三）组织安全施工技术交底并签字确认；

（四）制定建筑起重机械安装、拆卸工程生产安全事故应急救援预案；

（五）将建筑起重机械安装、拆卸工程专项施工方案，安装、拆卸人员名单，安装、拆卸时间等材料报施工总承包单位和监理单位审核后，告知工程所在地县级以上地方人民政府建设主管部门。

第十三条 安装单位应当按照建筑起重机械安装、拆卸工程专项施工方案及安全操作规程组织安装、拆卸作业。

安装单位的专业技术人员、专职安全生产管理人员应当进行现场监督，技术负责人应当定期巡查。

第十四条　建筑起重机械安装完毕后，安装单位应当按照安全技术标准及安装使用说明书的有关要求对建筑起重机械进行自检、调试和试运转。自检合格的，应当出具自检合格证明，并向使用单位进行安全使用说明。

第十五条　安装单位应当建立建筑起重机械安装、拆卸工程档案。

建筑起重机械安装、拆卸工程档案应当包括以下资料：安装、拆卸合同及安全协议书；安装、拆卸工程专项施工方案；安全施工技术交底的有关资料；安装工程验收资料；安装、拆卸工程生产安全事故应急救援预案。

第十六条　建筑起重机械安装完毕后，使用单位应当组织出租、安装、监理等有关单位进行验收，或者委托具有相应资质的检验检测机构进行验收。建筑起重机械经验收合格后方可投入使用，未经验收或者验收不合格的不得使用。

实行施工总承包的，由施工总承包单位组织验收。

建筑起重机械在验收前应当经有相应资质的检验检测机构监督检验合格。

检验检测机构和检验检测人员对检验检测结果、鉴定结论依法承担法律责任。

第十七条　使用单位应当自建筑起重机械安装验收合格之日起30日内，将建筑起重机械安装验收资料、建筑起重机械安全管理制度、特种作业人员名单等，向工程所在地县级以上地方人民政府建设主管部门办理建筑起重机械使用登记。登记标志置于或者附着于该设备的显著位置。

第十八条　使用单位应当履行下列安全职责：

（一）根据不同施工阶段、周围环境以及季节、气候的变化，对建筑起重机械采取相应的安全防护措施；

（二）制定建筑起重机械生产安全事故应急救援预案；

（三）在建筑起重机械活动范围内设置明显的安全警示标志，对集中作业区做好安全防护；

（四）设置相应的设备管理机构或者配备专职的设备管理人员；

（五）指定专职设备管理人员、专职安全生产管理人员进行现场监督检查；

（六）建筑起重机械出现故障或者发生异常情况的，立即停止使用，消除故障和事故隐患后，方可重新投入使用。

第十九条　使用单位应当对在用的建筑起重机械及其安全保护装置、吊具、索具等进行经常性和定期的检查、维护和保养，并做好记录。

使用单位在建筑起重机械租期结束后，应当将定期检查、维护和保养记录移交出租单位。

建筑起重机械租赁合同对建筑起重机械的检查、维护、保养另有约定的，从其约定。

第二十条　建筑起重机械在使用过程中需要附着的，使用单位应当委托原安装单位或者具有相应资质的安八装单位按照专项施工方案实施，并按照本规定第十六条规定组织验收。验收合格后方可投入使用。

建筑起重机械在使用过程中需要顶升的，使用单位委托原安装单位或者具有相应资质的安装单位按照专项施工方案实施后，即可投入使用。

禁止擅自在建筑起重机械上安装非原制造厂制造的标准节和附着装置。

第二十一条 施工总承包单位应当履行下列安全职责：

（一）向安装单位提供拟安装设备位置的基础施工资料，确保建筑起重机械进场安装、拆卸所需的施工条件；

（二）审核建筑起重机械的特种设备制造许可证、产品合格证、制造监督检验证明、备案证明等文件；

（三）审核安装单位、使用单位的资质证书、安全生产许可证和特种作业人员的特种作业操作资格证书；

（四）审核安装单位制定的建筑起重机械安装、拆卸工程专项施工方案和生产安全事故应急救援预案；

（五）审核使用单位制定的建筑起重机械生产安全事故应急救援预案；

（六）指定专职安全生产管理人员监督检查建筑起重机械安装、拆卸、使用情况；

（七）施工现场有多台塔式起重机作业时，应当组织制定并实施防止塔式起重机相互碰撞的安全措施。

第二十三条 依法发包给2个及2个以上施工单位的工程，不同施工单位在同一施工现场使用多台塔式起重机作业时，建设单位应当协调组织制定防止塔式起重机相互碰撞的安全措施。

安装单位、使用单位拒不整改生产安全事故隐患的，建设单位接到监理单位报告后，应当责令安装单位、使用单位立即停工整改。

第二十四条 建筑起重机械特种作业人员应当遵守建筑起重机械安全操作规程和安全管理制度，在作业中有权拒绝违章指挥和强令冒险作业，有权在发生危及人身安全的紧急情况时立即停止作业或者采取必要的应急措施后撤离危险区域。

第二十五条 建筑起重机械安装拆卸工、起重信号工、起重司机、司索工等特种作业人员应当经建设主管部门考核合格，并取得特种作业操作资格证书后，方可上岗作业。

省、自治区、直辖市人民政府建设主管部门负责组织实施建筑施工企业特种作业人员的考核。

特种作业人员的特种作业操作资格证书由国务院建设主管部门规定统一的样式。

第二十八条～第三十二条 违反本规定，出租单位、安装单位、使用单位、总承包单位等相关单位由县级以上地方人民政府建设主管部门责令限期改正，予以警告，按规定进行相应的处罚。

第三十五条 本规定自2008年6月1日起施行。

（五）《生产安全事故应急预案管理办法》（应急管理部令第2号）（节录）

第三条 应急预案的管理实行属地为主、分级负责、分类指导、综合协调、动态管理的原则。

第五条 生产经营单位主要负责人负责组织编制和实施本单位的应急预案，并对应急预案的真实性和实用性负责；各分管负责人应当按照职责分工落实应急预案规定的职责。

第六条 生产经营单位应急预案分为综合应急预案、专项应急预案和现场处置方案。

第七条 应急预案的编制应当遵循以人为本、依法依规、符合实际、注重实效的原则，以应急处置为核心，明确应急职责、规范应急程序、细化保障措施。

第八条　应急预案的编制应当符合下列基本要求：

（一）有关法律、法规、规章和标准的规定；

（二）本地区、本部门、本单位的安全生产实际情况；

（三）本地区、本部门、本单位的危险性分析情况；

（四）应急组织和人员的职责分工明确，并有具体的落实措施；

（五）有明确、具体的应急程序和处置措施，并与其应急能力相适应；

（六）有明确的应急保障措施，满足本地区、本部门、本单位的应急工作需要；

（七）应急预案基本要素齐全、完整，应急预案附件提供的信息准确；

（八）应急预案内容与相关应急预案相互衔接。

第十条　编制应急预案前，编制单位应当进行事故风险辨识、评估和应急资源调查。

事故风险辨识、评估，是指针对不同事故种类及特点，识别存在的危险危害因素，分析事故可能产生的直接后果以及次生、衍生后果，评估各种后果的危害程度和影响范围，提出防范和控制事故风险措施的过程。

应急资源调查，是指全面调查本地区、本单位第一时间可以调用的应急资源状况和合作区域内可以请求援助的应急资源状况，并结合事故风险辨识评估结论制定应急措施的过程。

第十二条　生产经营单位应当根据有关法律、法规、规章和相关标准，结合本单位组织管理体系、生产规模和可能发生的事故特点，与相关预案保持衔接，确立本单位的应急预案体系，编制相应的应急预案，并体现自救互救和先期处置等特点。

第十三条　生产经营单位风险种类多、可能发生多种类型事故的，应当组织编制综合应急预案。

综合应急预案应当规定应急组织机构及其职责、应急预案体系、事故风险描述、预警及信息报告、应急响应、保障措施、应急预案管理等内容。

第十四条　对于某一种或者多种类型的事故风险，生产经营单位可以编制相应的专项应急预案，或将专项应急预案并入综合应急预案。

第十五条　对于危险性较大的场所、装置或者设施，生产经营单位应当编制现场处置方案。

第十六条　生产经营单位应急预案应当包括向上级应急管理机构报告的内容、应急组织机构和人员的联系方式、应急物资储备清单等附件信息。附件信息发生变化时，应当及时更新，确保准确有效。

第十八条　生产经营单位编制的各类应急预案之间应当相互衔接，并与相关人民政府及其部门、应急救援队伍和涉及的其他单位的应急预案相衔接。

第十九条　生产经营单位应当在编制应急预案的基础上，针对工作场所、岗位的特点，编制简明、实用、有效的应急处置卡。

应急处置卡应当规定重点岗位、人员的应急处置程序和措施，以及相关联络人员和联系方式，便于从业人员携带。

第二十一条　矿山、金属冶炼企业和易燃易爆物品、危险化学品的生产、经营（带储存设施的，下同）、储存、运输企业，以及使用危险化学品达到国家规定数量的化工企业、烟花爆竹生产、批发经营企业和中型规模以上的其他生产经营单位，应当对本单位编制的应急预案进行评审，并形成书面评审纪要。

前款规定以外的其他生产经营单位可以根据自身需要，对本单位编制的应急预案进行论证。

第二十三条 应急预案的评审或者论证应当注重基本要素的完整性、组织体系的合理性、应急处置程序和措施的针对性、应急保障措施的可行性、应急预案的衔接性等内容。

第二十四条 生产经营单位的应急预案经评审或者论证后，由本单位主要负责人签署，向本单位从业人员公布，并及时发放到本单位有关部门、岗位和相关应急救援队伍。

第二十六条 易燃易爆物品、危险化学品等危险物品的生产、经营、储存、运输单位，矿山、金属冶炼、城市轨道交通运营、建筑施工单位，以及宾馆、商场、娱乐场所、旅游景区等人员密集场所经营单位，应当在应急预案公布之日起20个工作日内，按照分级属地原则，向县级以上人民政府应急管理部门和其他负有安全生产监督管理职责的部门进行备案，并依法向社会公布。

第二十七条 生产经营单位申报应急预案备案，应当提交下列材料：

（一）应急预案备案申报表；

（二）本办法第二十一条所列单位，应当提供应急预案评审意见；

（三）应急预案电子文档；

（四）风险评估结果和应急资源调查清单。

第三十一条 各级人民政府应急管理部门应当将本部门应急预案的培训纳入安全生产培训工作计划，并组织实施本行政区域内重点生产经营单位的应急预案培训工作。

生产经营单位应当组织开展本单位的应急预案、应急知识、自救互救和避险逃生技能的培训活动，使有关人员了解应急预案内容，熟悉应急职责、应急处置程序和措施。

应急培训的时间、地点、内容、师资、参加人员和考核结果等情况应当如实记入本单位的安全生产教育和培训档案。

第三十三条 生产经营单位应当制定本单位的应急预案演练计划，根据本单位的事故风险特点，每年至少组织一次综合应急预案演练或者专项应急预案演练，每半年至少组织一次现场处置方案演练。

易燃易爆物品、危险化学品等危险物品的生产、经营、储存、运输单位，矿山、金属冶炼、城市轨道交通运营、建筑施工单位，以及宾馆、商场、娱乐场所、旅游景区等人员密集场所经营单位，应当至少每半年组织一次生产安全事故应急预案演练，并将演练情况报送所在地县级以上地方人民政府负有安全生产监督管理职责的部门。

县级以上地方人民政府负有安全生产监督管理职责的部门应当对本行政区域内前款规定的重点生产经营单位的生产安全事故应急救援预案演练进行抽查；发现演练不符合要求的，应当责令限期改正。

第三十四条 应急预案演练结束后，应急预案演练组织单位应当对应急预案演练效果进行评估，撰写应急预案演练评估报告，分析存在的问题，并对应急预案提出修订意见。

第三十五条 应急预案编制单位应当建立应急预案定期评估制度，对预案内容的针对性和实用性进行分析，并对应急预案是否需要修订作出结论。

矿山、金属冶炼、建筑施工企业和易燃易爆物品、危险化学品等危险物品的生产、经营、储存、运输企业、使用危险化学品达到国家规定数量的化工企业、烟花爆竹生产、批发经营企业和中型规模以上的其他生产经营单位，应当每三年进行一次应急预案评估。

应急预案评估可以邀请相关专业机构或者有关专家、有实际应急救援工作经验的人员参加，必要时可以委托安全生产技术服务机构实施。

第三十六条　有下列情形之一的，应急预案应当及时修订并归档：

（一）依据的法律、法规、规章、标准及上位预案中的有关规定发生重大变化的；

（二）应急指挥机构及其职责发生调整的；

（三）安全生产面临的风险发生重大变化的；

（四）重要应急资源发生重大变化的；

（五）在应急演练和事故应急救援中发现需要修订预案的重大问题的；

（六）编制单位认为应当修订的其他情况。

第三十七条　应急预案修订涉及组织指挥体系与职责、应急处置程序、主要处置措施、应急响应分级等内容变更的，修订工作应当参照本办法规定的应急预案编制程序进行，并按照有关应急预案报备程序重新备案。

第三十八条　生产经营单位应当按照应急预案的规定，落实应急指挥体系、应急救援队伍、应急物资及装备，建立应急物资、装备配备及其使用档案，并对应急物资、装备进行定期检测和维护，使其处于适用状态。

第三十九条　生产经营单位发生事故时，应当第一时间启动应急响应，组织有关力量进行救援，并按照规定将事故信息及应急响应启动情况报告事故发生地县级以上人民政府应急管理部门和其他负有安全生产监督管理职责的部门。

第四十四条　生产经营单位有下列情形之一的，由县级以上人民政府应急管理等部门依照《中华人民共和国安全生产法》第九十四条的规定，责令限期改正，可以处5万元以下罚款；逾期未改正的，责令停产停业整顿，并处5万元以上10万元以下的罚款，对直接负责的主管人员和其他直接责任人员处1万元以上2万元以下的罚款：

（一）未按照规定编制应急预案的；

（二）未按照规定定期组织应急预案演练的。

第四十五条　生产经营单位有下列情形之一的，由县级以上人民政府应急管理部门责令限期改正，可以处1万元以上3万元以下的罚款：

（一）在应急预案编制前未按照规定开展风险辨识、评估和应急资源调查的；

（二）未按照规定开展应急预案评审的；

（三）事故风险可能影响周边单位、人员的，未将事故风险的性质、影响范围和应急防范措施告知周边单位和人员的；

（四）未按照规定开展应急预案评估的；

（五）未按照规定进行应急预案修订的；

（六）未落实应急预案规定的应急物资及装备的。

生产经营单位未按照规定进行应急预案备案的，由县级以上人民政府应急管理等部门依照职责责令限期改正；逾期未改正的，处3万元以上5万元以下的罚款，对直接负责的主管人员和其他直接责任人员处1万元以上2万元以下的罚款。

（六）《危险性较大的分部分项工程安全管理规定》有关问题的通知（建办质〔2018〕31号）（节录）

1.关于危大工程范围

危大工程范围详见表2-6-1，超过一定规模的危大工程范围详见表2-6-2。

2.关于专项施工方案内容

危大工程专项施工方案的主要内容应当包括：

（1）工程概况；（2）编制依据；（3）施工计划；（4）施工工艺技术；（5）施工安全保证措施；（6）施工管理及作业人员配备和分工；（7）验收要求；（8）应急处置措施；（9）计算书及相关施工图纸。

3.关于专家论证会参会人员

超过一定规模的危大工程专项施工方案专家论证会的参会人员应当包括：

（1）专家；

（2）建设单位项目负责人；

（3）有关勘察、设计单位项目技术负责人及相关人员；

（4）总承包单位和分包单位技术负责人或授权委派的专业技术人员、项目负责人、项目技术负责人、专项施工方案编制人员、项目专职安全生产管理人员及相关人员；

（5）监理单位项目总监理工程师及专业监理工程师。

4.关于专家论证内容

对于超过一定规模的危大工程专项施工方案，专家论证的主要内容应当包括：

（1）专项施工方案内容是否完整、可行；

（2）专项施工方案计算书和验算依据、施工图是否符合有关标准规范；

（3）专项施工方案是否满足现场实际情况，并能够确保施工安全。

5.关于专项施工方案修改

超过一定规模的危大工程专项施工方案经专家论证后结论为“通过”的，施工单位可参考专家意见自行修改完善；结论为“修改后通过”的，专家意见要明确具体修改内容，施工单位应当按照专家意见进行修改，并履行有关审核和审查手续后方可实施，修改情况应及时告知专家。

6.关于监测方案内容

进行第三方监测的危大工程监测方案的主要内容应当包括工程概况、监测依据、监测内容、监测方法、人员及设备、测点布置与保护、监测频次、预警标准及监测成果报送等。

7.关于验收人员

危大工程验收人员应当包括：

（1）总承包单位和分包单位技术负责人或授权委派的专业技术人员、项目负责人、项目技术负责人、专项施工方案编制人员、项目专职安全生产管理人员及相关人员；

（2）监理单位项目总监理工程师及专业监理工程师；

（3）有关勘察、设计和监测单位项目技术负责人。

8.关于专家条件

设区的市级以上地方人民政府住房城乡建设主管部门建立的专家库专家应当具备以下基本条件：

（1）诚实守信、作风正派、学术严谨；

（2）从事相关专业工作15年以上或具有丰富的专业经验；

（3）具有高级专业技术职称。

（七）《房屋市政工程生产安全重大事故隐患判定标准（2022版）》（建质规〔2022〕2号）

第一条　为准确认定、及时消除房屋建筑和市政基础设施工程生产安全重大事故隐患，有效防范和遏制群死群伤事故发生，根据《中华人民共和国建筑法》《中华人民共和国安全生产法》《建设工程安全生产管理条例》等法律和行政法规，制定本标准。

第二条　本标准所称重大事故隐患，是指在房屋建筑和市政基础设施工程（以下简称房屋市政工程）施工过程中，存在的危害程度较大、可能导致群死群伤或造成重大经济损失的生产安全事故隐患。

第三条　本标准适用于判定新建、扩建、改建、拆除房屋市政工程的生产安全重大事故隐患。

县级及以上人民政府住房城乡建设主管部门和施工安全监督机构在监督检查过程中可依照本标准判定房屋市政工程生产安全重大事故隐患。

第四条　施工安全管理有下列情形之一的，应判定为重大事故隐患：

（一）建筑施工企业未取得安全生产许可证擅自从事建筑施工活动；

（二）施工单位的主要负责人、项目负责人、专职安全生产管理人员未取得安全生产考核合格证书从事相关工作；

（三）建筑施工特种作业人员未取得特种作业人员操作资格证书上岗作业；

（四）危险性较大的分部分项工程未编制、未审核专项施工方案，或未按规定组织专家对“超过一定规模的危险性较大的分部分项工程范围”的专项施工方案进行论证。

第五条　基坑工程有下列情形之一的，应判定为重大事故隐患：

（一）对因基坑工程施工可能造成损害的毗邻重要建筑物、构筑物和地下管线等，未采取专项防护措施；

（二）基坑土方超挖且未采取有效措施；

（三）深基坑施工未进行第三方监测；

（四）有下列基坑坍塌风险预兆之一，且未及时处理：

1.支护结构或周边建筑物变形值超过设计变形控制值；

2.基坑侧壁出现大量漏水、流土；

3.基坑底部出现管涌；

4.桩间土流失孔洞深度超过桩径。

第六条　模板工程有下列情形之一的，应判定为重大事故隐患：

（一）模板工程的地基基础承载力和变形不满足设计要求；

（二）模板支架承受的施工荷载超过设计值；

（三）模板支架拆除及滑模、爬模爬升时，混凝土强度未达到设计或规范要求。

第七条 脚手架工程有下列情形之一的，应判定为重大事故隐患：

（一）脚手架工程的地基基础承载力和变形不满足设计要求；

（二）未设置连墙件或连墙件整层缺失；

（三）附着式升降脚手架未经验收合格即投入使用；

（四）附着式升降脚手架的防倾覆、防坠落或同步升降控制装置不符合设计要求、失效、被人为拆除破坏；

（五）附着式升降脚手架使用过程中架体悬臂高度大于架体高度的2/5或大于6米。

第八条 起重机械及吊装工程有下列情形之一的，应判定为重大事故隐患：

（一）塔式起重机、施工升降机、物料提升机等起重机械设备未经验收合格即投入使用，或未按规定办理使用登记；

（二）塔式起重机独立起升高度、附着间距和最高附着以上的最大悬高及垂直度不符合规范要求；

（三）施工升降机附着间距和最高附着以上的最大悬高及垂直度不符合规范要求；

（四）起重机械安装、拆卸、顶升加节以及附着前未对结构件、顶升机构和附着装置以及高强度螺栓、销轴、定位板等连接件及安全装置进行检查；

（五）建筑起重机械的安全装置不齐全、失效或者被违规拆除、破坏；

（六）施工升降机防坠安全器超过定期检验有效期，标准节连接螺栓缺失或失效；

（七）建筑起重机械的地基基础承载力和变形不满足设计要求。

第九条 高处作业有下列情形之一的，应判定为重大事故隐患：

（一）钢结构、网架安装用支撑结构地基基础承载力和变形不满足设计要求，钢结构、网架安装用支撑结构未按设计要求设置防倾覆装置；

（二）单榀钢桁架（屋架）安装时未采取防失稳措施；

（三）悬挑式操作平台的搁置点、拉结点、支撑点未设置在稳定的主体结构上，且未做可靠连接。

第十条 施工临时用电方面，特殊作业环境（隧道、人防工程，高温、有导电灰尘、比较潮湿等作业环境）照明未按规定使用安全电压的，应判定为重大事故隐患。

第十一条 有限空间作业有下列情形之一的，应判定为重大事故隐患：

（一）有限空间作业未履行“作业审批制度”，未对施工人员进行专项安全教育培训，未执行“先通风、再检测、后作业”原则；

（二）有限空间作业时现场未有专人负责监护工作。

第十二条 拆除工程方面，拆除施工作业顺序不符合规范和施工方案要求的，应判定为重大事故隐患。

第十三条 暗挖工程有下列情形之一的，应判定为重大事故隐患：

（一）作业面带水施工未采取相关措施，或地下水控制措施失效且继续施工；

（二）施工时出现涌水、涌沙、局部坍塌，支护结构扭曲变形或出现裂缝，且有不断增大趋势，未及时采取措施。

第十四条　使用危害程度较大、可能导致群死群伤或造成重大经济损失的施工工艺、设备和材料，应判定为重大事故隐患。

第十五条　其他严重违反房屋市政工程安全生产法律法规、部门规章及强制性标准，且存在危害程度较大、可能导致群死群伤或造成重大经济损失的现实危险，应判定为重大事故隐患。

第十六条　本标准自发布之日起执行。

（八）《建筑施工企业负责人及项目负责人施工现场带班暂行办法》（建质〔2011〕111号）（节录）

第二条　本办法所称的建筑施工企业负责人，是指企业的法定代表人、总经理、主管质量安全和生产工作的副总经理、总工程师和副总工程师。本办法所称的项目负责人，是指工程项目的项目经理。本办法所称的施工现场，是指进行房屋建筑和市政工程施工作业活动的场所。

第三条　建筑施工企业应当建立企业负责人及项目负责人施工现场带班制度，并严格考核。施工现场带班制度应明确其工作内容、职责权限和考核奖惩等要求。

第四条　施工现场带班包括企业负责人带班检查和项目负责人带班生产。企业负责人带班检查是指由建筑施工企业负责人带队实施对工程项目质量安全生产状况及项目负责人带班生产情况的检查。项目负责人带班生产是指项目负责人在施工现场组织协调工程项目的质量安全生产活动。

第五条　建筑施工企业法定代表人是落实企业负责人及项目负责人施工现场带班制度的第一责任人，对落实带班制度全面负责。

第六条　建筑施工企业负责人要定期带班检查，每月检查时间不少于其工作日的25%。建筑施工企业负责人带班检查时，应认真做好检查记录，并分别在企业和工程项目存档备查。

第七条　工程项目进行超过一定规模的危险性较大的分部分项工程施工时，建筑施工企业负责人应到施工现场进行带班检查。对于有分公司（非独立法人）的企业集团，集团负责人因故不能到现场的，可书面委托工程所在地的分公司负责人对施工现场进行带班检查。

第八条　工程项目出现险情或发现重大隐患时，建筑施工企业负责人应到施工现场带班检查，督促工程项目进行整改，及时消除险情和隐患。

第九条　项目负责人是工程项目质量安全管理的第一责任人，应对工程项目落实带班制度负责。项目负责人在同一时期只能承担一个工程项目的管理工作。

第十条　项目负责人带班生产时，要全面掌握工程项目质量安全生产状况，加强对重点部位、关键环节的控制，及时消除隐患。要认真做好带班生产记录并签字存档备查。

第十一条　项目负责人每月带班生产时间不得少于本月施工时间的80%。因其他事务需离开施工现场时，应向工程项目的建设单位请假，经批准后方可离开。离开期间应委托项目相关负责人负责其外出时的日常工作。

第十二条　各级住房城乡建设主管部门应加强对建筑施工企业负责人及项目负责人施工现场带班制度的落实情况的检查。对未执行带班制度的企业和人员，按有关规定处理；发生质量安全事故的，要给予企业规定上限的经济处罚，并依法从重追究企业法定代表人及相关人员的责任。

五、地方性法规

1.《山西省安全生产条例》已由山西省第十三届人民代表大会常务委员会第三十八次会议于2022年12月9日修订通过，自2023年3月1日起施行。旨在解决当前存在的安全生产责任体系不健全、企业主体责任落实不到位、重大安全风险防范应对不得力、安全监管执法不严格等问题。

该《条例》完善了生产经营单位安全生产责任体系、安全生产监督管理机制和重点行业领域特别规定，内容分为总则、生产经营单位的安全生产保障、从业人员的安全生产权利义务、安全生产的监督管理、生产安全事故应急救援与调查处理、法律责任和附则共七章74条。

2.《山西省建筑工程质量和建筑安全生产管理条例》于1999年11月30日山西省第九届人民代表大会常务委员会第十三次会议通过，2011年3月30日山西省第十一届人民代表大会常务委员会第二十二次会议修订。

该《条例》明确规定了建筑工程质量和建筑安全生产属地管理原则；明确规定了其他专业建筑工程的质量和建筑安全生产由开工批准机关负责监督管理；明确规定了建筑安全生产评价制度。

六、相关技术标准与规范

1.技术标准

技术标准是保障安全生产的重要技术规范，它是安全生产法律体系的重要组成部分。执行安全技术标准是《安全生产法》规定的生产经营单位的义务，违反法定安全生产技术标准的要求，要承担法律责任。

法定安全生产技术标准分为国家标准和行业标准，两者对生产经营单位的安全生产具有同样的约束力。目前颁布实施的现行施工安全、卫生和职业健康标准见附录1。

2.《建筑与市政施工现场安全卫生与职业健康通用规范》

《建筑与市政施工现场安全卫生与职业健康通用规范》GB 55034—2022，为强制性工程建设规范，全部条文必须严格执行，自2023年6月1日起实施。本规范分为总则、基本规定、安全管理、环境管理、卫生管理、职业健康管理六大章节，发布的同时废止了《施工企业安全生产管理规范》《建筑机械使用安全技术规程》《施工现场临时用电安全技术规范》等相关强制性规定中的部分条文。

建筑与市政工程施工现场安全、环境、卫生与职业健康管理必须执行本规范。

第三节　法律责任

法律责任是指行为人由于违法行为、违约行为或者由于法律规定而应承受的某种不利的法律后果。建设工程安全生产法律法规规定了有关安全生产主体的法律责任及违法行为处罚，明确了各个安全生产违法行为的法律责任构成要件。

一、法律责任的承担形式

追究安全生产违法行为法律责任的承担形式有三种，即行政责任、民事责任和刑事责任。

（一）行政责任

行政责任是指责任主体违反安全生产法律规定，由有关人民政府和安全生产监督管理部门、公安机关依法对其实施行政处罚的一种法律责任。行政责任在追究安全生产违法行为的法律责任方式中最为常见，行政责任包括行政处罚和行政处分两种。

1.行政处罚的种类：（1）警告、通报批评；（2）罚款、没收违法所得、没收非法财物；（3）暂扣许可证件、降低资质等级、吊销许可证件；（4）限制开展生产经营活动、责令停产停业、责令关闭、限制从业；（5）行政拘留；（6）法律、行政法规规定的其他行政处罚。

2.行政处分的种类：警告、记过、记大过、降级、撤职、开除。

（二）民事责任

民事责任是指责任主体违反安全生产法律规定给他人造成财产上的损失，由人民法院依照民事法律强制其进行民事赔偿的一种法律责任。

承担民事责任的方式主要有：①停止侵害；②排除妨碍；③消除危险；④返还财产；⑤恢复原状；⑥修理、重作、更换；⑦继续履行；⑧赔偿损失；⑨支付违约金；⑩消除影响、恢复名誉；⑪赔礼道歉。

（三）刑事责任

刑事责任是指责任主体违反安全生产法律规定构成犯罪，由司法机关依照刑事法律给予刑罚的一种法律责任。刑罚包括主刑和附加刑两类。

1.主刑包括：管制、拘役、有期徒刑、无期徒刑、死刑；

2.附加刑包括：罚金、没收财产、剥夺政治权利、驱逐出境。

建设工程安全生产法律责任的责任主体非常广泛，下面主要介绍施工单位、安全生产从业人员及中介机构违反安全生产主要法律法规的法律责任。

二、违反《建筑法》的相关法律责任

（一）施工企业相关法律责任

建筑施工企业违反本法规定，对建筑安全事故隐患不采取措施予以消除的，责令改正，可以处以罚款；情节严重的，责令停业整顿，降低资质等级或者吊销资质证书；构成犯罪的，依法追究刑事责任。

（二）从业人员相关法律责任

建筑施工企业的管理人员违章指挥、强令职工冒险作业，因而发生重大伤亡事故或者造成其他严重后果的，依法追究刑事责任。

三、违反《安全生产法》的相关法律责任

（一）生产经营单位相关法律责任

1.生产经营单位的决策机构、主要负责人或者个人经营的投资人不依照本法规定保证安全生产所必需的资金投入，致使生产经营单位不具备安全生产条件的，责令限期改正，提供必需的资金；逾期未改正的，责令生产经营单位停产停业整顿。

有前款违法行为，导致发生生产安全事故的，对生产经营单位的主要负责人给予撤职处分，对个人经营的投资人处二万元以上二十万元以下的罚款；构成犯罪的，依照刑法有关规定追究刑事责任。

2.生产经营单位有下列行为之一的，责令限期改正，处十万元以下的罚款；逾期未改正的，责令停产停业整顿，并处十万元以上二十万元以下的罚款，对其直接负责的主管人员和其他直接责任人员处二万元以上五万元以下的罚款：

（1）未按照规定设置安全生产管理机构或者配备安全生产管理人员、注册安全工程师的；

（2）危险物品的生产、经营、储存、装卸单位以及矿山、金属冶炼、建筑施工、运输单位的主要负责人和安全生产管理人员未按照规定经考核合格的；

（3）未按照规定对从业人员、被派遣劳动者、实习学生进行安全生产教育和培训，或者未按照规定如实告知有关的安全生产事项的；

（4）未如实记录安全生产教育和培训情况的；

（5）未将事故隐患排查治理情况如实记录或者未向从业人员通报的；

（6）未按照规定制定生产安全事故应急救援预案或者未定期组织演练的；

（7）特种作业人员未按照规定经专门的安全作业培训并取得相应资格，上岗作业的。

3.生产经营单位有下列行为之一的，责令限期改正，处五万元以下的罚款；逾期未改正的，处五万元以上二十万元以下的罚款，对其直接负责的主管人员和其他直接责任人员处一万元以上二万元以下的罚款；情节严重的，责令停产停业整顿；构成犯罪的，依照刑法有关规定追究刑事责任：

（1）未在有较大危险因素的生产经营场所和有关设施、设备上设置明显的安全警示标志的；

（2）安全设备的安装、使用、检测、改造和报废不符合国家标准或者行业标准的；

（3）未对安全设备进行经常性维护、保养和定期检测的；

（4）关闭、破坏直接关系生产安全的监控、报警、防护、救生设备、设施，或者篡改、隐瞒、销毁其相关数据、信息的；

（5）未为从业人员提供符合国家标准或者行业标准的劳动防护用品的；

（6）危险物品的容器、运输工具，以及涉及人身安全、危险性较大的海洋石油开采特种设备和矿山井下特种设备未经具有专业资质的机构检测、检验合格，取得安全使用证或者安全标志，投入使用的；

（7）使用应当淘汰的危及生产安全的工艺、设备的；

（8）餐饮等行业的生产经营单位使用燃气未安装可燃气体报警装置的。

4.生产经营单位有下列行为之一的，责令限期改正，处十万元以下的罚款；逾期未改正的，责令停产停业整顿，并处十万元以上二十万元以下的罚款，对其直接负责的主管人员和其他直接责任人员处二万元以上五万元以下的罚款；构成犯罪的，依照刑法有关规定追究刑事责任：

（1）生产、经营、运输、储存、使用危险物品或者处置废弃危险物品，未建立专门安全管理制度、未采取可靠的安全措施的；

（2）对重大危险源未登记建档，未进行定期检测、评估、监控，未制定应急预案，或者未告知应急措施的；

（3）进行爆破、吊装、动火、临时用电以及国务院应急管理部门会同国务院有关部门规定的其他危险作业，未安排专门人员进行现场安全管理的；

（4）未建立安全风险分级管控制度或者未按照安全风险分级采取相应管控措施的；

（5）未建立事故隐患排查治理制度，或者重大事故隐患排查治理情况未按照规定报告的。

5. 生产经营单位未采取措施消除事故隐患的，责令立即消除或者限期消除，处五万元以下的罚款；生产经营单位拒不执行的，责令停产停业整顿，对其直接负责的主管人员和其他直接责任人员处五万元以上十万元以下的罚款；构成犯罪的，依照刑法有关规定追究刑事责任。

6. 生产经营单位将生产经营项目、场所、设备发包或者出租给不具备安全生产条件或者相应资质的单位或者个人的，责令限期改正，没收违法所得；违法所得十万元以上的，并处违法所得二倍以上五倍以下的罚款；没有违法所得或者违法所得不足十万元的，单处或者并处十万元以上二十万元以下的罚款；对其直接负责的主管人员和其他直接责任人员处一万元以上二万元以下的罚款；导致发生生产安全事故给他人造成损害的，与承包方、承租方承担连带赔偿责任。

生产经营单位未与承包单位、承租单位签订专门的安全生产管理协议或者未在承包合同、租赁合同中明确各自的安全生产管理职责，或者未对承包单位、承租单位的安全生产统一协调、管理的，责令限期改正，处五万元以下的罚款，对其直接负责的主管人员和其他直接责任人员处一万元以下的罚款；逾期未改正的，责令停产停业整顿。

7. 两个以上生产经营单位在同一作业区域内进行可能危及对方安全生产的生产经营活动，未签订安全生产管理协议或者未指定专职安全生产管理人员进行安全检查与协调的，责令限期改正，处五万元以下的罚款，对其直接负责的主管人员和其他直接责任人员处一万元以下的罚款；逾期未改正的，责令停产停业。

8. 生产经营单位有下列行为之一的，责令限期改正，处五万元以下的罚款，对其直接负责的主管人员和其他直接责任人员处一万元以下的罚款；逾期未改正的，责令停产停业整顿；构成犯罪的，依照刑法有关规定追究刑事责任：

（1）生产、经营、储存、使用危险物品的车间、商店、仓库与员工宿舍在同一座建筑内，或者与员工宿舍的距离不符合安全要求的；

（2）生产经营场所和员工宿舍未设有符合紧急疏散需要、标志明显、保持畅通的出口、疏散通道，或者占用、锁闭、封堵生产经营场所或者员工宿舍出口、疏散通道的。

9. 生产经营单位与从业人员订立协议，免除或者减轻其对从业人员因生产安全事故伤亡依法应承担的责任的，该协议无效；对生产经营单位的主要负责人、个人经营的投资人处二万元以上十万元以下的罚款。

10. 生产经营单位违反本法规定，被责令改正且受到罚款处罚，拒不改正的，负有安全生产监督管理职责的部门可以自作出责令改正之日的次日起，按照原处罚数额按日连续处罚。

11. 生产经营单位存在下列情形之一的，负有安全生产监督管理职责的部门应当提请地方人民政府予以关闭，有关部门应当依法吊销其有关证照。生产经营单位主要负责人五年内不得担任任何生产经营单位的主要负责人；情节严重的，终身不得担任本行业生产经营单位的主要负责人：

（1）存在重大事故隐患，一百八十日内三次或者一年内四次受到本法规定的行政处罚的；

（2）经停产停业整顿，仍不具备法律、行政法规和国家标准或者行业标准规定的安全生产条件的；

（3）不具备法律、行政法规和国家标准或者行业标准规定的安全生产条件，导致发生重大、特别重大生产安全事故的；

（4）拒不执行负有安全生产监督管理职责的部门作出的停产停业整顿决定的。

12.发生生产安全事故，对负有责任的生产经营单位除要求其依法承担相应的赔偿等责任外，由应急管理部门依照下列规定处以罚款：

（1）发生一般事故的，处三十万元以上一百万元以下的罚款；

（2）发生较大事故的，处一百万元以上二百万元以下的罚款；

（3）发生重大事故的，处二百万元以上一千万元以下的罚款；

（4）发生特别重大事故的，处一千万元以上二千万元以下的罚款。

发生生产安全事故，情节特别严重、影响特别恶劣的，应急管理部门可以按照前款罚款数额的二倍以上五倍以下对负有责任的生产经营单位处以罚款。

13.生产经营单位发生生产安全事故造成人员伤亡、他人财产损失的，应当依法承担赔偿责任；拒不承担或者其负责人逃匿的，由人民法院依法强制执行。

生产安全事故的责任人未依法承担赔偿责任，经人民法院依法采取执行措施后，仍不能对受害人给予足额赔偿的，应当继续履行赔偿义务；受害人发现责任人有其他财产的，可以随时请求人民法院执行。

（二）从业人员相关法律责任

1.生产经营单位的主要负责人未履行本法规定的安全生产管理职责的，责令限期改正，处二万元以上五万元以下的罚款；逾期未改正的，处五万元以上十万元以下的罚款，责令生产经营单位停产停业整顿。

生产经营单位的主要负责人有前款违法行为，导致发生生产安全事故的，给予撤职处分；构成犯罪的，依照刑法有关规定追究刑事责任。

生产经营单位的主要负责人依照前款规定受刑事处罚或者撤职处分的，自刑罚执行完毕或者受处分之日起，五年内不得担任任何生产经营单位的主要负责人；对重大、特别重大生产安全事故负有责任的，终身不得担任本行业生产经营单位的主要负责人。

2.生产经营单位的主要负责人未履行本法规定的安全生产管理职责，导致发生生产安全事故的，由应急管理部门依照下列规定处以罚款：

（1）发生一般事故的，处上一年年收入百分之四十的罚款；

（2）发生较大事故的，处上一年年收入百分之六十的罚款；

（3）发生重大事故的，处上一年年收入百分之八十的罚款；

（4）发生特别重大事故的，处上一年年收入百分之一百的罚款。

3.生产经营单位的其他负责人和安全生产管理人员未履行本法规定的安全生产管理职责的，责令限期改正，处一万元以上三万元以下的罚款；导致发生生产安全事故的，暂停或者吊销其与安全生产有关的资格，并处上一年年收入百分之二十以上百分之五十以下的罚款；构成犯罪的，依照刑法有关规定追究刑事责任。

4.生产经营单位的从业人员不落实岗位安全责任，不服从管理，违反安全生产规章制度或者操作规程的，由生产经营单位给予批评教育，依照有关规章制度给予处分；构成犯罪的，依照刑法有关规定追究刑事责任。

5.生产经营单位的主要负责人在本单位发生生产安全事故时，不立即组织抢救或者在事故调查处理期间擅离职守或者逃匿的，给予降级、撤职的处分，并由应急管理部门处上一年年收入百分之六十至百分之一百的罚款；对逃匿的处十五日以下拘留；构成犯罪的，依照刑法有关规定追究刑事责任。

生产经营单位的主要负责人对生产安全事故隐瞒不报、谎报或者迟报的，依照前款规定处罚。

四、违反《环境保护法》的相关法律责任

《环境保护法》对企业事业单位和其他生产经营者有下列情形之一，尚不构成犯罪的，由县级以上人民政府环境保护主管部门或者其他有关部门将案件移送公安机关，对其直接负责的主管人员和其他直接责任人员，处十日以上十五日以下拘留；情节较轻的，处五日以上十日以下拘留：

（1）建设项目未依法进行环境影响评价，被责令停止建设，拒不执行的；

（2）违反法律规定，未取得排污许可证排放污染物，被责令停止排污，拒不执行的；

（3）通过暗管、渗井、渗坑、灌注或者篡改、伪造监测数据，或者不正常运行防治污染设施等逃避监管的方式排放污染物；

（4）生产、使用国家明令禁止生产、使用的农药，被责令改正，拒不改正的。

五、违反《噪声污染防治法》的相关法律责任

1.违反本法规定，建设单位、施工单位有下列行为之一，由工程所在地人民政府指定的部门责令改正，处一万元以上十万元以下的罚款；拒不改正的，可以责令暂停施工：

（1）超过噪声排放标准排放建筑施工噪声的；

（2）未按照规定取得证明，在噪声敏感建筑物集中区域夜间进行产生噪声的建筑施工作业的。

2.违反本法规定，有下列行为之一，由工程所在地人民政府指定的部门责令改正，处五千元以上五万元以下的罚款；拒不改正的，处五万元以上二十万元以下的罚款：

（1）建设单位未按照规定将噪声污染防治费用列入工程造价的；

（2）施工单位未按照规定制定噪声污染防治实施方案，或者未采取有效措施减少振动、降低噪声的；

（3）在噪声敏感建筑物集中区域施工作业的建设单位未按照国家规定设置噪声自动监测系统，未与监督管理部门联网，或者未保存原始监测记录的；

（4）因特殊需要必须连续施工作业，建设单位未按照规定公告附近居民的。

六、违反《大气污染防治法》的相关法律责任

1.违反本法规定，施工单位有下列行为之一的，由县级以上人民政府住房城乡建设等主管部门按照职责责令改正，处一万元以上十万元以下的罚款；拒不改正的，责令停工整治：

（1）施工工地未设置硬质围挡，或者未采取覆盖、分段作业、择时施工、洒水抑尘、冲洗地面和车辆等有效防尘降尘措施的；

（2）建筑土方、工程渣土、建筑垃圾未及时清运，或者未采用密闭式防尘网遮盖的。

违反本法规定，建设单位未对暂时不能开工的建设用地的裸露地面进行覆盖，或者未对超过三个月不能开工的建设用地的裸露地面进行绿化、铺装或者遮盖的，由县级以上人民政府住

房城乡建设等主管部门依照前款规定予以处罚。

2.违反本法规定，运输煤炭、垃圾、渣土、砂石、土方、灰浆等散装、流体物料的车辆，未采取密闭或者其他措施防止物料遗撒的，由县级以上地方人民政府确定的监督管理部门责令改正，处二千元以上二万元以下的罚款；拒不改正的，车辆不得上道路行驶。

3.违反本法规定，有下列行为之一的，由县级以上人民政府生态环境等主管部门按照职责责令改正，处一万元以上十万元以下的罚款；拒不改正的，责令停工整治或者停业整治：

（1）未密闭煤炭、煤矸石、煤渣、煤灰、水泥、石灰、石膏、砂土等易产生扬尘的物料的；

（2）对不能密闭的易产生扬尘的物料，未设置不低于堆放物高度的严密围挡，或者未采取有效覆盖措施防治扬尘污染的；

（3）装卸物料未采取密闭或者喷淋等方式控制扬尘排放的；

（4）存放煤炭、煤矸石、煤渣、煤灰等物料，未采取防燃措施的；

（5）码头、矿山、填埋场和消纳场未采取有效措施防治扬尘污染的；

（6）排放有毒有害大气污染物名录中所列有毒有害大气污染物的企业事业单位，未按照规定建设环境风险预警体系或者对排放口和周边环境进行定期监测、排查环境安全隐患并采取有效措施防范环境风险的；

（7）向大气排放持久性有机污染物的企业事业单位和其他生产经营者以及废弃物焚烧设施的运营单位，未按照国家有关规定采取有利于减少持久性有机污染物排放的技术方法和工艺，配备净化装置的；

（8）未采取措施防止排放恶臭气体的。

七、违反《固体废物污染环境防治法》的相关法律责任

违反本法规定，有下列行为之一，由县级以上地方人民政府环境卫生主管部门责令改正，处以罚款，没收违法所得：

（1）随意倾倒、抛撒、堆放或者焚烧生活垃圾的；

（2）擅自关闭、闲置或者拆除生活垃圾处理设施、场所的；

（3）工程施工单位未编制建筑垃圾处理方案报备案，或者未及时清运施工过程中产生的固体废物的；

（4）工程施工单位擅自倾倒、抛撒或者堆放工程施工过程中产生的建筑垃圾，或者未按照规定对施工过程中产生的固体废物进行利用或者处置的；

（5）产生、收集厨余垃圾的单位和其他生产经营者未将厨余垃圾交由具备相应资质条件的单位进行无害化处理的；

（6）畜禽养殖场、养殖小区利用未经无害化处理的厨余垃圾饲喂畜禽的；

（7）在运输过程中沿途丢弃、遗撒生活垃圾的。

单位有前款第（1）项、第（7）项行为之一，处五万元以上五十万元以下的罚款；单位有前款第（2）项、第（3）项、第（4）项、第（5）项、第（6）项行为之一，处十万元以上一百万元以下的罚款；个人有前款第（1）项、第（5）项、第（7）项行为之一，处一百元以上五百元以下的罚款。

八、违反《突发事件应对法》的相关法律责任

《突发事件应对法》六十四条至六十七条中，对有关单位或者个人违法行为的处罚，主要有责令停产停业，暂扣或者吊销许可证或者营业执照、罚款、行政处分、治安处罚、追究民事责任等。

九、违反《消防法》的相关法律责任

《消防法》五十八条至七十二条对违法行为的处罚主要有，责令限期改正，责令停止施工，停止使用或者停产停业，可以并处罚款及五日以上十日以下拘留。

十、违反《劳动合同法》的相关法律责任

《劳动合同法》八十条至九十五条中，规定了用人单位多种形式的法律责任，包括责令改正、警告、罚款、赔偿等，甚至依法追究刑事责任。

十一、违反《劳动法》的相关法律责任

《劳动法》九十条至一百零一条对用人单位各类违法行为的处罚很明确、具体，包括责令整改、罚款、赔偿损失、吊销营业执照、拘留、追究刑事责任等，涉及到劳动、工商、公安、检察院等行政部门。

十二、违反《职业病防治法》的相关法律责任

违反《职业病防治法》的行为，除刑事责任外，其处罚机构一般为卫生行政部门，处罚类别包括警告、限期整改、罚款、责令停产、提请关闭等。

十三、违反《特种设备安全法》的相关法律责任

1.违反本法规定，特种设备安装、改造、修理的施工单位在施工前未书面告知负责特种设备安全监督管理的部门即行施工的，或者在验收后三十日内未将相关技术资料和文件移交特种设备使用单位的，责令限期改正；逾期未改正的，处一万元以上十万元以下罚款。

2.违反本法规定，特种设备使用单位有下列行为之一的，责令限期改正；逾期未改正的，责令停止使用有关特种设备，处一万元以上十万元以下罚款：

（1）使用特种设备未按照规定办理使用登记的；

（2）未建立特种设备安全技术档案或者安全技术档案不符合规定要求，或者未依法设置使用登记标志、定期检验标志的；

（3）未对其使用的特种设备进行经常性维护保养和定期自行检查，或者未对其使用的特种设备的安全附件、安全保护装置进行定期校验、检修，并作出记录的；

（4）未按照安全技术规范的要求及时申报并接受检验的；

（5）未按照安全技术规范的要求进行锅炉水（介）质处理的；

（6）未制定特种设备事故应急专项预案的。

3.违反本法规定，特种设备使用单位有下列行为之一的，责令停止使用有关特种设备，处三万元以上三十万元以下罚款：

（1）使用未取得许可生产，未经检验或者检验不合格的特种设备，或者国家明令淘汰、已经报废的特种设备的；

（2）特种设备出现故障或者发生异常情况，未对其进行全面检查、消除事故隐患，继续使用的；

（3）特种设备存在严重事故隐患，无改造、修理价值，或者达到安全技术规范规定的其他报废条件，未依法履行报废义务，并办理使用登记证书注销手续的。

4.违反本法规定，特种设备生产、经营、使用单位有下列情形之一的，责令限期改正；逾期未改正的，责令停止使用有关特种设备或者停产停业整顿，处一万元以上五万元以下罚款：

（1）未配备具有相应资格的特种设备安全管理人员、检测人员和作业人员的；

（2）使用未取得相应资格的人员从事特种设备安全管理、检测和作业的；

（3）未对特种设备安全管理人员、检测人员和作业人员进行安全教育和技能培训的。

5.发生特种设备事故，有下列情形之一的，对单位处五万元以上二十万元以下罚款；对主要负责人处一万元以上五万元以下罚款；主要负责人属于国家工作人员的，并依法给予处分：

（1）发生特种设备事故时，不立即组织抢救或者在事故调查处理期间擅离职守或者逃匿的；

（2）对特种设备事故迟报、谎报或者瞒报的。

6.违反本法规定，特种设备安全管理人员、检测人员和作业人员不履行岗位职责，违反操作规程和有关安全规章制度，造成事故的，吊销相关人员的资格。

十四、违反《建设工程安全生产管理条例》的相关法律责任

（一）施工单位相关法律责任

1.施工单位有下列行为之一的，责令限期改正；逾期未改正的，责令停业整顿，依照《中华人民共和国安全生产法》的有关规定处以罚款；造成重大安全事故，构成犯罪的，对直接责任人员，依照刑法有关规定追究刑事责任：

（1）未设立安全生产管理机构、配备专职安全生产管理人员或者分部分项工程施工时无专职安全生产管理人员现场监督的；

（2）施工单位的主要负责人、项目负责人、专职安全生产管理人员、作业人员或者特种作业人员，未经安全教育培训或者经考核不合格即从事相关工作的；

（3）未在施工现场的危险部位设置明显的安全警示标志，或者未按照国家有关规定在施工现场设置消防通道、消防水源、配备消防设施和灭火器材的；

（4）未向作业人员提供安全防护用具和安全防护服装的；

（5）未按照规定在施工起重机械和整体提升脚手架、模板等自升式架设设施验收合格后登记的；

（6）使用国家明令淘汰、禁止使用的危及施工安全的工艺、设备、材料的。

2.施工单位挪用列入建设工程概算的安全生产作业环境及安全施工措施所需费用的，责令限期改正，处挪用费用20%以上50%以下的罚款；造成损失的，依法承担赔偿责任。

3.施工单位有下列行为之一的，责令限期改正；逾期未改正的，责令停业整顿，并处5万元以上10万元以下的罚款；造成重大安全事故，构成犯罪的，对直接责任人员，依照刑法有关规定追究刑事责任：

（1）施工前未对有关安全施工的技术要求作出详细说明的；

（2）未根据不同施工阶段和周围环境及季节、气候的变化，在施工现场采取相应的安全施工措施，或者在城市市区内的建设工程的施工现场未实行封闭围挡的；

（3）在尚未竣工的建筑物内设置员工集体宿舍的；

（4）施工现场临时搭建的建筑物不符合安全使用要求的；

（5）未对因建设工程施工可能造成损害的毗邻建筑物、构筑物和地下管线等采取专项防护措施的。

施工单位有前款规定第 4.5 项行为，造成损失的，依法承担赔偿责任。

4. 施工单位有下列行为之一的，责令限期改正；逾期未改正的，责令停业整顿，并处10万元以上 30 万元以下的罚款；情节严重的，降低资质等级，直至吊销资质证书；造成重大安全事故，构成犯罪的，对直接责任人员，依照刑法有关规定追究刑事责任；造成损失的，依法承担赔偿责任：

（1）安全防护用具、机械设备、施工机具及配件在进入施工现场前未经查验或者查验不合格即投入使用的；

（2）使用未经验收或者验收不合格的施工起重机械和整体提升脚手架、模板等自升式架设设施的；

（3）委托不具有相应资质的单位承担施工现场安装、拆卸施工起重机械和整体提升脚手架、模板等自升式架设设施的；

（4）在施工组织设计中未编制安全技术措施、施工现场临时用电方案或者专项施工方案的。

5. 施工单位取得资质证书后，降低安全生产条件的，责令限期改正；经整改仍未达到与其资质等级相适应的安全生产条件的，责令停业整顿，降低其资质等级直至吊销资质证书。

（二）设备供应单位相关法律责任

1. 为建设工程提供机械设备和配件的单位，未按照安全施工的要求配备齐全有效的保险、限位等安全设施和装置的，责令限期改正，处合同价款 1 倍以上 3 倍以下的罚款；造成损失的，依法承担赔偿责任。

2. 出租单位出租未经安全性能检测或者经检测不合格的机械设备和施工机具及配件的，责令停业整顿，并处 5 万元以上 10 万元以下的罚款；造成损失的，依法承担赔偿责任。

（三）设备设施安装、拆卸单位的相关法律责任

施工起重机械和整体提升脚手架、模板等自升式架设设施安装、拆卸单位有下列行为之一的，责令限期改正，处 5 万元以上 10 万元以下的罚款；情节严重的，责令停业整顿，降低资质等级，直至吊销资质证书；造成损失的，依法承担赔偿责任：

1. 未编制拆装方案、制定安全施工措施的；

2. 未由专业技术人员现场监督的；

3. 未出具自检合格证明或者出具虚假证明的；

4. 未向施工单位进行安全使用说明，办理移交手续的。

施工起重机械和整体提升脚手架、模板等自升式架设设施安装、拆卸单位有前款规定的第 1.3 项行为，经有关部门或者单位职工提出后，对事故隐患仍不采取措施，因而发生重大伤亡事故或者造成其他严重后果，构成犯罪的，对直接责任人员，依照刑法有关规定追究刑事责任。

（四）从业人员相关法律责任

1. 注册执业人员未执行法律、法规和工程建设强制性标准的，责令停止执业三个月以上一年以下；情节严重的，吊销执业资格证书，五年内不予注册；造成重大安全事故的，终身不予注册；构成犯罪的，依照刑法有关规定追究刑事责任。

2. 施工单位的主要负责人、项目负责人未履行安全生产管理职责的，责令限期改正；逾期未改正的，责令施工单位停业整顿；造成重大安全事故、重大伤亡事故或者其他严重后果，构成犯罪的，依照刑法有关规定追究刑事责任。

作业人员不服管理、违反规章制度和操作规程冒险作业造成重大伤亡事故或者其他严重后果，构成犯罪的，依照刑法有关规定追究刑事责任。

施工单位的主要负责人、项目负责人有前款违法行为，尚不够刑事处罚的，处 2 万元以上 20 万元以下的罚款或者按照管理权限给予撤职处分；自刑罚执行完毕或者受处分之日起，五年内不得担任任何施工单位的主要负责人、项目负责人。

十五、违反《生产安全事故应急条例》的法律责任

1. 生产经营单位未制定生产安全事故应急救援预案、未定期组织应急救援预案演练、未对从业人员进行应急教育和培训，生产经营单位的主要负责人在本单位发生生产安全事故时不立即组织抢救的，由县级以上人民政府负有安全生产监督管理职责的部门依照《中华人民共和国安全生产法》有关规定追究法律责任。

2. 生产经营单位未对应急救援器材、设备和物资进行经常性维护、保养，导致发生严重生产安全事故或者生产安全事故危害扩大，或者在本单位发生生产安全事故后未立即采取相应的应急救援措施，造成严重后果的，由县级以上人民政府负有安全生产监督管理职责的部门依照《中华人民共和国突发事件应对法》有关规定追究法律责任。

3. 生产经营单位未将生产安全事故应急救援预案报送备案、未建立应急值班制度或者配备应急值班人员的，由县级以上人民政府负有安全生产监督管理职责的部门责令限期改正；逾期未改正的，处 3 万元以上 5 万元以下的罚款，对直接负责的主管人员和其他直接责任人员处 1 万元以上 2 万元以下的罚款。

十六、违反《生产安全事故报告和调查处理条例》的法律责任

（一）事故发生单位及有关人员的法律责任

1. 事故发生单位主要负责人有下列行为之一的，处上一年年收入 40%至 80%的罚款；属于国家工作人员的，并依法给予处分；构成犯罪的，依法追究刑事责任：

（1）不立即组织事故抢救的；

（2）迟报或者漏报事故的；

（3）在事故调查处理期间擅离职守的。

2. 事故发生单位及其有关人员有下列行为之一的，对事故发生单位处 100 万元以上 500 万元以下的罚款；对主要负责人、直接负责的主管人员和其他直接责任人员处上一年年收入 60%至 100%的罚款；属于国家工作人员的，并依法给予处分；构成违反治安管理行为的，由公安机关依法给予治安管理处罚；构成犯罪的，依法追究刑事责任：

（1）谎报或者瞒报事故的；

（2）伪造或者故意破坏事故现场的；

（3）转移、隐匿资金、财产，或者销毁有关证据、资料的；

（4）拒绝接受调查或者拒绝提供有关情况和资料的；

（5）在事故调查中作伪证或者指使他人作伪证的；

（6）事故发生后逃匿的。

3. 事故发生单位对事故发生负有责任的，依照下列规定处以罚款：

（1）发生一般事故的，处10万元以上20万元以下的罚款；

（2）发生较大事故的，处20万元以上50万元以下的罚款；

（3）发生重大事故的，处50万元以上200万元以下的罚款；

（4）发生特别重大事故的，处200万元以上500万元以下的罚款。

4. 事故发生单位主要负责人未依法履行安全生产管理职责，导致事故发生的，依照下列规定处以罚款；属于国家工作人员的，并依法给予处分；构成犯罪的，依法追究刑事责任：

（1）发生一般事故的，处上一年年收入30%的罚款；

（2）发生较大事故的，处上一年年收入40%的罚款；

（3）发生重大事故的，处上一年年收入60%的罚款；

（4）发生特别重大事故的，处上一年年收入80%的罚款。

5. 事故发生单位对事故发生负有责任的，由有关部门依法暂扣或者吊销其有关证照；对事故发生单位负有事故责任的有关人员，依法暂停或者撤销其与安全生产有关的执业资格、岗位证书；事故发生单位主要负责人受到刑事处罚或者撤职处分的，自刑罚执行完毕或者受处分之日起，5年内不得担任任何生产经营单位的主要负责人。

（二）中介机构的法律责任

为发生事故的单位提供虚假证明的中介机构，由有关部门依法暂扣或者吊销其有关证照及其相关人员的执业资格；构成犯罪的，依法追究刑事责任。

十七、违反《工伤保险条例》的法律责任

1. 用人单位依照本条例规定应当参加工伤保险而未参加的，由社会保险行政部门责令限期参加，补缴应当缴纳的工伤保险费，并自欠缴之日起，按日加收万分之五的滞纳金；逾期仍不缴纳的，处欠缴数额1倍以上3倍以下的罚款。

依照本条例规定应当参加工伤保险而未参加工伤保险的用人单位职工发生工伤的，由该用人单位按照本条例规定的工伤保险待遇项目和标准支付费用。

用人单位参加工伤保险并补缴应当缴纳的工伤保险费、滞纳金后，由工伤保险基金和用人单位依照本条例的规定支付新发生的费用。

2. 用人单位违反本条例第十九条的规定，拒不协助社会保险行政部门对事故进行调查核实的，由社会保险行政部门责令改正，处2000元以上2万元以下的罚款。

十八、违反《建筑施工企业安全生产许可证管理规定》的法律责任

1. 取得安全生产许可证的建筑施工企业，发生重大安全事故的，暂扣安全生产许可证并限期整改。

2. 建筑施工企业不再具备安全生产条件的，暂扣安全生产许可证并限期整改；情节严重的，吊销安全生产许可证。

3. 违反本规定，建筑施工企业未取得安全生产许可证擅自从事建筑施工活动的，责令其在建项目停止施工，没收违法所得，并处10万元以上50万元以下的罚款；造成重大安全事故或者其他严重后果，构成犯罪的，依法追究刑事责任。

4.违反本规定，安全生产许可证有效期满未办理延期手续，继续从事建筑施工活动的，责令其在建项目停止施工，限期补办延期手续，没收违法所得，并处5万元以上10万元以下的罚款；逾期仍不办理延期手续，继续从事建筑施工活动的，依照第3条的规定处罚。

5.违反本规定，建筑施工企业转让安全生产许可证的，没收违法所得，处10万元以上50万元以下的罚款，并吊销安全生产许可证；构成犯罪的，依法追究刑事责任；接受转让的，依照第3条的规定处罚。

冒用安全生产许可证或者使用伪造的安全生产许可证的，依照第3条的规定处罚。

6.违反本规定，建筑施工企业隐瞒有关情况或者提供虚假材料申请安全生产许可证的，不予受理或者不予颁发安全生产许可证，并给予警告，1年内不得申请安全生产许可证。

建筑施工企业以欺骗、贿赂等不正当手段取得安全生产许可证的，撤销安全生产许可证，3年内不得再次申请安全生产许可证；构成犯罪的，依法追究刑事责任。

第四节　职业道德

一、职业道德规范

（一）道德

道德是一定社会为调整人们之间以及个人和社会之间的关系所提倡的行为规范的总和。道德是一种意识形态，它通过各种形式的教育和社会舆论的力量，使人们具有善与恶、美与丑、荣誉与耻辱、正义与非正义等概念，并逐步形成一定的习惯和传统，以指导或规范自己的行为。

道德是建立在人们自觉遵守的基础上，通过人们的评价实现的。它不同于法律，不是由国家强制执行的，而是依靠传统习惯、内心信念、教育示范、社会舆论等力量来维持的。只有当一种道德行为被社会上的绝大多数人所接受时，这种道德行为才是人们应该仿效的行为标准，这也就是所谓的道德规范。

（二）职业道德的含义与特征

职业道德是人们在进行职业活动过程中，一切符合职业要求的心里意识、行为准则和行为规范的总和。它是一种内在的非强制性的约束机制。它是用来调整职业个人、职业主体和社会成员之间关系的行为准则和行为规范。

1.职业道德的含义

职业道德的含义包括八个方面：（1）职业道德是一种职业规范，受社会普遍的认可；（2）职业道德是长期以来自然形成的；（3）职业道德没有确定形式，通常体现为观念、习惯、信念等；（4）职业道德依靠文化、内心信念和习惯，通过员工的自律实现；（5）职业道德大多没有实质的约束力和强制力；（6）职业道德的主要内容是对员工义务的要求；（7）职业道德标准多元化，代表了不同企业可能具有不同的价值观；（8）职业道德承载着企业文化和凝聚力，影响深远。每个从业人员，无论是从事哪种职业，在职业活动中都要遵守道德。

2.职业道德的特征

职业道德通过规定各种职业活动对内对外应尽的义务。维持着各行各业的正常进行，保证了各行各业与整个社会的合理联系。职业道德除具有道德一般特征外，还具有其自己的特点。其主要特点表现在以下几个方面：

（1）职业性。职业道德的内容与职业实践活动紧密相连，反映着特定职业活动对从业人员行为的道德要求。每一种职业道德都只能规范本行业从业人员的职业行为，在特定的职业范围内发挥作用。

（2）实践性。职业行为过程，就是职业实践过程，只有在实践过程中，才能体现出职业道德的水准。职业道德的作用是调整职业关系，对从业人员职业活动的具体行为进行规范，解决现实生活中的具体道德冲突。

（3）继承性。在长期实践过程中形成的，会被作为经验和传统继承下来。即使在不同的社会经济发展阶段，同样一种职业因服务对象、服务手段、职业利益、职业责任和义务相对稳定，职业行为的道德要求的核心内容将被继承和发扬，从而形成了被不同社会发展阶段普遍认同的职业道德规范。

（4）多样性。不同的行业和不同的职业，有不同的职业道德标准。

（三）社会主义职业道德

《公民道德建设实施纲要》中明确指出：要大力倡导以“爱岗敬业、诚实守信、办事公道、服务群众、奉献社会”为主要内容的职业道德，鼓励人们在工作中做一个好建设者。这些基本职业道德要求充满了社会责任感，突出了服务意识，强调了奉献精神。

《新时代公民道德建设实施纲要》指出：加强公民道德建设是一项长期而紧迫、艰巨而复杂的任务，要适应新时代新要求，坚持目标导向和问题导向相统一，进一步加大工作力度，把握规律、积极创新，持之以恒、久久为功，推动全民道德素质和社会文明程度达到一个新高度。

（四）社会主义核心价值观

社会主义核心价值观是社会主义核心价值体系的内核，体现社会主义核心价值体系的根本性质和基本特征，反映社会主义核心价值体系的丰富内涵和实践要求，是社会主义核心价值体系的高度凝练和集中表达。

“富强、民主、文明、和谐”体现了中国特色社会主义的价值目标，是立足国家层面概括出的社会主义核心价值观。“自由、平等、公正、法治”体现了中国特色社会主义的基本社会属性，是立足社会层面概括出的社会主义核心价值观。“爱国、敬业、诚信、友善”体现了社会主义国家公民的基本价值追求和道德准则要求，是立足公民层面概括出的社会主义核心价值观。它是公民必须恪守的基本道德准绳，也是评价公民道德行为选择的基本价值标准。

社会主义核心价值观是建筑施工安全管理工作之基，建筑业只有弘扬法治精神、建设安全文化，所有从业人员自觉遵章守规，安全管理才有牢固基础。

二、安全生产管理人员职业道德建设的必要性

（一）安全生产管理人员职业道德是职业要求

安全生产管理人员职业道德不仅是安全生产管理人员从事安全生产管理活动中的行为标准和要求，更体现了安全生产管理人员的社会责任和职业追求，是对社会所承担的道德责任和义务。安全生产管理人员职业道德规范是安全生产管理人员执业特性的充分体现，是培养高素质安全生产管理人员队伍的需要，也是安全生产管理人员行业和职业生涯的立足之本。

（二）安全生产管理人员职业道德是建筑业健康发展的要求

建筑业是一个非常重要的产业部门，其产品为整个社会经济生活提供了物质基础。建设工

程的从业人员，肩负着历史和社会的责任，必须有良好的职业道德。安全生产管理人员也是如此，安全生产管理人员在职业生涯中，必须坚持维护社会公共利益，恪尽职守完成本职工作，承担社会责任，对自己的职业行为负责。

工程实践中，影响建筑工程安全的因素众多，道德因素是重要因素之一。随着我国建筑市场的健康发展，建筑安全生产整体形势逐年好转，但仍有个别企业在施工过程中出现重进度、重效益、轻安全的倾向，主要表现在安全生产费用投入不足，全员安全生产责任制不落实，安全管理缺失等方面，最终导致生产安全事故发生。所以，建筑业要健康发展，必须大力加强建筑行业职业道德建设。否则，建筑业的发展和繁荣最终成为一句空话。

三、安全生产管理人员职业道德的具体内容

安全生产管理不仅要管理好设备的安全、环境的安全，更重要的是人身的安全，高尚的职业道德是对安全生产管理人员的基本要求。建筑行业的特点决定了建筑施工企业安全管理人员的职业道德与其他行业相比具有独特的内容和要求，因此，“爱岗敬业、诚实守信、办事公道、服务群众、奉献社会”的一般职业道德规范具体到安全生产管理人员职业岗位，主要有以下内容。

（一）高度负责

树立安全第一和预防为主的高度责任感，本着“对企业负责、对职工负责、对自己负责”的态度做好每一项工作，教育员工认真落实“我不伤害自己、我不伤害他人、我不被他人伤害、我保护他人不受伤害”原则，为搞好安全生产工作恪尽职守；同时，要有良好的政治素质，在工作中坚持正确的安全生产工作方向，严格履行监督检查职责，敢于抵制各种违法违章行为，勇于维护国家和人民的财产安全，维护劳动者的健康和生命安全。

（二）遵章守纪

遵守相关法律法规、标准和管理规定，严守组织纪律。安全生产管理人员要成为遵守纪律的模范，增强组织纪律观，自觉执行各项安全规章制度，保证安全工作正常有序地进行。

（三）积极进取

安全生产管理人员应以积极进取的态度，树立终生学习理念，不断学习新知识、新技能。丰富的安全生产知识、浓烈的安全意识和较高的安全生产技能，是成为一名合格的安全生产管理人员的基本条件。

（四）实事求是

尊重科学，坚持原则，办事公正，讲究工作方法。安全生产管理人员应以诚实的态度开展安全生产工作，职责范围内的工作应当亲力亲为。不弄虚作假，不姑息任何生产安全事故隐患的存在。严肃对待违章、违纪行为，杜绝经验主义。

（五）不怕困难

安全生产管理工作的开展，重要的还在于处理各种人际关系。合格的安全生产管理人员应锻炼坚强的意志和开阔的胸怀，不怕讽刺中伤，不怕打击报复，坚决履行好本职工作。

（六）乐于奉献

安全生产管理人员要发扬不抱怨、不畏难得奉献精神，树立全心全意为人民服务的公仆意识，认真把好安全生产的每一道关，维护国家利益和企业荣誉。

四、安全生产管理人员职业道德准则

（1）保护人民群众生命和财产安全，维护环境安全。

（2）遵章守法，服从安全生产指令。

（3）参加安全生产教育和培训，提高安全素质。

（4）分享安全知识与经验，提高安全生产技能。

（5）安全至上，不默许、不纵容安全违法违规行为。

（6）发现危险，及时报告和处理。

（7）配合安全监督或事故调查，提供准确、完整的安全信息与资料。

（8）不伪造、不冒用、不出借安全生产管理人员资格证书。

五、安全生产管理人员职业道德建设的途径

职业道德建设是塑造建筑行业从业人员行业风貌的一个窗口，涉及政府部门、行业企业、职工队伍等多个方面。

（一）建立和健全完善的监督机制

职业道德是人们的职业活动所形成的，它起着对外树立企业形象，对内提高职工素质的作用。安全生产管理人员职业道德标准必须同工作责任和任务有机结合起来，也就是要建立完善的、科学的岗位责任制及考核机制，使每位工作人员明确其职业的责任。同时，发挥政府职能部门的监督、引导作用，通过政府规范性文件约束不守职业道德的安全生产管理人员行为，对诚实守信的行为予以褒奖，对失信的行为给予惩戒。

（二）突出企业在建筑职业道德建设中的主体作用

在建筑职业道德建设中，企业是主体，职业道德建设是企业文化建设中一项重要工作，安全生产管理人员职业道德建设，是企业安全文化建设中一项重要内容。

1. 安全生产管理人员的职业道德建设要形成制度，要明确相应的责任部门和责任人。

2. 企业要根据自身的特点，制定职业道德标准或准则。

3. 企业职业道德建设重在落实，要加强宣传教育，强化监督考核，建立企业内部的奖惩机制，安全生产管理人员的职业道德表现应纳入安全生产管理业绩考核范围。

4. 重视企业职工职业道德教育工作。根据建筑行业自身的特点，采用通俗易懂的方法对安全生产管理人员进行职业道德教育，激发安全生产管理人员对职业道德的学习兴趣。

5. 开展典型性教育，发挥典型的引领作用，提升整个安全生产管理人员队伍的职业道德整体水平。

（三）加强安全生产管理人员的职业道德修养

职业道德修养是指从事各种职业活动的人员，按照职业道德基本原则和规范，在职业活动中所进行的自我教育、自我改造、自我完善，使自己形成良好的职业道德品质以及达到的职业道德境界。职业道德修养是一种自律行为，关键在于“自我锻炼”和“自我改造”。任何一个从业人员职业道德素质的提高，一方面靠他律，即社会的培养和组织的教育；另一方面就取决于自己的主观努力，即自我修养。两个方面是缺一不可的，而且后者更加重要。

第二章　安全管理

安全管理是施工企业经营管理的一个重要组成部分，目的是保证生产经营活动中的人身安全、财产安全，促进生产持续健康发展，保持社会稳定。

第一节　管理理论

一、基本概念

（一）安全生产

安全生产是指在生产经营活动中，为了避免造成人员伤害和财产损失的事故而采取相应的事故预防和控制措施，使生产过程在符合规定的条件下进行，以保证从业人员的人身安全与健康，设备和设施免受损坏，环境免遭破坏，保证生产经营活动得以顺利进行的相关活动。

（二）安全生产管理

安全生产管理是针对人们生产过程的安全问题，运用有效的资源，发挥人们的智慧，通过人们的努力，进行有关决策、计划、组织和控制等活动，实现生产过程中人与机器设备、物料、环境、方法的和谐，达到安全生产的目标。

（三）事故、事故隐患

《职业事故和职业病记录与通报实用规程》中，职业事故定义为：“由工作引起或者在工作过程中发生的事件，并导致致命或非致命的职业伤害。”事故隐患是指生产经营单位违反安全生产法律、法规、规章、标准、规程和安全生产管理制度的规定，或者因其他因素在生产经营活动中存在可能导致事故发生的物的危险状态、人的不安全行为和管理上的缺陷。

（四）危险、危险源

危险是指系统中存在导致发生不期望后果的可能性超过了人们的承受程度。如危险环境、危险条件、危险状态、危险物质、危险场所、危险人员、危险因素等。

危险源是指可能导致人身伤害和（或）健康损害的根源、状态或行为，或其组合。

（五）安全、本质安全

安全，泛指没有危险、不出事故的状态。生产过程中的安全，即安全生产，指的是“不发生工伤事故、职业病、设备或财产损失”。

本质安全是指通过设计等手段使生产设备或生产系统本身具有安全性，即使在误操作或发生故障的情况下也不会造成事故。

二、事故致因理论

事故发生有其自身的发展规律和特点，只有掌握了事故发生的规律，才能保证安全生产系统处于有效状态。人们站在不同的角度对事故进行研究，总结了很多事故致因理论，主要有以下几种：

（1）事故频发倾向理论：少数具有事故频发倾向的工人是事故频发倾向者，他们的存在是工业事故发生的主要原因（泊松、偏倚和非均等分布）。该理论认为，事故完全是由人造成的。

（2）事故因果连锁理论：包含海因里希理论、博德理论。

海因里希理论将事故因果连锁过程概括为以下五个因素：遗传及社会环境，人的缺点，人的不安全行为或物的不安全状态，事故，伤害。该理论本质上认为社会环境因素造成了人的缺陷，从而引发事故。

博德理论在海因里希事故因果连锁理论的基础上，提出了现代事故因果连锁理论。该理论认为事故起源于管理的缺陷。其因果连锁过程同样为五个以下因素：管理缺陷，个人及工作条件的原因，直接原因，事故，损失。

（3）能量意外释放理论：事故是一种不正常的或不希望的能量释放，意外释放的各种形式的能量是构成伤害的直接原因。

（4）轨迹交叉理论：人的不安全行为与物的不安全状态在同一时间空间相遇，造成事故。

（5）系统安全理论：在系统寿命周期内应用系统安全管理及系统安全工程原理，识别危险源并使其危险性减至最小，使系统在规定的性能、时间和成本范围内达到最佳的安全程度。

三、安全生产管理原理

安全生产管理原理是从生产管理的共性出发，对生产管理中安全工作的实质内容进行科学分析、综合、抽象概括所得出的安全生产管理规律。安全生产管理的原理有：系统原理、人本原理、预防原理、强制原理和责任原理。

安全生产管理作为管理的主要组成部分，遵循管理的普遍规律，既服从管理的基本原理和原则，又有其特殊的原理和原则。

（1）系统原理：指人们在从事管理工作时，运用系统的理论、观点和方法，对管理活动进行充分的分析，以达到管理优化的目的，即用系统的理论观点和方法来认识和处理管理中出现的问题。运用系统原理时应遵循动态相关性原则、整分合原则、反馈原则、封闭原则。

（2）人本原理：指在管理活动中必须把人的因素放在首位，体现以人为本的指导思想。运用人本原理时应遵循能级原则、动力原则、激励原则、行为原则。

（3）预防原理：指安全管理工作应当以预防为主，即通过有效的管理和技术手段，防止人的不安全行为和物的不安全状态出现，从而使事故发生的概率降到最低。运用预防原理时应遵循偶然损失原则、因果关系原则、3E 原则和本质安全化原则。

（4）强制原理：指采取强制管理的手段控制人的意愿和行动，使个人的活动、行为等受到安全管理要求的约束，从而实现有效的安全管理。运用强制原理时应遵循安全第一原则和监督原则。

（5）责任原理：指在安全管理活动中，为实现管理过程的有效性，管理工作需要在合理分工的基础上，明确规定组织各级部门和个人必须完成的工作任务和相应责任。运用责任原理，建立健全安全管理责任制，构建落实安全管理责任的保障机制，促使安全管理责任主体到位，且强制性地安全问责、奖罚分明，才能推动企业履行应有的社会责任，提高安全监管部门监管力度和效果，激发和引导好广大社会成员的责任心。

四、安全生产战略理论

安全生产战略是在安全科学原理的基础上，通过人类长期的安全生产活动实践而建立的。

强调安全作为发展的基础，推进科学发展、促进社会和谐。

（1）安全生产战略对策：安全工程技术（Engineering）对策、法制（Enforce-ment）对策、教育（Education）对策。

（2）安全生产保障的战略对策：事前预防（Prevention）、事中应急（Pacification）、事后教训（Precept）。

（3）事故预防的“4M”战略对策：人的不安全行为、物的不安全状态、环境的不良影响和管理上的缺陷。

五、安全生产工作五要素

安全生产工作“五要素”指的是安全文化、安全法制、安全责任、安全投入、安全科技。

（1）安全文化：安全文化把服从管理的“要我安全”转变成自主管理的“我要安全”，从而提升安全工作的境界。

（2）安全法制：要建立企业安全生产长效机制，必须坚持“以法治安”，用法律法规来规范企业领导和员工行为，使安全生产工作有法可依、有章可循，建立安全生产法制秩序。通过“学法”“懂法”“守法”达到“以法治安”。

（3）安全责任：必须层层落实安全责任。企业应逐级签订安全生产责任书。责任书要有具体的责任、措施、奖罚办法。

（4）安全投入：安全投入是安全生产的基本保障。它包括两个方面：一是人才投入，二是资金投入。

（5）安全科技：要提高安全管理水平，必须加大安全科技投入，比如改进生产设备、设施，运用先进的科技手段来监控安全生产的全过程等。

六、安全生产管理原则

（1）坚持“三管三必须”原则：安全管理“三管三必须”原则是指管行业必须管安全、管业务必须管安全、管生产经营必须管安全。一切从事生产、经营活动的单位和管理部门都必须管安全，如政府经济管理部门、行业主管部门，以及直接从事安全生产活动的企业单位；管生产的同时要管安全，从事生产管理和企业经营的领导者和组织者，必须明确安全和生产是一个有机的整体，生产工作和安全工作的计划、布置、检查、总结、评比要同时进行，决不能重生产轻安全。落实管生产必须管安全的原则，就是在生产管理的同时认真贯彻执行国家安全生产的法规、政策和标准。

（2）坚持“五同时”原则：“五同时”是指企业的领导和主管部门在策划、布置、检查、总结、评价生产经营的时候，应同时策划、布置、检查、总结、评价安全工作。

（3）坚持“三同时”原则：“三同时”是指凡是我国境内新建、改建、扩建的基本建设工程项目、技术改造项目和引进的建设项目，其劳动安全卫生设施必须符合国家规定的标准，必须与主体工程同时设计、同时施工、同时投入生产和使用。

（4）坚持“三个同步”原则：“三个同步”是指安全生产与经济建设、企业深化改革、技术改造同步策划、同步发展、同步实施的原则。“三个同步”要求把安全生产内容融化在生产经营活动的各个方面中，以保证安全与生产的一体化，克服安全与生产“两张皮”的弊病。

（5）坚持“四不放过”原则：“四不放过”是指在调查处理事故时，必须坚持事故原因分析不清不放过，事故责任者和群众没受到教育不放过，事故隐患不整改不放过，事故的责任者没有受到处理不放过的原则。

（6）坚持“五落实”原则:安全隐患要做到“五落实”，即做到治理措施、责任、资金、时限和预案“五落实”。

（7）坚持“五最”战略原则:安全生产“五最”战略原则是履行最高责任，营造最浓厚的安全生产舆论氛围，采取最严格的安全措施和制度，建立最严厉的事故追责机制，执行最严明的纪律。

（8）坚持“六个坚持”：坚持管生产同时管安全；坚持目标管理；坚持预防为主；坚持全员管理；坚持过程控制；坚持持续改进。

（9）坚持企业安全生产责任体系“五落实五到位”规定：必须落实“党政同责”要求，董事长、党组织书记、总经理对本企业安全生产工作共同承担领导责任；必须落实安全生产“一岗双责”，所有领导班子成员对分管范围内安全生产工作承担相应职责；必须落实安全生产组织领导机构，成立安全生产委员会，由董事长或总经理担任主任；必须落实安全管理力量，依法设置安全生产管理机构；必须落实安全生产报告制度，定期向董事会、业绩考核部门报告安全生产情况，并向社会公示。必须做到安全责任到位、安全投入到位、安全培训到位、安全管理到位、应急救援到位。

七、安全生产管理目标

施工企业应按规定实行目标管理，制定安全管理目标，主要包括伤亡事故控制指标、安全达标目标及文明施工达标目标等。工程项目部应将安全目标分解到岗、落实到人，并对安全目标进行考核。

安全生产目标的设定是安全生产目标管理的核心，是目标管理最重要的环节。设定的目标是否得当，关系着安全管理的成效，影响着职工参与管理的积极性。安全目标管理具有先进性、科学性、实用性和有效性，是一种有成效和综合管理方法，是管理中的管理。

八、安全生产工作机制

《安全生产法》规定建立生产经营单位负责、职工参与、政府监管、行业自律和社会监督的机制。安全生产工作机制首先明确了生产经营单位的主体责任，同时系统阐明了企业、员工、政府、行业、社会多方参与和协调共担的安全生产保障模式和机制，如图 2-1-1 所示。

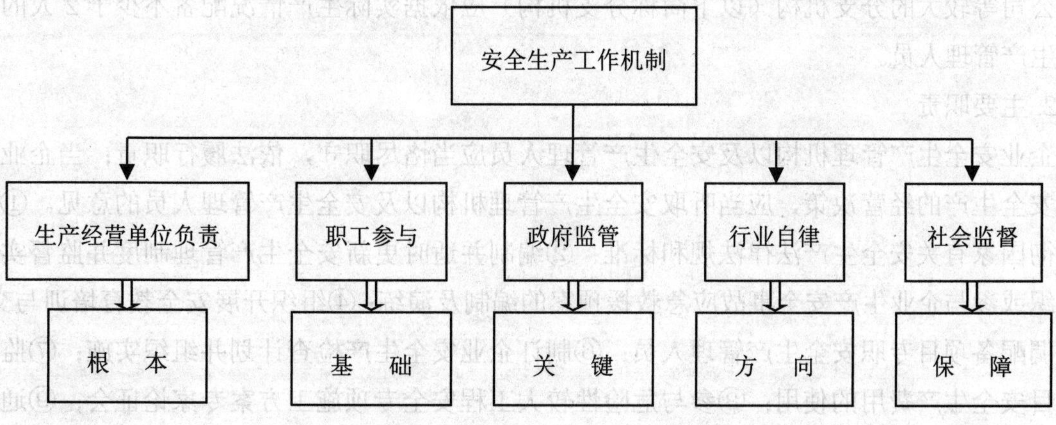

图 2-1-1 安全生产工作机制

第二节　安全责任

一、全员安全生产责任制

全员安全生产责任制是根据“以人为本，坚持人民至上、生命至上，把保护人民生命安全摆在首位，树牢安全发展理念，坚持安全第一、预防为主、综合治理的方针”和安全生产法规建立的各级领导、职能部门、工程技术人员、岗位操作人员在劳动生产过程中对安全生产层层负责的制度。它是企业安全生产的基本制度，也是企业劳动保护管理制度的核心。

二、安全生产组织机构及安全职责

施工企业必须建立和健全安全生产组织体系，明确企业安全生产的决策、管理、实施的机构或岗位。其安全生产组织体系应包括各管理层的主要负责人，各相关职能部门及专职安全管理机构，相关岗位及专职安全管理人员。

每一个建筑业企业，都应当建立健全以企业法人为第一责任人的安全生产保证系统，都必须建立完善的安全生产管理机构。建筑施工企业安全生产管理机构是指建筑施工企业及其在建设工程项目中设置的负责安全生产管理工作的独立职能部门，它是建筑业企业安全生产的重要组织保证。

（一）企业安全生产管理机构的建立与职责

1. 企业级安全生产管理机构的建立

安全生产管理机构是指建筑施工企业设置的负责安全生产管理工作的独立职能部门。在企业主要负责人的领导下开展本企业的安全生产管理工作。实行领导小组成员轮流进行安全生产带班制度，随时解决和处理生产中的安全问题。

建筑施工企业安全生产管理机构专职安全生产管理人员的配备应根据企业经营规模、设备管理和生产需要配备。《建筑施工企业安全生产管理机构设置及专职安全生产管理人员配备办法》（建质〔2008〕91 号）规定：

建筑施工总承包资质序列企业特级资质不少于 6 人；一级资质不少于 4 人；二级和二级以下资质企业不少于 3 人。建筑施工专业承包资质序列企业一级资质不少于 3 人；二级和二级以下资质企业不少于 2 人。建筑施工劳务分包资质序列企业不少于 2 人。建筑施工企业的分公司、区域公司等较大的分支机构（以下简称分支机构）应依据实际生产情况配备不少于 2 人的专职安全生产管理人员。

2. 主要职责

企业安全生产管理机构以及安全生产管理人员应当恪尽职守，依法履行职责；当企业作出涉及安全生产的经营决策，应当听取安全生产管理机构以及安全生产管理人员的意见。①宣传和贯彻国家有关安全生产法律法规和标准；②编制并适时更新安全生产管理制度并监督实施；③组织或参与企业生产安全事故应急救援预案的编制及演练；④组织开展安全教育培训与交流；⑤协调配备项目专职安全生产管理人员；⑥制订企业安全生产检查计划并组织实施；⑦监督在建项目安全生产费用的使用；⑧参与危险性较大工程安全专项施工方案专家论证会；⑨通报在建项目违规违章查处情况；⑩组织开展安全生产评优评先表彰工作；⑪建立企业在建项目安全生产管理档案；⑫考核评价分包企业安全生产业绩及项目安全生产管理情况；⑬参加生产安全事故的调查和处理工作；⑭企业明确的其他安全生产管理职责。

（二）工程项目经理部安全生产组织机构与职责

（1）项目级安全生产组织机构的建立。建筑施工企业应当在建设工程项目组建安全生产组织机构。建设工程实行施工总承包的，安全生产组织机构由总承包企业、专业承包企业和劳务分包企业项目经理、技术负责人和专职安全生产管理人员组成。

总承包单位配备项目专职安全生产管理人员应当满足下列要求：①建筑工程、装修工程按照建筑面积配备：1万平方米以下的工程不少于1人；1万～5万平方米的工程不少于2人；5万平方米及以上的工程不少于3人，且按专业配备专职安全生产管理人员。②土木工程、线路管道、设备安装工程按照工程合同价配备：5000万元以下的工程不少于1人；5000万～1亿元的工程不少于2人；1亿元及以上的工程不少于3人，且按专业配备专职安全生产管理人员。

分包单位配备项目专职安全生产管理人员应当满足下列要求：①专业承包单位应当配置至少1人，并根据所承担的分部分项工程的工程量和施工危险程度增加。②劳务分包单位施工人员在50人以下的，应当配备1名专职安全生产管理人员；50人～200人的，应当配备2名专职安全生产管理人员；200人及以上的，应当配备3名及以上专职安全生产管理人员，并根据所承担的分部分项工程施工危险实际情况增加，不得少于工程施工人员总人数的5‰。

（2）主要职责：①贯彻落实国家有关安全生产法律法规和标准；②组织制定项目安全生产管理制度并监督实施；③编制项目生产安全事故应急救援预案并组织演练；④保证项目安全生产费用的有效使用；⑤组织编制危险性较大工程安全专项施工方案；⑥开展项目安全教育培训；⑦组织实施项目安全检查和隐患排查；⑧建立项目安全生产管理档案；⑨及时、如实报告安全生产事故。

（3）项目专职安全生产管理人员应每天认真填写安全日志，“危大工程”方案的编制、审核、审查、论证、交底、验收、检查情况应在安全日志中真实记录。项目部要做好每日安全检查工作，施工、监理单位要做好安全检查总结，做到有查必记、真查实纠、严查实改。对存在安全隐患和问题的项目，按照事不过夜的要求抓好问题整改，能够立即整改的立即整改，对不能立即整改的，要制定有效整改措施，明确整改时限和责任人，限期整改到位，并将整改结果建立档案备查（附整改前、整改后照片），确保闭环管理。

（三）施工作业班组安全生产管理

加强班组安全建设是安全生产管理的基础，也是关键所在。施工作业班组可以设置兼职安全巡查员，对本班组的作业场所进行安全监督检查。建筑施工企业应当定期对兼职安全巡查员进行安全教育培训。

（四）相关职能部门安全职责

（1）技术部门主要安全职责：建立技术负责人的企业安全生产责任制度，建立和完善施工组织设计的编审程序制度和专家审查制度，明确各级技术人员的职责；根据现行有效的技术标准、规范、施工图设计文件负责编写重大施工组织设计和专项施工方案；负责施工中采用的新设备、新技术、新工艺和新材料安全技术保证工作，安排编制（或审核）相应的操作规程及安全技术措施。

（2）设备管理部门的主要安全职责：掌握和统计本企业机械设备的数量、产品质量和安全使用情况；建立施工机械设备的安装（拆除）、验收、检测、使用、维修保养和报废制度；严格执行机械设备装拆专项施工方案的编审程序，确保机械设备装拆专项施工方案的可靠性，明确各特种作业人员的职责和操作规程；采购或租赁具备生产（制造）许可证、产品合格证等相关有效证件的安全防护用具、机械设备、施工机具及配件，并进行经常性的安全查验等。

（3）生产部门的主要安全职责：对本单位生产过程中的安全工作负责。严格执行国家及上级各部门有关安全的法规；要求从业人员遵守安全操作规程，遵守劳动纪律，做到不违章、不蛮干；合理确定施工工期，在安排生产任务时优先考虑安全问题，当生产与安全发生矛盾时，坚持生产必须服从安全的原则，杜绝事故的发生；施工方案和安全措施要按规定认真审查和落实，遇到生产中的异常情况，应及时、妥善、果断处理；紧急情况先处理后报告。

（4）经营部门的主要安全职责：企业在从事经营活动时，根据工程特点和招标文件要求合理计算安全费用，保证施工中安全防护、文明施工等安全环保措施费用的合理使用；在工程施工过程中，应配合企业各相关职能部门监督项目部安全管理人员的到位和安全经费的合理使用情况等。

（5）人力资源部门的主要安全职责：负责员工的安全培训教育、安全生产管理人员（安全生产三类人员）、注册安全工程师的取证及继续教育工作；督促特种作业人员按规定接受有关部门的培训；按规定比例配备安全管理人员；为从业人员提供劳动保护用品、保险等。

(6)财务部门的主要安全职责:按照《企业安全生产费用提取和使用管理办法》(财资〔2022〕136 号）中有关安全费用的规定及其他费用管理规定，提供安全生产措施、安全培训、宣传教育等安全费用。

三、安全生产责任考核和责任追究

施工企业应依据职责落实各管理层、职能部门、岗位的安全生产责任。各管理层、职能部门、岗位的安全生产责任应形成责任书，并应经责任部门或责任人确认。责任书的内容应包括安全生产职责、目标、考核奖惩标准等。

第三节　安全生产费用

一、安全生产费用

安全生产费用是指企业按照规定标准提取，在成本（费用）中列支，专门用于完善和改进企业或者项目安全生产条件的资金。建设工程施工企业以建筑安装工程造价为依据，建设工程施工企业编制投标报价应当包含并单列企业安全生产费用，竞标时不得删减；国家对基本建设投资概算另有规定的，从其规定；这对于保障从业人员作业条件和生活环境，减少和防止生产安全事故发生具有十分重要的意义。

二、安全生产费用计提

《企业安全生产费用提取和使用管理办法》（财资〔2022〕136 号）规定，建设工程施工企业以建筑安装工程造价为计提依据，于月末按工程进度计算提取企业安全生产费用。各建设工程类别安全费用提取标准如下：

1. 矿山工程 3.5%；

2. 铁路工程、房屋建筑工程、城市轨道交通工程 3%；

3. 水利水电工程、电力工程 2.5%；

4. 冶炼工程、机电安装工程、化工石油工程、通信工程 2%；

5. 市政公用工程、港口与航道工程、公路工程 1.5%。

建设单位应当在合同中单独约定并于工程开工日一个月内向承包单位支付至少 50%企业安全生产费用。

总包单位应当在合同中单独约定并于分包工程开工日一个月内将至少 50%企业安全生产费用直接支付分包单位并监督使用，分包单位不再重复提取。

工程竣工决算后结余的企业安全生产费用，应当退回建设单位。

三、安全生产费用使用与管理

（一）安全生产费用使用范围

《企业安全生产费用提取和使用管理办法》规定，建设工程施工企业安全生产费用应当按照以下范围使用：

1. 完善、改造和维护安全防护设施设备支出（不含“三同时”要求初期投入的安全设施），包括施工现场临时用电系统、洞口或临边防护、高处作业或交叉作业防护、临时安全防护、支护及防治边坡滑坡、工程有害气体监测和通风、保障安全的机械设备、防火、防爆、防触电、防尘、防毒、防雷、防台风、防地质灾害等设施设备支出；

2. 应急救援技术装备、设施配置及维护保养支出，事故逃生和紧急避难设施设备的配置和应急救援队伍建设、应急预案制修订与应急演练支出；

3. 开展施工现场重大危险源检测、评估、监控支出，安全风险分级管控和事故隐患排查整改支出，工程项目安全生产信息化建设、运维和网络安全支出；

4. 安全生产检查、评估评价（不含新建、改建、扩建项目安全评价）、咨询和标准化建设支出；

5. 配备和更新现场作业人员安全防护用品支出；

6. 安全生产宣传、教育、培训和从业人员发现并报告事故隐患的奖励支出；

7. 安全生产适用的新技术、新标准、新工艺、新装备的推广应用支出；

8. 安全设施及特种设备检测检验、检定校准支出；

9. 安全生产责任保险支出；

10. 与安全生产直接相关的其他支出。

（二）安全生产费用管理

安全生产费用管理应包括资金的提取、申请、审核审批、支付、使用、统计、分析、审计检查等工作内容。按照“筹措有章、支出有据、管理有序、监督有效”的原则进行管理。

建筑施工企业应按规定提取安全生产所需的费用，各级管理层相关负责人必须在其管辖范围内，按专款专用、及时足额的要求，组织落实安全生产费用使用计划。安全生产费用管理制度建立后关键在于落实，各施工企业在落实安全生产费用管理工作必须做到“三到位”，即：责任到位、措施到位、资金到位。

四、安全生产责任保险

安全生产责任保险是以生产经营过程中因发生意外事故，造成人身伤亡或财产损失，依法应由生产经营单位承担的经济赔偿责任为保险标的（是指作为保险对象的财产及其有关利益，或者是人的寿命和身体，它是保险利益的载体），保险公司按相关保险条款的约定对保险人以外的第三者进行赔偿的责任保险。

第四节　安全风险分级管控与隐患排查治理

一、安全风险管理

（一）风险与风险管理

1. 风险：指损失发生的不确定性，由风险因素、风险事故和风险损失等要素组成。

2. 风险管理：在对风险源辨识、评估的基础上，优化组合各种风险管理技术，对风险实施有效控制，妥善处理风险所致结果，以最小成本达到最大安全保障的系列活动。风险管理包括策划、组织、领导、协调和控制等方面的工作，其工作流程为：风险辨识→风险分析→风险控制→风险转移。

（二）危险源辨识与风险评价

1. 危险源及其分类

危险源是指可能导致人身伤害和（或）健康损害的根源、状态或行为，或其组合。危险源在建筑工程施工过程中可能造成人员伤亡、财产损失的施工作业活动、危险物质、不良自然环境条件等。危险源是安全生产管理的主要对象。

（1）两类危险源

根据危险源在安全事故发生发展过程中的机理，一般把危险源划分为两大类，即第一类危险源和第二类危险源。①第一类危险源：能量和危险物质的存在是危害产生的最根本原因，通常把可能发生意外释放的能量或危害物质称作第一类危险源。②第二类危险源：造成约束、限制能量和危险物质措施失控的各种不安全因素称为第二类危险源。该类危险源主要体现在设备故障或缺陷、人为失误和管理缺陷等几个方面。

事故的发生是两类危险源共同作用的结果。第一类危险源是事故发生的前提，第二类危险源的出现是第一类危险源导致事故的必要条件。

（2）建筑工程施工现场危险源

建筑工程施工现场重大危险源一般按事故发生的类型和部位进行分类。

①按事故发生的类型分类。建筑工程施工现场的事故类型也是以建筑施工的“五大伤害”为主，即高处坠落事故、触电伤害事故、物体打击事故、机械伤害事故、施工坍塌事故。这五类事故是最容易造成群死群伤的事故类型，也是建筑工程施工现场存在的常见危险源。其他危险源还有中毒、爆炸、火灾等。

②按事故发生的部位分类。建筑工程施工中事故发生概率较高的分部分项工程主要包括：深基坑工程、高大模板支撑工程、脚手架工程、起重机械（装拆、吊装）工程、施工临时用电、“四口”与“临边”、高处作业、人工挖孔桩等。

2. 危险源的辨识

危险源辨识是安全管理的基础工作，主要目的就是从组织的活动中识别出可能造成人员伤害或疾病、财产损失、环境破坏的危险或危害因素，并判定其可能导致的事故类别和导致事故发生的直接原因的过程。

危险源辨识的方法：危险源辨识的方法很多，常用的方法有专家调查法、头脑风暴法、德尔菲法、现场调查法、工作任务分析法、安全检查表法、危险与可操作性研究法、事件树分析法和故障树分析法等。

施工现场危险源的识别：

（1）施工现场与人的不安全行为有关的危险源

能够使系统发生故障或发生性能不良事件的个人的不安全因素和违背安全要求的错误行为有关的危险源或因素。包括：①个人的不安全因素，包括人员的心理、生理、能力中所具有不能适应工作、作业岗位要求的影响安全的因素。②人的不安全行为，即指能造成事故的人为错误，是人为地使系统发生故性能或发生性能不良事件，是违背设计和操作规程的错误行为。

（2）施工现场与物的不安全状态有关的危险源

能导致事故发生的物质条件，包括机构设备或环境所存在的不安全因素和危险源。包括：①物不安全状态的内容包括：物本身存在的缺陷；防护保险方面的缺陷；物的放置方法的缺陷；作业环境场所的缺陷；外部的和自然界的不安全状态；作业方法导致的物的不安全状态；保护器具信号、标志和个体防护用品的缺陷。②物的不安全状态的类型包括：防护等装置缺陷；设备、设施等缺陷；个人防护用品缺陷；生产场地环境的缺陷。

（3）施工现场与作业环境的不安全状态有关的危险源

①场地属性的不安全状态包括：现场周边围挡防护，毗邻建筑、通道保护，对高压线和地下管线保护，现场功能划分及设施情况，现场场地和障碍物，现场道路、排水和消防设施，临建和施工设施，临电线路、电气装置和照明装置，洞口和临边防护设施，现场警戒区，深基坑、深沟槽，起重吊装区域，预应力张拉，拆除施工，爆破作业，特种作业和危险作业场所等的不安全状态。

②状态属性的不安全状态包括：临时建筑，脚手架、模板和承重支架，起重、垂直和水平运输机械，易燃易爆、有毒材料，高处作业，施工机械、电动工具和其他施工设施安全防护、保险装置等不安全状态。

③作业属性的不安全状态包括：隧道、洞室作业，起重安装作业，整体升降作业，拆除作业，电气作业，电热法作业，电、气焊作业，压力容器和有限空间作业，高处和架上作业，预应力作业，模板、支架、脚手架装拆作业，深基坑支护作业，顶进移位作业，混凝土浇筑作业等不安全状态。

（4）施工现场与管理缺陷有关的危险源

组织管理上的缺陷，也是事故潜在的不安全因素，作为间接的原因构成的危险源主要包括：施工队伍资质（格）不符合要求，违规分包或转包，施工费用不足，现场管理不到位，安全责任制不健全，未进行安全教育培训等。

3. 风险评价

风险评价是对危险源导致的风险进行分析、评估、分级，对现有控制措施的充分性加以考虑，以及对风险是否可接受予以确定的过程。按照风险评价结果的量化程度，评价方法可分为定性风险评价法和定量风险评价法，在选择时应遵循充分性、适应性、系统性、针对性和合理性的原则。下面介绍常用两种风险评价方法。

（1）作业条件危险性分析评价法（简称 LEC）：$D=L\times E\times C$。式中，L为事故、事件发生的可能性；E为人员暴露于危险环境中的频率；C为事故后果的严重程度；D为风险的大小。风险等级判定见表 2-4-1。

表 2-4-1 风险等级判定（D）

风险值	风险度	风险等级	颜 色
＞320	极其危险	重大风险	红
＞160～320	高度危险	较大危险	橙
＞70～160	显著危险	一般风险	黄
20～70	轻度危险	低风险	蓝
＜20	稍有危险		

（2）风险矩阵法（简称 LS）：$R=L\times S$。式中，L为事故发生的可能性；S为事故后果的严重程度；R为风险的大小。风险等级判定见表 2-4-2。

表 2-4-2 风险等级判定（R）

风险值	风险度	风险等级	颜 色
20～25	极其危险	重大风险	红
15～16	高度危险	较大危险	橙
9～12	显著危险	一般风险	黄
4～8	轻度危险	低风险	蓝
＜4	稍有危险		

施工单位应当根据生产工艺和生产技术，综合考虑职业危害风险和生产安全事故风险，将辨识出的风险确定为重大风险、较大风险、一般风险和低风险四个等级，分别以红、橙、黄、蓝四种颜色标注，编制施工方案和技术措施，明确管控责任。

根据发生生产安全事故可能产生的后果，《建筑施工安全技术统一规范》GB 50870—2013 将建筑施工危险等级划分为Ⅰ、Ⅱ、Ⅲ级，在建筑施工过程中，应结合工程施工特点和所处环境，根据建筑施工危险等级实施分级管理，并应综合采用相应的安全技术。

（三）危险源监控管理

1. 列出危险源清单。施工企业应根据经营业务的类型编制施工作业流程，逐层分解作业活动情况，并分析辨识出可能存在的危险源，列出危险源清单。

2. 登记建档。建筑施工企业对施工现场重大危险源辨识后，要及时登记建档。重大危险源档案应包括：识别评价记录、重大危险源清单、分布区域与警示布置、监控记录、应急预案等。

3. 编制方案。施工项目部对存在重大危险源的分部分项工程应编制管理方案或专项施工方案，严格履行审批、论证、检验检测等相关手续。

4. 监督实施。施工项目部在对存在重大危险源的分部分项工程组织施工时，应按照经审核、批准的管理方案或专项施工方案组织实施。项目部应对重大危险源作业过程进行旁站式监督，对旁站式监督过程中发现的事故隐患及时纠正，发现重大问题时应停止施工。

5. 公示告知。建筑施工企业应建立施工现场重大危险源公示制度，告知现场作业人员及相关方。公示牌应设置于醒目位置，内容应包括：危险性较大的工程的名称、部位、措施、施工期限、安全监控责任人和举报电话等。

6.跟踪监控。建筑施工企业对登记建档的重大危险源应跟踪管理，定期进行检测评估、监控。

7.制定应急预案。建筑施工企业应根据本单位重大危险源的实际情况，在企业生产安全事故应急预案体系下制定并落实重大危险源事故应急预案管理。

8.告知应急措施。建筑施工企业应当告知从业人员及相关方在紧急情况下应当采取的应急措施，并报有关地方人民政府安全生产监督管理部门和有关部门备案。

二、安全风险分级管控

（一）风险分级

根据安全风险评价结果,确定危险源导致不同事故类型的安全风险等级,风险等级应按照“从严从高”原则综合判定。安全风险等级从高到低划分为重大风险、较大风险、一般风险和低风险四个等级,分别用红、橙、黄、蓝四种颜色代表。

1.重大风险（红色）：现场的作业条件或作业环境非常危险，现场的危险源多且难以控制，如继续施工极易引发群死群伤事故,造成人员伤亡和重大经济损失。以下情形可直接确定为重大风险：

（1）违反法律、法规及国家标准中强制性条款的；

（2）发生过死亡、重伤、职业病、重大财产损失事故，或三次及以上轻伤、一般财产损失事故，现在发生事故的条件依然存在的；

（3）超过一定规模的危险性较大的分部分项工程；

（4）具有火灾、爆炸、窒息、中毒等危险的场所，作业人员在10人及以上的。

2.较大风险（橙色）：现场的施工条件或作业环境处于一种不安全状态，现场的危险源较多且管控难度较大，如继续施工极易引发一般生产安全事故，造成人员伤亡和较大经济损失。

3.一般风险（黄色）：现场的风险基本可控，但依然存在着导致生产安全事故的诱因，如继续施工可能会引发人员伤亡事故，或造成一定的经济损失。

4.低风险（蓝色）：现场所存在的风险基本可控，如继续施工可能会导致人员伤害，或造成一定的经济损失。

（二）分级管控及措施

1.分级管控

企业应根据风险分级管控的基本原则,结合本单位机构设置情况,合理确定各级风险的管控层级,落实管控责任。

（1）企业应根据风险等级实施差异化管理，进行分级管控。风险管控分可为四级：企业级、项目部级、班组级、作业人员，并遵循风险等级越高管控层级越高的原则。重大风险、较大风险、一般风险、低风险的管控层级一般分别对应企业级、项目部级、班组级、作业人员；

（2）企业应根据本单位组织机构设置情况，合理确定各级风险的管控层级。上一级负责管控的风险，下一级必须同时负责管控，并逐级落实具体措施；

（3）对于操作难度大、技术含量高、风险等级高、可能导致严重后果的风险应进行重点管控；

（4）风险管控层级可进行增加、合并或提级。

2.管控措施

施工企业应结合安全风险特点和安全生产法律、法规、规章、标准、规程的规定制定相应的管控措施。以下管控措施可单独使用也可联合使用：

（1）工程技术措施。工程技术措施是指作业、设备设施本身固有的控制措施。包括直接安全技术施、间接安全技术措施、指示性安全技术措施等，并按照消除、预防、减弱、隔离、连锁、警告的等级顺序采取相应的安全技术措施。工程技术措施应具有针对性、可操作性和经济合理性,并符合国家有关法规、标准和设计规范的规定；

（2）制度管理措施。制度管理措施应包含健全安全管理组织机构、制定安全管理制度、编制安全技术操作规程、编写专项施工方案、组织专家论证，进行安全技术交底对安全生产过程监控、开展安全检查、对设备设施进行技术检定以及实施安全奖惩等；

（3）个体防护措施。个体防护措施应至少包含《建筑施工作业劳动保护用品配备及使用标准》JGJ 184—2009 中规定配备和使用的劳动保护用品；

（4）应急处置措施。应急处置措施应包风险监控、预警、应急预案及现场处置方案制定、应急物资准备及应急演练等。

施工企业要高度关注运营情况和危险源变化后的风险状况，动态评估、调整风险等级和管控措施，确保安全风险始终处于受控范围内。

风险评估结果为重大风险和较大风险时,应明确不可容许的危险内容及可能触发事故的因素，采取针对性安全措施，并制定应急措施。

风险评估结果为一般风险时，对现有控制措施的充分性进行评估，检查并确认控制程序和措施已经落实，需要时可增加控制措施。

风险评估结果为低风险时，维持现有管控措施，对执行情况进行审核。

三、隐患排查治理

施工企业应在安全风险分级管控的基础上，对所存在的危险源开展全覆盖的隐患排查治理工作。

（一）隐患的分级

事故隐患按其可能造成的事故性质和危害程度分为一般事故隐患和重大事故隐患。一般事故隐患是指危害和整改难度较小，发现后能够立即整改排除的隐患。重大事故隐患是指危害和整改难度较大，应当全部或者局部停产停业，并经过一定时间整改治理方能排除的隐患，或者因外部因素影响致使生产经营单位自身难以排除的隐患。

（二）隐患排查的重点部位

施工企业是事故隐患排查、治理和防控的责任主体。应当把隐患排查治理工作贯穿到生产活动全过程，建立实时检查、日排查等隐患排查治理制度，明确排查地点、项目、目标、责任，将隐患排查治理日常化。企业主要负责人对本单位事故隐患排查治理工作全面负责。

项目经理部应建立事故隐患排查治理档案台帐，主要内容应包括隐患排查任务清单、隐患和问题清单、整改工作清单、复查验收清单。结合每周施工现场安全检查，由项目经理、项目技术负责人、专职安全员和其他专业施工单位负责人组织进行施工现场事故隐患排查，及时发现并排除各项施工工艺不安全、安全防护不到位、临电设施不规范、有带病运行的机械设备、设施，施工人员存在的各类违章违纪行为、管理人员存在有违章指挥或监管不到位的情况、及生产场所存在的其他各类事故隐患。项目经理对本项目工地事故隐患治理工作全面负责。

隐患的排查治理要突出“两查”，即查制度措施制定与落实情况，查工程隐患防范情况。重点排查以下内容：安全生产责任制建立及落实情况；安全生产费用提取等政策的执行情况；隐患排查治理的制度制定和落实情况；防范生产安全事故的技术措施的制定及落实情况；危险性较大工程施工专项方案的制定及落实情况；施工机械设备、机具检测检验情况；施工现场安全警示标志的设置情况；安全教育培训，特别是生产一线职工（包括农民工）的教育培训，以及施工企业“三类人员”的持证上岗执行情况；应急预案制定及演练情况。

（三）重大事故隐患判定

为了准确判定、及时消除房屋市政工程生产安全各类重大事故隐患，严格落实重大事故隐患排查治理挂牌督办等制度，着力从根本上消除事故隐患。住房城乡建设主管部门以重大隐患排查为重点，突出建筑起重机械、基坑工程、模板工程及支撑体系、脚手架工程、拆除工程、暗挖工程、钢结构工程等危大工程，以及高处作业、有限空间作业等高风险作业环节，颁布了《房屋市政工程生产安全重大事故隐患判定标准（2022版）》（建质规〔2022〕2号）规定，具体内容见第一章第二节。

（四）隐患排查的方法与治理

施工企业应当建立健全生产安全事故隐患排查治理制度，采取技术、管理措施，及时发现并消除事故隐患。

1.排查隐患的方法

看：主要查看管理记录、持证上岗、现场标识、交接验收资料、“三宝”使用情况、“洞口”与“临边”防护情况、设备防护装置等。

量：主要是用卷尺等长度计量器具进行实测实量，如对脚手架各种杆件间距、在建工程与高压线距离、电箱的安装高度等进行测量。

测：用仪器、仪表实地进行测量，如用经纬仪测量塔吊塔身的垂直度，用接地电阻测试仪测量接地装置的接地电阻等。

现场操作：由司机（操作工）对各种限位装置进行实际动作，检验其使用设施、设备的安全装置的动作灵敏性和可靠性。

隐患排查是施工现场安全管理工作中的重要内容。隐患排查的主要手段包括日常检查、定期检查、专业性排查、季节性检查、节假日检查、复工复产检查、不定期检查和突击检查等。

2.安全事故隐患的治理

将排查出的事故隐患分级建档，登记编号，对重大事故隐患应当及时报告。当事故隐患等级可能随时间、外界条件变化时，应注重动态监控并在档案中及时调整其等级，对升级为重大事故隐患的进行补报，对降级的事故隐患相应报告。施工单位对于排查出的隐患，应按以下方法进行治理：

（1）若为一般隐患，按规定治理完成后由工程项目部专职安全管理人员组织相关人员复查并经项目负责人审批确认，隐患消除后进行下一道工序或恢复施工；

（2）若为重大隐患，按规定应及时向本单位上级管理部门和监理单位、建设单位报告，在保证施工安全的前提下实施整改，整改完成后经施工单位技术、质量、安全、生产管理等人员进行复查，复查合格后报项目总监理工程师、建设单位项目负责人进行核查，核查合格后方可进入下一道工序施工或恢复施工；

（3）重大隐患排除前或者排除过程中无法保证安全的，应从危险区域内撤出作业人员，并疏散可能危及的其他人员，设置警戒标志，暂时停止施工或者停止使用相关设施、设备。

施工企业要经常性开展安全隐患排查，并切实做到整改措施、责任、资金、时限和预案“五到位”。建立以安全生产专业人员为主导的隐患整改效果评价制度，确保整改到位。对隐患整改不力造成事故的，要依法追究企业和企业相关负责人的责任。对停产整改逾期未完成的不得复产。

（五）挂牌督办

挂牌督办是指住房城乡建设主管部门以下达督办通知书以及信息公开等方式，督促企业按照法律法规和技术标准，做好房屋市政工程生产安全重大隐患排查治理的工作。

承建工程的建筑施工企业接到《房屋市政工程生产安全重大隐患治理挂牌督办通知书》后，应立即组织进行治理。确认重大隐患消除后，向工程所在地住房城乡建设主管部门报送治理报告，并提请解除督办。

工程所在地住房城乡建设主管部门收到建筑施工企业提出的重大隐患解除督办申请后，应当立即进行现场审查。审查合格的，依照规定解除督办。审查不合格的，继续实施挂牌督办。

建筑施工企业不认真执行《房屋市政工程生产安全重大隐患治理挂牌督办通知书》的，应依法责令整改；情节严重的要依法责令停工整改；不认真整改导致生产安全事故发生的，依法从重追究企业和相关负责人的责任。

第五节　安全技术

一、概述

安全技术是指控制或消除生产工程中的危险因素，防止发生各种伤害，以及火灾、爆炸等事故，并为员工提供安全、良好的劳动条件而研究与应用的技术。

（一）建筑施工安全技术

消除或控制建筑施工过程中已知或潜在的危险因素及其危害的工艺和方法。

（二）建筑施工安全技术管理

建筑施工安全技术管理是指为保证安全技术措施和专项安全技术措施方案有效实施所采取的组织、协调等活动。主要包括编制施工组织设计中的安全技术措施，编制、审核、审批危险性较大分部分项工程的专项施工方案及论证，安全技术交底，安全技术文件管理等工作。

（三）建筑工程施工组织设计

施工组织设计以施工项目为对象编制的，用以指导施工的技术、经济和管理的综合性文件。施工组织设计按编制对象，可分为施工组织总设计、单位工程施工组织设计和施工方案。其内容应包括编制依据、工程概况、施工部署、施工进度计划、施工准备与资源配置计划、主要施工方法、施工现场平面布置及主要施工管理计划等。具体执行《建筑施工组织设计规范》GB/T 50502—2009、《市政工程施工组织设计规范》GB/T 50903—2013 规定。同时，施工单位应编制施工现场防火技术方案，并应根据现场情况变化及时对其修改、完善。防火技术方案应包括下列主要内容：

1.施工现场重大火灾危险源辨识；

2.施工现场防火技术措施；

3.临时消防设施、临时疏散设施配备；

4.临时消防设施和消防警示标识布置图。

二、安全技术措施

（一）施工安全技术措施范围

施工安全技术措施是施工组织设计中的重要组成部分，它是具体安排和指导工程安全施工的安全管理与技术文件。是针对每项工程在施工过程中可能发生的事故隐患和可能发生安全问题的环节进行预测，从而在技术上和管理上采取措施，消除或控制施工过程的不安全因素，防范发生事故。

（二）施工安全技术措施编制的要求

编制安全技术措施充分考虑各种危险因素，遵照有关施工技术规程规定，结合以往的施工经验与教训进行编制。

（三）施工安全技术措施编制的内容

施工安全技术措施主要包括：进入施工现场的安全规定；地面及深坑作业的防护；高处及立体交叉作业的防护；施工用电安全；机械设备的安全使用；为确保安全，对于采用的新工艺、新材料、新技术和新结构，制定的有针对性的、行之有效的专门安全技术措施；预防自然灾害（防台风、防雷击、防洪水、防地震、防暑降温、防冻、防寒、防滑等）的措施；防火防爆措施。

（四）施工安全技术措施的实施

经批准的安全技术措施必须认真贯彻执行，遇到因条件变化或考虑不周需变更安全技术措施内容时，应经原编制和审批人员办理变更手续，否则，不能擅自变更。项目技术负责人、专职安全员应经常深入工地检查安全技术措施的实施情况，及时纠正违反安全技术措施的行为。

施工单位应根据危险等级组织由相应人员参加安全技术措施的实施验收，实行施工总承包的单位工程，应由总承包单位组织安全技术措施实施验收，相关专业工程的承包单位技术负责人和安全负责人应参加相关专业工程的安全技术措施实施验收。当安全技术措施实施验收不合格时，实施责任主体单位应进行整改，并应重新组织验收。

三、安全技术交底

安全技术交底是交底方向被交底方对预防和控制生产安全事故发生及减少其危害的技术措施、施工方法进行说明的技术活动，用于指导建筑施工行为。建筑施工企业要确保施工生产安全，所制定的安全技术措施不但要有针对性，而且还要具体全面真正落到实处。为此，必须认真做好安全技术措施交底工作，使之贯彻到施工全过程中。

（一）安全技术交底的目的

为确保实现安全生产管理目标、指标，规范安全技术交底工作，确保安全技术措施在工程施工过程中得到落实，按不同层次，不同要求和不同方式进行，使所有参与施工的人员了解工程概况、施工计划，掌握所从事工作的内容、操作方法、技术要求和安全措施等，确保安全生产，避免发生生产安全事故。

（二）安全技术交底依据

1.施工图纸、施工图说明文件，包括有关设计人员对设计人员对涉及施工安全的重点部位和环节方面的注明、对防范生产安全事故提出的指导意见，以及采用新结构、新材料、新工艺和特殊结构时设计人员提出的保障施工作业人员安全和预防生产安全事故的措施建议；

2.施工组织设计、安全技术措施和专项安全施工方案；

3.相关工种的安全技术操作规程；

4.《建筑施工安全检查标准》JGJ 59—2011、《建筑施工扣件式钢管脚手架安全技术规范》JGJ 130—2011、《施工现场临时用电安全技术规范》JGJ 46—2005、《建筑施工高处作业安全技术规范》JGJ 80—2016等国家、行业的标准、规范；

5.地方法规及其他相关资料；

6.建设单位或监理单位提出的特殊要求。

（三）安全技术交底职责分工

工程项目开工前，由施工组织设计编制人、审批人向参加施工的施工现场管理人员（包括分包单位现场负责人、安全管理人员）、班组长进行施工组织设计及安全技术措施交底。

危大工程专项施工方案实施前，编制人员或者项目技术负责人应向施工现场管理人员进行方案交底。

分部分项工程施工前，由项目技术负责人（或施工员）将安全技术措施、施工方法、施工工艺、施工中可能出现的危险因素、安全施工注意事项等向参加施工的全体管理人员（包括分包单位现场负责人、安全管理人员）、作业人员进行交底。

每道施工工序开始作业前，由施工员向班组长及班组全体作业人员进行安全技术交底。新进场的工人参加施工作业前，由项目部安全人员及项目部分项管理人员进行工种交底。

每天上班作业前，班组长负责对本班组作业人员进行班前安全交底。

（四）安全技术措施交底的基本要求

施工企业应建立分级、分层次的安全技术交底制度。安全技术交底应有书面记录，交底双方应履行签字手续，书面记录应在交底者、被交底者和安全管理者三方留存备查。

1.工程项目部施工现场管理人员，应对施工作业人员进行书面安全技术交底；

2.安全技术交底应按施工工序、施工部位、施工栋号分部分项进行；

3.安全技术交底应结合施工作业场所状况、特点、工序，对危险因素、施工方案、规范标准、操作规程和应急措施进行交底；

4.安全技术交底应由交底人、被交底人、专职安全员进行签字确认。

（五）安全技术交底的内容

安全技术交底的内容应包括：工程项目和分部分项工程的概况；施工过程的危险部位和环节及可能导致生产安全事故的因素；针对危险因素采取的具体预防措施；作业中应遵守的安全操作规程以及应注意的安全事项；作业人员发现事故隐患应采取的措施；发生事故后应及时采

取的避险和救援措施。例如施工作业前，施工现场的施工管理人员应向作业人员进行消防安全技术交底。消防安全技术交底应包括下列主要内容：①施工过程中可能发生火灾的部位或环节。②施工过程应采取的防火措施及应配备的临时消防设施。③初起火灾的扑救方法及注意事项。④逃生方法及路线。

四、安全技术文件管理

安全技术交底文件的建档管理执行《山西省建筑工程施工资料管理标准》DBJ04/T 289—2020。

第六节　危险性较大的分部分项工程

一、概述

为进一步加强对危险性较大的分部分项工程安全管理，建立危险性较大分部分项工程清单制度，强化建立危险性较大分部分项工程建设参与各方主体责任，明确专家论证制度，确保专项施工方案实施，积极防范和遏制建筑施工生产安全事故的发生。

危险性较大的分部分项工程（以下简称“危大工程”），是指房屋建筑和市政基础设施工程在施工过程中，容易导致人员群死群伤或者造成重大经济损失的分部分项工程。

二、危险性较大工程的范围

危险性较大的分部分项工程范围及超过一定规模的危险性较大的分部分项工程范围见表2-6-1、表2-6-2。

1. 危险性较大的分部分项工程

表 2-6-1　危险性较大的分部分项工程范围

序 号	危险性较大的分部分项工程	
1	基坑支护	（1）开挖深度超过 3m（含 3m）的基坑（槽）的土方开挖、支护、降水工程。 （2）开挖深度虽未超过 3m，但地质条件、周围环境和地下管线复杂，或影响毗邻建、构筑物安全的基坑（槽）的土方开挖、支护、降水工程
2	模板工程及支撑体系	（1）各类工具式模板工程：包括滑模、爬模、飞模、隧道模等工程。 （2）混凝土模板支撑工程：搭设高度 5m 及以上，或搭设跨度 10m 及以上，或施工总荷载（荷载效应基本组合的设计值，以下简称设计值）10kN/m² 及以上，或集中线荷载（设计值）15kN/m 及以上，或高度大于支撑水平投影宽度且相对独立无联系构件的混凝土模板支撑工程。 （3）承重支撑体系：用于钢结构安装等满堂支撑体系
3	起重吊装及起重机械安装拆卸工程	（1）采用非常规起重设备、方法，且单件起吊重量在 10kN 及以上的起重吊装工程。 （2）采用起重机械进行安装的工程。 （3）起重机械安装和拆卸工程
4	脚手架工程	（1）搭设高度 24m 及以上的落地式钢管脚手架工程（包括采光井、电梯井脚手架）。 （2）附着式升降脚手架工程。 （3）悬挑式脚手架工程。 （4）高处作业吊篮。 （5）卸料平台、操作平台工程。 （6）异型脚手架工程
5	拆除工程	可能影响行人、交通、电力设施、通信设施或其他建、构筑物安全的拆除工程

续表 2-6-1

序 号		危险性较大的分部分项工程
6	暗挖工程	采用矿山法、盾构法、顶管法施工的隧道、洞室工程
7	其 他	（1）建筑幕墙安装工程。 （2）钢结构、网架和索膜结构安装工程。 （3）人工挖孔桩工程。 （4）水下作业工程。 （5）装配式建筑混凝土预制构件安装工程。 （6）采用新技术、新工艺、新材料、新设备可能影响工程施工安全，尚无国家、行业及地方技术标准的分部分项工程

2. 超过一定规模危险性较大的分部分项工程

表 2-6-2 超过一定规模危险性较大的分部分项工程范围

序 号		超过一定规模危险性较大的分部分项工程
1	深基坑工程	开挖深度超过 5m（含 5m）的基坑（槽）的土方开挖、支护、降水工程
2	模板工程及支撑体系	（1）各类工具式模板工程：包括滑模、爬模、飞模、隧道模等工程。 （2）混凝土模板支撑工程：搭设高度 8m 及以上，或搭设跨度 18m 及以上，或施工总荷载（设计值）15kN/m² 及以上，或集中线荷载（设计值）20kN/m 及以上。 （3）承重支撑体系：用于钢结构安装等满堂支撑体系，承受单点集中荷载 7kN 及以上
3	起重吊装及起重机械安装拆卸工程	（1）采用非常规起重设备、方法，且单件起吊重量在 100kN 及以上的起重吊装工程。 （2）起重量 300kN 及以上，或搭设总高度 200m 及以上，或搭设基础标高在 200m 及以上的起重机械安装和拆卸工程
4	脚手架工程	（1）搭设高度 50m 及以上的落地式钢管脚手架工程。 （2）提升高度在 150m 及以上的附着式升降脚手架工程或附着式升降操作平台工程。 （3）分段架体搭设高度 20m 及以上的悬挑式脚手架工程
5	拆除工程	（1）码头、桥梁、高架、烟囱、水塔或拆除中容易引起有毒有害气（液）体或粉尘扩散、易燃易爆事故发生的特殊建、构筑物的拆除工程。 （2）文物保护建筑、优秀历史建筑或历史文化风貌区影响范围内的拆除工程
6	暗挖工程	采用矿山法、盾构法、顶管法施工的隧道、洞室工程
7	其 他	（1）施工高度 50m 及以上的建筑幕墙安装工程。 （2）跨度 36m 及以上的钢结构安装工程，或跨度 60m 及以上的网架和索膜结构安装工程。 （3）开挖深度 16m 及以上的人工挖孔桩工程。 （4）水下作业工程。 （5）重量 1000kN 及以上的大型结构整体顶升、平移、转体等施工工艺。 （6）采用新技术、新工艺、新材料、新设备可能影响工程施工安全，尚无国家、行业及地方技术标准的分部分项工程

三、危险性较大工程安全管理实施细则（晋建质字〔2019〕156 号）

第一条 为加强我省对房屋建筑和市政基础设施工程中危险性较大的分部分项工程安全管理，有效防范生产安全事故，根据《中华人民共和国安全生产法》《建设工程安全生产管理条例》《危险性较大的分部分项工程安全管理规定》（住房城乡建设部令第 37 号）和《关于实施危险性较大的分部分项工程安全管理规定有关问题的通知》（建办质〔2018〕31 号）等法律法规规章规定，结合我省实际，制定本细则。

第二条 本省行政区域内房屋建筑和市政基础设施工程（以下简称“建筑工程”）的新建、改建、扩建、拆除中危险性较大分部分项工程安全管理适用本细则。

第三条 从事危大工程施工应当编制专项施工方案，专项施工方案是指施工企业在编制施工组织（总）设计的基础上，针对危大工程单独编制的安全技术措施文件。

第四条 省住房和城乡建设厅负责全省危大工程安全管理的监督检查，具体指导工作可以委托省建设工程安全监督管理总站负责实施。

县级以上地方人民政府住房城乡建设主管部门负责本行政区域内危大工程的安全监督管理，具体指导工作可以委托安全监督管理机构实施。

第五条 积极推进“智慧工地”建设，促进信息技术与安全管理深度融合，运用大数据和智能监控手段，提升危大工程安全管理水平。

第六条 建设单位、勘察单位、设计单位、监理单位、施工单位及其他与危大工程安全生产有关单位，应当履行施工现场安全生产职责，依法承担危大工程安全生产主体责任。

第七条 建设单位在办理建筑工程安全监督手续时，应当提供危大工程清单和安全管理措施等资料，并按照施工合同约定及时支付危大工程技术措施费以及相应的安全防护文明施工措施费。

第八条 施工单位和监理单位应当建立危大工程安全管理制度，包括专项施工方案的编制、审核、审批、论证及专项施工方案实施的现场检查、巡视制度。

第九条 施工单位应当在危大工程施工前组织工程技术人员编制专项施工方案。

建筑工程实行总承包的，专项施工方案应当由施工总承包单位组织编制。其中，起重机械安装拆卸、深基坑、附着式升降脚手架、建筑幕墙安装、钢结构（网架、索膜结构）安装、预应力、地下暗挖、顶管、水下作业等专业工程实行分包的，专项施工方案可由专业承包单位组织编制。

第十条 专项施工方案应当包括以下内容：

（一）工程概况：危大工程概况和特点、施工平面布置、施工要求和技术保证条件；

（二）编制依据：相关法律、法规、规范性文件、标准、规范及施工图设计文件、施工组织设计等；

（三）施工计划：包括施工进度计划、材料与设备计划；

（四）施工工艺技术：技术参数、工艺流程、施工方法、操作要求、检查要求等；

（五）施工安全保证措施：组织保障措施、制度保障措施、安全技术措施、监测监控措施等；

（六）施工管理及作业人员配备和分工：施工管理人员、专职安全生产管理人员、特种作业人员、其他作业人员等；

（七）验收要求：验收标准、验收程序、验收内容、验收人员等；

（八）应急处置措施；

（九）计算书及相关施工图纸。

第十一条 超过一定规模的危大工程，施工单位应当组织召开专家论证会对专项施工方案进行论证。

实行施工总承包的，由施工总承包单位组织召开专家论证会。专家论证前，专项施工方案应当通过施工单位审核和总监理工程师审查。

第十二条 超过一定规模的危大工程专项施工方案论证专家，应当从“山西省危险性较大的分部分项工程论证专家库”中产生，符合专业要求且人数不得少于5名。

“山西省危险性较大的分部分项工程论证专家库”人员不能满足需要时，施工单位可聘请国家和外省专家。专家组组长由专家组成员推选产生，原则上由“山西省危险性较大的分部分项工程论证专家库”中本专业的首席专家担任。

未取得专家证和与本工程有利害关系的人员不得以专家身份参加专家论证会。

第十三条 参加超过一定规模的危大工程专家论证会的人员应当包括下列人员：

（一）专家；

（二）建设单位项目负责人；

（三）勘察、设计单位，专项设计单位（如有）的项目技术人员；

（四）总承包单位和分包单位技术负责人或其授权委派的专业技术人员、项目负责人、项目技术负责人、专项施工方案编制人员、项目专职安全生产管理人员；

（五）监理单位项目总监理工程师及专业监理工程师。

超过一定规模的危大工程专项施工方案论证会参会人员应当签到。

第十四条 超过一定规模的危大工程专项施工方案论证的主要内容应当包括：

（一）专项施工方案内容是否完整、可行；

（二）专项施工方案计算书和验算依据、施工图是否符合有关标准规范的规定；

（三）专项施工方案是否满足现场实际情况，并能够确保施工安全。

第十五条 专家论证会应当形成论证报告，对专项施工方案提出“通过”“修改后通过”“不通过”的一致意见。专家对论证报告负责并签字确认。

专家论证结论为“修改后通过”的，专家意见中要明确具体修改内容，施工单位应当按照专家意见逐条修改，并填写专家意见修改索引，重新履行专项方案的编制审核程序，并将修改情况送专家组组长或其指定的一名专家审核并在专家意见修改索引中签字。

专项施工方案经论证“不通过”的，施工单位修改后应当按照本细则的要求重新组织专家论证。

第十六条 专项施工方案实施前，编制人员或项目技术负责人应当向施工现场管理人员进行方案交底。施工现场管理人员应当向作业工人进行安全技术交底，并由双方人员和专职安全生产管理人员共同签字确认。

第十七条 施工单位应当严格按照专项施工方案组织施工，不得擅自修改、随意调整。因规划调整、设计变更等原因确需调整的，修改后的专项施工方案应当重新审核。对于超过一定规模危大工程专项施工方案，施工单位应当重新组织专家进行论证。

第十八条 按照山西省工程建设地方标准《建筑基坑工程技术规范》（DBJ04/T 306—2014），安全等级为一级、二级的基坑工程，建设单位应当委托进行专项设计，并组织召开专家论证会，论证专家、参会人员、论证内容、论证结论可参照本细则第十二条至第十五条。

第十九条　基坑工程专项设计单位应当具备岩土工程设计甲级或同时具备建筑工程设计甲级和岩土工程勘察甲级资质。专项设计单位项目技术负责人应当具备注册土木工程师（岩土）或一级注册结构工程师执业资格。

第二十条　基坑工程专项设计应当包括以下内容：

（一）基坑设计总说明：工程概况（工程地址、周边环境条件、结构设计概况、基坑尺寸等）、设计依据、工程地质及水文地质条件、基坑安全等级、支护结构形式（对基坑及周边环境的控制）、地下水控制设计、材料及主要设计参数、施工要求、检测与监测要求、验收条件、其他；

（二）基坑设计总平面图；

（三）支护结构平面布置图、剖面图、节点详图；

（四）地下水控制设计平面图、帷幕及井的结构；

（五）设计计算书。

第二十一条　基坑工程施工前，建设单位应当委托具有相应勘察资质的第三方单位对基坑工程实施现场监测，监测单位技术负责人应当具备注册岩土工程师资格。

监测单位应当编制监测方案，监测方案由监测单位技术负责人审核签字并加盖单位公章，经建设单位、基坑工程专项设计单位、监理单位等签字确认后方可实施。

监测单位应当按照监测方案开展监测，及时向建设单位报送监测成果，并对监测成果负责。发现异常时，立即向建设单位报告，建设单位应当组织基坑工程专项设计、施工、监理等相关单位采取处置措施。

第二十二条　基坑工程监测方案应当包括以下内容：

（一）工程概况：主体建筑工程概况、建设场地岩土工程条件及基坑周边2~3倍基坑深度范围内的环境状况、基坑工程专项设计说明及相关图、基坑安全等级、使用年限等；

（二）编制依据；

（三）监测内容及项目：监测对象、仪器监测项目、巡视检查项目；

（四）监测点布设及技术要求：监测人员的配备、监测仪器设备及标定要求、基准点、监测点的布置与保护、监测方法及精度、监测期和监测频率、监测报警及异常情况下的监测措施；

（五）监测信息：监测数据、监测点随时间变化的曲线、信息处理、反馈；

（六）作业安全及其他管理措施。

第二十三条　危大工程验收，按照国家规定范围实行验收制度。危大工程的验收应当由施工单位、监理单位组织相关人员进行验收。验收合格的，经施工单位项目技术负责人及总监理工程师签字确认后，方可进入下一道工序。参加验收的人员应当包括：

（一）总承包单位和分包单位技术负责人或授权委派的专业技术人员、项目负责人、项目技术负责人、专项施工方案编制人员、项目专职安全生产管理人员及相关人员；

（二）监理单位项目总监理工程师及专业监理工程师；

（三）有关勘察、设计和监测单位项目技术负责人。

超过一定规模危大工程的验收人员，应当包括不少于2名原专项施工方案论证专家。

第二十四条　施工单位应当在施工现场显著位置设置危大工程公示牌，并在危险区域设置安全警示标志。危大工程公示牌包括危大工程名称、施工时间和具体责任人员。

第二十五条 验收合格的危大工程，施工单位应当在施工现场明显位置设置验收标识牌，验收标识牌应当包括验收时间及责任人员。

第二十六条 各级住房城乡建设主管部门及其建筑施工安全监督机构，应当根据监督工作计划对危大工程进行重点抽查。发现危大工程存在安全隐患的，应当责令相关责任主体整改，重大安全隐患排除前或者排除过程中无法保证安全的，责令从危险区域内撤出作业人员或者暂时停止施工；发现工程建设、勘察、设计、施工、监理、检测和论证等单位和人员违反危大工程管理有关规定的，依法给予行政处罚，并将处罚信息纳入建筑施工安全生产不良信用记录。

第二十七条 各级住房城乡建设主管部门及其建筑施工安全监督机构工作人员，未依法履行危大工程安全监督管理职责的，依照有关规定给予处分。

第二十八条 本实施细则自 2019 年 7 月 1 日起施行。

四、危大工程施工安全要点（建安办函〔2017〕12 号）

1.起重机械安装拆卸作业安全要点

（1）起重机械安装拆卸作业必须按照规定编制、审核专项施工方案，超过一定规模的要组织专家论证。

（2）起重机械安装拆卸单位必须具有相应的资质和安全生产许可证，严禁无资质、超范围从事起重机械安装拆卸作业。

（3）起重机械安装拆卸人员、起重机械司机、信号司索工必须取得建筑施工特种作业人员操作资格证书。

（4）起重机械安装拆卸作业前，安装拆卸单位应当按照要求办理安装拆卸告知手续。

（5）起重机械安装拆卸作业前，应当向现场管理人员和作业人员进行安全技术交底。

（6）起重机械安装拆卸作业要严格按照专项施工方案组织实施，相关管理人员必须在现场监督，发现不按照专项施工方案施工的，应当要求立即整改。

（7）起重机械的顶升、附着作业必须由具有相应资质的安装单位严格按照专项施工方案实施。

（8）遇大风、大雾、大雨、大雪等恶劣天气，严禁起重机械安装、拆卸和顶升作业。

（9）塔式起重机顶升前，应将回转下支座与顶升套架可靠连接，并应进行配平。顶升过程中，应确保平衡，不得进行起升、回转、变幅等操作。顶升结束后，应将标准节与回转下支座可靠连接。

（10）起重机械加节后需进行附着的，应按照先装附着装置、后顶升加节的顺序进行。附着装置必须符合标准规范要求。拆卸作业时应先降节，后拆除附着装置。

（11）辅助起重机械的起重性能必须满足吊装要求，安全装置必须齐全有效，吊索具必须安全可靠，场地必须符合作业要求。

（12）起重机械安装完毕及附着作业后，应当按规定进行自检、检验和验收，验收合格后方可投入使用。

2.起重机械使用安全要点

（1）起重机械使用单位必须建立机械设备管理制度，并配备专职设备管理人员。

（2）起重机械安装验收合格后应当办理使用登记，在机械设备活动范围内设置明显的安全警示标志。

（3）起重机械司机、信号司索工必须取得建筑施工特种作业人员操作资格证书。

（4）起重机械使用前，应当向作业人员进行安全技术交底。

（5）起重机械操作人员必须严格遵守起重机械安全操作规程和标准规范要求，严禁违章指挥、违规作业。

（6）遇大风、大雾、大雨、大雪等恶劣天气，不得使用起重机械。

（7）起重机械应当按规定进行维修、维护和保养，设备管理人员应当按规定对机械设备进行检查，发现隐患及时整改。

（8）起重机械的安全装置、连接螺栓必须齐全有效，结构件不得开焊和开裂，连接件不得严重磨损和塑性变形，零部件不得达到报废标准。

（9）两台以上塔式起重机在同一现场交叉作业时，应当制定塔式起重机防碰撞措施。任意两台塔式起重机之间的最小架设距离应符合规范要求。

（10）塔式起重机使用时，起重臂和吊物下方严禁有人员停留。物件吊运时，严禁从人员上方通过。

3.基坑工程施工安全要点

（1）基坑工程必须按照规定编制、审核专项施工方案，超过一定规模的深基坑工程要组织专家论证。基坑支护必须进行专项设计。

（2）基坑工程施工企业必须具有相应的资质和安全生产许可证，严禁无资质、超范围从事基坑工程施工。

（3）基坑施工前，应当向现场管理人员和作业人员进行安全技术交底。

（4）基坑施工要严格按照专项施工方案组织实施，相关管理人员必须在现场进行监督，发现不按照专项施工方案施工的，应当要求立即整改。

（5）基坑施工必须采取有效措施，保护基坑主要影响区范围内的建（构）筑物和地下管线安全。

（6）基坑周边施工材料、设施或车辆荷载严禁超过设计要求的地面荷载限值。

（7）基坑周边应按要求采取临边防护措施，设置作业人员上下专用通道。

（8）基坑施工必须采取基坑内外地表水和地下水控制措施，防止出现积水和漏水漏沙。汛期施工，应当对施工现场排水系统进行检查和维护，保证排水畅通。

（9）基坑施工必须做到先支护后开挖，严禁超挖，及时回填。采取支撑的支护结构未达到拆除条件时严禁拆除支撑。

（10）基坑工程必须按照规定实施施工监测和第三方监测，指定专人对基坑周边进行巡视，出现危险征兆时应当立即报警。

4.脚手架施工安全要点

（1）脚手架工程必须按照规定编制、审核专项施工方案，超过一定规模的要组织专家论证。

（2）脚手架搭设、拆除单位必须具有相应的资质和安全生产许可证，严禁无资质从事脚手架搭设、拆除作业。

（3）脚手架搭设、拆除人员必须取得建筑施工特种作业人员操作资格证书。

（4）脚手架搭设、拆除前，应当向现场管理人员和作业人员进行安全技术交底。

（5）脚手架材料进场使用前，必须按规定进行验收，未经验收或验收不合格的严禁使用。

（6）脚手架搭设、拆除要严格按照专项施工方案组织实施，相关管理人员必须在现场进行监督，发现不按照专项施工方案施工的，应当要求立即整改。

（7）脚手架外侧以及悬挑式脚手架、附着升降脚手架底层应当封闭严密。

（8）脚手架必须按专项施工方案设置剪刀撑和连墙件。落地式脚手架搭设场地必须平整坚实。严禁在脚手架上超载堆放材料，严禁将模板支架、缆风绳、泵送混凝土和砂浆的输送管等固定在架体上。

（9）脚手架搭设必须分阶段组织验收，验收合格的，方可投入使用。

（10）脚手架拆除必须由上而下逐层进行，严禁上下同时作业。连墙件应当随脚手架逐层拆除，严禁先将连墙件整层或数层拆除后再拆脚手架。

5.模板支架施工安全要点

（1）模板支架工程必须按照规定编制、审核专项施工方案，超过一定规模的要组织专家论证。

（2）模板支架搭设、拆除单位必须具有相应的资质和安全生产许可证，严禁无资质从事模板支架搭设、拆除作业。

（3）模板支架搭设、拆除人员必须取得建筑施工特种作业人员操作资格证书。

（4）模板支架搭设、拆除前，应当向现场管理人员和作业人员进行安全技术交底。

（5）模板支架材料进场验收前，必须按规定进行验收，未经验收或验收不合格的严禁使用。

（6）模板支架搭设、拆除要严格按照专项施工方案组织实施，相关管理人员必须在现场进行监督，发现不按照专项施工方案施工的，应当要求立即整改。

（7）模板支架搭设场地必须平整坚实。必须按专项施工方案设置纵横向水平杆、扫地杆和剪刀撑；立杆顶部自由端高度、顶托螺杆伸出长度严禁超出专项施工方案要求。

（8）模板支架搭设完毕应当组织验收，验收合格的，方可铺设模板。

（9）混凝土浇筑时，必须按照专项施工方案规定的顺序进行，应当指定专人对模板支架进行监测，发现架体存在坍塌风险时应当立即组织作业人员撤离现场。

（10）混凝土强度必须达到规范要求，并经监理单位确认后方可拆除模板支架。模板支架拆除应从上而下逐层进行。

五、危险性较大的分部分项工程专项施工方案编制

为进一步规范危大工程专项施工方案编制，提高其指导建筑施工的科学性及规范性，有效管控和化解重大安全风险，《危险性较大的分部分项工程专项施工方案编制指南》对《关于实施〈危险性较大的分部分项工程安全管理规定〉有关问题的通知》（建办质〔2018〕31号）中“专项施工方案内容”做了进一步明确、细化，使之规范化、标准化。

《危险性较大的分部分项工程专项施工方案编制指南》（建办质函〔2021〕48号）规定的专项施工方案主要内容包括基坑工程、模板支撑体系工程、起重吊装及安装拆卸工程、脚手架工程、拆除工程、暗挖工程、建筑幕墙安装工程、人工挖孔桩工程和钢结构安装工程共九类危

大工程。

第七节　安全教育培训

一、安全生产教育培训的对象

施工企业安全生产教育和培训应贯穿于生产经营的全过程，其类型应包括各类上岗证书的初审、复审培训，三级教育（企业、项目、班组）、岗前教育、日常教育、复工复产教育、年度继续教育等。按照“安全生产，人人有责”的原则，生产经营单位的全体从业人员都是安全教育的对象。

1. 施工单位的主要负责人、项目负责人、专职安全生产管理人员应当经建设行政主管部门或者其他有关部门考核合格后方可任职。施工单位的主要负责人和安全生产管理人员初次安全培训时间不得少于 32 学时。每年再培训时间不得少于 12 学时。

2. 施工单位新上岗的从业人员，岗前培训时间不得少于 24 学时,每年再培训时间不得少于 20 学时。经考试合格后持证上岗。

3. 分包单位项目负责人、管理人员，接受政府主管部门或总包单位的安全培训，经考试合格后持证上岗。

4. 特种作业人员：必须经过专门的职业健康安全理论培训和技术实际操作训练，经理论和实际操作的双重考核，合格后,持“特种作业操作证”上岗作业。

5. 操作工人：新入场工人必须经过三级安全教育，考试合格后方可上岗作业。

二、安全生产教育培训的内容

《安全生产法》明确规定，由生产经营单位的主要负责人组织制定并实施本单位安全生产教育和培训计划。安全培训教育应根据教育对象的不同特点有针对性地组织进行。安全生产教育和培训的主要内容应包括：安全意识、安全知识和安全技能等。

1. 安全意识教育。包括安全法规、安全思想和劳动纪律三个方面内容。

2. 安全知识教育。包括施工生产的概况、生产过程、作业方法或者工艺流程；施工现场内特别危险的设备和区域情况；专业安全技术操作规程；安全防护基本知识和注意事项；有关特种设备的基本安全知识；有关预防施工现场常发生事故的基本知识；个人防护用品的构造、性能和正确使用的有关常识等。

3. 安全技能教育。内容包括设备的性能、一般的结构原理和正确操作知识；设备的使用、维护和事故的预防措施、紧急救援技能等。

4. 特定情况下的适时教育。特定情况包括：冬季、夏季、汛台期、雨雪天施工；节假日前后；节假日加班或突击赶任务；工作对象改变；工种交换；新工艺、材料、新技术、新设备施工；发现事故隐患或发生事故后；进入新环境现场等。

5. 经常性安全教育。根据终身教育的观念，施工单位应当对在岗的从业人员进行经常性安全生产教育培训，安全环保部门要在规定时间内对施工人员进行经常性安全生产教育培训工作。

例如施工人员进场时，施工现场的消防安全管理人员应向施工人员进行消防安全教育和培训。消防安全教育和培训应包括下列内容：①施工现场消防安全管理制度、防火技术方案、灭火及应急疏散预案的主要内容。②施工现场临时消防设施的性能及使用、维护方法。③扑灭初起火灾及自救逃生的知识和技能。④报警、接警的程序和方法。

三、安全生产教育培训的形式

安全生产教育培训需要把安全理论知识和安全方针、政策、法律、法规、规范、标准以及实际应用或者操作结合在一起，根据不同的对象，分别进行相应学时和内容的培训。安全生产教育培训的主要形式主要有：

1. 企业组织的各类安全教育培训班；

2. 三级安全教育培训；

3. 岗前安全教育培训；

4. 班前在施工现场作业前进行的班前“班前讲话”安全宣传教育；

5. 企业组织的各种安全技术知识讲座、竞赛；

6. 企业组织的“安全生产月”活动期间的技术交流，以展览、张贴宣传画、标语，设置警示标志，以及利用媒体等方式进行的安全教育；

7. 召开安全例会、事故分析会、现场会，分析造成事故的原因、责任、教训，制定事故防范措施；

8. VR 技术安全教育；

9. 日常进行的广播、电影、电视、录像、网络等声像式安全教育。

四、安全教育培训管理考核

（一）施工企业内部管理

新进场的人员应接受企业组织的三级安全生产培训教育，经考核合格后，方能上岗。

1. 企业（公司）级安全教育由企业主管领导负责，企业职业健康安全管理部门会同有关部门组织实施。具体内容包括安全生产法律、法规、通用安全技术、职业卫生和安全文化的基本知识，本企业安全生产规章制度及状况、劳动纪律和有关事故案例等内容。

2. 项目（或工区、工程处、施工队）级安全教育由项目级负责人组织实施，专职或兼职安全员协助。具体内容包括工程项目的概况，安全生产状况和规章制度，主要危险因素及安全事故，预防工伤事故和职业病的主要措施，典型事故案例及事故应急处理措施等。

3. 班组级安全教育由班组长组织实施。具体内容包括遵章守纪，岗位安全操作规程，岗位间工作衔接配合的安全生产事项，典型事故及发生事故后应采取的紧急措施，劳动防护用品（工具）的性能及正确使用方法等内容。

施工企业应建立安全生产教育培训制度。施工单位应当对管理人员和作业人员每年至少进行一次安全生产教育培训，其教育培训情况记入个人工作档案。安全生产教育培训考核不合格的人员，不得上岗。职工教育与培训档案管理应由施工单位安全生产管理部门统一规范，为每位职工建立《职工安全教育卡》并实行跟踪管理。

（二）建设行政主管部门考核

1. 建筑施工企业管理人员安全生产考核内容包括安全生产知识和管理能力。其中，安全生产知识考核要点主要包括建筑施工安全的法律法规、规章制度、标准规范，建筑施工安全管理基本理论等；安全生产管理能力考核要点主要包括建立和落实安全生产管理制度、辨识和监控危险性较大的分部分项工程、发现和消除安全事故隐患、报告和处置生产安全事故等方面的能力。

2.考核要求。申请参加安全生产考核的“安管人员”，应当具备相应文化程度、专业技术职称和一定安全生产工作经历，与企业确立劳动关系，并经企业年度安全生产教育培训合格。

第八节　安全检查与评价

一、安全检查与整改

安全检查是揭示和消除安全管理缺陷、事故隐患，改善劳动条件，促进安全生产的有效措施。建筑施工企业安全检查和改进管理应包括安全检查的形式、方法、内容、类型、标准、频次，整改、复查，安全生产管理评价与持续改进等工作内容。

（一）安全检查的依据

建筑施工安全检查应分为安全管理和专项安全技术两部分。对安全管理的检查依据是有关安全生产的法律、法规、规章制度；对专项安全技术的检查依据是有关建筑施工安全技术规范、标准和安全操作规程、安全作业指导书等。

（二）安全检查的形式

安全检查应根据检查目的、内容具体确定如下：

1.定期检查。定期检查由项目负责人每周组织专职安全员、相关管理人员对施工现场进行联合检查。总承包工程项目部应组织各分包单位每周进行安全检查，每月对照《建筑施工安全检查标准》，至少进行一次定量检查。

2.日常性检查。日常性检查由项目专职安全员对施工现场进行每日巡检。包括：项目安全员或安全值班人员对工地进行的巡回安全生产检查及班组在班前、班后进行的安全检查等。

3.专项检查。专项检查主要由项目专业人员开展施工机具、临时用电、防护设施、消防设施等专项安全检查。专项检查应结合工程项目进行，如沟槽、基坑土方的开挖、脚手架、施工用电、吊装设备专业分包、劳务用工等安全问题均应进行专项检查，专业性较强的安全问题应由项目负责人组织专业技术人员、专项作业负责人和相关专职部门进行。

企业、项目部每月应对工程项目施工现场安全职责落实情况至少进行一次检查，并针对检查中发现的倾向性问题、安全生产状况较差的工程项目，组织专项检查。

4.季节性检查。季节性检查是针对施工所在地气候特点，可能给施工带来的危害而组织的安全检查，如雨期的防汛、冬期的防冻等。主要是结合冬期、雨期的施工特点项目开展的安全检查。

5.复工复产检查。节后复工复产是一项艰巨而有意义的工作，做好节后复工复产的安全检查，可以让企业、项目尽快进入常态化安全管理。主要包括安全基础管理检查、临时用电检查、安全防护设施检查、起重机械检查、施工机具检查、深基坑检查、脚手架检查、模板工程检查、起重吊装检查、装饰工程检查、市政工程检查和消防安全检查等。

（三）安全检查的方法

安全检查主要采用常规检查法（安全检查和实测实量的检验手段）和安全检查表法，进行定性定量的安全评价。建筑施工过程安全检查在正确使用安全检查表的基础上，可以采用听汇报、问应知应会、看资料和巡视、实测实量、特性技术参数的测试、对机械设备进行实际操作、试验，检验其运转的可靠性或安全限位装置的灵敏性。

（四）安全检查的主要内容

建筑工程施工安全检查工作主要是以查安全思想、查安全责任、查安全制度、查安全措施、查安全防护、查设备设施、查教育培训、查操作行为、查劳动防护用品使用和查伤亡事故处理等为主要内容。

例如施工过程中，施工现场的消防安全负责人应定期组织消防安全管理人员对施工现场的消防安全进行检查。消防安全检查应包括下列主要内容：

1. 可燃物及易燃易爆危险品的管理是否落实；

2. 动火作业的防火措施是否落实；

3. 用火、用电、用气是否存在违章操作，电、气焊及保温防水施工是否执行操作规程；

4. 临时消防设施是否完好有效；

5. 临时消防车道及临时疏散设施是否畅通。

（五）安全检查工作程序与整改

安全检查应由项目负责人组织，专职安全员及相关专业人员参加，定期进行并填写检查记录；对检查中发现的事故隐患应下达隐患整改通知单，定人、定时间、定措施进行整改。重大事故隐患整改后，应由相关部门组织复查。安全检查工作程序包括：检查准备→检查实施→综合分析→整改复查→总结改进→建档备案。

二、工程项目安全检查标准

1. 建筑施工安全检查

对工程项目的安全检查应依据《建筑施工安全检查标准》JGJ 59—2011，建筑施工安全检查评分，应以汇总表的总得分及保证项目达标与否，作为对一个施工现场安全生产情况的评价依据，分为优良、合格、不合格三个等级。当建筑施工安全检查评定的等级为不合格时，必须限期整改达到合格。

检查评分表内容和格式详见《建筑施工安全检查标准》JGJ 59—2011 附录 A、附录 B。

2. 市政工程安全检查

市政工程安全检查应依据《市政工程施工安全检查标准》CJJ/T 275—2018，检查评分表应分为通用检查项目、地基基础工程、脚手架与作业平台工程、模板工程及支撑系统、地下暗挖与顶管工程、起重吊装工程分项检查评分表和检查评分汇总表。市政工程施工安全检查应按汇总表的总得分和分项检查评分表的得分，划分为合格、不合格两个等级。

检查评分表内容和格式详见《市政工程施工安全检查标准》CJJ/T 275—2018 附录 A、附录 B。

三、施工企业安全评价

施工企业安全生产评价主要依据《施工企业安全生产评价标准》JGJ/T 77—2010 进行安全生产条件和能力的评价。施工企业安全生产条件按安全生产管理、安全技术管理、设备和设施管理、企业市场行为和施工现场安全管理 5 项内容进行考核。

四、安全专项验收

建筑施工一些分部分项工程应进行专项验收，验收工作必须坚持“验收合格才能使用”“谁签字谁负责”的原则。

（一）验收的内容

安全专项验收的内容主要包括：基坑工程、脚手架、施工用电、模板及支架工程、垂直运输机械、施工机具、临边、洞口、安全防护用品及用具。

（二）验收基本程序

施工单位按要求组织对安全专项进行验收，验收工作由项目经理组织安全员、技术负责人、专业负责人进行，其中垂直运输设备、施工机械由公司设备管理部门组织；危险性较大专项工程由施工企业组织有关部门和工程项目部进行验收，参加验收责任人员签字。

施工单位必须按照法律法规、工程建设强制性标准和验收程序，在安全专项投入使用前进行严格验收，施工单位将安全专项验收资料报监理单位。凡验收不合格的安全专项，不得投入使用。

第九节　特种设备

一、相关概念

1.特种设备。建筑工地特种设备是指房屋建筑和市政基础设施工地使用的塔式起重机、移动式起重机、施工升降机、物料提升机等各类特种设备。

2.特种作业人员。建筑施工特种作业人员是指在房屋建筑和市政工程施工活动中，从事可能对本人、他人及周围设备设施的安全造成重大危害作业的人员。

二、特种设备及人员管理

1.特种设备的使用

（1）使用合格产品。特种设备使用单位应当使用取得许可生产并经检验合格的特种设备。禁止使用国家明令淘汰和已经报废的特种设备。

（2）使用登记。特种设备使用单位应当在特种设备投入使用前或者投入使用后三十日内，向负责特种设备安全监督管理的部门办理使用登记，取得使用登记证书。登记标志应当置于该特种设备的显著位置。

2.安全管理

特种设备使用单位应当建立岗位责任、隐患治理、应急救援等安全管理制度，制定操作规程，保证特种设备安全运行。特种设备的使用应当具有规定的安全距离、安全防护措施。

3.作业人员持证上岗

特种设备的作业人员及其相关管理人员统称特种设备作业人员。从事特种设备作业的人员应当按照规定，经考核合格取得特种设备作业人员证书，方可从事相应的作业或者管理工作。建筑施工特种作业人员的考核、发证、从业和监督管理执行《建筑施工特种作业人员管理规定》（建质〔2008〕75号）规定。

三、特种设备安全技术档案

特种设备使用单位应当建立特种设备安全技术档案。安全技术档案应当包括以下内容：

1.特种设备的设计文件、产品质量合格证明、安装及使用维护保养说明等相关技术资料和文件；

2.特种设备的定期检验和定期自行检查记录；

3.特种设备的日常使用状况记录；

4.特种设备及其附属仪器仪表的维护保养记录；

5.特种设备的运行故障和事故记录。

四、维护保养和定期检验

特种设备使用单位应当对使用的特种设备进行经常性维护保养和定期自行检查，并做出记录，并且应当对特种设备的安全附件、安全保护装置进行定期校验、检修，并做出记录。

五、报废

特种设备存在严重事故隐患，无改造、维修价值，或者超过安全技术规范规定使用年限，应当及时予以报废。

第十节 安全资料

施工安全资料是指房屋建筑工程和市政基础设施工程在施工过程中所形成的安全管理的记录、表格等。

一、施工单位安全资料管理

1.实行工程总承包的总包单位应对工程项目的安全资料负责，分包单位应服从总包单位的安全生产管理，并做好分包工程安全资料收集、整理工作。总包单位应督促、检查分包单位安全资料的编制、收集、整理、归档。

2.施工单位应将本单位的安全生产责任体系和预防控制体系的建立和落实情况及时收集、整理、归档。

3.施工单位应将安全监督管理机构、建设单位、监理单位以及本单位上级部门检查提出的安全要求和整改情况，形成资料并收集、整理、归档。

4.施工单位安全资料应随工程进度同步形成，保证资料的真实性、有效性和完整性。

施工单位的项目负责人对本单位工程项目现场的安全资料管理工作负责，指定专门的安全资料管理人员对本单位的安全资料的收集、整理、归档保管工作负责。

二、安全资料整理

施工单位的安全资料主要有：安全管理资料；消防保卫安全资料；文明施工安全资料；扬尘治理安全资料；基坑工程安全资料；高处作业安全资料；脚手架工程安全资料；模板工程及支撑体系安全资料；施工用电安全资料；机械设备安全资料；建筑起重机械安全资料；吊装工程安全资料；安全考评资料。

施工安全资料整理按照山西省《建筑工程施工安全资料管理标准》DBJ04/T 289—2020 执行。

第十一节 安全生产标准化与信息化

一、安全生产标准化

安全生产标准化是指建筑施工企业在建筑施工活动中，贯彻执行建筑施工安全法律法规和标准规范，建立全员安全生产责任制，制定安全管理制度和操作规程，强化危险性较大分部分项工程管控，排查整治事故隐患，使人、机、物、环始终处于受控状态，形成事前预防、过程控制、持续改进的安全管理机制。

《建筑施工安全生产标准化创建和考评实施细则》（晋建质规字〔2023〕100号）规定，建筑施工安全生产标准化创建和考评工作包括建筑施工企业和建筑施工项目的安全生产标准化创建、考评。建筑施工企业和项目必须开展建筑施工安全生产标准化达标创建工作，建筑施工安全生产标准化考评工作应坚持客观、公正、公开的原则。

二、建筑施工安全生产标准化创建标准

建筑施工企业和项目安全生产标准化创建工作，应严格执行国家和省有关安全生产法律法规、部门规章、制度规范，做到“五落实、五到位”，同时应严格执行《施工企业安全生产评价标准》JGJ/T 77—2010、《建筑施工安全检查标准》JGJ 59—2011、《市政工程施工安全检查标准》CJJ/T 275—2018及《房屋市政工程生产安全重大事故隐患判定标准（2022版）》等安全生产标准规范。

（一）企业创建标准

1. 建筑施工企业应健全企业安全生产责任体系，建立由法定代表人为第一责任人的企业安全生产标准化创建机构，开展企业安全生产标准化创建和自评工作。依据《施工企业安全生产评价标准》JGJ/T 772010，企业每年度进行一次安全生产标准化自评工作，形成年度自评结果。

2. 创建安全生产标准化企业，应实现以下安全管理目标：

（1）落实安全生产组织领导机构，按相关规定设置安全总监、实行安全员委派制，配齐安全管理人员并持证上岗；

（2）建立健全全员安全生产责任制，并认真履行安全生产职责；

（3）建立健全安全生产规章制度和操作规程；

（4）组织落实安全生产教育培训工作；

（5）建立完善安全风险分级管控和隐患排查治理双重预防工作机制，有效排查整治事故隐患；

（6）制定安全生产费用投入计划，足额有效投入，保障企业和项目安全生产；

（7）编制生产安全事故应急救援预案，应急救援物资、人员足额配备，定期开展应急救援演练，发生事故时做到应急及时、处置有效；

（8）建筑市场行为规范，无围标串标、出借资质、挂靠、转包、违法分包等违法违规行为；

（9）有效遏制生产安全责任事故，杜绝其他造成较大社会负面影响的生产安全事件发生。

（二）项目创建标准

1. 建筑施工项目应当健全项目安全标准化管理体系，建立以项目负责人为第一责任人的建筑施工项目安全生产标准化创建机构，组织实施建筑施工项目安全生产标准化创建和自评工作。

2. 创建安全生产标准化项目，应实现以下安全管理目标：

（1）健全项目安全生产组织机构，明确安全管理目标，落实全员安全生产责任制；

（2）贯彻落实《工程质量安全手册》，在安全风险辨识管控和安全隐患排查治理双重预防机制建设、扬尘污染防治、危大工程管控、安全生产教育、事故应急救援等方面措施到位、效果明显；

（3）管理人员按规定到岗并履职到位，落实安全管理人员委派制度，项目负责人、专职安全生产管理人员、特种作业人员等全部持证上岗，且具备胜任本职工作的能力；

（4）严格落实建筑用工实名制管理要求；

（5）施工现场临时设施设备齐全、结构材料安全、环境卫生整洁，施工安全管理资料完整、规范、真实、有效；

（6）推广使用新材料、新技术的安全防护设施、施工机械设备和绿色施工措施；

（7）有效遏制生产安全责任事故，杜绝其他造成较大社会负面影响事件发生。

三、建筑施工安全生产标准化考评

建筑施工安全生产标准化考评工作包括企业安全生产标准化考评和项目安全生产标准化考评。

（一）企业考评

1. 自评。在企业取得安全生产许可证后开展，考评周期每三年一次。企业应在安全生产许可证延期前3～6个月向考评主体申请进行考评。企业自评材料主要包括：

（1）近三年承建省内项目台账及项目考评结果；

（2）近三年度安全生产标准化工作自评结果；

（3）近三年安全生产标准化工作总结；

（4）近三年承建项目生产安全责任事故情况及因安全生产被住房城乡建设主管部门约谈、采取停工整改等行政措施或受到行政处罚的，以及受到通报表扬、表彰奖励等情况说明；

（5）住房城乡建设主管部门规定的其他材料。

2. 考评主体。企业注册地的市、县住房城乡建设主管部门负责企业安全生产标准化考评工作。

3. 考评。企业申请考评时，向考评主体提交《山西省建筑施工企业安全生产标准化考评申请表》及企业自评材料。考评主体根据建筑施工企业提交的材料，以企业承建项目安全生产标准化考评结果为主要依据，按照《建筑施工企业安全生产标准化考评表》，结合安全生产许可证动态监管情况，对企业安全生产标准化工作进行考评，并在20个工作日内向企业发放《山西省建筑施工企业安全生产标准化考评结果告知书》。考评结果分以下三个等级：

（1）考评结果在90分及以上的被评为一级安全生产标准化企业；

（2）考评结果在80分及以上的被评为二级安全生产标准化企业；

（3）考评结果在70分及以上的被评为三级安全生产标准化企业；

（4）考评结果在70分以下的被评为不合格。

上级住建主管部门在检查中发现企业安全生产标准化条件降低，应要求企业限期整改，并向考评主体通报情况；情况严重的，考评主体应到场进行核查，重新确定评级。

企业考评有下列情形之一的，直接评定为不合格：

（1）未按规定开展企业自评的；

（2）在连续的12个月内企业承建项目，发生1起较大及以上生产安全责任事故，或发生一般生产安全责任事故2起及以上的；

（3）在考评期内，竣工项目的安全生产标准化考评不合格率超过3%的；

（4）在连续的 12 个月内，企业或其所承建项目因安全生产，被住房城乡建设主管部门约谈、采取停工整改等行政措施或受到行政处罚累计 4 次及以上的；

（5）在连续的 12 个月内发生围标串标、出借资质、挂靠、转包、违法分包等违法行为之一；

（6）发生其他导致严重后果或造成社会公众反映强烈的较大社会负面影响事件；

（7）申报材料弄虚作假的。

（二）项目考评

1. 自评。实行施工总承包的项目，施工总承包企业对项目安全生产标准化工作负总责，并组织专业承包企业开展项目安全生产标准化自评工作。在房屋建筑工程基础阶段、主体阶段和竣工阶段，市政基础设施工程路基阶段、路面阶段和竣工阶段（其他房建市政工程在阶段性施工节点比照执行），分别组织开展项目安全生产标准化阶段性自评，形成阶段性自评材料。对于施工周期短、工序简单的小型建筑施工项目，可视实际情况减少阶段性自评次数。项目自评材料主要包括：

（1）安全生产标准化工作总结，标准化实施过程中主要安全措施的印证资料；

（2）建设单位、监理单位审核签署意见的阶段性自评材料；

（3）项目施工期间因安全生产被住房城乡建设主管部门约谈、采取停工整改等行政措施或受到行政处罚的，以及受到通报表扬、表彰奖励等情况说明；

（4）住房城乡建设主管部门规定的其他材料。

2. 考评主体。项目所在地住房城乡建设主管部门负责项目安全生产标准化考评工作。

3. 考评。项目考评分为阶段考评和整体考评，合格标准均为不低于 70 分。企业应当在项目三个施工阶段或重要节点，分别向项目考评主体提交《山西省建筑施工项目安全生产标准化考评申请表》及项目自评材料，阶段考评工作在该阶段施工完成后开展。

在项目竣工验收前，由项目考评主体结合阶段考评结果和日常监管情况对项目进行整体考评，并按照以下比例进行加权平均：

房屋建筑工程：基础阶段考评、主体阶段考评、整体考评分别占比 20%、40%、40%。

市政基础设施工程：路基阶段考评、路面阶段考评、整体考评分别占比 40%、20%、40%。

特殊房屋建筑和市政基础设施工程比照执行，或由考评主体结合项目实际确定该项目各阶段考评比例。

项目考评结果分为以下三个等级，由项目考评主体在 5 个工作日内发放《山西省建筑施工项目安全生产标准化考评结果告知书》：

（1）考评结果在 90 分及以上的被评为一级安全生产标准化项目；

（2）考评结果在 80 分及以上的被评为二级安全生产标准化项目；

（3）考评结果在 70 分及以上的被评为三级安全生产标准化项目；

（4）考评结果在 70 分以下的被评为不合格。

上级住建主管部门在检查中发现项目安全生产标准化条件降低，应要求项目限期整改，并向考评主体通报情况；情况严重的，考评主体应到场进行核查，重新确定评级。

项目具有下列情形之一的，安全生产标准化评定为不合格：

（1）未按规定开展项目自评工作的；

（2）发生一般及以上等级生产安全责任事故的；

（3）考评主体在日常监管中，发现存在重大事故隐患，且整改不力或拒不整改的；

（4）在连续12个月内，项目因安全生产问题，被住房城乡建设主管部门约谈、采取停工整改等行政措施或受到行政处罚累计2次及以上的；

（5）未落实建筑用工实名制管理要求；

（6）发生其他导致严重后果或造成社会公众反映强烈的较大社会负面影响事件；

（7）申报材料弄虚作假的。

阶段考评不合格的项目，必须限期整改达到合格。阶段考评整改后合格的项目，整体考评结果最高为“三级安全生产标准化项目”。整体考评结果为不合格的项目，经整改合格后，仍计入不合格项目统计。

（三）示范评定

1.为进一步推进安全生产标准化工作，强化示范引领作用，在“一级安全生产标准化”项目和企业中，由企业自主申报，组织评定“省级安全生产标准化示范”项目和企业。

2.符合评定省级安全生产标准化示范项目基本条件：

（1）项目被评定为“一级安全生产标准化项目”；

（2）在区域内、行业领域内具备一定影响力的项目；

（3）工程结构形式复杂、施工组织难度大、新技术运用等方面具有示范引领性；

（4）安全生产标准化管控严谨规范，受到监管部门和建设单位表彰奖励；

（5）符合省住房城乡建设厅规定的其他要求。

3.符合评定省级安全生产标准化示范企业基本条件：

（1）企业被评定为“一级安全生产标准化企业”；

（2）安全管理到位，无不良形象，在区域内、行业领域内具备良好的示范引领作用；

（3）在安全生产标准化建设、科技创新、建造方式变革等方面具有引领带动作用，有重大关键技术、专业施工技术和设计工艺等方面具有自主知识产权的专利或专有技术的企业；

（4）符合省住房城乡建设厅规定的其他要求。

4.省级安全生产标准化示范项目和企业每年评定一次，获评项目命名为“省级安全生产标准化示范项目”，获评企业命名为“省级安全生产标准化示范企业”。

5.项目在各阶段考评（含整体考评）后最近一次评定申报省级示范项目。企业在办理安全生产许可证延期后最近一次评定申报省级示范企业。

6.项目阶段性考评后，被评定为“省级安全生产标准化示范项目”的，在本阶段内有效，建筑施工项目有以下情况，撤回“示范项目”称号：

（1）获评后发生一般及以上生产安全责任事故；

（2）项目考评主体在日常监管中，发现存在重大事故隐患拒不整改或限期内整改不合格的；

（3）获评后，项目因安全生产问题，被住房城乡建设主管部门约谈、采取停工整改等行政措施或受到行政处罚的；

（4）住建主管部门检查中发现安全生产标准化创建工作标准降低至一级标准以下的；

（5）发生导致严重后果或造成社会公众反映强烈的较大社会负面影响事件，或发生前款所列其他同类违法违规行为的。

7.评定为“省级安全生产标准化示范企业”的有效期在企业下次标准化考评结果公布后自动终止。建筑施工企业有以下情况，取消“示范企业”称号：

（1）获评后发生一般及以上生产安全责任事故；

（2）获评后任何1个年度内，企业竣工项目的安全生产标准化考评不合格率超过2%；

（3）获评后，企业或其所承建项目因安全生产问题，在连续12个月内，被住房城乡建设主管部门约谈、采取停工整改等行政措施或受到行政处罚超过2次；

（4）住建主管部门检查中发现安全生产标准化创建工作标准降低至一级标准以下的；

（5）发生导致严重后果或造成社会公众反映强烈的较大社会负面影响事件，或发生前款所列其他同类违法违规行为的。

8.在“省级安全生产标准化示范企业”有效期内的企业，在各级住房城乡建设主管部门日常动态监管中未发现安全生产不良情况的，安全生产许可证年度动态考核直接评定为合格。

四、山西省安全生产标准化管理相关标准及规范性文件

1.山西省《建筑施工安全生产标准化创建和考评实施细则》（晋建质规字〔2023〕100号）

为深入贯彻落实习近平总书记关于安全生产重要论述，进一步加强房屋建筑和市政基础设施工程施工安全生产管理，落实企业安全生产主体责任，推进建筑施工安全生产标准化建设，规范建筑施工安全生产标准化创建和考评工作，保障建筑工程项目施工安全，根据《中华人民共和国建筑法》《中华人民共和国安全生产法》《山西省安全生产条例》《住房城乡建设部建筑施工安全生产标准化考评暂行办法》等法律法规规章规定，结合山西省实际制定。共分为6章7个附件，主要内容包括：总则；创建标准；考评实施；示范评定；奖励和惩戒；附则。自2023年 5月31日起实施。

2.山西省《建筑与市政施工企业及项目安全生产标准化评价标准》DBJ04/T 364—2018

山西省《建筑与市政施工企业及项目安全生产标准化评价标准》DBJ04/T 364—2018共分为6章3个附录，主要技术内容：总则；术语；基本规定；建筑施工企业施工安全生产标准化评价；房屋建筑工程施工项目安全生产标准化评价；市政工程施工项目安全生产标准化评价以及三个附录。自2018年9月1日起实施。

3.《山西省工程安全管理手册（试行）》（晋建质函〔2019〕733号）

根据住建部《工程质量安全手册（试行）》（建质〔2018〕95号）结合我省实际，制定《山西省工程安全管理手册（试行）》，主要内容包括：总则；行为准则；安全生产现场控制；安全管理资料及附则五部分。

4.山西省《建筑工程施工安全管理标准》DBJ04/T 253—2021

山西省《建筑工程施工安全管理标准》DBJ04/T 253—2021共分为6章3个附录，主要技术内容：总则；术语；基本规定；现场管理；专项工程安全管控；安全评价以及三个附录。自2021年5月1日起实施。

五、安全生产信息化建设

安全生产信息化建设是通过运用安全生产管理信息系统，在安全生产日常管理和事故的预

防、救援、处理中通过计算机和其他终端设备实现数据录入和储存，通过网络实现信息传递，通过程序实现数据处理和反馈，建立信息共享平台，实现资源共享，强化企业安全生产管理，推进安全生产政务信息公开，提升政府安全监管效率和水平。

安全生产信息化是安全生产标准化的有效实现途径。安全生产标准化由很多条款组成，安全生产信息化系统可以通过数据显示督促企业规范安全生产管理，及时发现安全风险、排查安全隐患，减少安全生产事故发生。

施工企业安全生产信息化建设主要以安全管理者为核心，全员参与。业务功能以安全生产标准化为基础，包括目标、组织结构和职责、安全生产投入、法律法规和安全制度、教育培训、生产设备设施、作业安全、应急救援、隐患排查与治理、重大危险源、职业健康、事故管理、绩效评定和改进等。

第十二节　劳动防护用品

一、劳动防护用品分类

1.按照防护性能分类

劳动防护用品分为特种劳动防护用品和一般劳动防护用品。

2.按照防护部位分类

主要有头部防护用品，眼面防护用品，听觉器官防护用品，呼吸器官防护用品，手部防护用品，躯干防护用品，足部防护用品，坠落防护用品，皮肤防护用品及其他防护用品。

二、劳动防护用品管理

1.采购、验收、保管与报废

施工企业或项目部应建立健全制度，做好劳动防护用品的采购、验收、保管和报废工作。

（1）采购。施工企业或项目的材料管理部门应当依据劳动防护用品需用量计划，编制劳动防护用品的采购计划，经单位领导或项目经理批准后提交采购员进行采购。

（2）验收。施工企业或项目部安全管理人员应参与劳动防护用品的验收工作。依据国家劳动防护用品的标准和相关要求，对购进的劳动防护用品手续和产品质量进行确认，属于手续齐全、合格产品的给予签字报销入库。

（3）保管。劳动防护用品必须妥善、正确的保管，提供适当的存放场所，避免保管和存放不当，造成损失。劳动防护用品储存摆放地点应设置准确醒目的标识，并保证存取及清点方便。

（4）报废。劳动防护用品超过有效使用时间或因损伤经测试防护功能失效时，应及时从现场清理出来，并由专人监督销毁，严禁失效的劳动防护用品外流，杜绝因误用而引发事故。

2.发放配备

施工作业人员所在单位或项目（包括分包单位、专业承包单位）必须按国家规定免费发放劳动防护用品，更换已损坏或已到使用期限的劳动防护用品，不得收取或变相收取任何费用。劳动防护用品必须以实物形式发放，不得以货币或其他物品替代。

施工企业或项目部应依据《建筑施工作业劳动防护用品配备及使用标准》JGJ 184—2009为从业人员配备相应的劳动防护用品，使其免遭或减轻事故伤害和职业危害。劳动防护用品的配备，应按照“谁用工，谁负责”的原则，由用人单位为作业人员按作业工种配备，并应监督、检查、教育、指导施工生产人员在作业时正确佩带和使用。

3.培训使用

施工企业或项目部应加强对施工作业人员的教育培训，保证施工作业人员能正确使用劳动防护用品。并按安全生产管理的要求，做好教育培训记录，必须有培训人员和被培训人员签名和时间。

三、施工安全“三宝”

施工安全“三宝”指的是：安全帽、安全带、安全网。

1.安全帽。对使用者头部受坠落物或小型飞溅物体等其他特定因素引起的伤害起防护作用的帽。安全帽一般由帽壳、帽衬及配件组成，安全帽质量应达到《头部防护 安全帽》GB 2811—2019标准要求，安全帽的永久标识位于产品主体内侧，并在产品整个生命周期内一直保持清晰可辨的标识，至少应包括以下内容：①本标准编号；②制造厂名；③生产日期（年、月）；④产品名称（由生产厂命名）；⑤产品的分类标记；⑥产品的强制报废期限。

2.安全带。防止高处作业人员发生坠落或发生坠落后将作业人员安全悬挂的个体防护装备。按照使用条件的不同，安全带分为围杆作业安全带、区域限制安全带、坠落悬挂安全带。其中安全带冲击作用力峰值应小于或等于6kN；织带或绳在各调节扣内的最大滑移应小于或等于25mm。安全带质量应达到《坠落防护 安全带》GB 6095—2021标准要求。

3.安全网。安全网是用来防止人、物坠落，或用来避免、减轻坠落及物体伤害的网具。一般由网体、边绳、系绳等组成。根据使用功能分为安全平网、安全立网和密目式安全立网。安全网质量应达到《安全网》GB 5725—2009标准要求。

第十三节　职业健康

一、职业健康安全管理体系标准

1.职业健康安全管理体系

职业健康安全管理体系是企业总体管理体系不可分割的一部分。《职业健康安全管理体系要求及使用指南》GB/T 45001—2020是我国职业健康安全管理体系领域最新的国家标准，等同采用《职业健康安全管理体系要求及使用指南》ISO 45001：2018，是对《职业健康安全管理体系要求》GB/T 28001—2011/OHSAS 18001：2007和《职业健康安全管理体系实施指南》GB/T 28002—2011/OHSAS 18002：2008的修订，现已代替GB/T 28001和GB/T 28002。

2.职业健康安全管理体系的结构

《职业健康安全管理体系要求及使用指南》GB/T 45001—2020由“范围”“规范性引用文件”“术语和定义”“组织所处的环境”“领导作用和工作人员参与”“策划”“支持”“运行”“绩效评价”和“改进”十部分组成。

3.职业健康安全管理体系的实施

职业健康安全管理体系的目的和预期结果是防止对工作人员造成与工作相关的伤害和健康损害，并提供健康安全的工作场所；对组织而言，采取有效的预防和保护措施以消除危险源和最大限度地降低职业健康安全风险至关重要。

实施职业健康安全管理体系，能使组织管理其职业健康安全风险并提升其职业健康安全绩效。职业健康安全管理体系可有助于组织满足法律法规要求和其他要求。

二、职业性危害因素分析及职业性损害

（一）职业性危害因素分析

在生产过程中、劳动过程中、作业环境中存在危害劳动者健康的因素，称为职业性危害因素。其分类如下：

1. 生产工艺过程中产生的有害因素

（1）化学因素。①有毒物质。如铅、汞、苯、氯、一氧化碳等。②生产性粉尘。如水泥尘、石棉尘、有机粉尘等。

（2）物理因素。①异常气象条件。如高温和热辐射、低温等。②异常气压。如高气压、低气压等。③噪声、振动、超声波、次声等。④非电离辐射。如可见强光、紫外线、红外线、激光等。⑤电离辐射。如 X 射线等。

（3）生物因素。如炭疽杆菌、霉菌、布氏杆菌、森林脑炎病毒和真菌等。

2. 劳动过程中产生的有害因素

（1）劳动组织和制度的不合理，如劳动时间过长、劳动作息制度不合理等。

（2）劳动中的精神（心理）过度紧张。

（3）劳动强度过大或劳动安排不当，如安排的作业与劳动者生理状况不相适应等。

（4）个体器官或系统过度紧张，如视力紧张、发音器官过度紧张等。

（5）不良体位或使用不合理的工具等。

3. 生产环境中的有害因素

（1）作业场所建筑卫生学设计缺陷因素。如照明不良、换气不足等。

（2）自然环境中的因素。如太阳辐射等。

建筑施工现场主要职业危害来自粉尘的危害、生产性毒物的危害、噪声的危害、振动的危害、紫外线的危害和环境条件危害等。

（二）职业性损害

影响职业健康的有害因素只有在一定条件下才会对人体造成伤害，这种伤害统称为职业性损害。职业性损害主要包括职业病、职业性多发病及工伤三种类型。

职业病是进行生产的劳动者在本职业的工作环境中由于所存在的一些有害因素而导致的疾病。《职业病分类和目录》中，职业病共分为 10 类。建筑施工现场易引发的职业病有矽肺、水泥尘肺、电焊尘肺、锰及其化合物中毒、氮氧化物中毒、一氧化碳中毒、苯中毒、甲苯中毒、二甲苯中毒、五氯酚中毒、中暑、手臂振动病、电光性皮炎、电光性眼炎、噪声聋、白血病等。

三、职业病危害辨识

为全面、准确、有效的识别职业危害，建筑行业职业病危害的辨识可划分为施工前辨识和施工过程辨识两个部分。

（一）施工前辨识

项目经理部在施工前根据施工工艺、现场的自然条件对不同施工阶段存在的职业病危害因素进行识别，列出职业病危害因素清单。识别范围必须覆盖施工过程中所有活动，包括常规和非常规（如冬、雨期施工和临时性作业、紧急状况、事故状况）活动、所有进入施工现场人员，

以及所有物料、设备和设施（包括自有的、租赁的、借用的）可能产生的职业病危害因素。

（二）施工过程辨识

1. 项目经理部应委托有资质的职业卫生技术服务机构根据职业病危害因素的种类、浓度或强度、接触人数、接触时间和发生职业病的危险程度，对不同施工阶段、不同岗位的职业病危害因素进行识别、检测和评价，确定防控的重点。

2. 当施工设备、材料、工艺或操作规程发生改变，并可能引起职业病危害因素的种类、性质、浓度或强度发生变化时，项目经理部应重新组织职业病危害因素的识别、检测和评价。

四、职业病危害控制

职业病危害控制主要是指针对作业场所存在的职业病危害因素的类型、分布、浓度强度等情况,采取多种措施加以控制,使之消除或者降到容许接受的范围之内,以保护作业人员的身体健康和生命安全。职业病危害控制的主要技术措施包括工程技术措施、个体防护措施和组织管理措施等。

施工企业应建立健全职业危害预防预控规章制度，应用工程技术措施和手段控制施工过程中存在的职业危害因素，为劳动者配备有效的个人防护用品，以保护作业人员的身体健康和生命安全。

第十四节　应急救援

施工企业要建立完善安全生产动态监控及预警预报体系，每月进行一次安全生产风险分析。发现事故征兆要立即发布预警信息，落实防范和应急处置措施。

一、事故应急管理体系

（一）事故应急救援的任务

事故应急救援的总目标是通过有效的应急救援行动，尽可能地降低事故的后果，包括人员伤亡、财产损失和环境破坏等。事故应急救援的基本任务包括下述几个方面：

1. 立即组织营救受害人员，组织撤离或者采取其他措施保护危害区域内的其他人员，抢救受害人员是应急救援的首要任务；

2. 迅速控制事态，并对事故造成的危害进行检测、监测，测定事故的危害区域、危害性质及危害程度及时控制住造成事故的危险源；

3. 消除危害后果，做好现场恢复；

4. 认清事故原因，评估危害程度。

（二）事故应急管理的过程

应急管理是一个动态的过程，包括预防、准备、响应和恢复四个阶段。

1. 预防。一是事故的预防工作，即通过安全管理和安全技术等手段，尽可能地防止事故的发生，实现本质安全；二是在假定事故必然发生的前提下，通过预先采取的预防措施，达到降低或减缓事故的影响或后果的严重程度。从长远看，低成本、高效率的预防措施是减少事故损失的关键。

2. 准备。应急准备是应急管理工作中的一个关键环节。

3. 响应。应急响应是指在事故发生以后立即采取的应急与救援行动。

4. 恢复。恢复工作应事故发生后立即进行。

（三）事故应急救援体系的建立

一个完整的应急体系主要由组织体制、运行机制、法制基础和应急保障系统四部分构成。

1. 组织体制。应急救援体系组织体制建设中的管理机构是指维持应急日常管理的负责部门；功能部门包括与应急活动有关的各类组织机构，如消防、医疗机构等；应急指挥是在应急预案启动后，负责应急救援活动场外与场内指挥系统；而救援队伍则由专业和志愿人员组成。

2. 运行机制。应急救援活动一般划分为应急准备、初级反应、扩大应急和应急恢复四个阶段，应急机制与这四个阶段的应急活动密切相关。应急运行机制主要由统一指挥、分级响应、属地为主和公众动员这四个基本机制组成。

3. 法制基础。法制建设是应急体系的基础和保障，也是开展各项应急活动的依据。

4. 应急保障系统。列于应急保障系统第一位的是信息与通信系统，应急信息通信系统要保证所有预警、报警、警报、报告、指挥等活动的信息交流快速、顺畅、准确，以及信息资源共享；物资与装备不但要保证有足够的资源，而且还要实现快速、及时供应到位；人力资源保障包括专业队伍的加强、志愿人员以及其他有关人员的培训教育；应急财务保障应建立专项应急科目，如应急基金等，以保障应急管理运行和应急反应中各项活动的开支。

二、事故应急预案管理

（一）应急预案体系的构成

事故应急预案是针对可能发生的事故，为最大程度减少损害而预先制定的应急准备工作方案。《生产安全事故应急预案管理办法》（应急管理部令第 2 号）规定，生产经营单位主要负责人负责组织编制和实施本单位的应急预案，并对应急预案的真实性和实用性负责；各分管负责人应当按照职责分工落实应急预案规定的职责。生产经营单位应急预案分为综合应急预案、专项应急预案和现场处置方案三个层次。

1. 综合应急预案。指生产经营单位为应对各种生产安全事故而制定的综合性工作方案，是本单位应对生产安全事故的总体工作程序、措施和应急预案体系的总纲。

2. 专项应急预案。指生产经营单位为应对某一种或者多种类型生产安全事故，或者针对重要生产设施、重大危险源、重大活动防止生产安全事故而制定的专项性工作方案。

3. 现场处置方案。指生产经营单位根据不同生产安全事故类型，针对具体场所、装置或者设施所制定的应急处置措施。

例如施工单位应编制施工现场灭火及应急疏散预案。灭火及应急疏散预案应包括下列主要内容：①应急灭火处置机构及各级人员应急处置职责。②报警、接警处置的程序和通讯联络的方式。③扑救初起火灾的程序和措施。④应急疏散及救援的程序和措施。

（二）应急预案的编制

《生产经营单位生产安全事故应急预案编制导则》GB/T 29639—2020 规定，生产经营单位应急预案编制程序包括成立应急预案编制工作组、资料收集、风险评估、应急资源调查、应急预案编制、桌面推演、应急预案评审和批准实施八个步骤。生产经营单位应根据有关法律、法规和相关标准，结合本单位组织管理体系、生产规模和可能发生的事故特点，科学合理确立本单位的应急预案体系，并注意与其他类别应急预案相衔接。

生产经营单位风险种类多、可能发生多种类型事故的，应当组织编制综合应急预案；对于某一种或者多种类型的事故风险，生产经营单位可以编制相应的专项应急预案，或将专项应急预案并入综合应急预案；对于危险性较大的场所、装置或者设施，生产经营单位应当编制现场处置方案。

1. 编制原则。应急预案的编制应当遵循以人为本、依法依规、符合实际、注重实效的原则，以应急处置为核心，明确应急职责、规范应急程序、细化保障措施。

2. 基本要求。应急预案的编制应当符合下列基本要求：

（1）有关法律、法规、规章和标准的规定；

（2）本地区、本部门、本单位的安全生产实际情况；

（3）本地区、本部门、本单位的危险性分析情况；

（4）应急组织和人员的职责分工明确，并有具体的落实措施；

（5）有明确、具体的应急程序和处置措施，并与其应急能力相适应；

（6）有明确的应急保障措施，满足本地区、本部门、本单位的应急工作需要；

（7）应急预案基本要素齐全、完整，应急预案附件提供的信息准确；

（8）应急预案内容与相关应急预案相互衔接。

（三）应急演练

应急演练是针对可能发生的事故情景，依据应急预案而模拟开展的应急活动。《生产安全事故应急演练基本规范》AQ/T 9007—2019 规定了生产安全事故应急演练的计划、准备、实施、评估总结和持续改进规范性要求。应急演练目的主要是检验预案、完善准备、磨合机制、宣传教育、锻炼队伍。

1. 应急演练的类型

应急演练按照演练内容分为综合演练和单项演练，按照演练形式分为实战演练和桌面演练，按目的与作用分为检验性演练、示范性演练和研究性演练，不同类型的演练可相互组合。

2. 应急演练的工作原则

应急演练应遵循以下原则：

（1）符合相关规定。按照国家相关法律法规、标准及有关规定组织开展演练；

（2）完善预案演练。结合生产面临的风险及事故特点，依据应急预案组织开展演练；

（3）注重能力提高。突出以提高指挥协调能力、应急处置能力和应急准备能力组织开展演练；

（4）确保安全有序。在保证参演人员、设备设施及演练场所安全的条件下组织开展演练。

3. 应急演练的组织与实施

应急演练的基本流程包括计划、准备、实施、评估总结和持续改进五个阶段。计划阶段的主要任务：需求分析、明确任务、制订计划。准备阶段的主要任务：成立演练组织机构、编制文件、工作保障。实施阶段的主要任务：现场检查、演练简介、启动、执行、演练记录、中断、结束。评估总结阶段的主要任务：评估、总结。持续改进阶段的主要任务：应急预案修订完善、应急管理工作改进。

（四）应急预案的管理

生产安全事故应急预案的管理包括应急预案的编制、评审、公布、备案、实施及监督管理工作。《生产安全事故应急预案管理办法》（应急管理部令第2号）规定，建筑施工单位应当至少每半年组织一次生产安全事故应急预案演练，并将演练情况报送所在地县级以上地方人民政府负有安全生产监督管理职责的部门。建筑施工企业应当每三年进行一次应急预案评估。

第十五节　事故处理

一、建筑安全生产事故分类

所谓事故，是指造成死亡、伤害、职业病、财产损失、工作环境破坏或超出规定要求的不利环境影响的意外情况或事件的总称。

1.按事故的原因及性质分类

从建筑活动的特点及事故的原因和性质来看，建筑安全事故可以分为四类，即生产事故、质量问题、技术事故和环境事故。

2.按事故类别分类

按事故类别划分，建筑业相关职业伤害事故可以分为12类，即物体打击、车辆伤害、机械伤害、起重伤害、触电、灼烫、火灾、高处坠落、坍塌、爆炸、中毒和窒息、其他伤害。建设工程多发事故包括高处坠落、物体打击、坍塌、起重伤害和机械伤害五大伤害。

3.按事故严重程度分类

可分为轻伤事故、重伤事故和死亡事故。

二、事故处理与防范

（一）事故处理

事故处理是落实“四不放过”原则的核心环节。当事故发生后，事故发生单位应当严格保护事故现场，做好标识，排除险情，采取有效措施抢救伤员和财产，防止事故蔓延扩大。

（二）防范措施

事故发生单位应当及时全面落实整改措施，负有安全生产监督管理职责的部门应当加强监督检查。建立健全安全管理制度；建立并完善生产经营单位的安全管理组织机构和人员配置；建立健全生产经营单位安全生产投入的长效保障机制；安全培训和教育。

三、事故台账与档案管理

（一）事故台账

生产安全事故台账是企业安全生产台账的重要内容，其不仅反映了一个单位对生产安全事故全过程整体情况的资料记录，更是企业生产安全事故发生后对相关人员进行调查访谈的资料记录及分析，也是对事故采取归责、预防等措施的系统总结。

1.准确记录。事故发生时间，发生地点，事故类别，事故等级，直接经济损失（万元），伤亡人员情况，伤害程度。

2.客观描述和记载。事故经过，救援情况，事故教训，事故原因分析，事故预防措施，事故责任人处理，相关人员受教育情况。

（二）事故档案管理

1.施工企业应建立生产安全事故档案，事故档案应包括下列资料：

（1）依据生产安全事故报告要素形成的企业职工伤亡事故统计汇总表；

（2）生产安全事故报告；

（3）事故调查情况报告、对事故责任者的处理决定、伤残鉴定、政府的事故处理批复资料及相关影像资料；

（4）其他有关的资料。

2.事故档案管理

事故档案管理是参与事故调查处理单位的档案工作的组成部分。事故档案的管理应与事故报告、事故调查和处理同步进行。参加事故调查处理的有关单位及个人都有维护事故档案完整、准确、系统、安全的义务。参加事故调查的其他单位可保存与其职能相关的事故调查文件材料的副本或复制件。

第十六节　安全文化建设

一、企业安全文化

《企业安全文化建设导则》AQT 9004—2008 定义：企业安全文化是指被企业组织的员工群体所共享的安全价值观、态度、道德和行为规范组成的统一体。

企业安全文化的功能包括：

1.导向功能。安全文化能够对全体员工起到引导和指引方向的作用。

2.约束功能。通过安全文化制度建设，对伦理道德发生作用，约束全体职工的安全行为。

3.凝聚功能。通过营造安全文化氛围，使全体员工紧紧联系在一起，显示共同的安全目标、意识和追求。

4.激励功能。通过表彰先进，树立安全标兵等多种方法，激发全体员工的安全生产积极性和主动性。

二、安全文化建设基本要素

（一）安全承诺。应建立包括安全价值观、安全愿景和安全目标在内的安全承诺。

（二）行为规范与程序。企业内部的行为规范是企业安全承诺的具体体现和安全文化建设的基础要求。程序是行为规范的重要组成部分，企业应建立必要的程序，以实现对与安全相关的所有活动进行有效控制的目的。

（三）安全行为激励。员工应受到鼓励，在任何时间和地点，挑战所遇到的潜在不安全实践，并识别所存在的安全缺陷。

（四）安全信息传播与沟通。应建立安全信息传播系统，综合利用各种传播途径和方式，提高传播效果。应优化安全信息的传播内容，将组织内部有关安全的经验、实践和概念作为传播内容的组成部分。

（五）自主学习与改进。应建立有效的安全学习模式，实现动态发展的安全学习过程，保证安全绩效的持续改进。

（六）安全事务参与。全体员工都应认识到自己负有对自身和同事安全作出贡献的重要性。员工对安全事务的参与是落实这种责任的最佳途径。

（七）审核与评估。应对自身安全文化建设情况进行定期的全面审核。

三、安全文化建设总体要求

企业在安全文化建设过程中，应充分考虑自身内部的和外部的文化特征，引导全体员工的安全态度和安全行为，实现在法律和政府监管要求之上的安全自我约束，通过全员参与实现企业安全生产水平持续进步。

四、安全文化建设载体

企业安全文化建设载体主要有适用于企业安全文化建设的四大基本类型和具有班组岗位针对性的企业班组岗位安全文化建设载体两大类。

（一）企业安全文化建设载体基本类型

1. 艺术载体。企业安全文化建设的艺术载体就是通过安全文艺、安全漫画、安全文学（散文、诗歌等）等寓教于乐的方式，将先进的安全文化理念、态度、认识、知识传播给每一个员工，将技能和规范全面传播，形成良好的安全行为习惯。

2. 宣传教育载体。长期开展的安全教育培训活动，是企业安全文化建设最为实用和有效的载体。

3. 安全活动载体。开展各种形式多样、生动活泼的安全活动，是企业安全文化建设的重要载体。

4. 物态环境载体。具体方式包括硬环境和软环境。硬环境包括：安全标识系统、技术警报系统、文化环境系统、事故警示系统等。软环境包括：先进观念灌输、亲情力量感染、政治思想攻心等。

（二）企业班组岗位安全文化建设载体

班组岗位载体系列就是设计班组现场安全管理模式和班组安全文化建设活动方式等，以达到夯实班组基础、提高作业人员整体素质，实现安全生产的目的。

班组岗位载体主要有：班前三讲（讲风险、讲规范、讲要求）活动；实行“六预行为”模式（预知、预想、预查、预警、预防、预备）；实行动态安全现场管理；开展班组风险防范献计献策活动；开展伤害预知预警活动；建立班组长动态管理机制；建立灵活的班组长培训教育机制；推行班组长安全业绩考核激励机制；开展现场管理达标竞赛活动；班组绩效考核评价体系等。

第三章　现场管理

施工现场管理是建筑施工企业安全生产管理的具体体现，是建筑施工企业管理水平与能力在施工现场的具体表现，是评判建筑施工企业在工程建设中综合能力的依据之一。

第一节　文明施工

一、施工现场及设施管理

（一）现场围挡。施工现场围挡在市区主要路段的工地应设置高度不小于2.5m的封闭围挡；一般路段的工地应设置高度不小于1.8m的封闭围挡；围挡应坚固、稳定、整洁、美观。

（二）封闭管理。施工现场进出口应设置大门、实名制通道，并应设置门卫值班室；应建立门卫值守管理制度，并应配备门卫值守人员；施工人员进入施工现场应佩戴工作卡；施工现场出入口应标有企业名称或标识，并应设置车辆冲洗设施。

（三）施工场地。施工现场的主要道路及材料加工区地面应进行硬化处理；施工现场道路应畅通，路面应平整坚实；施工现场应有防止扬尘措施；应设置排水设施，且排水通畅无积水；应有防止泥浆、污水、废水污染环境的措施；应设置专门的吸烟处，严禁随意吸烟；温暖季节应有绿化布置。

（四）材料管理。建筑材料、构件、料具应按总平面布局进行码放；材料应码放整齐，并应标明名称、规格等；施工现场材料码放应采取防火、防锈蚀、防雨等措施；建筑物内施工垃圾的清运，应采用器具或管道运输，严禁随意抛掷；易燃易爆物品应分类储藏在专用库房内，并应制定防火措施。

（五）现场办公与住宿。施工作业、材料存放区与办公、生活区应划分清晰，并应采取相应的隔离措施；在建工程内、伙房、库房不得兼作宿舍；宿舍、办公用房的防火等级应符合规范要求；宿舍应设置可开启式窗户，床铺不得超过2层，通道宽度不应小于0.9m；宿舍内住宿人员人均面积不应小于$2.5m^2$，且不得超过16人；冬季宿舍内应有采暖和防一氧化碳中毒措施；夏季宿舍内应有防暑降温和防蚊蝇措施；生活用品应摆放整齐，环境卫生应良好。

（六）现场防火。施工现场应建立消防安全管理制度，制定消防措施；临时用房和作业场所的防火设计应符合规范要求；应设置消防通道、消防水源，并应符合规范要求；施工现场灭火器材应保证可靠有效，布局配置应符合规范要求；明火作业应履行动火审批手续，配备动火监护人员。

（七）综合治理。施工现场应在生活区适当设置业余学习和娱乐场所，应有宣传栏、读报栏、黑板报等设施。应建立健全治安保卫制度，落实治安防范措施。

（八）公示标牌。施工现场大门口处应设置公示标牌至少为“五牌一图”，主要内容应包括：工程概况牌、消防保卫牌、安全生产牌、文明施工牌、管理人员名单及监督电话牌、施工现场总平面图。标牌应规范、整齐、统一。施工现场应在明显处，有必要的安全生产、文明施工内容的宣传标语。

（九）生活设施。施工现场应建立卫生责任制度并落实到人。食堂与厕所、垃圾站、有毒有害场所等污染源的距离应符合规范要求。厕所内的设施数量和布局应符合规范要求。施工现场要有卫生饮水设施，设置淋浴室，且能满足现场人员需求。生活垃圾应装入密闭式容器内，并应及时清理。

（十）社区服务。夜间施工前，必须经批准后方可进行施工；施工现场严禁焚烧各类废弃物；施工现场应制定防粉尘、防噪声、防光污染等措施；应制定施工不扰民措施。

二、施工现场卫生与防疫

施工现场应加强食品、原料的进货管理，建立食品、原料采购台账，保存原始采购单据。食堂必须有餐饮服务许可证，炊事人员必须持身体健康证上岗。食堂的卫生环境应良好，且应配备必要的排风、冷藏、消毒、防鼠、防蚊蝇等设施。严禁购买无照、无证商贩的食品和原料。食堂应按许可范围经营，严禁制售易导致食物中毒食品和变质食品。生熟食品应分开加工和保管，存放成品或半成品的器皿应有耐冲洗的生熟标识。成品或半成品应遮盖，遮盖物品应有正反面标识。各种佐料和副食应存放在密闭器皿内，并应有标识。存放食品原料的储藏间或库房应有通风、防潮、防虫、防鼠等措施，库房不得兼作他用。粮食存放台距墙和地面应大于0.2m。

当施工现场遇突发疫情时，应及时上报，并应按卫生防疫部门相关规定进行处理。

第二节　安全标志

安全色标是特定的表达安全信息含义的颜色和标志，它以形象而醒目的信息语言向人们提供表达禁止、警告、指令、提示等安全信息，引起人们对周围存在的安全和不安全的环境注意，提高人们对不安全因素的警惕。特别在紧急情况下人们能借助安全色标的指引，尽快采取防范和应急措施或安全撤离现场，避免发生更严重的事故。

一、安全色

国家标准《安全色》GB 2893—2008 中规定采用红、黄、蓝、绿这四种颜色，作为“禁止”“警告”“指令”和“提示”等安全信息含义的颜色，安全色要求容易辨认和引人注目。

红色。含义是禁止、停止。用于禁止标志。

黄色。含义是警告和注意。

蓝色。含义是指令，必须遵守。

绿色。含义是提示，表示安全状态或可以通行。

（一）红色。表示危险、禁止、紧急停止的信号。凡是禁止、停止和有危险的器件、设备或环境，均涂以红色的标记。例如交通岗和铁路上的红灯作为禁行标志，禁止标志、消防设备、停止按钮和停车、刹车装置的操纵把手、仪表刻度盘上的极限位置刻度、机器转动部件的裸露部分（飞轮、齿轮、皮带轮等的轮幅、轮毂）、液化石油气槽车的条带及文字、危险信号旗等均以红色为标志。

（二）黄色。表示警告或注意的信号。如警告标志、交通警告标志、道路交通路面标志、皮带轮及其防护罩的内壁、砂轮机罩的内壁、楼梯的第一级和最后一级的踏步前沿、防护栏杆、警告信号旗等。

（三）蓝色。表示指令标志的颜色。如指令标志、交通指示标识等。

（四）绿色。表示通行、安全提示的颜色。凡是在可以通行或安全情况下，应涂以绿色标记。如交通岗和铁路、机器启动按钮，安全信号旗等。

二、安全标志

（一）禁止标志

在圆环内划一斜杠，即表示“禁止”或“不允许”的意思。圆环和斜杠涂以红色，圆环内的图像用黑色，背景用白色。说明文字设在几何图形的下面，文字用白色、背景用红色。如禁止堆放、禁止穿化纤衣服、禁止戴手套、禁止抛物、禁止乘人、禁止靠近等标志，如图 3-2-1 所示。

图 3-2-1　禁止标志

（二）警告标志

三角形引人注目，故用作“警告标志”。含义是使人们注意可能发生的危险。如当心绊倒、当心电离辐射、当心滑跌、当心车辆等，如图 3-2-2 所示。

图 3-2-2　警告标志

（三）指令标志

在圆形内配上指令含义的颜色（蓝色），并用白色绘画必须履行的图形符号，表示必须要遵守的意思。如必须加锁、必须穿防护服、必须穿救生衣、必须系安全带等标志，如图 3-2-3 所示。

图 3-2-3　指令标志

（四）提示标志

在绿色长方形内的文字和图形符号，配以白色或标明目标的方向，即构成提示标志。长方形内的文字和图形符号用白色。如避险处、可动火区、紧急出口等标志，如图 3-2-4 所示。

图 3-2-4 提示标志

三、安全标志的设置

《建筑工程施工现场标志设置技术规程》JGJ 348—2014 规定，安全标志应设在与安全有关的醒目位置，标志牌前不得放置妨碍认读的障碍物，且应使进入现场的人员有足够的时间注视其所表示的内容。

安全标志设置的高度，宜与人眼的视线高度相一致；专用标志的设置高度应视现场情况确定，但不宜低于人眼的视线高度。采用悬挂式和柱式的标志的下缘距地面的高度不宜小于 2m。

施工现场安全标志的类型、数量应根据危险部位的性质分别设置不同的安全标志，当多个安全标志在同一处设置时，应按禁止、警告、指令、提示类型的顺序，先左后右，先上后下地排列。

第三节 消防管理

一、施工现场消防安全管理

施工现场的消防安全管理应由施工单位负责。实行施工总承包时，应由总承包单位负责。分包单位应向总承包单位负责，并应服从总承包单位的管理，同时应承担国家法律、法规规定的消防责任和义务。

施工单位应根据建设项目规模、现场消防安全管理的重点，在施工现场建立消防安全管理组织机构及义务消防组织，并应确定消防安全负责人和消防安全管理人员，同时应落实相关人员的消防安全管理责任。

施工单位应针对施工现场可能导致火灾发生的施工作业及其他活动，制定消防安全管理制度。消防安全管理制度应包括下列主要内容：

1. 消防安全教育与培训制度；

2. 可燃及易燃易爆危险品管理制度；

3. 用火、用电、用气管理制度；

4. 消防安全检查制度；

5. 应急预案演练制度。

二、施工现场消防安全技术要求

施工现场消防安全技术管理执行《建设工程施工现场消防防安全技术规范》GB 50720—2011 相关规定。

（一）施工现场布局

临时用房、临时设施的布置应满足现场防火、灭火及人员安全疏散的要求。

施工现场出入口的设置应满足消防车通行的要求，并宜布置在不同方向，其数量不宜少于

2 个。当确有困难只能设置 1 个出入口时，应在施工现场内设置满足消防车通行的环形道路。

施工现场临时办公、生活、生产、物料存贮等功能区宜相对独立布置，防火间距应符合有关规定。易燃易爆危险品库房应远离明火作业区、人员密集区和建筑物相对集中区。可燃材料堆场及其加工场、易燃易爆危险品库房不应布置在架空电力线下。

（二）消防车道的布置

施工现场内应设置临时消防车道，临时消防车道与在建工程、临时用房、可燃材料堆场及其加工场的距离不宜小于 5m，且不宜大于 40m；施工现场周边道路满足消防车通行及灭火救援要求时，施工现场内可不设置临时消防车道。临时消防车道的设置应符合下列规定：

1. 临时消防车道宜为环形，设置环形车道确有困难时，应在消防车道尽端设置尺寸不小于 12m×12m 的回车场；

2. 临时消防车道的净宽度和净空高度均不应小于 4m；

3. 临时消防车道的右侧应设置消防车行进路线指示标识；

4. 临时消防车道路基、路面及其下部设施应能承受消防车通行压力及工作荷载。

建筑高度大于 24m 的在建工程，建筑工程单体占地面积大于 3000m^2 的在建工程，成组布置的数量超过 10 栋的临时用房应设置环形临时消防车道。如果设置环形临时消防车道确有困难时，除应设置回车场外，还应按下列规定设置临时消防救援场地：

1. 临时消防救援场地应在在建工程装饰装修阶段设置；

2. 临时消防救援场地应设置在成组布置的临时用房场地的长边一侧及在建工程的长边一侧；

3. 临时救援场地宽度应满足消防车正常操作要求，且不应小于 6m，与在建工程外脚手架的净距不宜小于 2m，且不宜超过 6m。

（三）建筑防火

临时用房和在建工程应采取可靠的防火分隔和安全疏散等防火技术措施。临时用房的防火设计应根据其使用性质及火灾危险性等情况进行确定；在建工程防火设计应根据施工性质、建筑高度、建筑规模及结构特点等情况进行确定。

作业场所应设置明显的疏散指示标志，其指示方向应指向最近的临时疏散通道入口，作业层的醒目位置应设置安全疏散示意图。

（四）临时设施的布置

施工现场要明确划分用火作业区、易燃易爆、可燃材料堆场，易燃废品集中点和生活区等。易燃易爆危险品库房应远离明火作业区、人员密集区和建筑物相对集中区。

（五）消防设施的布置

施工现场应设置灭火器、临时消防给水系统和临时消防应急照明等临时消防设施。临时消防设施应与在建工程的施工同步设置。房屋建筑工程中，临时消防设施的设置与在建工程主体结构施工进度的差距不应超过 3 层。

施工现场在建工程可利用已具备使用条件的永久性消防设施作为临时消防设施。当永久性消防设施无法满足使用要求时，应增设临时消防设施。

1. 临时消防给水系统

施工现场或其附近应设置稳定、可靠的水源，并应能满足施工现场临时消防用水的需要。

消防水源可采用市政给水管网或天然水源。其进水口一般不应少于两处。当采用天然水源时，应采取措施确保冰冻季节、枯水期最低水位时顺利取水，并应满足临时消防用水量的要求。

2.临时消火栓布置

工程内临时消火栓应分设于各层明显且便于使用的地点，并保证消火栓的充实水柱能到达工程内任何部位。使用时栓口离地面1.2m，出水方向宜与墙壁成90°。

消火栓口径应为65mm，配备的水带每节长度不宜超过20m，水枪喷嘴口径不小于19mm。每个消火栓处宜设启动消防水泵的按钮。

室外消火栓应沿在建工程、临时用房和可燃材料堆场及其加工场均匀布置，与在建工程、临时用房和可燃材料堆场及其加工场的外边线的距离不应小于5m，消火栓之间的距离不应大于120m，最大保护半径不应大于150m。

3.灭火器配置

（1）下列场所应配置灭火器：①易燃易爆危险品存放及使用场所；②动火作业场所；③可燃材料存放、加工及使用场所；④厨房操作间、锅炉房、发电机房、变配电房、设备用房、办公用房、宿舍等临时用房；⑤其他具有火灾危险的场所。

灭火器的配置数量应按现行国家标准《建筑灭火器配置设计规范》GB 50140的有关规定经计算确定，且每个场所的灭火器数量不应少于2具。

（2）灭火器设置要求应符合下列规定：①灭火器应设置在明显的地点，如房间出入口、通道、走廊、门厅及楼梯等部位。②灭火器的铭牌必须朝外，以方便人们直接看到灭火器的主要性能指标。③手提式灭火器设置在挂钩、托架上或灭火器箱内，其顶部离地面高度应小于1.5m，底部离地面高度不宜小于0.15m。

施工项目经理部必须定期进行义务消防队灭火演习，演练防火预案，实施突发事件的处置措施，使职工群众有防火意识和灭火知识，掌握方法。做到有防火灭火的准备。

三、施工现场动火作业管理

1.一级动火作业。一级动火作业由项目负责人组织编制防火安全技术方案，填写动火申请表，报企业安全管理部门审查批准后，方可动火。凡属下列情况之一的动火均为一级动火作业：

（1）禁火区域内；（2）油罐、油箱、油槽车和储存过可燃气体、易燃液体的容器及与其连接在一起的辅助设备；（3）各种受压设备；（4）危险性较大的登高焊、割作业；（5）比较密封的室内、容器内、地下室等场所；（6）现场堆有大量可燃和易燃物质的场所。

2.二级动火作业。二级动火作业由项目责任工程师组织拟定防火安全技术措施，填写动火申请表，报项目安全管理部门和项目负责人审查批准后，方可动火。凡属下列情况之一的动火均为二级动火作业：

（1）在具有一定危险因素的非禁火区域内进行临时焊、割等用火作业；（2）小型油箱等容器；（3）登高焊、割等用火作业。

3.三级动火作业。三级动火作业由所在班组填写动火申请表，经项目责任工程师和项目安全管理部门审查批准后，方可动火。在非固定的、无明显危险因素的场所进行用火作业，均属三级动火作业。

4.动火证当日有效，如动火地点发生变化，则需重新办理动火审批手续。

第四节　绿色施工

一、概念

绿色施工是指工程建设中，在保证质量、安全等基本要求的前提下，通过科学管理和技术进步，最大限度地节约资源与减少对环境负面影响的施工活动，实现四节一环保（节能、节地、节水、节材和环境保护）。

二、基本要求

在城市市区范围内从事建筑工程施工，项目必须在工程开工十五日以前向工程所在地县级以上地方人民政府环境保护管理部门申报登记。

施工现场必须建立环境保护、环境卫生管理和检查制度，并应做好检查记录。对施工现场作业人员的教育培训、考核应包括环境保护、环境卫生等有关法律、法规的内容。

施工总平面布置、临时设施的布置设计及材料选用应科学合理，节约能源。临时用电设备及器具应选用节能型产品。宜利用新能源和可再生能源。宜利用拟建道路路基作为临时道路路基。临时设施应利用既有建筑物、构筑物和设施。主要道路要进行硬化处理。裸露的场地和堆放的土方应采取覆盖、固化或绿化等措施。土方作业应采取防止扬尘措施，主要道路应定期清扫、洒水。拆除建筑物或者构筑物时，应采用隔离、洒水等降噪、降尘措施，并及时清理废弃物。土方和建筑垃圾的运输必须采用封闭式运输车辆或采取覆盖措施。出口处应设置车辆冲洗设施，并应对驶出的车辆进行清洗。机械设备、车辆的尾气排放应符合国家环保排放标准。现场内严禁焚烧各类废弃物，禁止将有害有毒废弃物作土方回填。污水排放要与所在地县级以上人民政府市政管理部门签署污水排放许可协议，申领《临时排水许可证》。雨水排入市政雨水管网，污水经沉淀处理后二次使用或排入市政污水管网。现场泥浆、污水未经处理不得直接排入城市排水设施和河流、湖泊、池塘。应设置排水管及沉淀池，施工污水应经沉淀处理达到排放标准后，方可排入市政污水管网。临时厕所的化粪池应进行防渗漏处理。存放的油料和化学溶剂等物品应设置专用库房，地面应进行防渗漏处理。现场场界噪声排放应符合现行国家标准《建筑施工场界环境噪声排放标准》GB 12523 的规定。应对强光作业和照明灯具采取遮挡措施，减少对周边居民和环境的影响。

市政道路施工进行铣刨、切割等作业时，应采取有效的防扬尘措施。灰土和无机料应采用预拌进场，碾压过程中应洒水降尘。

三、山西省绿色文明工地标准

按照《山西省住房和城乡建设厅关于对建设工程安全文明施工费、临时设施费、环境保护费调整等事项的通知》晋建标字〔2018〕295 号规定，山西省绿色文明工地标准划分为一、二级标准，见表 3-4-1。二级标准为基本标准，达到建筑工地施工扬尘治理“六个百分之百”、施工噪声污染控制和施工现场非道路移动机械污染防治要求。一级标准为提升标准，在二级标准基础上，应用绿色施工的新技术、新设备、新材料、新工艺等，实现无污染、可回收、可重复利用的提升。

表 3-4-1　山西建设工程绿色文明工地标准

项目名称		主要内容		
		二级标准	一级标准	
施工围挡100%标准	施工现场周边围挡	围挡采用瓦灰色定型化金属板材，围挡底边封闭严密，不得有泥浆外漏；邻近主要路段的围挡高度不应低于2.5m，邻近一般路段围挡高度不应低于1.8m；围挡要稳固、完整、清洁	围挡可重复使用，采用瓦灰色定型化的金属板材，设置金属立柱，底端设置防溢座，防溢座与围挡之间无缝隙；围挡高度不应低于2.5m；围挡要稳固、完整、清洁；围挡上部设置喷淋装置	或应用其他绿色施工的新技术、新设备、新材料、新工艺等，实现无污染、可回收、可重复利用
道路100%硬化	道路、材料加工区硬化	施工现场内主要道路、材料加工区应进行硬化处理，配备专职人员清扫保洁，保持道路等干净无扬尘	施工现场内主要道路、材料加工区应进行硬化处理，其中50%以上应采用钢板路面或拼装式预制混凝土道路，配备专职人员清扫保洁，保持道路等干净无扬尘	
物料堆放100%覆盖	裸露场地覆盖	施工现场内裸露场地应采用覆盖措施，作业面应及时苫盖	施工现场内裸露场地应绿化或采用无污染且可重复利用的材料覆盖，作业面应及时苫盖	或应用其他绿色施工的新技术、新设备、新材料、新工艺等，实现无污染、可回收、可重复利用
	易飞扬的细颗粒物料堆放覆盖	施工现场内土石方等易飞扬的细颗粒物料应集中堆放，并采用密闭式防尘网覆盖；高扬尘加工作业均应在全封闭环境内，严禁露天作业	施工现场内土石方等易飞扬的细颗粒物料应集中堆放，并采用可重复利用的密闭式防尘网覆盖；高扬尘加工作业均应在全封闭环境内，严禁露天作业	
现场100%湿法作业	湿法作业	施工现场应配备移动洒水、喷雾设备，安装扬尘监测设备。对建筑物实施拆除时，应采取预湿和喷淋抑尘措施	施工现场应配备移动洒水、喷雾设备，安装扬尘监测设备，主要道路、塔吊大臂设置喷淋装置。对建筑物实施拆除时，应采取预湿和喷淋抑尘措施	
出入车辆100%清洗	车辆冲洗	施工现场出入口应设置车辆冲洗设施，配备专职人员，确保所有车辆干净出场，严禁带泥上路	施工现场出入口设置全自动冲洗设备，采取水循环利用等节水措施，配备专职人员，确保所有车辆干净出场，严禁带泥上路	
运输车辆100%密闭	土方、渣土、垃圾清理	施工现场内建筑土方、工程渣土、建筑垃圾应采用密闭容器搬运，并对建筑垃圾设置垃圾站分类堆放、苫盖	施工现场内建筑土方、工程渣土、建筑垃圾应采用密闭容器搬运，建筑物内垃圾采用专用封闭垃圾道运输，并对建筑垃圾设置封闭式垃圾站分类堆放	或应用其他绿色施工的新技术、新设备、新材料、新工艺等，实现无污染、可回收、可重复利用
	土方、渣土、垃圾运输	建筑土方、工程渣土、建筑垃圾运输应采用封闭措施，防止车辆在行进过程中出现漏撒	建筑土方、工程渣土、建筑垃圾运输应采用封闭式运输车辆分类运输，防止车辆在行进过程中出现漏撒	
环保治理	噪声污染控制	施工现场对强噪声设备采用隔声、吸声材料搭设防护棚或屏障	施工现场应选用低噪声、低振动设备，对强噪声设备采用隔声、吸声材料搭设防护棚或屏障	
	有害气体排放、控制	施工现场的非道路移动机械的尾气排放应符合国家相关环保标准。严禁焚烧各类有毒有害物质和废弃物	施工现场的非道路移动机械应选用清洁燃油、代用燃料或安装尾气净化装置和高效燃料添加剂等，非道路移动机械的尾气排放应符合国家相关环保标准。严禁焚烧各类有毒有害物质和废弃物	

第五节　智慧管控

智慧管控是利用人工智能、传感技术、虚拟现实等高科技技术植入到建筑、机械、人员穿戴设施、场地进出关口等各类物体中，并且被普遍互联，形成“物联网”，再与“互联网”整合在一起，实现工程管理干系人与工程施工现场的整合平台，为施工企业及监管部门提供工地实时的现场数据，以提高施工现场管理的效率，降低施工中的安全隐患，更好的优化施工方案。

一、智慧工地

1.概念

智慧工地是指运用信息化手段,通过三维设计平台对工程项目进行精确设计和施工模拟，围绕施工过程管理，建立互联协同、智能生产、科学管理的施工项目信息化生态圈，并将此数据在虚拟现实环境下与物联网采集到的工程信息进行数据挖掘分析，提供过程趋势预测及专家预案，实现工程施工可视化智能管理，以提高工程管理信息化水平，从而逐步实现绿色建造和生态建造。

2.智慧管控平台

建筑工地智慧管控平台综合运用物联网、云计算、边缘计算、人工智能、移动互联网、BIM、GIS等技术手段，对人员、设备、安全、质量、生产、环境等要素在施工过程中产生的数据进行全面采集与处理，并实现数据共享与业务协同，最终实现全面感知、泛在互联、安全作业、智能生产、高效协作、智能决策、科学管理的智能化管理系统。

目前该平台被施工企业逐步推广使用，主要用于劳务实名制管理、关键岗位考勤、视频监控、施工扬尘及噪声在线监测、智能喷淋联动系统与风玫瑰图应用监测、施工用水用电监测、深基坑监测、卸料平台监测、塔式起重机监控、升降机监控、施工车辆进出监控、从业人员“三违”行为监控、视频会议等功能模块，可以实现对施工现场的人员、环境、安全、作业动态的实时全面管控。

二、山西省《建筑工程施工安全管理标准》DBJ04/T 253—2021规定

1.工程项目部应及时对项目现场管理信息、视频监控和扬尘监测数据等进行采集。

2.项目现场管理信息应包括项目基础信息、施工安全管理信息等。工程基础信息包括参建各方主体、项目管理人员、项目基本情况、工程安全报监情况等；施工安全管理信息应包括安全生产责任制、安全教育、应急救援、危大工程等基本管理资料，基坑工程、脚手架工程、起重机械、模板支撑体系、临时用电、安全防护、带班记录和安全日志等安全管理资料。

3.工程项目部应安装视频监控设备，确保施工现场围挡、物料堆放点、出入口、施工现场地面、塔吊等重点施工部位监控全覆盖，满足施工安全和施工扬尘治理“六个百分之百”视频监控及扬尘在线监测要求。

4.工程项目部应在施工现场围墙内，靠近围墙并接近施工区域的位置，安装噪声扬尘在线监测设备，并与现场喷淋设备形成联动系统。

5.施工现场噪声扬尘在线监测设备的安装应符合下列要求：

（1）市区内建筑面积在4000m^2以上，市区以外建筑面积在8000m^2以上，或施工周期大于3个月的建筑工地，安装噪声扬尘在线监测设备；

（2）建设工程按占地面积20000m²安装一台、每超过10000m²加装一台；

（3）市政基础设施施工工程工地（含轨道交通），每2公里安装一台。

6. 施工现场视频文档应在本地存储器保存30天以上。

7. 施工现场安装的监控视频设备和扬尘噪声监测设备应具备对接联网功能。

8. 塔式起重机和施工升降机宜安装指纹识别系统或人脸识别系统等能够识别司机合法合规身份的仪器。

9. 项目信息及监控数据应接入安全监管信息系统并实时上传。

第六节　急救处置

一、现场急救

当施工现场遭受工程事故或自然灾害袭击时，现场人员首先应用急救知识和最简单的急救技术进行现场施救，同时，迅速联系当地120急救中心或医疗部门说明事故地点、受伤人数、受伤情况及程度等。

施工现场极易发生创伤性出血和心跳呼吸骤停。创伤性出血的基本急救方法有及时止血和包扎伤口；心跳呼吸骤停的基本急救方法有心肺复苏法。其中心肺复苏法的步骤为：

1. 胸外按压：选择两乳头连线中点为按压部位，用左手手掌紧贴该部位，两手重叠五指翘起，双臂伸直，用上身力量按压，按压频率大于100次/min，按压深度应达到4～5cm，按压过程不应间断，如必须间断时间不应超过5～6s。

2. 打开气道：采用仰头抬颌法，同时去除口腔分泌物及假牙。

3. 人工呼吸：用口对口吹气或用简易呼吸器，按压与吹气比例为30∶2，重复按压和吹气5～6次后检查生命体征有无恢复，若无恢复需重复按压和吹气过程，直至患者复苏或复苏宣布失败为止。

二、现场急救处置

（一）塌方伤害急救要点

塌方伤害是由塌方、垮塌而造成的人员被土石方、瓦砾等压埋，发生掩埋窒息，或人体损伤。

1. 迅速挖掘抢救出被压埋者，尽早将伤员的头部露出来，即刻清除其口腔、鼻腔内的泥土、砂石，保持呼吸道的通畅。

2. 救出伤员后，先迅速检查心跳和呼吸。如果心跳、呼吸已停止，立即连续进行2次人工呼吸。

3. 在搬运伤员时应防止肢体活动，不论有无骨折，都要用夹板固定，并将肢体暴露在空气中。

4. 发生塌方事故后，必须及时拨打120急救电话。

5. 切忌对压埋受伤部位进行热敷或按摩。

（二）高处坠落急救要点

高处坠落摔伤是指从高处坠落而导致受伤。

1. 对坠落在地的伤员，应初步检查伤情，注意不要乱搬动、摇晃，并立即拨打 120 急救电话。

2. 采取初步救护措施：止血、包扎、固定。

3. 怀疑脊柱骨折的，按脊柱骨折的搬运原则急救。切忌一人抱胸、一人扶腿搬运。伤员上下担架应由 3～4 人分别抱住头、胸、臀、腿，保持动作一致平稳，避免脊柱弯曲扭动加重伤情。

（三）现场触电急救要点

1. 迅速关闭开关，切断电源，使触电者尽快脱离电源（应确认自己无触电危险再进行救护）。

2. 用绝缘物品挑开或切断触电者身上的电线、灯、插座等带电物品。绝缘物品有干燥的竹竿、木棍、塑料棒、带木柄的铲子、电工用绝缘钳子等。抢救者可站在绝缘物体上，如胶垫、木板，穿着绝缘的鞋，如塑料鞋、胶底鞋等进行抢救。

3. 触电者脱离电源后，立即将其抬至通风较好的地方，解开病人衣扣、裤带。轻型触电者在脱离电源后，应就地休息 1～2h 再活动。

4. 如果触电者呼吸、心跳停止，必须争分夺秒进行口对口人工呼吸和胸外心脏按压，并坚持一定时间。

5. 立即拨打 120 急救电话请医生到现场救护，并在不间断抢救的情况下护送到医院。

（四）硬器刺伤急救要点

硬器刺伤是指刀具、碎玻璃、铁丝、铁钉、铁棍、钢筋、木刺等对人体造成的刺伤。

1. 较轻浅的刺伤，需消毒清洗后，用干净的纱布等包扎止血，或就地取材使用替代品初步包扎后，到医院去进一步治疗。

2. 若刺伤的硬器仍插在胸背部、腹部、头部时，切不可立即拨出来，以免造成大出血而无法止血。应将刃器固定好，并将病人尽快送到医院。

3. 刃器固定方法。刃器四周用衣物或其他物品围好，再用绷带等固定住。送医途中注意保护，使其不得脱出。

4. 若刃器已被拔出，胸背部有刺伤伤口，伤员出现呼吸困难、气急、口唇紫绀，这时伤口与胸腔相通，空气直接进出，称为开放性气胸，如果处理不当，呼吸很快会停止。此时应迅速按住伤口，用消毒纱布或清洁毛巾覆盖伤口后送医院急救。纱布的最外层最好用不透气的塑料膜覆盖，以密闭伤口，减少漏气。

5. 刺中腹部后导致肠管等内脏脱出来时，千万不要将脱出的肠管送回腹腔内，因为这样会使感染机会加大，可先包扎好。

6. 包扎方法。在脱出的肠管上覆盖消毒纱布或消毒布类，再用干净的盆或碗倒扣在伤口上，用绷带或布带固定，迅速送医院抢救。

7. 应使伤者双腿弯曲，严禁喝水、进食。

8. 刺伤应注意预防破伤风。伤口较深、尤其是铁钉、铁丝、木刺等刺伤，如不彻底清洗，容易引起破伤风。

（五）急性中毒

急性中毒是指在短时间内，人体接触、吸入、食用大量毒物，突然发生的威胁生命病变。在急性中毒现场救治，无论是轻度还是严重中毒人员，无论是自救还是互救、外来救护工作，均应设法尽快使中毒人员脱离中毒现场、中毒物源，排除吸收的和未吸收的毒物。

1.皮肤污染、体表接触毒物急救要点

包括在施工现场因接触油漆、涂料、沥青、外加剂、添加剂、化学制品等有毒物品中毒。

（1）应立刻脱去污染的衣物并用大量的微温水清洗污染的皮肤、头发以及指甲等。

（2）对不溶于水的毒物用适宜的溶剂进行清洗。

2.吸入毒物（有毒的气体）急救要点

此种情况包括进入下水道、地下管道、地下或密封的仓库、化粪池等密闭不通风的地方施工，或环境中有有毒、有害气体以及焊割作业、乙炔（电石）气中的磷化氢、硫化氰、煤气（一氧化碳）泄漏，二氧化碳过量，油漆、涂料、保温、粘合等施工时，苯气体、铅蒸气等作业产生的有毒有害气体吸入人体造成中毒。

（1）应立即使中毒人员脱离现场，在抢救和救治时应加强通风及吸氧。

（2）及早向附近的人求助或打120电话呼救。

（3）神志不清的中毒病人必须尽快抬出中毒环境，平放在地上，将其头转向一侧。

（4）轻度中毒患者应安静休息，避免活动后加重心肺负担及增加氧的消耗量。

（5）病情稳定后，将病人护送到医院进一步检查治疗。

在施工现场如已发现心跳、呼吸不规则或停止呼吸、心跳的时间不长，则应把中毒人员移到空气新鲜处，立即施行人工呼吸和体外心脏挤压法进行抢救。

第四章　基坑工程

当前，越来越多的高层建筑和城市基础设施工程中基坑的规模越来越大、深度越来越深，基坑周边的环境也越来越复杂，这些都给基坑的支护、降水、开挖带来更多的风险，因此选择安全适用、经济合理的施工方法和技术就显得尤为重要。

依据《建筑基坑支护技术规程》JGJ 120—2012 的规定，基坑是指为进行建（构）筑物地下部分的施工由地面向下开挖出的空间。基坑周边环境是与基坑开挖相互影响的周边建（构）筑物、地下管线、道路、岩土体与地下水体的统称。基坑支护是为保护地下主体结构施工和基坑周边环境的安全，对基坑采用的临时性支挡、加固、保护与地下水控制的措施。

第一节　一般规定

基坑工程施工必须按照规定编制、审核专项施工方案；超过一定规模的深基坑工程要组织专家论证；基坑支护必须进行专项设计，并按照相关规定实施施工监测和第三方监测。

土方开挖的顺序、方法应与设计工况相一致，严禁超挖。

边坡坡顶、基坑顶部及底部应采取截水或排水措施。

边坡及基坑周边堆放材料、停放设备设施或使用机械设备等荷载严禁超过设计要求的地面荷载限值。

边坡及基坑开挖作业过程中，应根据设计和施工方案进行监测。

当基坑出现下列现象时，应及时采取处理措施，处理后方可继续施工：

（1）支护结构或周边建筑物变形值超过设计变形控制值；

（2）基坑侧壁出现大量漏水、流土，或基坑底部出现管涌；

（3）桩间土流失孔洞深度超过桩径。

当桩基成孔施工中发现斜孔、弯孔、缩孔、塌孔或沿护筒周围冒浆及地面沉陷等现象时，应及时采取处理措施。

基坑回填应在具有挡土功能的结构强度达到设计要求后进行。

回填土应控制土料含水率及分层压实厚度等参数，严禁使用淤泥、沼泽土、泥炭土、冻土、有机土或含生活垃圾的土。

第二节　支护与边坡

选择支护结构时，一般要综合考虑基坑开挖深度；场地地质情况及地下水条件；基坑周边环境条件（包括基坑内工程桩条件）及对基坑变形的承受能力；主体地下结构及其基础形式，施工顺序，基坑平面形状及尺寸；支护结构的空间效应和受力特点，支护结构材料的受力性状，支护结构施工工艺的可行性；施工条件及施工季节；当地的工程经验；经济指标，环保水平和施工工期等因素进行综合分析比较，选择安全可靠，技术可行，施工方便，经济合理的支护结构形式。

一、支护结构选型

依据山西省《建筑基坑工程技术规范》DBJ04/T 306—2014 的规定，支护结构选型前，应查明基坑周边 2 倍开挖深度范围内下列周边环境条件。一般支护结构有表 4-2-1 中类型。组合支护结构应考虑各结构间的变形协调问题，不同支护结构之间应有可靠的连接措施，应采取有效构造措施保证支护结构的整体性。

表 4-2-1　支护结构类型及适用条件

<table>
<tr><th colspan="2" rowspan="2">结构类型</th><th colspan="3">适用条件</th></tr>
<tr><th>安全等级</th><th colspan="2">基坑深度、环境条件、土类和地下水条件</th></tr>
<tr><td rowspan="5">支挡式结构</td><td>锚拉式结构</td><td rowspan="5">一级
二级
三级</td><td>适用于较深的基坑</td><td rowspan="5">1. 排桩适用于可采用降水或截水帷幕的基坑；
2. 地下连续墙宜同时用作主体地下结构外墙，可同时用作截水；
3. 锚杆不宜用在软土层和高水位的碎石土、砂土层中；
4. 当邻近基坑有建筑物地下室、地下构筑物等，锚杆的有效锚固长度不足时，不应采用锚杆；
5. 当锚杆施工会造成基坑周边建（构）筑物的损害或违反城市地下空间规划等规定时，不应采用锚杆</td></tr>
<tr><td>支撑式结构</td><td>适用于较深的基坑</td></tr>
<tr><td>悬臂式结构</td><td>适用于较浅的基坑</td></tr>
<tr><td>双排桩</td><td>当锚拉式、支撑式和悬臂式不适用时，可考虑采用双排桩</td></tr>
<tr><td>支护结构与主体结构相结合的半逆作法</td><td>适用于基坑周边环境条件很复杂的深基坑</td></tr>
<tr><td rowspan="4">土钉墙</td><td>单一土钉墙</td><td rowspan="4">二级
三级</td><td>适用于地下水位以上或降水的非软土基坑，且基坑深度不宜大于 12m</td><td rowspan="4">当基坑潜在滑动面内有建（构）筑物、重要的地下管线时，不宜采用土钉墙</td></tr>
<tr><td>预应力锚杆复合土钉墙</td><td>适用于地下水位以上或降水的非软土基坑，且基坑深度不宜大于 15m</td></tr>
<tr><td>水泥土桩复合土钉墙</td><td>用于非软土基坑时，基坑深度不宜大于 12m；用于淤泥质土基坑时，基坑深度不宜大于 6m；不宜用在高水位的碎石土、砂土层中</td></tr>
<tr><td>微型桩复合土钉墙</td><td>适用于地下水位以上或降水的基坑，用于非软土基坑时，基坑深度不宜大于 12m；用于淤泥质土基坑时，基坑深度不宜大于 6m</td></tr>
<tr><td colspan="2">重力式水泥土墙</td><td>二级
三级</td><td colspan="2">适用于淤泥质土、淤泥基坑，且基坑深度不宜大于 7m</td></tr>
<tr><td colspan="2">放坡</td><td>二级
三级</td><td colspan="2">1. 施工场地应满足放坡条件；
2. 放坡与上述支护结构形式结合</td></tr>
</table>

注：1. 当基坑不同部位的周边环境条件，土层性状、基坑深度不同时，可在不同部位分别采用不同的支护结构。
2. 支护结构可采用上、下部以不同结构类型组合的形式。

二、支护结构

支挡式结构形式有钢筋混凝土排桩支护、地下连续墙、锚杆、内支撑结构、支护结构与主体结构相结合的半逆作法。

1. 钢筋混凝土排桩。应按现行标准《建筑桩基技术规范》JGJ 94、《建筑基桩检测技术规范》JGJ 106—2014 有关规定进行施工及检测。当钢筋混凝土排桩桩位附近存在既有地下管线、地下构筑物时，应根据其位置、类型、材料特性、使用状况等采取防护措施，不得对其造成损害。

2. 地下连续墙。地下连续墙应验算稳定性、抗倾覆稳定性、坑底抗隆起稳定性、抗渗流稳定性；计算基坑外地表变形及土体位移，必要时应提出相应的工程技术措施。

3.锚拉结构。宜采用钢绞线锚杆；承载力较低时也可采用钢筋锚杆；当环境保护不允许在支护结构使用功能完成后锚杆杆体滞留于基坑周边地层内时，应采用可拆芯钢绞线锚杆。当锚杆穿过的地层附近存在既有地下管线、地下构筑物时，应在调查或探明其位置、走向、类型、使用状况等情况后再进行锚杆施工。

4.内支撑结构支护。适用于基坑开挖较深，基坑周边不允许锚杆施工和周边环境对基坑土体的水平位移控制要求更严格的情况。内支撑结构的施工与拆除顺序，应与设计工况一致，必须遵循先支撑后开挖的原则。

5.支护结构与主体结构相结合的半逆作法。施工设计方案应根据基坑工程实际施工环境和进度，由设计单位、建设单位、施工单位密切协作共同制定。其设计、施工、监测方案应经专家论证通过后方可实施。支护结构与主体结构相结合的半逆作法包括地下连续墙兼作主体结构、水平支撑兼作主体结构和竖向支撑构件兼作主体结构。

三、基坑边坡

依据山西省《建筑基坑工程技术规范》DBJ/T 306—2014 中规定边坡支护方式有：坡率法、土钉墙及复合土钉墙、重力式水泥土墙、土体加固。

（一）坡率法

依据《湿陷性黄土地区建筑基坑工程安全技术规程》JGJ 167—2009 规定，当场地开阔、坑壁土质较好、地下水位较深及基坑开挖深度较浅时，可优先采用坡率法。同一工程可视场地具体条件采用局部放坡或全深度、全范围放坡开挖。对开挖深度不大于 5m、完全采用自然放坡开挖、不需支护及降水的基坑工程，可不进行专门设计。应由基坑土方开挖单位对其施工的可行性进行评价，并应采取相应的措施。

1.存在下列情况之一时，不应采用坡率法：

（1）放坡开挖对拟建或相邻建（构）筑物及重要管线有不利影响；

（2）不能有效降低地下水位和保持基坑内干作业；

（3）填土较厚或土质松软、饱和，稳定性差；

（4）场地不能满足放坡要求。

2.依据《建筑边坡工程技术规范》GB 50330—2013 的规定，有下列情况之一的边坡不应单独采用坡率法，应与其他边坡支护方法联合使用。

（1）放坡开挖对相邻建（构）筑物有不利影响的边坡；

（2）地下水发育的边坡；

（3）软弱土层等稳定性差的边坡；

（4）坡体内有外倾软弱结构面或深层滑动面的边坡；

（5）单独采用坡率法不能有效改善整体稳定性的边坡；

（6）地质条件复杂的一级边坡。

（二）土钉墙及复合土钉墙

适用于地下水位以上的黏性土、粉土、砂土、填土等一般土质。当土钉墙用于杂填土、饱和黄土及砂土、碎石土层时，应采取有效措施保证成孔质量。基坑边坡的坡率不宜大于 1：0.2，水位以下应采用帷幕截水措施。

土钉墙、复合土钉墙不宜用于以下条件：

（1）对变形要求较为严格的一级基坑；

（2）对用地红线有严格要求的基坑；

（3）坑壁土层为灵敏度较高的土；

（4）水位以下采用打入锚管工艺时的液化土层；

（5）土钉常用的有成孔注浆钢筋土钉和钢管土钉，应优先选用成孔注浆钢筋土钉。

（三）重力式水泥土墙

适用于细颗粒填土、淤泥、淤泥质土、一般黏性土、非密实砂土。采用重力式水泥土墙进行支护的基坑深度不宜超过7m。对地基土或地下水有强腐蚀性的基坑应通过试验确定其适用性。对要穿过地下水流动性强的地区或具承压性的含水砂层以及密实砂层的水泥土墙，不应采用水泥高压旋喷桩工艺。

（四）土体加固

1.基坑内土体加固宜按下列原则进行：

（1）基坑内土体加固后应达到减少隆起和提高渗流稳定的目的；

（2）基坑内土体加固可采用高压喷射注浆法、袖阀管注浆法、水泥土搅拌法等方法；宜采用条带状、格栅状、T状布置；

（3）加固范围应结合基坑支护设计、拟建建筑物地基处理方法和基础形式综合考虑。可整体加固或局部加固。局部加固时，宽度和深度按稳定性和变形计算要求确定，一般宽度宜取0.5h（h为基坑深度）并不小于3m。

2.基坑外土体加固宜按下列原则进行：

（1）基坑外土体加固处理目的为增强土体及周边既有建筑物稳定性，减小主动土压力；

（2）基坑外土体加固范围按抗滑稳定性计算，基坑外既有建筑物的加固应结合基坑内降水影响半径考虑；

（3）基坑外土体加固可采用注浆、深层搅拌法、高压喷射注浆法、微型桩法等地基处理方法。

（4）土体加固过程中应进行监测，包括基坑支护结构的水平位移，基坑外土体沉降、隆起和周边既有建筑物变形，确保土体加固的有效性和安全性。

四、基坑支护工程的施工及土方开挖

基坑支护工程的施工及土方开挖应具备下列条件：

1.基坑设计施工图；

2.基坑影响范围内管网管线布置图；

3.专项施工方案；

4.周围环境的监测方案及初始值测定；

5.基坑开挖方案的专家论证意见。

第三节　地下水控制

基坑土方开挖前，要查明基坑周边影响范围内原有建（构）筑物及地下管线等情况后，根据基坑支护结构形式、降排水要求、周边环境、施工工期及气候条件等编制专项施工方案。

一、相关规定

依据《建筑基坑支护技术规程》JGJ 120—2012、《建筑地基基础工程施工规范》GB 51004—2015与《建筑与市政工程地下水控制技术规范》JGJ 111—2016的规定，基坑降水是指为防止地下水通过基坑侧壁与坑底流入基坑，用抽水井或渗水井降低基坑内外地下水位的方法。

1.地下水控制应包括基础开挖影响范围内的潜水、上层滞水与承压水控制，采用的方法应包括集水明排、降水、截水以及地下水回灌。

2.应依据拟建场地的工程地质、水文地质、周边环境条件，以及基坑支护设计和降水设计等文件，结合类似工程经验，编制降水施工方案。

3.基坑降水应进行环境影响分析，根据环境要求采用截水帷幕、坑外回灌井等减小对环境造成影响的措施。

4.地下水埋深小于基坑开挖深度时，应随时观测水位标高，当地下水位高于开挖基底高程时，应采取有效降水措施，并在水位降至基底以下0.5～1.5m时再开挖。基坑开挖应有妥善的降排水措施。坡顶、坡面、坡脚可设置截水墙、排水沟、引水槽等有效防止地表水、地下水对基坑造成的不利影响。

二、基坑降水方法

基坑降水应收集和掌握与工程有关的水文地质条件、相关含水层水位变化特点，并应根据工程需要和水文地质的特点，分析评价地下水对工程及环境的作用和影响，预测地下水对工程施工可能产生的后果并提出防治措施，降水具体方法选择见表4-3-1。

表4-3-1　降水方法的适用范围

名　称		适用地层	渗透系数（m/d）	降低水位（m）
集水坑明排				<2
井点降水	电渗井点	黏性土	<0.1	<6
	喷射井点	填土、黏性土、粉土、粉砂	0.15～20.0	8～20
	真空井点	黏性土、粉土、粉砂、细砂	0.15～20.0	单级<6、多级<20
管　井		粉土、砂类土、碎石土、岩溶裂隙	>0.1	>5
大口井		砂类土、碎石土	1.05～200.0	5～20
辐射井		黏性土、砂土、砾砂	0.15～20.0	<20
引渗井		黏性土、砂土	0.15～20.0	将上层水引渗到下层含水层

三、基坑降水施工

1.基坑降水引起的地面附加沉降量较大时，应采用截流或回灌等方式减少坑外水位下降，控制地面下沉带来的负面影响。

2.基坑降水施工前应进行试验性降水，对预测点及关键地点进行观测。降水施工时应布置观测井，观测周边及坑内水位变化，以便及时调整排水量或采取回灌等措施，消除坑外不良影响。

3.基坑降水施工前应编制降水施工应急预案。降水过程中应进行降水水位、出水量及水质和环境监测，并应做好观测记录。

4.基坑降水可采取排水、截水、隔水、降水以及降低承压水水压等综合措施；集水坑明排不得在可能发生管涌、流土等渗透变形的场地使用。基坑降水设计应包括降水井、观测井及回灌井的布置、井结构设计、截水帷幕设计、排水管线设计；并提出降水施工、运营、基坑安全监测要求。基坑降水设计应与基坑支护体系设计统一考虑，对特殊复杂工程应进行专项研究设计。

第四节　基坑开挖

一、相关规定

1.基坑开挖前，应具备工程地质与水文地质勘察资料，了解气象、环境等相关信息，查明施工场地影响范围内原有建（构）筑物及地下管线等情况。

2.基坑开挖前,对施工场地及其周边可能发生崩塌、滑坡、泥石流等危及安全的情况，建设单位应组织进行地质灾害危险性评估，并制定处理措施。

3.基坑工程施工场地存在地上或地下管线及设施时，建设单位应事先取得相关管理部门或单位的同意，并在施工中采取保护措施。

4.开挖过程中发现有文物、古墓、古迹遗址或古化石、爆炸物或危险化学品等，应妥善保护，并立刻报有关主管部门处理后，再继续开挖。

5.在开挖区域及上开挖线以外2倍基坑深度范围内，有测量用的永久性标志桩或地质、地震部门设置的长期观测设施，或存在有碍开挖施工的既有建（构）筑物、道路、管线、沟渠、塘堰、墓穴、树木等，应加以保护或妥善处理。当因施工必须损毁时，必须事先取得其归属或管理权所在单位或个人的书面同意。

6.当地下水位高于开挖基底高程时，应采取有效降水措施，并在水位降至基底以下0.5m～1.5m时再开挖。

7.基坑开挖应有妥善的降排水措施。坡顶、坡面、坡脚可设置截水墙、排水沟、引水槽等有效防止地表水、地下水对基坑造成的不利影响。

8.基坑周边施工材料、设施或车辆荷载严禁超过设计允许的地面荷载限值。

9.基坑周边路面宜硬化处理，地面设置防渗排水措施。

二、基坑开挖施工

（一）机械设备安全要求

1.机械操作人员必须经过专业安全技术培训，考核合格后，持证上岗。操作人员在作业过程中，不得擅自离开岗位或将机械交给其他无证人员操作。严禁酒后作业，严禁疲劳作业，严禁机械带故障作业，严禁无关人员进入作业区和操作室。

2.作业前应按照施工组织设计和安全技术交底检查施工现场。不宜在距现场电力、通信电缆、煤气管道等周围2m以内进行机械作业。必须作业时，应探明其准确位置并采取措施保证其安全。

3.配合机械作业人员，必须在机械回转半径以外作业。如必须在回转半径内作业时，机上和机下人员应随时取得有效联系。

4.作业遇到下列情况，应立即停止作业：（1）填挖区土体不稳定，有坍塌可能；（2）发生暴雨、雷电、水位暴涨及山洪暴发等情况时；（3）施工标记及防护设施被损坏；（4）地面涌水冒泥，出现陷车或因雨发生坡道打滑时；（5）工作面净空不足以保证安全作业时；（6）地下设施未探明时；（7）出现其他不能保证作业和运行安全的情况。

（二）基坑（槽）开挖防护及安全作业

1.《建筑施工土石方工程安全技术规范》JGJ 180—2009 规定

（1）深度超过 2m 的基坑周边必须安装防护栏杆。防护栏杆应符合以下规定：

①防护栏杆高度不低于 1.2m；

②防护栏杆由横杆及立柱组成。横杆 2～3 道，下杆离地高度宜为 0.3m～0.6m，上杆离地高度宜为 1.2m～1.5m；立柱间距不宜大于 2.0m，立柱离坡边距离宜大于 0.5m；

③防护栏杆宜加挂密目安全网和挡脚板；安全网自上而下封闭设置；挡脚板高度不应小于180mm，挡脚板下沿离地高度不应大于 10mm；

④防护栏杆应安装牢固，材料要有足够的强度。

（2）基坑内宜设置供施工人员上、下的专用梯道。梯道应设扶手栏杆，梯道的宽度不应小于 1m，梯道的搭设应符合相关安全规范要求。

（3）在电力管线、通信管线、燃气管线 2m 范围内及上下水管线 1m 范围内挖土时，应有专业人监护。

（4）除基坑支护设计要求允许外，基坑边不得堆土、堆料、放置机具。

（5）施工现场应采用防水型灯具，夜间施工的作业面以及进出道路应有足够的照明措施和安全警示标志。

2.《湿陷性黄土地区建筑基坑工程安全技术规程》JGJ 167—2009 规定

（1）基槽开挖防护及安全作业

①基槽土方开挖的顺序、方法必须与设计相一致，并应遵循“开槽支撑，先撑后挖，分层开挖，严禁超挖”的原则。

②基槽可采用机械和人工开挖，当基槽开挖范围内分布有地下设施、管线或管道时，必须采用人工开挖。对开挖中暴露的管线应采取保护或加固措施，不得碰撞和损坏，重要管线必须设置警示标志。

③基槽开挖时应避免槽底土受扰动，宜保留 100mm～200mm 厚的土层暂不挖去，待铺填垫层时再采用人工挖至设计标高。

④基槽开挖至设计标高后，应对其进行保护，经验槽合格后方可进行地基处理或基础施工，对验槽中发现的墓、井、坑、穴等应按有关规定处理。对验槽发现的与勘察报告不同之处，应查清范围并弄清其工程性状，必要时应补充或修改原设计。

（2）基坑开挖防护及安全作业

①基坑周边 1.2m 范围内不得堆载，3m 以内限制堆载，坑边严禁重型车辆通行。当支护设计中已考虑堆载和车辆运行时，必须按设计要求进行，严禁超载。

②基坑的上、下部和四周必须设置排水系统，流水坡向应明显，不得积水。基坑上部排水

沟与基坑边缘的距离应大于 2m，沟底和两侧必须作防渗处理。基坑底部四周应设置排水沟和集水坑。

③雨期施工时，应有防洪、防暴雨的排水措施及材料设备，备用电源应处在良好的技术状态。

④在基坑的危险部位或在临边、临空位置，设置明显的安全警示标志或警戒。

⑤当夜间进行基坑施工时，设置的照明充足，灯光布局合理，防止强光影响作业人员视力，必要时应配备应急照明。

3.《建筑深基坑工程施工安全技术规范》JGJ 311—2013 规定

（1）土石方开挖前应对围护结构和降水效果进行检查，满足设计要求后方可开挖，开挖中应对临时开挖侧壁的稳定性进行验算。

（2）基坑开挖除应满足设计工况要求按分层、分段、限时、限高和均衡、对称开挖的方法进行外，尚应符合下列规定：

①当挖土机械、运输车辆等直接进入基坑进行施工作业时，应采取措施保证坡道稳定，坡道坡度不应大于 1∶8，坡道宽度应满足行车要求。

②基坑周边、放坡平台的施工荷载应按设计要求进行控制。

③基坑开挖的土方不应在邻近建筑及基坑周边影响范围内堆放，当需堆放时应进行承载力和相关稳定性验算。

④邻近基坑边的局部深坑宜在大面积垫层完成后开挖。

⑤挖土机械不得碰撞工程桩、围护墙、支撑、立柱和立柱桩、降水井管、监测点等。

（3）基坑开挖过程中，当基坑周边相邻工程进行桩基、基坑支护、土方开挖、爆破等施工作业时，应根据相互之间的施工影响，采取可靠的安全技术措施。

（4）基坑开挖应采用信息施工法，根据基坑周边环境等监测数据，及时调整开挖的施工顺序和施工方法。

（5）在土石方开挖施工过程中，当发现有毒有害液体、气体、固体时，应立即停止作业，进行现场保护，并应报有关部门处理后方可继续施工。

（6）基坑开挖的安全施工应符合《建筑基坑支护技术规程》JGJ 120—2012 和《建筑施工土石方工程安全技术规范》JGJ 180—2009、《建筑边坡工程技术规范》GB 50330—2013 的相关要求。

4.《建筑基坑支护技术规程》JGJ 120—2012 规定

（1）基坑开挖应符合下列规定：

①当支护结构构件强度达到开挖阶段的设计强度时，方可下挖基坑；对采用预应力锚杆的支护结构，应在锚杆施加预加力后，方可下挖基坑；对土钉墙，应在土钉、喷射混凝土面层的养护时间大于 2d 后，方可下挖基坑；

②应按支护结构设计规定的施工顺序和开挖深度分层开挖；

③锚杆、土钉的施工作业面与锚杆、土钉的高差不宜大于 500mm；

④开挖时，挖土机械不得碰撞或损害锚杆、腰梁、土钉墙面、内支撑及其连接件等构件，不得损害已施工的基础桩；

⑤当基坑采用降水时，应在降水后开挖地下水位以下的土方；

⑥当开挖揭露的实际土层性状或地下水情况与设计依据的勘察资料明显不符，或出现异常

现象、不明物体时应停止开挖，在采取相应处理措施后方可继续开挖；

⑦挖至坑底时应避免扰动基底持力土层的原状结构。

（2）当基坑开挖面上方的锚杆、土钉、支撑未达到设计要求时，严禁向下超挖土方。

（3）采用锚杆或支撑的支护结构，在未达到设计规定的拆除条件时，严禁拆除锚杆或支撑。

（4）基坑周边施工材料、设施或车辆荷载严禁超过设计要求的地面荷载限值。

（三）边坡开挖防护及安全作业

1.《建筑施工土石方工程安全技术规范》JGJ 180—2009 规定

（1）土石方作业应贯彻先设计后施工、边施工边治理、边施工边监测的原则。

（2）边坡较高时，坡顶应设置临时性的护栏及安全措施。

（3）边坡开挖施工阶段不利工况稳定性不能满足要求时，应采取相应的处理或加固措施。

（4）开挖至设计坡面及坡脚后，应及时进行支护施工，尽量减少暴露时间。坡面暴露时间应按支护设计要求及边坡稳定性要求严格控制。

2.《建筑深基坑工程施工安全技术规范》JGJ 311—2013 规定

（1）坡面可采用钢丝网水泥砂浆或现浇钢筋混凝土覆盖，现浇混凝土可采用钢板网喷射混凝土，护坡面的厚度不应小于 50mm、混凝土强度等级不宜低于 C20，配筋应根据计算确定，混凝土面层应采用短土钉固定。

（2）护坡面层宜扩展至坡顶和坡脚一定的距离，坡顶可与施工道路相连，坡脚可与垫层相连。

（3）护坡坡面应设置泄水孔，间距应根据设计确定。当无设计要求时，可采用 1.5m～3.0m。

（4）当进行分级放坡开挖时，在上一级基坑坡面处理完成之前，严禁下一级基坑坡面土方开挖。

3.《建筑边坡工程技术规范》GB 50330—2013 规定

（1）边坡工程应根据安全等级、边坡环境、工程地质和水文地质、支护结构类型和变形控制要求等条件编制施工方案，采取合理、可行、有效的措施保证施工安全。

（2）对土石方开挖后不稳定或欠稳定的边坡，应根据边坡的地质特征和可能发生的破坏方式等情况，采取自上而下、分段跳槽、及时支护的逆作法或部分逆作法施工。未经设计许可严禁大开挖、爆破作业。

（3）边坡工程开挖后应及时按设计实施支护结构施工或采取封闭措施。

第五节　基坑监测

《建筑基坑工程监测技术标准》GB 50497—2019 规定，基坑工程监测是在建筑基坑施工及使用阶段，采用仪器量测、现场巡视等手段和方法对基坑及周边环境的安全状况、变化特征及其发展趋势实施的定期或连续巡查、量测、监视以及数据采集、分析、反馈活动。

一、监测对象

1.下列基坑应实施基坑工程监测

（1）基坑设计安全等级为一、二级的基坑。

（2）开挖深度大于或等于 5m 的下列基坑：①土质基坑；②极软岩基坑、破碎的软岩基坑、极破碎的岩体基坑；③上部为土体，下部为极软岩、破碎的软岩、极破碎的岩体构成的土岩组合基坑。

（3）开挖深度小于5m但现场地质情况和周围环境较复杂的基坑。

2.现场监测的对象

现场监测的对象宜包括：（1）支护结构；（2）基坑及周围岩土体；（3）地下水；（4）周边环境中被保护的对象，包括周边建筑、管线、轨道交通、铁路及重要的道路等；（5）其他应监测的对象。

3.下列基坑工程的监测方案应进行专项论证

（1）邻近重要建筑、设施、管线等破坏后果很严重的基坑工程；

（2）工程地质、水文地质条件复杂的基坑工程；

（3）已发生严重事故，重新组织施工的基坑工程；

（4）采用新技术、新工艺、新材料、新设备的一、二级基坑工程；

（5）其他需要论证的基坑工程。

二、监测点布置

围护墙或基坑边坡顶部的水平和竖向位移监测点应沿基坑周边布置，基坑各侧边中部、阳角处、邻近被保护对象的部位应布置监测点。监测点水平间距不宜大于20m，每边监测点数目不宜少于3个。

1.支撑的轴力监测点的布置规定

（1）监测断面的平面位置宜设置在支撑设计计算内力较大、基坑阳角处或在整个支撑系统中起控制作用的杆件上；

（2）每层支撑的轴力监测点不应少于3个，各层支撑的监测点位置宜在竖向保持一致；

（3）钢支撑的监测断面宜选择在支撑的端头或两支点间1/3部位，混凝土支撑的监测断面宜选择在两支点间1/3部位，并避开节点位置；

（4）每个监测点传感器的设置数量及布置应满足不同传感器的测试要求。

2.坑底隆起监测点的布置规定

（1）监测点宜按纵向或横向断面布置，断面宜选择在基坑的中央以及其他能反映变形特征的位置，断面数量不宜少于2个；

（2）同一断面上监测点横向间距宜为10m～30m，数量不宜少于3个；

（3）监测标志宜埋入坑底以下20cm～30cm。

3.围护墙侧向土压力监测点的布置规定

（1）监测断面的平面位置应布置在受力、土质条件变化较大或其他有代表性的部位；

（2）在平面布置上，基坑每边的监测断面不宜少于2个，竖向布置上监测点间距宜为2m～5m，下部宜加密；

（3）当按土层分布情况布设时，每层土布设的测点不应少于1个，且宜布置在各层土的中部。

4.地下水位监测点的布置规定

（1）当采用深井降水时，基坑内地下水位监测点宜布置在基坑中央和两相邻降水井的中间部位，当采用轻型井点、喷射井点降水时，水位监测点宜布置在基坑中央和周边拐角处，监测点数量应视具体情况确定；

（2）基坑外地下水位监测点应沿基坑、被保护对象的周边或在基坑与被保护对象之间布置，监测点间距宜为20m～50m，相邻建筑、重要的管线或管线密集处应布置水位监测点，当有止水帷幕时，宜布置在截水帷幕的外侧约2m处；

（3）水位观测管的管底埋置深度应在最低设计水位或最低允许地下水位之下3m～5m，承压水水位监测管的滤管应埋置在所测的承压含水层中；

（4）在降水深度内存在2个以上（含2个）含水层时，宜分层布设地下水位观测孔；

（5）岩体基坑地下水监测点宜布置在出水点和可能滑面部位；

（6）回灌井点观测井应设置在回灌井点与被保护对象之间。

5.周边建筑竖向位移监测点的布置规定

（1）建筑四角、沿外墙每10m～15m处或每隔2～3根柱的柱基或柱子上，且每侧外墙不应少于3个监测点；

（2）不同地基或基础的分界处；

（3）不同结构的分界处；

（4）变形缝、抗震缝或严重开裂处的两侧；

（5）新、旧建筑或高、低建筑交接处的两侧；

（6）高耸构筑物基础轴线的对称部位，每一构筑物不应少于4点。

6.周边建筑倾斜监测点的布置规定：

（1）监测点宜布置在建筑角点、变形缝两侧的承重柱或墙上；

（2）监测点应沿主体顶部、底部上下对应布设，上、下监测点应布置在同一竖直线上；

（3）当由基础的差异沉降推算建筑倾斜时，监测点的布置应符合标准相关规定。

三、监测报警

当出现下列情况之一时，必须立即进行危险报警，并应通知有关各方对基坑支护结构和周边环境保护对象采取应急措施。

1.基坑支护结构的位移值突然明显增大或基坑出现流砂、管涌、隆起、陷落等；

2.基坑支护结构的支撑或锚杆体系出现过大变形、压屈、断裂、松弛或拔出的迹象；

3.基坑周边建筑的结构部分出现危害结构的变形裂缝；

4.基坑周边地面出现较严重的突发裂缝或地下空洞、地面下陷；

5.基坑周边管线变形突然明显增长或出现裂缝、泄漏等；

6.冻土基坑经受冻融循环时，基坑周边土体温度显著上升，发生明显的冻融变形；

7.出现基坑工程设计方提出的其他危险报警情况，或根据当地工程经验判断，出现其他必须进行危险报警的情况。

四、监测频率

1.应综合考虑基坑支护、基坑及地下工程的不同施工阶段以及周边环境、自然条件的变化和当地经验确定。

2.对于应测项目，在无异常和无事故征兆的情况下，开挖后监测频率可按表4-5-1确定。

表 4-5-1　现场仪器监测的监测频率

基坑设计安全等级	施工进程		监测频率
一级	开挖深度，h	$\leq H/3$	1 次/(2～3)d
		$H/3\sim 2H/3$	1 次/(1～2)d
		$2H/3\sim H$	1～2 次/d
	底板浇筑后时间（d）	≤7	1 次/d
		7～14	1 次/3d
		14～28	1 次/5d
		＞28	1 次/7d
二级	开挖深度，h	$\leq H/3$	1 次/3d
		$H/3\sim 2H/3$	1 次/2d
		$2H/3\sim H$	1 次/d
二级	底板浇筑后时间（d）	≤7	1 次/2d
		7～14	1 次/3d
		14～28	1 次/7d
		＞28	1 次/10d

注：1. h 为基坑开挖深度；H 为基坑设计深度。
2. 支撑结构开始拆除到完成后 3d 内监测频率加密为 1 次/d。
3. 基坑工程施工至开挖前的监测频率视具体情况确定。
4. 当基坑设计安全等级为三级时，监测频率可视具体情况适当降低。
5. 宜测、可测项目的仪器监测频率可视具体情况适当降低。

3. 当基坑支护结构监测值相对稳定，开挖工况无明显变化时，可适当降低对支护结构的监测频率。

4. 当基坑支护结构、地下水位监测值相对稳定时，可适当降低对周边环境的监测频率。

5. 当出现下列情况之一时，应提高监测频率：

（1）监测值达到预警值；

（2）监测值变化较大或者速率加快；

（3）存在勘察未发现的不良地质状况；

（4）超深、超长开挖或未及时加撑等违反设计工况施工；

（5）基坑及周边大量积水、长时间连续降雨、市政管道出现泄漏；

（6）基坑附近地面荷载突然增大或超过设计限制；

（7）支护结构出现开裂；

（8）周边地面突发较大沉降或出现严重开裂；

（9）邻近建筑突发较大沉降、不均匀沉降或出现严重开裂；

（10）基坑底部、侧壁出现管涌、渗漏或流砂等现象；

（11）膨胀土、湿陷性黄土等水敏性特殊土基坑出现防水、排水等防护设施损坏，开挖暴露面有被水浸湿的现象；

（12）多年冻土、季节性冻土等温度敏感性土基坑经历冻、融季节；

（13）高灵敏性软土基坑受施工扰动严重、支撑施作不及时、有软土侧壁挤出、开挖暴露面未及时封闭等异常情况；

（14）出现其他影响基坑及周边环境安全的异常情况。

第六节　边坡监测

边坡开挖时依据《建筑边坡工程技术计规范》GB 50330—2013 规定，应设置变形监测点，定时监测边坡的稳定性。

一、监测项目

1.边坡塌滑区有重要建（构）筑物的一级边坡工程施工时必须对坡顶水平位移、垂直位移、地表裂缝和坡顶建（构）筑物变形进行监测。

2.边坡工程应由设计提出监测项目和要求，由业主委托有资质的监测单位编制监测方案，监测方案应包括监测项目、监测目的、监测方法、测点布置、监测项目报警值和信息反馈制度等内容，经设计、监理和业主等共同认可后实施。

3.边坡工程可根据安全等级、地质环境、边坡类型、支护结构类型和变形控制要求，按表4-6-1 选择监测项目。

表 4-6-1　边坡工程监测项目表

测试项目	测点布置位置	边坡工程安全等级		
		一级	二级	三级
坡顶水平位移和垂直位移	支护结构顶部或预估支护结构变形最大处	应测	应测	应测
地表裂缝	墙顶背后 1.0H（岩质）～1.50H（土质）范围内	应测	应测	选测
坡顶建（构）筑物变形	边坡坡顶建筑物基础、墙面和整体倾斜	应测	应测	选测
降雨、洪水与时间关系	—	应测	应测	选测
锚杆（索）拉力	外锚头或锚杆主筋	应测	选测	可不测
支护结构变形	主要受力构件	应测	选测	可不测
支护结构应力	应力最大处	选测	选测	可不测
地下水、渗水与降雨关系	出水点	应测	选测	可不测

注：1.在边坡塌滑区内有重要建（构）筑物，破坏后果严重时，应加强对支护面的应力监测；

2.H为边坡高度（m）。

二、监测规定

1.坡顶位移观测，应在每一典型边坡段的支护结构顶部设置不少于 3 个监测点的观测网，观测位移量、移动速度和移动方向；

2.锚杆拉力和预应力损失监测，应选择有代表性的锚杆（索），测定锚杆（索）应力和预应力损失；

3.非预应力锚杆的应力监测根数不宜少于锚杆总数 3%，预应力锚索的应力监测根数不宜少于锚索总数的 5%，且均不应少于 3 根；

4. 监测工作可根据设计要求、边坡稳定性、周边环境和施工进程等因素进行动态调整；

5. 边坡工程施工初期，监测宜每天一次，且应根据地质环境复杂程度、周边建（构）筑物、管线对边坡变形敏感程度、气候条件和监测数据调整监测时间及频率；当出现险情时应加强监测。

三、监测报警

边坡工程施工过程中及监测期间遇到下列情况时应及时报警，并采取相应的应急措施：

1. 有软弱外倾结构面的岩土边坡支护结构坡顶有水平位移迹象或支护结构受力裂缝有发展；无外倾结构面的岩质边坡或支护结构构件的最大裂缝宽度达到国家现行相关标准的允许值；土质边坡支护结构坡顶的最大水平位移已大于边坡开挖深度的 1/500 或 20mm，以及其水平位移速度已连续 3d 大于 2mm/d；

2. 土质边坡坡顶邻近建筑物的累计沉降、不均匀沉降或整体倾斜已大于现行国家标准《建筑地基基础设计规范》GB 50007 规定允许值的 80%，或建筑物的整体倾斜度变化速度已连续 3d 每天大于 0.00008；

3. 坡顶邻近建筑物出现新裂缝、原有裂缝有新发展；

4. 支护结构中有重要构件出现应力骤增、压屈、断裂、松弛或破坏的迹象；

5. 边坡底部或周围岩土体已出现可能导致边坡剪切破坏的迹象或其他可能影响安全的征兆；

6. 根据当地工程经验判断已出现其他必须报警的情况。

第七节　事故案例

◆◇案例一、施工现场安全管理缺失导致商务楼深基坑边坡坍塌事故

【背景资料】

某商务楼土方开挖工程于××年 4 月 16 日开始挖土，深度 5.40m，坡度 1:1，一坡到底，坡顶堆放有钢筋等物（该专项施工方案明确基坑分层开挖厚度不大于 4m，临时边坡坡度不大于 1:1.5）。28 日监理单位的相关人员在巡视现场作业时，指出了基坑存在超挖、坑边堆放材料等安全隐患，项目负责人安排施工人员移走部分堆放的钢筋、木方等材料。但没有设置警示标志，没有封闭作业现场。

29 日 9 时 30 分左右，项目经理在 B 区域基坑内发现现场有 4 名工人正在集水坑砌筑砖胎模作业和截桩作业，便要求作业人员到隔壁区域作业，但作业人员认为任务马上就可以完工，继续作业。9 时 51 分，B 区域北侧基坑发生坍塌，将 2 名进行坑底砌筑砖胎模作业人员和 1 名进行坑底截桩作业的施工人员掩埋，另 1 名坑底截桩作业人员逃出，经过现场施救，最终导致 3 名作业人员死亡，直接经济损失约 360 万元。

【事故原因】

1. 直接原因

（1）坑内临时边坡挖土作业未按照专项施工方案要求进行分级放坡，实际放坡坡度未达到技术标准要求；

（2）未按《房屋市政工程生产安全重大事故隐患判定标准（2022 版）》中的规定，基坑土方超挖且未采取有效措施应判定为重大事故隐患；

（3）项目部未建立安全风险分级管控与隐患排查治理制度，施工单位未按监测方案进行基坑的监测和巡查；

（4）风险辨识和隐患排查不到位。移走部分堆放的钢筋、木方等完成后，对现场存在的事故隐患没有组织进一步排查和采取相应安全防护措施。

2. 间接原因

（1）安全生产岗位责任制落实不到位。施工单位对施工现场负有安全管理责任，管理人员履职不到位，现场安全生产检查不仔细，安全生产规章制度执行不严格；

（2）当发现存在基坑边坡坍塌风险时采取措施不力，导致事故发生，造成3名作业人员死亡；

（3）安全技术交底中没有危险源的内容和采取的应急措施，无相关作业人员的签字；

（4）未见第三方的基坑监测记录和专人巡视检查记录；

（5）安全培训教育不到位。安全培训教育缺少防范安全风险内容，培训教育课时没有达到规定要求。

【事故性质】

经调查认定，该起事故是一起较大等级的生产安全责任事故。

【防范措施】

1. 强化现场危险性较大的分部分项工程管理，严格按专项施工方案组织施工，建立危大工程的管理制度。对于管理存在的漏洞，安全技术措施落实不到位的问题需要强化安全责任，提高认识。

2. 加强安全培训教育，提升全员安全责任意识，做好施工过程中安全风险分级管控和隐患排查治理双重预防机制建设，对于防止事故的发生具有重要意义。

3. 控制物的不安全状态和管理上的缺陷是阻止事故发生的重要环节。

◆◇案例二、施工技术缺陷导致市政管网工程基槽边坡坍塌事故

【背景资料】

××年5月4日9时，某市政公司项目经理安排劳务队长李某平组织12名工人开挖基槽，开挖土方堆放在基槽北侧边沿。17时10分，此段基槽开挖完成，牛某成要求将开挖的基槽处管道全部敷设完成后再下班（天气预报将有强降雨）。赵某辉、何某全等5人负责清槽、敷管。17时40分许，基槽北侧槽壁局部坍塌，赵某辉腰部及以下被土方掩埋，何某全等人挖土施救时，基槽北侧槽壁再次大面积坍塌，赵某辉等4人被坍塌的土方掩埋导致死亡。经事后勘察，事发地段土质含水量较大，未采取防降水措施。

【事故原因】

1. 直接原因

（1）未遵循“开槽支撑，先撑后挖，分层开挖，严禁超挖”的原则，基槽壁未采取支护。

（2）基槽北侧堆放大量土方，基槽土质疏松、土壤含水率大，致使沟槽北侧土层局部破坏。

（3）基槽土方开挖的顺序、方法与设计不一致，在开挖基槽时未按照设计要求采取放坡。

2. 间接原因

（1）未见地下水位控制措施，雨期施工时，应有防洪、防暴雨的排水措施及材料设备，备用电源应处在良好的技术状态。

（2）风险辨识和隐患排查不到位。对现场存在的安全风险没有辨识和采取相应管控措施。

（3）未见相关的应急救援预案和演练资料。发生事故后未能采取应急措施。

（4）未见第三方的基槽监测记录和专人巡视检查记录。

（5）安全培训教育和技术交底不到位，作业工人未知存在的事故隐患。

【事故性质】

经调查认定，该起事故是一起较大等级的生产安全责任事故。

【防范措施】

1.强化施工现场危险性较大的分部分项工程管理，严格按专项施工方案组织施工，建立危大工程的管理制度。

2.加强安全教育培训，使从业人员具备识别和防范事故隐患的能力。

3.加强施工过程中的安全监测、巡查，对复杂的环境和重点部位加强监测频率。

4.控制人的不安全行为和管理上的缺陷是阻止事故发生的重要环节。

第五章 脚 手 架

《建筑施工脚手架安全技术统一标准》GB 51210—2016 规定，脚手架由杆件或结构单元、配件通过可靠连接而组成，能承受相应荷载，具有安全防护功能，为建筑施工提供作业条件的结构架体，包括作业脚手架和支撑脚手架。脚手架是建筑施工不可缺少的高处作业工具，无论结构施工还是室外装修施工以及设备安装施工，都需要根据要求搭设脚手架。

第一节 一般规定

一、概念及分类

依据《建筑施工脚手架安全技术统一标准》GB 51210—2016 脚手架可分为作业脚手架和支撑脚手架，作业脚手架是指由杆件或结构单元、配件通过可靠连接而组成，支承于地面、建筑物上或附着于工程结构上，为建筑施工提供作业平台和安全防护的脚手架；包括以各类不同杆件（构件）和节点形式构成的落地作业脚手架、悬挑脚手架、附着式升降脚手架等，简称作业架。

二、基本要求

在脚手架搭设和拆除作业前，应根据工程特点编制专项施工方案，并应经审批后组织实施。脚手架的构造设计应能保证脚手架结构体系的稳定。

1.脚手架的设计、搭设、使用和维护应满足下列要求：

（1）应能承受设计荷载；

（2）结构应稳固，不得发生影响正常使用的变形；

（3）应满足使用要求，具有安全防护功能；

（4）在使用中，脚手架结构性能不得发生明显改变；

（5）当遇意外作用和偶然超载时，不得发生整体破坏；

（6）脚手架所依附、承受的工程结构不应受到损害。

2.作业脚手架的安全等级

作业脚手架结构设计应根据脚手架种类、搭设高度和荷载采用不同的安全等级。作业脚手架安全等级的划分应符合表 5-1-1 的规定。

表 5-1-1 作业脚手架安全等级

落地作业脚手架		悬挑脚手架		满堂支撑脚手架（作业）		安全等级
搭设高度（m）	荷载标准值（kN）	搭设高度（m）	荷载标准值（kN）	搭设高度（m）	荷载标准值（kN）	
≤40	—	≤20	—	≤16	—	Ⅱ
＞40	—	＞20	—	＞16	—	Ⅰ

注：1.支撑脚手架的搭设高度、荷载中任一项不满足安全等级为Ⅱ级的条件时，其安全等级应划为Ⅰ级；

2.附着式升降脚手架安全等级均为Ⅰ级；

3.竹、木脚手架搭设高度在其现行行业规范限值内，其安全等级均为Ⅱ级。

三、材料及构配件

1.钢管

脚手架所用钢管宜采用现行国家标准《直缝电焊钢管》GB/T 13793或现行《低压流体输送用焊接钢管》GB/T 3091中规定的普通钢管，其材质应符合现行国家标准《碳素结构钢》GB/T 700中Q235级钢或《低合金高强度结构钢》GB/T 1591中Q345级钢的规定。钢管外径、壁厚、外形允许偏差应符合表5-1-2的规定。

表5-1-2　钢管外径、壁厚、外形允许偏差

钢管直径（mm）	外径（mm）	壁　厚	外形偏差 弯曲度（mm/m）	外形偏差 椭圆度（mm）	外形偏差 管端截面
≤20	±3	±10%·S	1.5	0.23	与轴线垂直、无毛刺
21～30	±5			0.38	
31～40					
41～50			2		
51～70	±1.0%			7.5/1000·D	

注：*S*为钢管壁厚；*D*为钢管直径。

2.型钢

脚手架所使用的型钢、钢板、圆钢应符合现行国家相关标准的规定，其材质应符合现行国家标准《碳素结构钢》GB/T 700中Q235B级钢或现行《低合金高强度结构钢》GB/T 1591中Q345级钢的规定。铸铁或铸钢制作的构配件材质应符合现行国家标准《可锻铸铁件》GB/T 9440中KTH-330-08或《一般工程用铸造碳钢件》GB/T 11352中ZG 270-500的规定。

3.底座和托座

底座和托座应经设计计算后加工制作，其材质应符合现行国家标准《碳素结构钢》GB/T 700中Q235级钢或现行《低合金高强度结构钢》GB/T 1591中Q345级钢的规定，并应符合下列要求：

（1）底座的钢板厚度不得小于6mm，托座U形钢板厚度不得小于5mm，钢板与螺杆应采用环焊，焊缝高度不应小于钢板厚度，并宜设置加劲板；

（2）可调底座和可调托座螺杆插入脚手架立杆钢管的配合公差应小于2.5mm；

（3）可调底座和可调托座螺杆与可调螺母啮合的承载力应高于可调底座和可调托座的承载力，应通过计算确定螺杆与调节螺母啮合的齿数，螺母厚度不得小于30mm。

4.金属类脚手架的结构连接材料

（1）手工焊接所采用的焊条应符合现行国家标准《非合金钢及细晶粒钢焊条》GB/T 5117或现行《热强钢焊条》GB/T 5118的规定，选择的焊条型号应与所焊接金属物理性能相适应。

（2）自动焊接或半自动焊接所采用的焊丝应符合现行国家标准《熔化焊用钢丝》GB/T 14957、《气体保护电弧焊用碳钢、低合金钢焊丝》GB/T 8110、《碳钢药芯焊丝》GB/T 10045、《低合金钢药芯焊丝》GB/T 17493的要求，选择的焊丝和焊剂应与被焊金属物理性能相适应。

（3）普通螺栓应符合现行国家标准《六角头螺栓—C级》GB/T 5780的规定，其机械性能应符合现行国家标准《紧固件机械性能螺栓、螺钉和螺柱》GB/T 3098.1的规定。

5.脚手架材料的观感要求

脚手架构配件应具有良好的互换性，且可重复使用。构配件出厂质量应符合相关产品标准的要求，杆件、构配件的外观质量应符合下列要求：

（1）不得使用带有裂纹、折痕、表面明显凹陷、严重锈蚀的钢管；

（2）铸件表面应光滑，不得有砂眼、气孔、裂纹、浇冒口残余等缺陷，表面粘砂应清除干净；

（3）冲压件不得有毛刺、裂纹、明显变形、氧化皮等缺陷；

（4）焊接件的焊缝应饱满，焊渣应清除干净，不得有未焊透、夹渣、咬肉、裂纹等缺陷。

四、作业脚手架的构造

1.作业脚手架的宽度不应小于 0.8m，且不宜大于 1.2m。作业层高度不应小于 1.7m，且不宜大于 2.0m。

2.作业脚手架应按设计计算和构造要求设置连墙件，并应符合下列要求：

（1）连墙件应采用能承受压力和拉力的构造，并应与建筑结构和架体连接牢固；

（2）连墙点的水平间距不得超过 3 跨，竖向间距不得超过 3 步，连墙点之上架体的悬臂高度不应超过 2 步；

（3）在架体的转角处、开口型作业脚手架端部应增设连墙件，连墙件的垂直间距不应大于建筑物层高，且不应大于 4.0m。

3.在作业脚手架的纵向外侧立面上应设置竖向剪刀撑，并应符合下列要求：

（1）每道剪刀撑的宽度应为 4～6 跨，且不应小于 6m，也不应大于 9m；剪刀撑斜杆与水平面的倾角应在 45º～60º之间；

（2）搭设高度在 24m 以下时，应在架体两端、转角及中间每隔不超过 15m 各设置一道剪刀撑，并由底至顶连续设置；搭设高度在 24m 及以上时，应在全外侧立面上由底至顶连续设置；

（3）悬挑脚手架、附着式升降脚手架应在全外侧立面上由底至顶连续设置。

4.当采用竖向斜撑杆、竖向交叉拉杆替代作业脚手架竖向剪刀撑时，应符合下列规定：

（1）在作业脚手架的端部、转角处应各设置一道；

（2）搭设高度在 24m 以下时，应每隔 5～7 跨设置一道；搭设高度在 24m 及以上时，应每隔 1～3 跨设置一道；相邻竖向斜撑杆应朝向对称呈八字形设置，如图 5-1-1 所示；

（3）每道竖向斜撑杆、竖向交叉拉杆应在作业脚手架外侧相临纵向立杆间由底至顶按步连续设置。

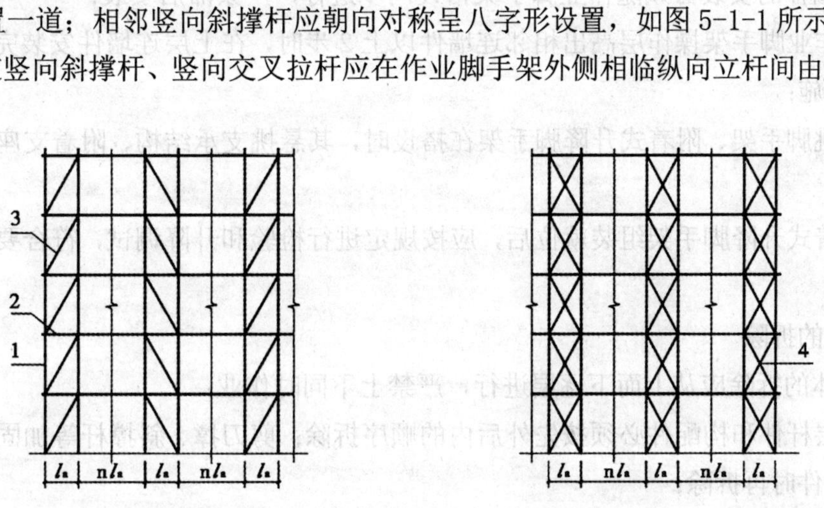

（a）竖向斜撑杆布置图　（b）竖向交叉拉杆布置图

图 5-1-1　作业脚手架竖向斜撑杆布置示意图

1—立杆；2—水平杆；3—斜撑杆；4—交叉拉杆

5.悬挑脚手架立杆底部应与悬挑支承结构可靠连接；应在立杆底部设置纵向扫地杆，并应间断设置水平剪刀撑或水平斜撑杆。

6.附着式升降脚手架应符合下列要求：

（1）竖向主框架、水平支承桁架应采用桁架或刚架结构，杆件应采用焊接或螺栓连接；

（2）应设有防倾、防坠、超载、失载、同步升降控制装置，各类装置应灵敏可靠；

（3）在竖向主框架所覆盖的每个楼层均应设置一道附墙支座；每道附墙支座应能承担该机位的全部荷载；在使用工况时，竖向主框架应与附墙支座固定；

（4）当采用电动升降设备时，电动升降设备连续升降距离应大于一个楼层高度，并应有制动和定位功能；

（5）防坠落装置与升降设备的附着固定应分别设置，不得固定在同一附着支座上。

7.作业脚手架的作业层上应满铺脚手板，并应采取可靠的连接方式与水平杆固定。当作业层边缘与建筑物间隙大于150mm时，应采取防护措施。作业层外侧应设置栏杆和挡脚板。

五、搭设与拆除

脚手架搭设和拆除作业应按专项施工方案施工。脚手架搭设作业前，应向作业人员进行安全技术交底。脚手架的搭设场地应平整、坚实，场地排水应顺畅，不应有积水。脚手架附着于建筑结构处混凝土强度应满足安全承载要求。

1.脚手架的搭设

（1）落地作业脚手架、悬挑脚手架的搭设应与工程施工同步，一次搭设高度不应超过最上层连墙件两步，且自由高度不应大于4m；

（2）剪刀撑、斜撑杆等加固杆件应随架体同步搭设，不得滞后安装；

（3）构件组装类脚手架的搭设应自一端向另一端延伸，自下而上按步架设，并应逐层改变搭设方向；

（4）每搭设完一步架体后，应按规定校正立杆间距、步距、垂直度及水平杆的水平度；

（5）连墙件的安装必须随作业脚手架搭设同步进行，严禁滞后安装；

（6）当作业脚手架操作层高出相邻连墙件以上2步时，在上层连墙件安装完毕前，必须采取临时拉结措施；

（7）悬挑脚手架、附着式升降脚手架在搭设时，其悬挑支承结构、附着支座的锚固和固定应牢固可靠；

（8）附着式升降脚手架组装就位后，应按规定进行检验和升降调试，符合要求后方可投入使用。

2.脚手架的拆除

（1）架体的拆除应从上而下逐层进行，严禁上下同时作业；

（2）同层杆件和构配件必须按先外后内的顺序拆除；剪刀撑、斜撑杆等加固杆件必须在拆卸至该部位杆件时再拆除；

（3）作业脚手架连墙件必须随架体逐层拆除，严禁先将连墙件整层或数层拆除后再拆架体。拆除作业过程中，当架体的自由端高度超过2步时，必须加设临时拉结；

（4）脚手架的拆除作业不得重锤击打、撬别。拆除的杆件、构配件应采用机械或人工运至地面，严禁抛掷。

六、质量控制

施工现场应建立健全脚手架工程的质量管理制度和搭设质量检查验收制度，脚手架工程应按下列规定进行质量控制：

（1）对搭设脚手架的材料、构配件和设备应进行现场检验；

（2）脚手架搭设过程中应分步校验，并应进行阶段施工质量检查；

（3）在脚手架搭设完工后应进行验收，并应在验收合格后方可使用。

1.进场材料的质量控制

搭设脚手架的材料、构配件和设备应按进入施工现场的批次分品种、规格进行检验，检验合格后方可搭设施工，并应符合下列要求：

（1）新产品应有产品质量合格证，工厂化生产的主要承力杆件、涉及结构安全的构件应具有型式检验报告；

（2）材料、构配件和设备质量应符合本标准及国家现行相关标准的规定；

（3）按规定应进行施工现场抽样复验的构配件，应经抽样复验合格；

（4）周转使用的材料、构配件和设备，应经维修检验合格。

在对脚手架材料、构配件和设备进行现场检验时，应采用随机抽样的方法抽取样品进行外观检验、实量实测检验、功能测试检验。抽样比例应符合下列规定：

（1）按材料、构配件和设备的品种、规格应抽检1%～3%；

（2）安全锁扣、防坠装置、支座等重要构配件应全数检验；

（3）经过维修的材料、构配件抽检比例不应少于3%。

2.搭设过程的质量控制

脚手架在搭设过程中和阶段使用前，应进行阶段施工质量检查，确认合格后方可进行下道工序施工或阶段使用，在下列阶段应进行阶段施工质量检查：

（1）搭设场地完工后及脚手架搭设前；附着式升降脚手架支座、悬挑脚手架悬挑结构固定后。

（2）首层水平杆搭设安装后。

（3）落地作业脚手架和悬挑作业脚手架每搭设一个楼层高度，阶段使用前。

（4）附着式升降脚手架在每次提升前、提升就位后和每次下降前、下降就位后。

3.搭设完毕后的质量控制

在落地作业脚手架、悬挑脚手架、支撑脚手架达到设计高度后，附着式升降脚手架安装就位后，应对脚手架搭设施工质量进行完工验收。脚手架搭设施工质量合格判定应符合下列要求：

（1）所用材料、构配件和设备质量应经现场检验合格；

（2）搭设场地、支承结构件固定应满足稳定承载的要求；

（3）阶段施工质量检查合格，符合本标准及脚手架相关的国家现行标准、专项施工方案的要求；

（4）观感质量检查应符合要求；

（5）专项施工方案、产品合格证及型式检验报告、检查记录、测试记录等技术资料应完整。

七、安全管理

施工现场应建立脚手架工程施工安全管理体系和安全检查、安全考核制度。搭设和拆除作业前，应审核专项施工方案；应查验搭设脚手架的材料、构配件、设备检验和施工质量检查验收结果；使用过程中，应检查脚手架安全使用制度的落实情况。脚手架的搭设和拆除作业应由专业架子工担任，并应持证上岗。搭设和拆除脚手架作业应有相应的安全设施，操作人员应佩戴个人防护用品，穿防滑鞋。

1. 脚手架在使用过程中，应定期进行检查，检查项目应符合下列规定：

（1）主要受力杆件、剪刀撑等加固杆件、连墙件应无缺失、无松动，架体应无明显变形；

（2）场地应无积水，立杆底端应无松动、无悬空；

（3）安全防护设施应齐全、有效，应无损坏缺失；

（4）附着式升降脚手架支座应牢固，防倾、防坠装置应处于良好工作状态，架体升降应正常平稳；

（5）悬挑脚手架的悬挑支承结构应固定牢固。

2. 当脚手架遇有下列情况之一时，应进行检查，确认安全后方可继续使用：

（1）遇有 6 级及以上强风或大雨过后；

（2）冻结的地基土解冻后；

（3）停用超过 1 个月；

（4）架体部分拆除；

（5）其他特殊情况。

3. 安全要求

（1）脚手架作业层上的荷载不得超过设计允许荷载。

（2）严禁将支撑脚手架、缆风绳、混凝土输送泵管、卸料平台及大型设备的支撑件等固定在作业脚手架上。严禁在作业脚手架上悬挂起重设备。

（3）雷雨天气、6 级及以上强风天气应停止架上作业；雨、雪、雾天气应停止脚手架的搭设和拆除作业；雨、雪、霜后上架作业应采取有效的防滑措施，并应清除积雪。

（4）作业脚手架外侧和支撑脚手架作业层栏杆应采用密目式安全网或其他措施全封闭防护。密目式安全网应为阻燃产品。

（5）作业脚手架临街的外侧立面、转角处应采取硬防护措施，硬防护的高度不应小于 1.2m，转角处硬防护的宽度应为作业脚手架宽度。

（6）作业脚手架同时满载作业的层数不应超过 2 层。

（7）在脚手架作业层上进行电焊、气焊和其他动火作业时，应采取防火措施，并应设专人监护。

（8）在脚手架使用期间，立杆基础下及附近不宜进行挖掘作业。当因施工需要需进行挖掘作业时，应对架体采取加固措施。

（9）在搭设和拆除脚手架作业时，应设置安全警戒线、警戒标志，并应派专人监护，严禁非作业人员入内。

（10）脚手架与架空输电线路的安全距离、工地临时用电线路架设及脚手架接地、防雷措施，应按现行行业标准《施工现场临时用电安全技术规范》JGJ 46 的有关规定执行。

第二节 扣件式钢管脚手架

一、材料与组成

《建筑施工扣件式钢管脚手架安全技术规范》JGJ 130—2011 规定，扣件式钢管脚手架是为建筑施工而搭设的、承受荷载的由扣件和钢管等构成的脚手架与支撑架，可分为单排扣件式钢管脚手架、双排扣件式脚手架以及满堂扣件式钢管脚手架。

（一）组成

1. 底座：设于立杆底部的垫座；包括固定底座、可调底座。

2. 立杆：脚手架中由下至上站立的杆件，在使用过程中由水平杆将上部作业层荷载传递至立杆，立杆将水平杆传来的荷载直接传递至地基。

3. 扫地杆：贴近楼（地）面设置，连接立杆根部的纵、横向水平杆件；包括纵向扫地杆、横向扫地杆。

4. 水平杆：脚手架中的水平杆件。沿脚手架纵向设置的水平杆为纵向水平杆；沿脚手架横向设置的水平杆为横向水平杆。

5. 连墙杆：将脚手架架体与建筑主体结构连接，能够传递拉力和压力的构件。

6. 横向斜撑：与双排脚手架内、外立杆或水平杆斜交呈之字形的斜杆。

7. 剪刀撑：在脚手架竖向或水平向成对设置的交叉斜杆。

8. 抛撑：用于脚手架侧面支撑，与脚手架外侧面斜交的杆件。

（二）种类

1. 单排扣件式钢管脚手架：只有一排立杆，横向水平杆的一端搁置固定在墙体上的脚手架，简称单排架。

2. 双排扣件式钢管脚手架：由内外两排立杆和水平杆等构成的脚手架，简称双排架。

3. 满堂扣件式钢管脚手架：在纵、横方向，由不少于三排立杆并与水平杆、水平剪刀撑、竖向剪刀撑、扣件等构成的脚手架。该架体顶部作业层施工荷载通过水平杆传递给立杆，顶部立杆呈偏心受压状态，简称满堂脚手架。

4. 满堂扣件式钢管支撑架：在纵、横方向，由不少于三排立杆并与水平杆、水平剪刀撑、竖向剪刀撑、扣件等构成的承力支架。该架体顶部的钢结构安装等（同类工程）施工荷载通过可调托撑轴心传力给立杆，顶部立杆呈轴心受压状态，简称满堂支撑架。

（三）材料

1. 钢管。钢管的规格为 ϕ48.3mm×3.6mm，钢管应平直，其弯曲度不得大于管长的 1/500，两端端面应平整，斜切偏差不应大于 1.7mm，有裂缝、表面分层硬伤、压扁、硬弯、深划痕、毛刺和结疤等不得使用，钢管表面的锈蚀深度不得超过 0.18mm，钢管在使用前应涂刷防锈漆。钢管上严禁打孔。

2. 扣件。扣件的材料采用可锻铸铁或铸钢。如采用其他材料制作的扣件，应经试验证明其质量符合有关标准规定后方可使用。扣件在螺栓拧紧扭力矩达到 65N·m 时，不得发生破坏。扣件按结构形式分为直角扣件、对接扣件、旋转扣件。

3.脚手板。脚手板可采用钢、木、竹材料制作，为施工过程中便于安装，单块脚手板的质量不宜大于30kg。木脚手板厚度不应小于50mm，两端宜各设直径不小于4mm的镀锌钢丝箍两道。竹脚手板多采用由毛竹或楠竹制作的竹串片板、竹笆板。

4.可调托撑。可调托撑螺杆外径不得小于36mm，螺杆与支托板焊接应牢固，焊缝高度不得小于6mm，螺杆与螺母旋合长度不得少于5扣，螺母厚度不得小于30mm。受压承载力设计值不应小于40kN，支托板厚不应小于5mm。

二、构造要求

（一）立杆

每根立杆底部宜设置底座及垫板。单排、双排与满堂脚手架立杆接长除顶层顶步外，其余各层各步接头必须采用对接扣件连接。立杆的连接点必须交错布置，两根相邻立杆的接头不应设置在同步内；同步内隔一根立杆的两个相隔接头在高度方向错开的距离不宜小于500mm；各接头中心至主节点的距离不宜大于步距的1/3。

（二）扫地杆

纵向扫地杆应采用直角扣件固定在距钢管底端不大于200mm处的立杆上；横向扫地杆应采用直角扣件固定在紧靠纵向扫地杆下方的立杆上。

当脚手架立杆基础不在同一高度上时，必须将高处的纵向扫地杆向低处延长两跨与立杆固定。高低两处地基的高度差不应大于1m。为防止边坡上方受力过大，造成边坡的破坏，靠边坡上方的立杆轴线到边坡的距离不应小于500mm，如图5-2-1所示。

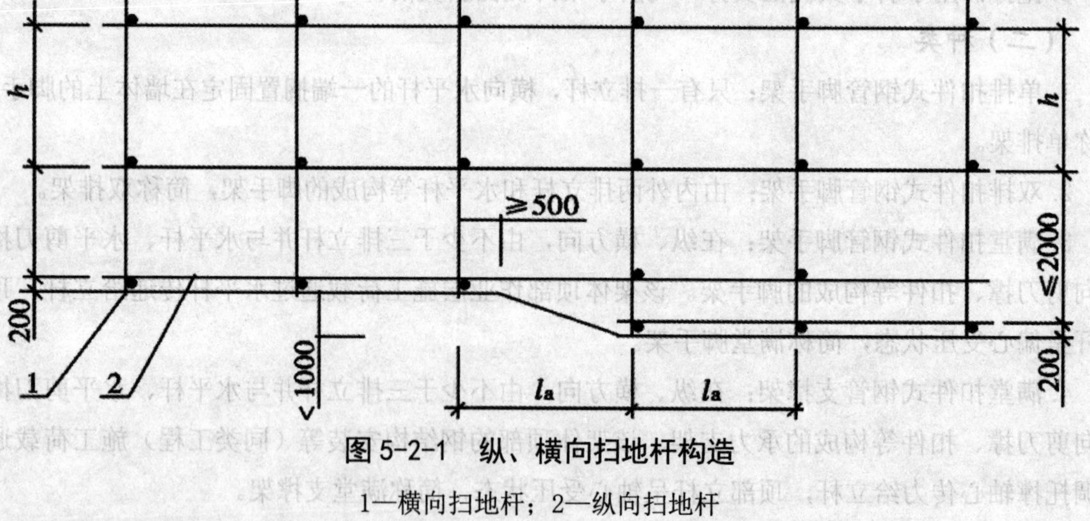

图5-2-1　纵、横向扫地杆构造

1—横向扫地杆；2—纵向扫地杆

（三）纵向水平杆

纵向水平杆应设置在立杆内侧，纵向水平杆单根杆长度不应小于3跨（纵距）。纵向水平杆接长应采用对接扣件连接或搭接。

两根相邻纵向水平杆的接头不应设置在同步或同跨内；不同步或不同跨两个相邻接头在水平方向错开的距离不应小于500mm；各接头中心至最近主节点的距离不应大于纵距的1/3，如图5-2-2所示。搭接长度不应小于1m，应等间距设置3个旋转扣件固定，为防止连接扣件脱扣，端部扣件盖板边缘至搭接纵向水平杆杆端的距离不应小于100mm。

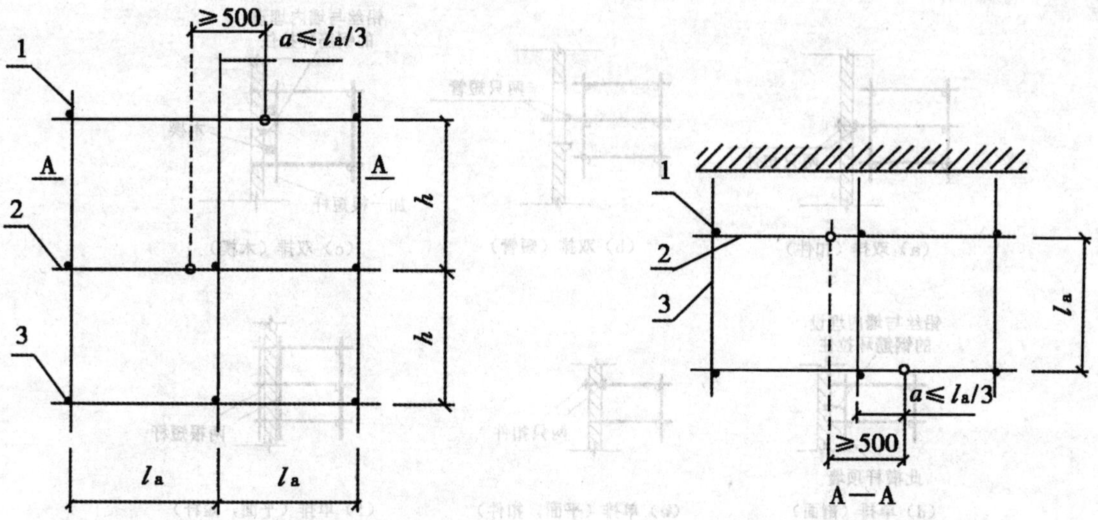

（a）接头不在同步内（立面）　　（b）接头不在同跨内（平面）

图 5-2-2　纵向水平杆对接接头布置

1—立杆；2—纵向水平杆；3—横向水平杆

（四）横向水平杆

主节点处必须设置一根横向水平杆，用直角扣件扣接且严禁拆除，横向水平杆根据设置的具体位置分为主节点处的横向水平杆和非主节点处的横向水平杆。主节点位置必须设置横向水平杆，而作业层上非主节点处的横向水平杆，应该等间距设置，最大间距不应大于纵距的 1/2；当使用冲压钢脚手板、木脚手板、竹串片脚手板时，双排脚手架的横向水平杆两端均应采用直角扣件固定在纵向水平杆上，即横向水平杆在上，纵向水平杆在下的方式布置；当使用竹笆脚手板时，纵向水平杆应采用直角扣件固定在横向水平杆上，并应等间距设置，间距不应大于 400mm。单排脚手架的横向水平杆的一端应用直角扣件固定在纵向水平杆上，另一端应插入墙内，插入长度不应小于 180mm。

（五）连墙杆

一般连墙杆数量的设置除应满足方案及规范的计算要求外，还应符合表 5-2-1 的规定。

表 5-2-1　连墙杆布置最大间距

搭设方法	高　度（m）	竖向间距（mm）	水平间距（mm）	每根连墙杆覆盖面积（m^2）
双排落地	≤50	$3h$	$3l_a$	≤40
双排悬挑	＞50	$2h$	$3l_a$	≤27
单　排	≤24	$3h$	$3l_a$	≤40

注：h 步距；l_a 为纵距。

连墙杆应从底层第一步纵向水平杆处开始设置，当该处设置有困难时，应采用其他可靠措施固定。连墙杆的设置应靠近主节点，偏离主节点的距离不应大于 300mm。

连墙杆必须采用可承受拉力和压力的构造。对高度 24m 以上的双排脚手架，应采用刚性连墙杆与建筑物连接，连墙件与结构的固定方法如图 5-2-3 所示。

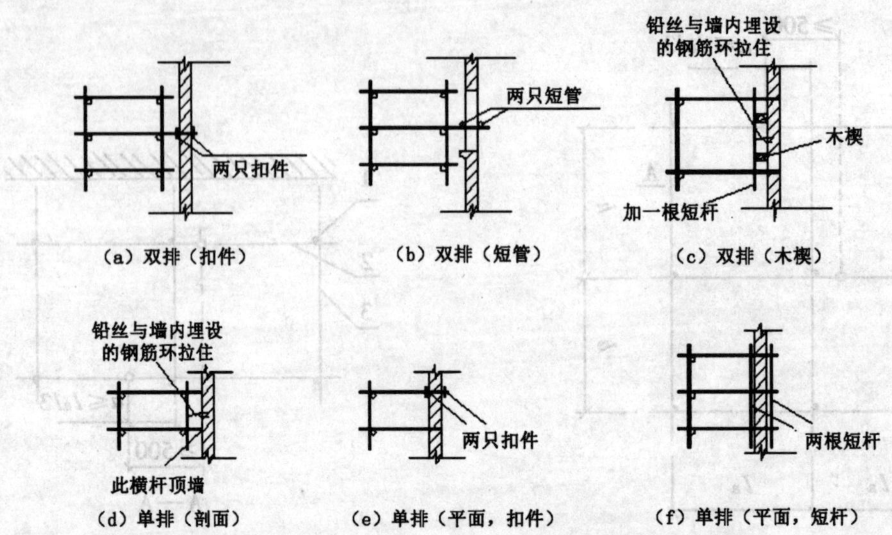

图 5-2-3　连墙件与建筑物连接设置

脚手架的连墙杆从受力方面考虑应优先采用菱形布置，或采用方形、矩形布置。开口型脚手架的两端必须设置连墙杆，连墙杆的垂直间距不应大于建筑物的层高，并不应大于 4m。

（六）剪刀撑

每道剪刀撑跨越立杆的根数按表 5-2-2 的规定确定。每道剪刀撑宽度不应小于 4 跨，且不应小于 6m，斜杆与地面的倾角在 45°～60° 之间。剪刀撑斜杆的接长应采用搭接，搭接长度不应小于 1m，不少于 2 个旋转扣件固定，端部扣件盖板边缘至杆端的距离不应小于 100mm。

表 5-2-2　剪刀撑跨越立杆的最多根数

剪刀撑斜杆与地面的倾角，α	45°	50°	60°
剪刀撑跨越立杆的最多根数，n	7	6	5

高度在 24m 及以上的双排脚手架应在外侧立面连续设置剪刀撑；高度在 24m 以下的单、双排脚手架，均必须在外侧两端、转角及中间间隔不超过 15m 的立面上，各设置一道剪刀撑，并应由底至顶连续设置。

（七）横向斜撑

开口型双排脚手架的两端均必须设置横向斜撑。高度在 24m 以下的封闭型双排脚手架可不设横向斜撑。但高度在 24m 以上的封闭型脚手架，除拐角应设置横向斜撑外，中间应每隔 6 跨设置一道以增加脚手架稳定性。

横向斜撑应在同一节间，由底至顶呈之字形连续布置。斜撑杆宜采用旋转扣件固定在与之相交的横向水平杆的伸出端上或立杆上，旋转扣件中心线至主节点的距离不宜大于 150mm。

（八）脚手板

冲压钢脚手板、木脚手板、竹串片脚手板等，应设置在三根横向水平杆上。当脚手板长度小于 2m 时，可采用两根横向水平杆支承，为防止过短的脚手板受力时产生倾覆，应将脚手板两端与其可靠固定，严防倾翻。

脚手板的铺设应采用对接平铺或搭接铺设。脚手板对接平铺时，接头处必须设两根横向水平杆，脚手板外伸长应取 130mm～150mm，两块脚手板外伸长度的和不应大于 300mm；脚手板搭接铺设时，接头必须支在横向水平杆上，搭接长度不应小于 200mm，其伸出横向水平杆的长度不应小于 100mm，如图 5-2-4 所示。

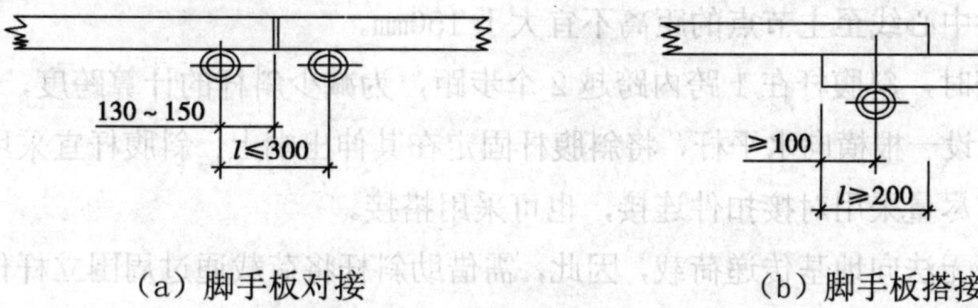

图 5-2-4　脚手板对接、搭接构造

竹笆脚手板应按其主竹筋垂直于纵向水平杆方向铺设，且采用对接平铺，四个角应用直径不小于 1.2mm 的镀锌钢丝固定在纵向水平杆上。

脚手板严禁铺设探头板，作业层端部脚手板探头长度应取 150mm，其板的两端均应固定于支撑杆件上。

（九）门洞

目前建筑结构越来越复杂，脚手架底部如需通行车辆等原因，即会造成脚手架开设门洞的情况，单、双排脚手架门洞宜采用上升斜杆、平行弦杆桁架结构型式，斜杆与地面的倾角α应在 45°～60°之间，如图 5-2-5 所示。门洞桁架的型式宜按下列要求确定。

当步距（h）小于纵距（l_a）时，应采用 A 型。

当步距（h）大于纵距（l_a）时，应采用 B 型。

h=1.8m 时，纵距不应大于 1.5m；h=2.0m 时，纵距不应大于 1.2m。

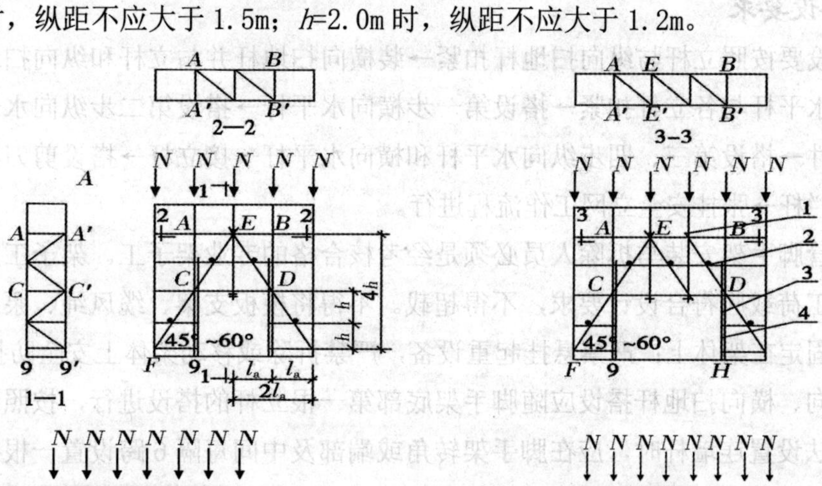

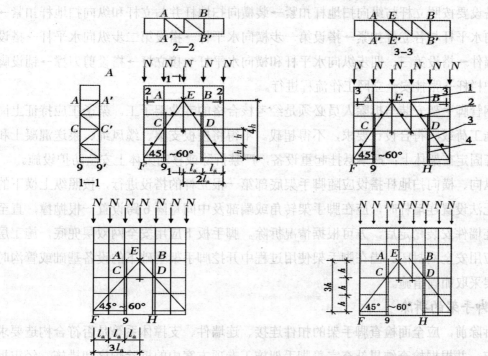

图 5-2-5　门洞处上升斜杆、平行弦杆桁架

1—防滑扣件；2—增设的横向水平杆；3—副立杆；4—主立杆

单排脚手架门洞处，应在平面桁架的每一节间设置一根斜腹杆；双排脚手架门洞处的空间桁架，除下弦平面外，应在其余 5 个平面内的图示节间设置一根斜腹杆，其中 5 个平面指的是门洞的前、后、上、左、右五个平面；斜腹杆宜采用旋转扣件固定在与之相交的横向水平杆的伸出端上，旋转扣件中心线至主节点的距离不宜大于150mm。

当采用A型门洞时，斜腹杆在1跨内跨越2个步距，为减少斜杆的计算跨度，应该在相交的纵向水平杆处，增设一根横向水平杆，将斜腹杆固定在其伸出端上；斜腹杆宜采用通长杆件，当必须接长使用时，尽量采用对接扣件连接，也可采用搭接。

门洞断开的立杆无法向地基传递荷载，因此，需借助斜杆将荷载通过周围立杆传递至地基，这样就会增加周围立杆的受力，所以门洞桁架下的两侧立杆应为双管立杆，副立杆高度应高于门洞口1～2步高。

三、安拆与使用

（一）施工准备

脚手架搭设前，应根据工程实际情况和相关规范编制专项施工方案，施工方案应具有针对性，应根据施工现场的实际情况及实际数据进行编制，需进行计算的内容必须经过针对性的计算后编写入脚手架施工方案。

脚手架施工方案编制完成后应由技术负责人及监理工程师审批后方可实施，施工单位必须按照已经过审批的专项施工方案的要求向施工作业人员进行交底。同时要对钢管、扣件、脚手板等材质进行检查验收，不合格产品不得使用。经检验合格的构配件应按品种、规格分类，堆放整齐、平稳，堆放场地不得有积水，应清除搭设场地杂物，平整搭设场地，并使排水畅通。

（二）搭设要求

脚手架搭设要按照立杆与纵向扫地杆扣紧→装横向扫地杆并与立杆和纵向扫地杆扣紧→搭设第一步纵向水平杆与各立杆扣紧→搭设第一步横向水平杆→搭设第二步纵向水平杆→搭设临时抛撑、连墙件→搭设第三、四步纵向水平杆和横向水平杆→接立杆→搭设剪刀撑→铺设脚手板→搭设防护栏杆→张挂安全立网工作流程进行。

扣件式钢管脚手架安装与拆除人员必须是经考核合格的专业架子工。架子工应持证上岗。作业层上的施工荷载应符合设计要求，不得超载。不得将模板支架、缆风绳、泵送混凝土和砂浆的输送管等固定在架体上；严禁悬挂起重设备，严禁拆除或移动架体上安全防护设施。

脚手架纵向、横向扫地杆搭设应随脚手架底部第一根立杆的搭设进行，按照纵上横下的方式进行。当无法设置连墙杆时，应在脚手架转角或端部及中间每隔6跨设置一根抛撑，直至脚手架下部的连墙件安装稳定后，方可根据情况拆除。脚手板下应用安全网双层兜底，施工层以下每隔10m应用安全网封闭。当在脚手架使用过程中开挖脚手架基础下的设备基础或管沟时，必须对脚手架采取加固措施。

（三）脚手架的拆除

脚手架拆除前，应全面检查脚手架的扣件连接、连墙件、支撑体系等是否符合构造要求，架体是否稳定，并根据检查结果补充完善脚手架施工专项方案中的拆除顺序和措施，经审批后方可实施。脚手架拆除前应根据脚手架施工专项方案对施工人员进行交底，确保每位脚手架拆除的工作人员掌握拆除的程序及要求，并在脚手架拆除前清除脚手架上杂物及地面障碍物。

架体拆除作业应该有专人指挥，当有多人同时操作时，应明确分工、统一行动，并且应该具有足够的操作面，拆下的各构配件严禁抛掷至地面，以防对下方人员造成伤害，运至地面的构配件应按规范的规定及时检查、整修与保养，并应按品种、规格分别存放。单、双排脚手架拆除作业必须由上而下逐层进行，严禁上下同时作业。连墙杆要随脚手架逐层拆除。

第三节　碗扣式脚手架

《建筑施工碗扣式钢管脚手架安全技术规范》JGJ 166—2016 规定，碗扣式钢管脚手架是节点采用碗扣方式连接的钢管脚手架。可以根据用途主要可分为双排脚手架和模板支撑架两类。

一、材料与组成

碗扣式钢管脚手架由上碗扣、下碗扣、立杆、横杆接头和上碗扣限位销组成，如图 5-3-1 所示。立杆上的上碗扣应能上下串动和灵活转动，不得有卡滞现象。

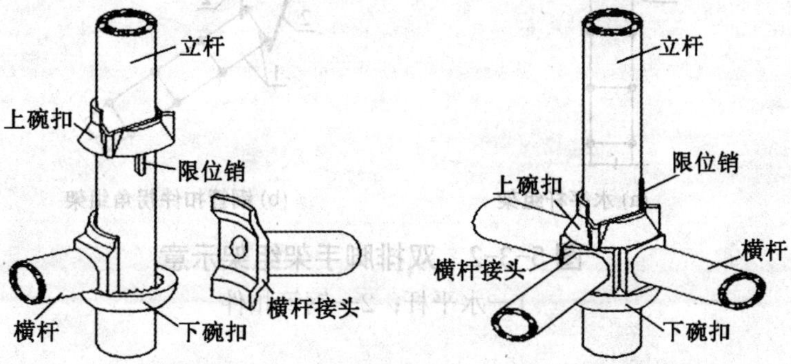

图 5-3-1　碗扣节点构成

立杆碗扣节点间距，对 Q235 级材质钢管立杆宜按 0.6m 模数设置；对 Q345 级材质钢管立杆宜按 0.5m 模数设置。水平杆长度宜按 0.3m 模数设置。碗扣架用钢管规格为 ϕ48mm×3.5mm，钢管壁厚为（3.5+0.025）mm，壁厚不应为负偏差。立杆接长当采用外插套时，外插套管壁厚不应小于 3.5mm；当采用内插套时，内插套管壁厚不应小于 3.0mm。插套长度不应小于 160mm，焊接端插入长度不应小于 60mm，外伸长度不应小于 110mm，插套与立杆钢管间的间隙不应大于 2mm。钢管弯曲度允许偏差应为 2mm／m。立杆碗扣节点间距允许偏差应为±1.0mm。水平杆曲板接头弧面轴心线与水平杆轴心线的垂直度允许偏差应为 1.0mm。下碗扣碗口平面与立杆轴线的垂直度允许偏差应为 1.0mm。

可调托撑及可调底座的质量应符合下列规定：调节螺母厚度不得小于 30mm；螺杆外径不得小于 38mm，空心螺杆壁厚不得小于 5mm；螺杆与调节螺母啮合长度不得少于 5 扣；可调托撑 U 形托板厚度不得小于 5mm，弯曲变形不应大于 1mm，可调底座垫板厚度不得小于 6mm；螺杆与托板或垫板应焊接牢固，焊脚尺寸不应小于钢板厚度，并宜设置加劲板。

二、构造

（一）地基要求

脚手架地基应符合下列规定：

1. 地基应坚实、平整，场地应有排水措施，不应有积水。

2. 土层地基上的立杆底部应设置底座和混凝土垫层，垫层混凝土标号不应低于 C15，厚度不应小于 150mm；当采用垫板代替混凝土垫层时，垫板宜采用厚度不小于 50mm、宽度不小于 200mm、长度不少于两跨的木垫板。

3. 混凝土结构层上的立杆底部应设置底座或垫板。

4. 对承载力不足的地基土或混凝土结构层，应进行加固处理。

5. 湿陷性黄土、膨胀土、软土地基应有防水措施。

6. 当基础表面高差较小时，可采用可调底座调整；当基础表面高差较大时，可利用立杆碗扣节点位差配合可调底座进行调整，且高处的立杆距离坡顶边缘不宜小于 500mm。

（二）转角构造

当双排脚手架拐角为直角时，宜采用水平杆直接组架，如图 5-3-2（a）所示；当双排脚手架拐角为非直角时，可采用钢管扣件组架，如图 5-3-2（b）所示。

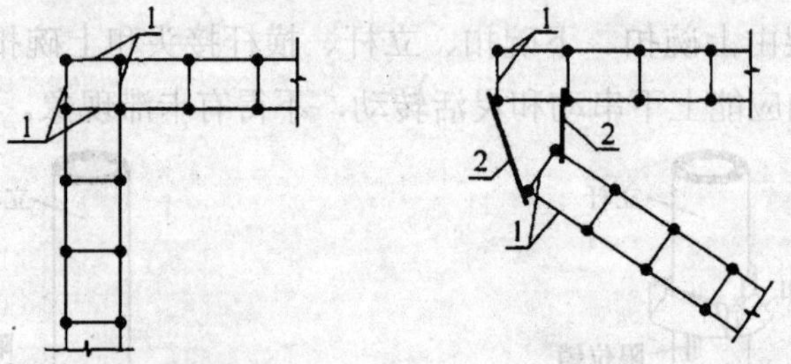

(a) 水平杆组架　　(b) 钢管扣件拐角组架

图 5-3-2　双排脚手架组架示意

1—水平杆；2—钢管扣件

（三）立杆

双排脚手架起步立杆应采用不同型号的杆件交错布置，架体相邻立杆接头应错开设置，不应设置在同步内，如图 5-3-3 所示。

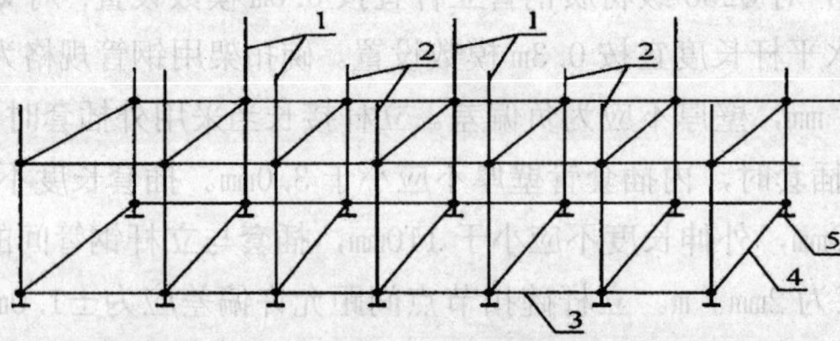

图 5-3-3　双排脚手架起步立杆布置示意

1—第一种型号立杆；2—第二种型号立杆；3—纵向扫地杆；4—横向扫地杆；5—立杆底座

（四）斜杆设置

1. 双排脚手架应设置竖向斜撑杆，如图 5-3-4 所示，并应符合下列规定：

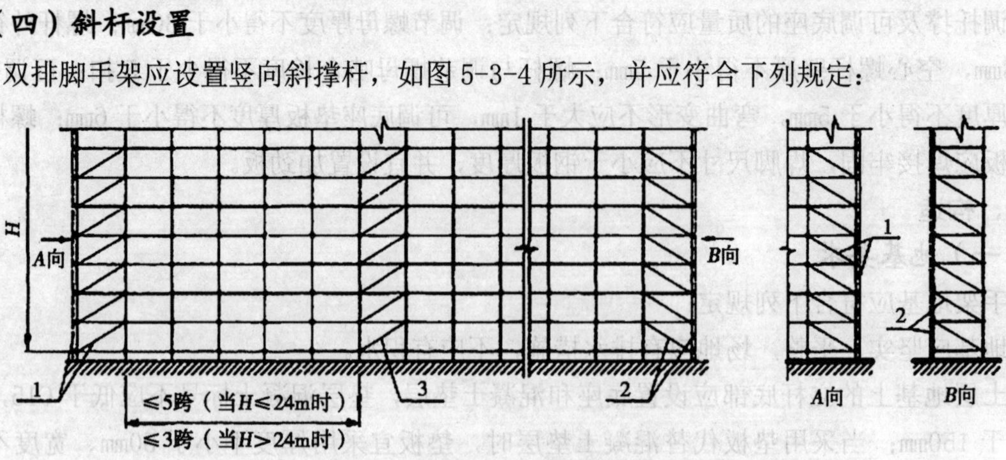

图 5-3-4　双排脚手架斜撑杆设置示意

1—拐角竖向斜撑杆；2—端部竖向斜撑杆；3—中间竖向斜撑杆

（1）竖向斜撑杆应采用专用外斜杆，并应设置在有纵向及横向水平杆的碗扣节点上。

（2）在双排脚手架的转角处、开口型双排脚手架的端部应各设置一道竖向斜撑杆。

（3）当架体搭设高度在 24m 以下时，应每隔不大于 5 跨设置一道竖向斜撑杆；当架体搭设高度在 24m 及以上时，应每隔不大于 3 跨设置一道竖向斜撑杆；相邻斜撑杆宜对称八字形设置。

（4）每道竖向斜撑杆应在双排脚手架外侧相邻立杆间由底至顶按步连续设置。

（5）当斜撑杆临时拆除时，拆除前应在相邻立杆间设置相同数量的斜撑杆。

2. 当采用钢管扣件剪刀撑代替竖向斜撑杆时，如图 5-3-5 所示，应符合下列规定：

（1）当架体搭设高度在 24m 以下时，应在架体两端、转角及中间间隔不超过 15m，各设置一道竖向剪刀撑，如图 5-3-5（a）所示；当架体搭设高度在 24m 及以上时，应在架体外侧全立面连续设置竖向剪刀撑，如图 5-3-5（b）所示。

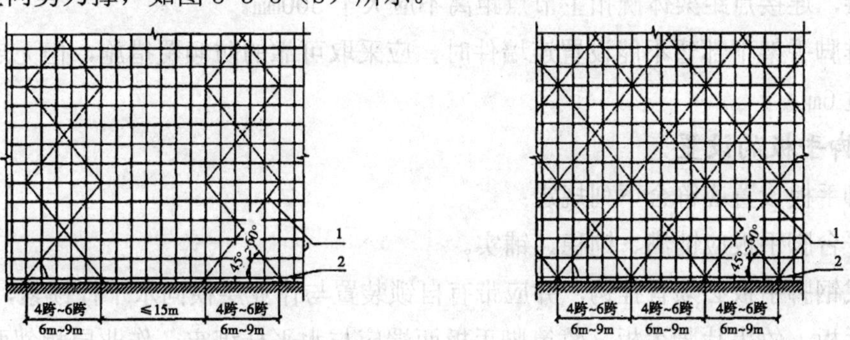

（a）不连续剪刀撑设置　　（b）连续剪刀撑设置

图 5-3-5　双排脚手架剪刀撑设置

1—竖向剪刀撑；2—扫地杆

（2）每道剪刀撑的宽度应为 4 跨～6 跨，且不应小于 6m，也不应大于 9m。

（3）每道竖向剪刀撑应由底至顶连续设置。

3. 钢管扣件剪刀撑杆件应符合下列规定：

（1）竖向剪刀撑两个方向的交叉斜向钢管宜分别采用旋转扣件设置在立杆的两侧。

（2）竖向剪刀撑斜向钢管与地面的倾角应在 45°～60° 之间。

（3）剪刀撑杆件应每步与交叉处立杆或水平杆扣接。

（4）剪刀撑杆件接长应采用搭接，搭接长度不应小于 1m，并应采用不少于 2 个旋转扣件扣紧，且杆端距端部扣件盖板边缘的距离不应小于 100mm。

（5）扣件扭紧力矩应为 40N·m～65N·m。

（五）连墙杆设置

当双排脚手架高度在 24m 以上时，顶部 24m 以下所有的连墙件设置层应连续设置之字形水平斜撑杆，水平斜撑杆应设置在纵向水平杆之下，如图 5-3-6 所示。双排脚手架连墙件的设置应符合下列规定：

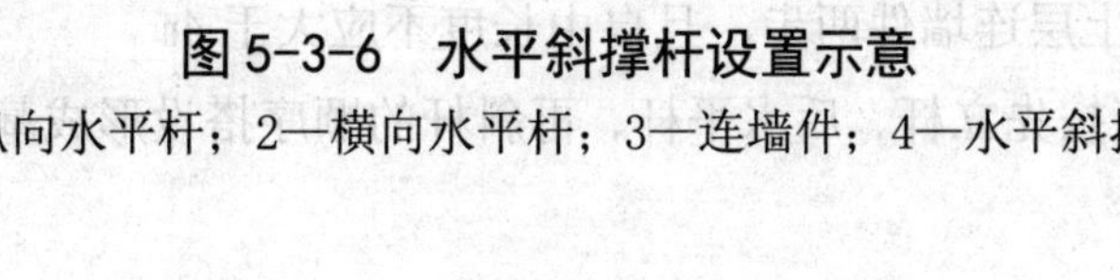

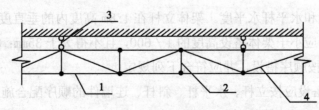

图 5-3-6　水平斜撑杆设置示意

1—纵向水平杆；2—横向水平杆；3—连墙件；4—水平斜撑杆

1.连墙件应采用能承受压力和拉力的构造，并应与建筑结构和架体连接牢固。

2.同一层连墙件应设置在同一水平面，连墙点的水平投影间距不得超过三跨，竖向垂直间距不得超过三步，连墙点之上架体的悬臂高度不得超过两步。

3.在架体的转角处、开口型双排脚手架的端部应增设连墙件，连墙件的竖向垂直间距不应大于建筑物的层高，且不应大于4m。

4.连墙件宜从底层第一道水平杆处开始设置。

5.连墙件宜采用菱形布置，也可采用矩形布置。

6.连墙件中的连墙杆宜呈水平设置，也可采用连墙端高于架体端的倾斜设置方式。

7.连墙件应设置在靠近有横向水平杆的碗扣节点处，当采用钢管扣件做连墙件时，连墙件应与立杆连接，连接点距架体碗扣主节点距离不应大于300mm。

8.当双排脚手架下部暂不能设置连墙件时，应采取可靠的防倾覆措施，但无连墙件的最大高度不得超过6m。

（六）脚手板的设置

作业层脚手板设置应符合下列规定：

1.作业平台脚手板应铺满、铺稳、铺实。

2.工具式钢脚手板必须有挂钩，并应带有自锁装置与作业层横向水平杆锁紧，严禁浮放。

3.木脚手板、竹串片脚手板、竹笆脚手板两端应与水平杆绑牢，作业层相邻两根横向水平杆间应加设间水平杆，脚手板探头长度不应大于150mm。

4.立杆碗扣节点间距按0.6m模数设置时，外侧应在立杆0.6m及1.2m高的碗扣节点处搭设两道防护栏杆；立杆碗扣节点间距按0.5m模数设置时，外侧应在立杆0.5m及1.0m高的碗扣节点处搭设两道防护栏杆，并应在外立杆的内侧设置高度不低于180mm的挡脚板。

5.作业层脚手板下应采用安全平网兜底，以下每隔10m应采用安全平网封闭。

6.作业平台外侧应采用密目安全网进行封闭，网间连接应严密，密目安全网宜设置在脚手架外立杆的内侧，并应与架体绑扎牢固。密目安全网应为阻燃产品。

三、安拆与使用

（一）施工准备

碗扣式脚手架施工前必须制定专项施工方案，保证其技术可靠和使用安全。经技术审查批准后方可实施。搭设前工程技术负责人应按脚手架专项施工方案的要求对搭设和使用人员进行技术交底。

（二）搭设与拆除

1.搭设。脚手架立杆垫板、底座应准确放置在定位线上，垫板应平整、无翘曲，不得采用已开裂的垫板，底座的轴心线应与地面垂直。脚手架每搭完一步架体后，应校正水平杆步距、立杆间距、立杆垂直度和水平杆水平度。架体立杆在1.8m高度内的垂直度偏差不得大于5mm，架体全高的垂直度偏差应小于架体搭设高度的1／600，且不得大于35mm；相邻水平杆的高差不应大于5mm。脚手架应按顺序搭设，并应符合下列规定：

（1）双排脚手架搭设应按立杆、水平杆、斜杆、连墙件的顺序配合施工进度逐层搭设。一次搭设高度不应超过最上层连墙件两步，且自由长度不应大于4m。

（2）模板支撑架应按先立杆、后水平杆、再斜杆的顺序搭设形成基本架体单元，并应以基本架体单元逐排、逐层扩展搭设成整体支撑架体系，每层搭设高度不宜大于 3m。

（3）斜撑杆、剪刀撑等加固件应随架体同步搭设，不得滞后安装。

2. 拆除。当脚手架拆除时，应按专项施工方案中规定的顺序拆除。双排脚手架的拆除作业，必须符合下列规定：

（1）架体拆除应自上而下逐层进行，严禁上下层同时拆除。

（2）连墙件应随脚手架逐层拆除，严禁先将连墙件整层或数层拆除后再拆除架体。

（3）拆除作业过程中，当架体的自由端高度大于两步时，必须增设临时拉结件。

第四节　轮扣式钢管脚手架

《轮扣式钢管脚手架安全技术标准》DBJ04/T 400—2020，轮扣式钢管脚手架是由带轮扣盘及连接套管的立杆、带端插头及保险销的水平杆、可调底座、可调托撑和剪刀撑等构件组成的脚手架，如图 5-4-1 所示。轮扣式钢管脚手架可分为双排作业脚手架和模板支撑脚手架两类。

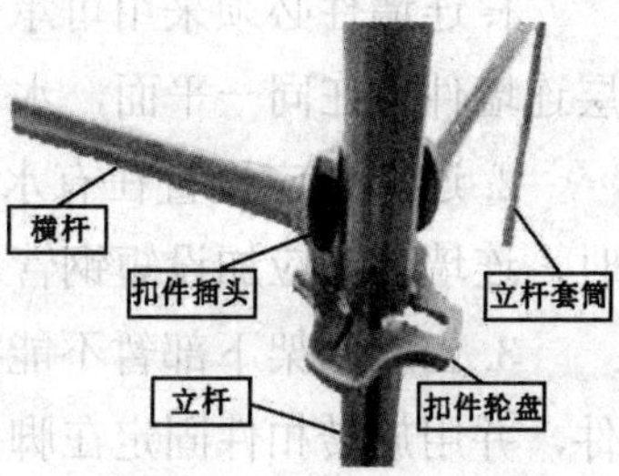

图 5-4-1　轮扣节点构成

一、材料

轮扣式钢管脚手架立杆、水平杆采用 ϕ48.3mm×3.6mm 的钢管，轮扣盘应为圆环形孔板，可连接水平 4 个方向端插头，立杆连接轮扣盘间距宜按 0.6m 模数设置。轮扣盘宜采用钢板冲压整体成型，轮扣盘的厚度不得小于 10mm，宽度最窄处不得小于 10mm。端插头应采用铸钢制造，材料厚度不得小于 10mm，端插头长度不应小于 100mm，下伸长度不应小于 40mm。立杆套管规格不小于 ϕ57mm×3.5mm，宜采用无缝钢管，立杆套管长度不应小于 160mm，可插入长度不应小于 110mm。套管内径与立杆钢管外径间隙应小于 2mm。

（一）构配件外观质量规定

1. 表面应平直光滑、不应有裂缝、结疤、分层、错位、硬弯、毛刺、压痕和深的划痕；外壁使用前应刷防锈漆，内壁宜灌防锈漆。

2. 铸件表面应光滑，不得有裂纹、气孔、缩松、砂眼等铸造缺陷，应将粘砂、浇冒口残余、披缝、毛刺、氧化皮等清除干净。

3. 冲压件不得有裂纹、毛刺、氧化皮等缺陷。

4. 构件焊缝必须是双面焊、连续焊，不允许用跳焊、点焊；焊缝应饱满、平顺，不应有凸焊、漏焊、焊穿、夹渣、裂纹、明显咬口等缺陷，焊渣应清除。

5. 构件应做喷涂或浸涂防锈漆的防锈处理，防锈层应均匀，不应有堆漆、露铁缺陷。

（二）主要构配件尺寸规定

1. 构件长度允许偏差为±1.5mm。

2. 轮扣式脚手架钢管规格为 ϕ48.3mm×3.6mm，壁厚允许偏差为 0～0.36mm。

3. 轮扣节点间距应按 300mm 模数设置，间距允许偏差为±1.0mm。

4. 立杆端面与立杆轴线应垂直，垂直度允许偏差为±0.5mm。

5. 轮扣平面与立杆轴线应垂直，垂直度允许偏差为±1.0mm。

6. 可调底座底板的钢板厚度不应小于 6mm，可调托撑“U”形钢板厚度不应小于 5mm。

7. 立杆套管壁厚不应小于3.6mm，插套长度不应小于160mm，焊接端插长度不应小于60mm，外伸长度不应小于100mm。

二、构造要求

双排脚手架搭设高度不应大于24m，当大于24m时，另行设计。脚手架首层立杆采用不同长度的立杆交错布置，错开立杆竖向距离应不小于600mm。

（一）脚手架的剪刀撑设置要求

1. 双排脚手架必须在外侧连续设置扣件式钢管剪刀撑。

2. 开口型双排脚手架的两端均必须设置扣件式钢管横向斜撑。

3. 剪刀撑应用旋转扣件固定在与之相交的立杆上，旋转扣件中心线至主节点的距离不应大于150mm。

（二）连墙件设置要求

1. 连墙件必须采用可承受拉压荷载的构造。连墙件与脚手架立面及墙体应保持垂直，同一层连墙件宜在同一平面，水平间距不应大于3跨，竖向间距不超过3步。

2. 连墙件应设置在有水平杆的节点旁，连接点至主节点距离不宜大于300mm，大于300mm时，连墙件下应加设短钢管顶杆；当采用钢管连墙件时，连墙件应采用直角扣件与立杆连接。

3. 当脚手架下部暂不能搭设连墙件时应采取防倾覆施。当搭设抛撑时，抛撑应采用通长杆件，并用旋转扣件固定在脚手架上，与地面倾角应在45°～60°之间，连接点中心至主节点的距离不应大于300mm；抛撑应在连墙件搭设后方可拆除。

（三）斜道的形式及构造规定

当设置双排脚手架人行通道时，应在通道上部架设支撑横梁，横梁截面大小应按跨度以及承受的荷载计算确定，通道两侧脚手架应加设钢管横向斜杆；洞口顶部应铺设封闭的防护板，通道两侧应设置安全网；通行机动车的洞口，必须设置安全警示和防撞设施。

1. 高度不大于6m的脚手架宜采用一字形斜道。

2. 高度大于6m的脚手架，宜采用之字形斜道。

3. 斜道梯采用定型钢斜梯，斜道梯的挂钩必须完全扣在横杆上。

4. 斜道应附着外脚手架或建筑物设置。

5. 拐弯处应设置平台，其宽度不应小于斜道宽度。

6. 斜道两侧及平台外围均应设置栏杆及挡脚板，栏杆高度应为1.2m，挡脚板高度不应小于180mm。

（四）作业层设置规定

1. 钢脚手板的挂钩必须完全扣在水平杆上，挂钩必须处于锁住状态，作业层脚手板应满铺。

2. 作业层的脚手板架体外侧应设挡脚板、防护栏杆，并应在脚手架外侧立面满挂密目安全网；防护上层栏杆宜设置在离作业层高度为1200mm处，防护中层栏杆宜设置在离作业层高度为600mm处。

3. 当脚手架作业层与主体结构外侧面间隙较大时，应设置形成脚手架内侧封闭的挂扣在轮扣盘上的挑架，并应满铺脚手板。

三、搭设与使用

（一）双排脚手架搭设

1. 搭设应配合施工进度，一次搭设高度不应超过相邻连墙件以上两步距。

2.连墙件必须随脚手架高度上升时在规定位置处设置，严禁任意拆除。

3.作业层必须满铺脚手板；脚手架外侧应设挡脚板及护身栏杆；护身栏杆可用水平杆在立杆的0.6m和1.2m的轮扣盘节点处布置两道，并应在外侧满挂密目式安全立网。

4.作业层与主体结构间的空隙应设置内侧防护网。

5.作业层下部的水平安全网设置应符合现行行业标准《建筑施工安全检查标准》JGJ 59的规定。

6.当架体搭设至顶层时，外侧立杆应高出顶层架体平台1500mm以上，用作顶层的防护立杆。

7.脚手架可分段搭设分段使用，应由工程项目技术负责人组织相关人员进行验收，符合专项施工方案后方可使用。

（二）维护与使用

1.使用期间，严禁擅自拆除架体杆件。如需拆除必须经修改施工方案并报请原方案审批人批准，确定补救措施后方可实施。

2.使用期间，应设有专人检查，当出现异常情况时，应立即停止施工，并应迅速撤离作业面上人员。

3.构配件在使用过程中严禁重摔、重撞。

4.对已经变形或锈蚀严重的构配件，应禁止使用。

5.浇筑混凝土前，应对模板支撑架进行全面检查。浇筑混凝土时，应设专人全过程监。

6.应定期对杆件的设置和连接、连墙件、加固件、斜撑等进行检查和维护。

第五节　承插型盘扣式钢管脚手架

《建筑施工承插型盘扣式钢管脚手架安全技术标准》JGJ/T 231—2021规定，承插型盘扣式钢管脚手架根据使用用途可分为支撑脚手架和作业脚手架。立杆之间采用外套管或内插管连接，水平杆和斜杆采用杆端扣接头卡入连接盘，用楔形插销连接，能承受相应的荷载，并具有作业安全和防护功能的结构架体，简称脚手架。

一、一般规定

承插型盘扣式钢管脚手架主要由立杆、水平杆、斜杆与立杆连接套管组成，如图5-5-1所示。

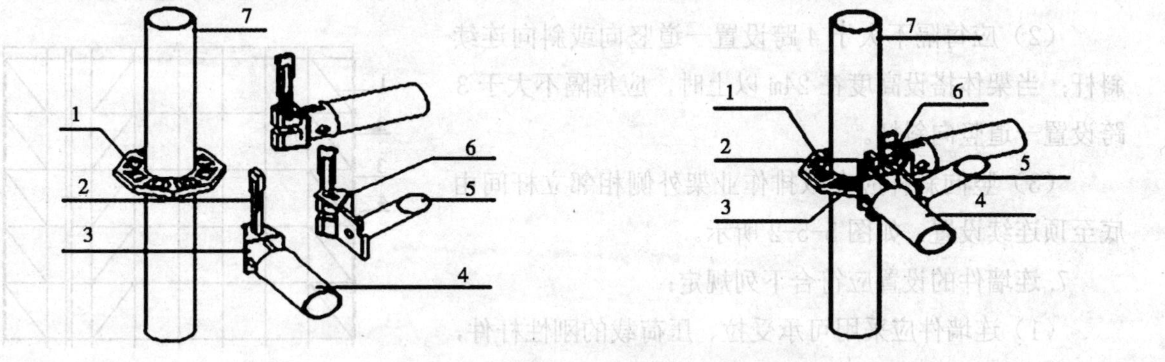

图5-5-1　承插型盘扣式钢管脚手架组成

1—连接盘；2—扣接头插销；3—水平杆杆端扣接头；4—水平杆；
5—斜杆；6—斜杆杆端扣接头；7—立杆

根据立杆外径大小，脚手架可分为标准型（B型）和重型（Z型）。脚手架构件、材料及其制作质量应符合《承插型盘扣式钢管支架构件》JG/T 503—2016 的规定。

杆端扣接头与连接盘的插销连接锤击自锁后不应拔脱。搭设脚手架时，宜采用不小于 0.5kg 锤子敲击插销顶面不少于 2 次，直至插销销紧。销紧后应再次击打，插销下沉量不应大于 3mm。

插销销紧后，扣接头端部弧面应与立杆外表面贴合。

脚手架结构设计应根据脚手架种类、搭设高度和荷载采用不同的安全等级。脚手架安全等级的划分应符合表 5-5-1 的规定。

表 5-5-1　脚手架的安全等级

作业架		支撑架		安全等级
搭设高度（m）	荷载设计值（kN）	搭设高度（m）	荷载设计值	
≤24	—	≤8	≤15kN/m² 或≤20kN/m 或≤7kN/点	Ⅱ
＞24	—	＞8	＞15kN/m² 或＞20kN/m 或≤7kN/点	Ⅰ

二、构造要求

1. 承插型盘扣式脚手架应根据施工方案计算得出的立杆纵横向间距选用定长的水平杆和斜杆，并应根据搭设高度组合立杆、基座、可调托撑和可调底座。脚手架搭设步距不应超过 2m。脚手架的竖向斜杆不应采用钢管扣件。

2. 作业架的高宽比宜控制在 3 以内；当作业架高宽比大于 3 时，应设置抛撑或揽风绳等抗倾覆措施。

3. 当搭设双排外作业架时或搭设高度 24m 及以上时，应根据使用要求选择架体几何尺寸，相邻水平杆步距不宜大于 2m。

4. 双排外作业架首层立杆宜采用不同长度的立杆交错布置，立杆底部宜配置可调底座或垫板。

5. 当设置双排外作业架人行通道时，应在通道上部架设支撑横梁，横梁截面大小应按跨度以及承受的荷载计算确定，通道两侧作业架应加设斜杆；洞口顶部应铺设封闭的防护板，两侧应设置安全网；通行机动车的洞口，应设置安全警示和防撞设施。

6. 双排作业架的外侧立面上应设置竖向斜杆，并应符合下列规定：

（1）在脚手架的转角处、开口型脚手架端部应由架体底部至顶部连续设置斜杆。

（2）应每隔不大于 4 跨设置一道竖向或斜向连续斜杆；当架体搭设高度在 24m 以上时，应每隔不大于 3 跨设置一道竖向斜杆。

（3）竖向斜杆应在双排作业架外侧相邻立杆间由底至顶连续设置，如图 5-5-2 所示。

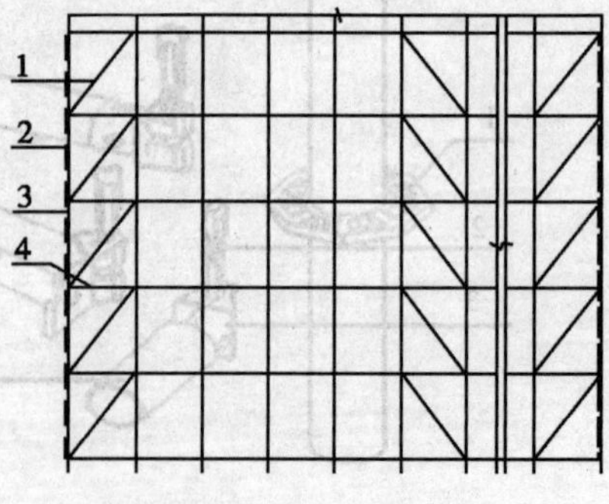

图 5-5-2　斜杆搭设示意

1—斜杆；2—立杆；3—两端竖向斜杆；4—水平杆

7. 连墙件的设置应符合下列规定：

（1）连墙件应采用可承受拉、压荷载的刚性杆件，并应与建筑主体结构和架体连接牢固。

（2）连墙件应靠近水平杆的盘扣节点设置。

（3）同一层连墙件宜在同一水平面，水平间距不应大于 3 跨；连墙件之上架体的悬臂高度不得超过 2 步。

（4）在架体的转角处或开口型双排脚手架的端部应按楼层设置，且竖向间距不应大于 4m。

（5）连墙件宜从底层第一道水平杆处开始设置。

（6）连墙件宜采用菱形布置，也可采用矩形布置。

（7）连墙点应均匀分布。

（8）当脚手架下部不能搭设连墙件时，宜外扩搭设多排脚手架并设置斜杆形成外侧斜面状附加梯形架。

三、搭设与拆除

（一）脚手架的搭设

1.作业架立杆应定位准确，并应配合施工进度搭设，双排外作业架次搭设高度不应超过最上层连墙件两步，且自由高度不应大于 4m。

2.双排外作业架连墙件应随脚手架高度上升同步在规定位置处设置，不得滞后安装和任意拆除。

3.作业层设置应符合下列规定：

（1）应满铺脚手板。

（2）双排外作业架外侧应设挡脚板和防护栏杆，防护栏杆可在每层作业面立杆的 0.5m 和 1.0m 的连接盘处布置两道水平杆，并应在外侧满挂密目安全网。

（3）作业层与主体结构间的空隙应设置水平防护网。

（4）当采用钢脚手板时，钢脚手板的挂钩应稳固扣在水平杆上，挂钩应处于锁住状态。

4.加固件、斜杆应与作业架同步搭设。当加固件、斜撑采用扣件钢管时，应符合现行行业标准《建筑施工扣件式钢管脚手架安全技术规范》JGJ 130 的有关规定。

5.作业架顶层的侧防护栏杆高出顶层作业层的高度不应小于 1500mm。

6.当立杆处于受拉状态时，立杆的套管连接接长部位应采用螺栓连接。

7.作业架应分段搭设、分段使用，应经验收合格后方可使用。

（二）脚手架的拆除

1.作业架应经单位工程负责人确认并签署拆除许可令后，方可拆除。

2.当作业架拆除时，应划出安全区，应设置警戒标志，并应派专人看管。

3.拆除前应清理脚手架上的器具、多余的材料和杂物。

4.作业架拆除应按先装后拆、后装先拆的原则进行，不应上下同时作业。双排外脚手架连墙件应随脚手架逐层拆除，分段拆除的高度差不应大于两步。如因作业条件限制，当出现高度差大于两步时，应增设连墙件加固。

5.拆除至地面的脚手架及构配件应及时检查、维修及保养，并应按品种、规格分类存放。

第六节　承插型键槽式钢管脚手架

一、概念及组成

《建筑施工键插接式钢管支架安全技术规程》DBJ04/T 329—2016 规定，承插型键槽式钢管脚手架由立杆、水平杆、斜杆、可调底座等构配件构成的几何不变体系钢管脚手架，如图 5-6-1 所示。

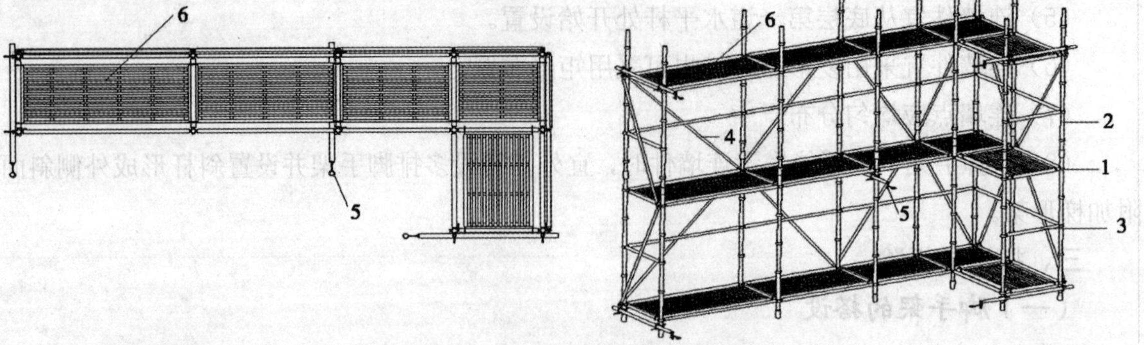

图 5-6-1　承插型键槽式脚手架

1—承插节点；2—立杆；3—水平杆；4—竖向斜杆；5—拉环式连墙件；6—挂扣式钢脚手板

键槽式插座是可键入键式插头的锥形棱柱体，简称“插座”，分为固定插座、可调插座和活动插座三种，如图 5-6-2 所示。

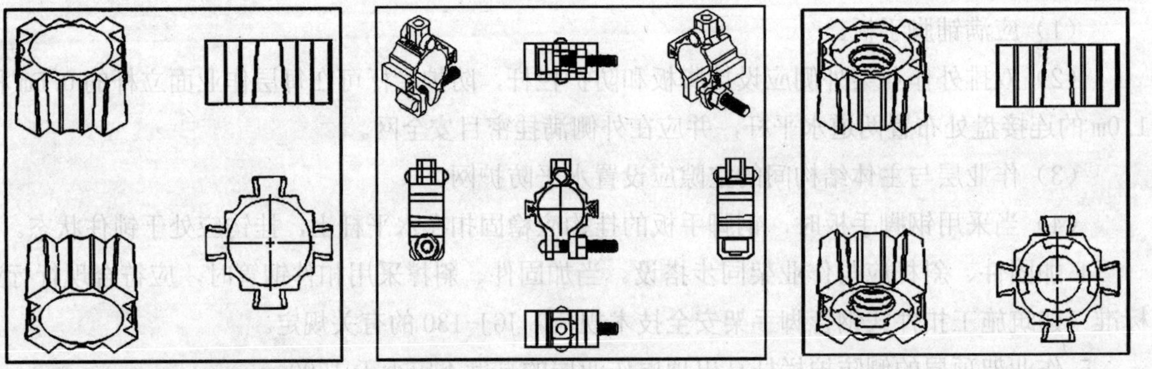

（a）固定插座　　（b）可调插座　　（c）活动插座

图 5-6-2　键槽式插座

固定插座是固定在立杆上不能移动的插座；可调插座带内丝，通过丝杆可以调节插座的上下位置，主要用于可调顶撑和可调托座；活动插座可以在立杆任意位置安装。

键式插头是与插座能够紧密配合插接的铸钢件，简称“插头”，如图 5-6-3 所示。

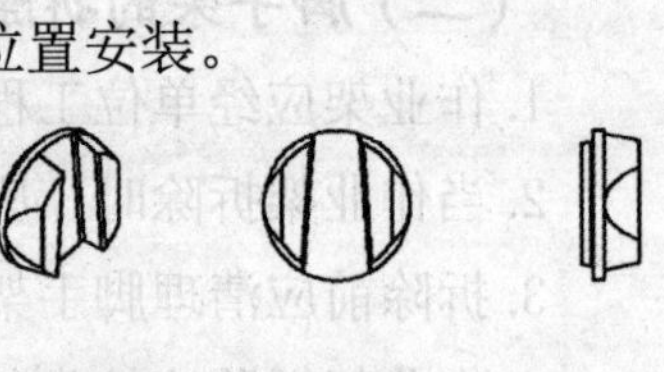

图 5-6-3　键式插头

立杆：杆上焊接或压接有插座和连接套管的竖向支撑杆件。

立杆连接套管：焊接或压接于立杆一端，用于立杆竖向接长的专用外套管。

水平杆：两端有插头，与立杆承插连接的水平杆件。

水平斜杆：两端有插头，与立杆承插连接的水平斜向杆件。

竖向斜杆：杆端扁平，通过带键销的活动插座与立杆连接的竖向斜杆。

可调挂扣式钢梯是挂扣在支架水平杆上供施工人员上下通行的钢梯，尺寸为 400mm×1800mm，如图 5-6-4 所示。

挂扣式钢脚手板是挂扣在支架上的钢脚手板。挂扣式钢脚手板规格一般有 700mm×900mm；700mm×1200mm；700mm×1500mm；700mm×1800mm 四种，如图 5-6-5 所示。

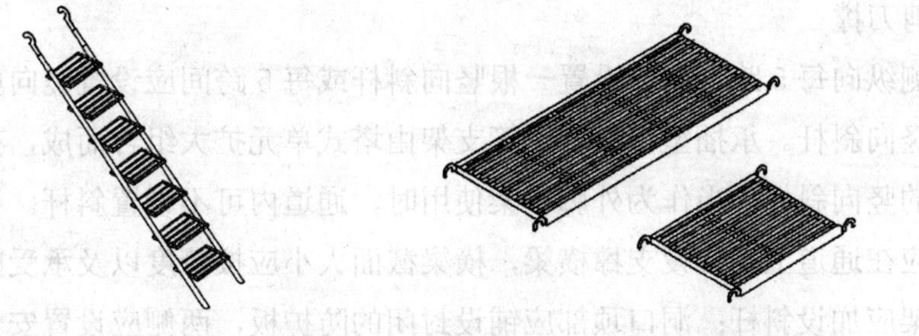

图 5-6-4　可调挂扣式钢梯　　　　图 5-6-5　挂扣式钢脚手板

拉环式连墙件是通过预埋在结构构件内的丝杆，与带内丝的拉环将脚手架与建筑物主体结构连接的构件，如图 5-6-6 所示。

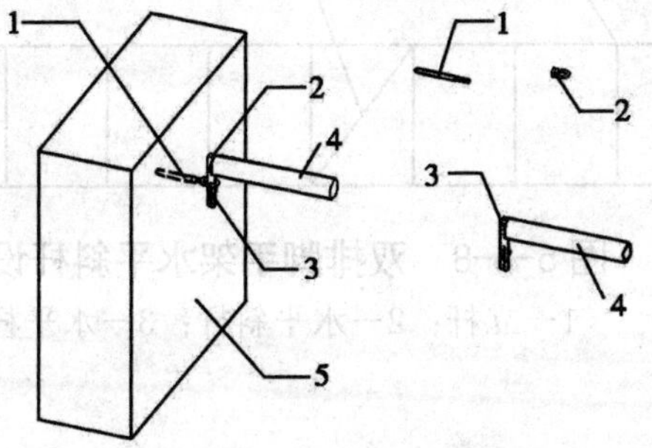

图 5-6-6　拉环式连墙件

1—预埋丝杆；2—插销；3—带内丝拉环；4—连墙杆；5—建筑物主体结构

二、构造要求

用承插型键槽式钢管支架搭设双排脚手架时，搭设高度不宜大于 24m。可根据使用要求选择架体几何尺寸，相邻水平杆步距宜选用 2m，立杆纵距宜选用 1.5m 或 1.8m，且不宜大于 2.1m，立杆横距宜选用 0.9m 或 1.2m。

1. 立杆、立杆连接套管

立杆采用套接形式，立杆的对接接头可在同一水平面上，对接采用立杆连接套管，如图 5-6-7 所示。采用焊接时连接套管长度不小于 120mm，采用压接时连接套管长度不小于 140mm。

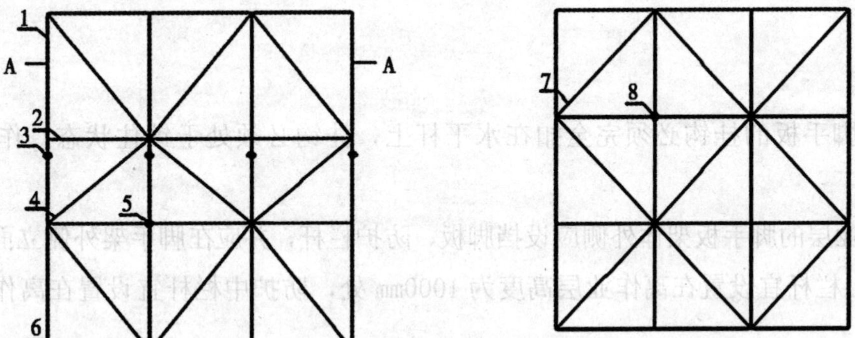

（a）立杆接头（立面）　　　　（b）立杆接头（平面）

图 5-6-7　立杆接头的布置图

1—立杆；2—水平杆；3—立杆接头；4—竖向斜杆；5—立杆与水平杆的接头（立面）；6—扫地杆；7—水平斜杆；8—立杆与水平杆的接头（水平面）

2.斜杆及剪刀撑

沿架体外侧纵向每5跨每层应设置一根竖向斜杆或每5跨间应设置竖向剪刀撑，端跨的横向每层应设置竖向斜杆。承插型键槽式钢管支架由塔式单元扩大组合而成，在拐角为直角部位应设置立杆间的竖向斜杆。当作为外脚手架使用时，通道内可不设置斜杆。当设置双排脚手架人行通道时，应在通道上部架设支撑横梁，横梁截面大小应按跨度以及承受的荷载计算确定，通道两侧脚手架应加设斜杆；洞口顶部应铺设封闭的防护板，两侧应设置安全网；通行机动车的洞口，必须设置安全警示和防撞设施。对双排脚手架的每步水平杆层，当无挂扣钢脚手架板加强水平层刚度时，应每5跨设置水平斜杆，如图5-6-8所示。

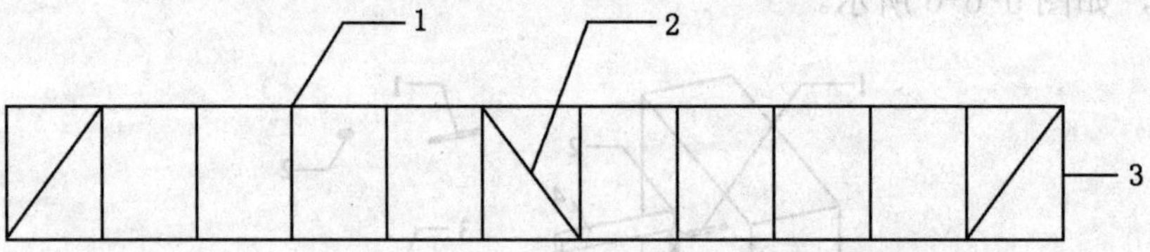

图5-6-8　双排脚手架水平斜杆设置

1—立杆；2—水平斜杆；3—水平杆

3.连墙杆

脚手架连墙件设置的位置、数量应按专项施工方案确定。脚手架连墙件必须采用可承受拉压荷载的刚性杆件，除拉环式连墙件以外，连墙件与脚手架立面及墙体应保持垂直，拉环式连墙件的连墙杆与脚手架立面及墙体可呈不大于30°的角度。连墙件的设置应符合以下规定：

（1）连墙件水平间距不应大于3跨，与主体结构外侧面距离不宜大于300mm。

（2）连墙件应设置在有水平杆的键槽节点旁，连接点至键槽节点距离不得大于300mm；采用钢管扣件做连墙杆时，连墙杆应采用直角扣件与立杆连接。

（3）应优先采用菱形布置，或采用方形、矩形布置。

（4）当脚手架下部暂不能搭设连墙件时，宜外扩搭设多排脚手架并设置斜杆形成外侧斜面状附加梯形架，待上部连墙件搭设后方可拆除附加梯形架。

（5）拉环式连墙件丝杆入混凝土主体结构层长度不应小于100mm，拉环与丝杆的连接不应少于6扣。

4.作业层

（1）钢脚手板的挂钩必须完全扣在水平杆上，挂钩必须处于锁住状态，作业层脚手板应满铺。

（2）作业层的脚手板架体外侧应设挡脚板、防护栏杆，并应在脚手架外侧立面满挂密目安全网；防护上栏杆宜设置在离作业层高度为1000mm处，防护中栏杆宜设置在离作业层高度为500mm处。

（3）当脚手架作业层与主体结构外侧面间间隙较大时，应设置挂扣在连接盘上的悬挑三脚架，并应铺放能形成脚手架内侧封闭的脚手板。

（4）挂扣式钢梯宜设置在尺寸不小于0.9m×1.8m的脚手架框架内，钢梯宽度　应为廊道宽度的1/2，钢梯可在一个框架高度内折线上升；钢架拐弯处应设置钢脚手板及扶手杆。

三、搭设与拆除

脚手架施工前，应根据施工对象情况、地基承载力、搭设高度，制定专项施工方案，保证其技术可靠和使用安全，并应经审核批准后方可实施。搭设操作人员必须经过专业技术培训和专业考试合格后，持证上岗。脚手架搭设前，工程技术人员应按专项施工方案的要求对搭设和使用人员进行技术交底。

脚手架立杆应定位准确，搭设必须配合施工进度，一次搭设高度不应超过相邻连墙件以上两步。连墙件应按专项方案规定的纵横向间距和构造方法在规定位置处设置，严禁任意拆除。作业层设置应符合下列要求：

1. 应满铺脚手板。

2. 外侧应设挡脚板及防护栏杆；防护栏杆可在每层作业面立杆的 0.5m 和 1.0m 的承插节点处布置上、中两道水平杆，并应在外侧满挂密目安全网。

3. 作业层与主体结构间的空隙应设置内侧防护网。

当脚手架搭设至顶层时，外侧防护栏杆高出顶层作业层的高度不应小于 1500mm。当搭设悬挑外脚手架时，立杆的套管连接接长部位应采用螺栓作为立杆连接件固定。脚手架可分段搭设、分段验收、分段使用，应由施工人员组织验收，并应确认符合专项施工方案后方可使用。

脚手架应经单位工程负责人确认并签署拆除许可令后方可拆除。脚手架拆除时必须划出安全区，设置警戒标志，派专人看管，零配件严禁抛掷。拆除前应清理脚手架上的器具及多余的材料和杂物。脚手架拆除应按后装先拆、先装后拆的原则进行，严禁上下同时作业。连墙件应随脚手架逐层拆除，分段拆除高度差不应大于两步。如因作业条件限制，出现高度差大于两步时，应增设连墙件加固。

遇 6 级或 6 级以上大风时，应暂停室外高处作业。大风、雨、雪天气后应对基础和架体进行检查，消除隐患，清扫积雪或杂物后，方可继续使用或搭设。

第七节　附着式升降脚手架

《建筑施工工具式脚手架安全技术规范》JGJ 202—2010 规定，附着升降式脚手架是指搭设一定高度并附着于工程结构上，依靠自身的升降设备和装置，可随工程结构逐层爬升或下降，具有防倾覆、防坠落装置的外脚手架。可分为整体式附着升降脚手架与单跨式附着升降脚手架，整体式附着升降脚手架是有三个以上提升装置的连跨升降的附着式升降脚手架；单跨式附着升降脚手架是指仅有两个提升装置并独自升降的附着升降脚手架。

一、组成

1. 附着支承结构。指直接附着在工程结构上，并与竖向主框架相连接，承受并传递脚手架荷载的支承结构。

2. 架体结构。指附着式升降脚手架的组成结构，一般由竖向主框架、水平支承桁架和架体构架等三部分组成。

3. 升降机构。指控制架体升降运行的机构，有电动和液压两种。荷载控制系统是指能够反映、控制升降机构在工作中所能承受荷载的装置系统。悬臂梁是指一端固定在附墙支座上，悬挂升降设备或防坠落装置的悬挑钢梁，又称悬吊梁。导轨是指附着在附墙支承结构或者附着在竖向主框架上，引导脚手架上升和下降的轨道。

4.安全装置。防倾覆装置是指防止架体在升降和使用过程中发生倾覆的装置；防坠落装置是指架体在升降或使用过程中发生意外坠落时的制动装置。

二、构造要求

（一）附着式升降脚手架结构构造的尺寸

附着式升降脚手架结构构造的尺寸应符合下列规定：

1.架体高度不得大于5倍楼层高。

2.架体宽度不得大于1.2m。

3.直线布置的架体支承跨度不得大于7m，折线或曲线布置的架体，相邻两主框架支撑点处的架体外侧距离不得大于5.4m。

4.架体的水平悬挑长度不得大于2m，且不得大于跨度的1/2。

5.架体全高与支承跨度的乘积不得大于110m^2。

（二）竖向主框架的构造要求

附着式升降脚手架应在附着支承结构部位设置与架体高度相等的与墙面垂直的定型的竖向主框架，竖向主框架应采是桁架或刚架结构，其杆件连接的节点应采用焊接或螺栓连接，并应与水平支撑桁架和架体结构构成有足够强度和支承刚度的空间几何不变体系的稳定结构。竖向主框架结构构造应符合下列规定：

1.竖向主框架可采用整体结构或分段对接式结构。结构型式应为竖向桁架或门形刚架形式等。各杆件的轴线应交会于节点处，并应采用螺栓或焊接连接，如不交会于一点，应进行附加弯矩验算。

2.当架体升降采用中心吊时，在悬臂梁行程范围内，竖向主框架内侧水平杆去掉部分的断面，应采取可靠的加固措施。

3.主框架内侧应设有导轨。

4.竖向主框架宜采用单片式主框架；或可采用空间桁架式主框架。

（三）水平支撑桁架的构造要求

在竖向主框架的底部应设置水平支撑桁架，其宽度应与主框架相同，平行于墙面，其高度不宜小于1.8m。水平支撑桁架结构构造应符合下列规定：

1.桁架各杆件的轴线应相交于节点上，并宜采用节点板构造连接，节点板的厚度不得小于6mm。

2.桁架上、下弦应采用整根通长杆件或设置刚性接头。腹杆上下弦连接应采用焊接或螺栓连接。

3.桁架与主框架连接处的斜腹杆宜设计成拉杆。

4.架体构架的立杆底端应放置在上弦节点各轴线的交会处。

5.内、外两片水平桁架的上弦和下弦之间应设置水平支撑杆件，各节点应采用焊接或螺栓连接。

6. 水平支撑桁架的两端与主框架的连接，可采用杆件轴线交会于一点，且为能活动的铰接点；或可将水平支撑桁架放在竖向主框架的底端的桁架底框中。

（四）附着支承结构的构造要求

附着支承结构应包括附墙支座、悬臂梁及斜拉杆，其构造应符合下列规定：

1. 竖向主框架所覆盖的每个楼层处应设置一道附墙支座。

2. 在使用工况时，应将竖向主框架固定于附墙支座上。

3. 在升降工况时，附墙支座上应设有防倾、导向的结构装置。

4. 附墙支座应采用锚固螺栓与建筑物连接，受拉螺栓的螺母不得少于两个或应采用弹簧垫圈加单螺母，螺杆露出螺母端部的长度不应少于 3 扣，并不得小于 10mm，垫板尺寸应由设计确定，且不得小于 100mm×100mm×10mm。

5. 附墙支座支承在建筑物上连接处，混凝土的强度应按设计要求确定，且不得小于 C10。

（五）架体安全装置的构造要求

附着式升降脚手架必须具有防倾覆、防坠落和同步升降控制的安全装置。

1. 防倾覆装置应符合下列规定：

（1）防倾覆装置中应包括导轨和两个以上与导轨连接的可滑动的导向件。

（2）在防倾导向件的范围内应设置防倾覆导轨，且应与竖向主框架可靠连接。

（3）在升降和使用两种工况下，最上和最下两个导向件之间的最小间距不得小于 2.8m 或架体高度的 1/4。

（4）应具有防止竖向主框架倾斜的功能。

（5）应采用螺栓与附墙支座连接，其装置与导轨之间的间隙应小于 5mm。

2. 防坠落装置必须符合下列规定：

（1）防坠落装置应设置在竖向主框架处并附着在建筑结构上，每一升降点不得少于一个防坠落装置，防坠落装置在使用和升降工况下都必须起作用。

（2）防坠落装置必须采用机械式的全自动装置，严禁使用每次升降都需重组的手动装置。

（3）防坠落装置技术性能除应满足承载能力要求外，还应符合表 5-7-1 的规定。

表 5-7-1　防坠落装置技术性能

脚手架类别	制动距离（mm）
整体式升降脚手架	≤80
单跨式升降脚手架	≤150

（4）防坠落装置应具有防尘、防污染的措施，并应灵敏可靠和运转自如。

（5）防坠落装置与升降设备必须分别独立固定在建筑结构上。

（6）钢吊杆式防坠落装置，钢吊杆规格应由计算确定，且不应小于 ϕ25mm。

3. 同步控制装置应符合下列规定：

（1）附着式升降脚手架升降时，必须配备有限制荷载或水平高差的同步控制系统。连续式水平支撑桁架，应采用限制荷载自控系统；简支静定水平支撑桁架，应采用水平高差同步自控系统；当设备受限时，可选择限制荷载自控系统。

（2）限制荷载自控系统应具有下列功能：①当某一机位的荷载超过设计值的 15%时，应采用声光形式自动报警和显示报警机位；当超过 30%时，应能使该升降设备自动停机；②应具有超载、失载、报警和停机的功能；宜增设显示记忆和储存功能；③应具有自身故障报警功能，并应能适应施工现场环境；④性能应可靠、稳定，控制精度应在 5%以内。

（3）水平高差同步控制系统应具有下列功能：①当水平支撑桁架两端高差达到 30mm 时，应能自动停机；②应具有显示各提升点的实际升高和超高的数据，并应有记忆和储存的功能；③不得采用附加重量的措施控制同步。

三、安拆与使用

（一）安装

附着式升降脚手架在首层安装前应设置安装平台，安装平台应有保障施工人员安全的防护设施，安装平台的水平精度和承载能力应满足架体安装的要求，安装时应符合下列规定：

1. 相邻竖向主框架的高差不应大于 20mm。
2. 竖向主框架和防倾导向装置的垂直偏差不应大于 5‰，且不得大于 60mm。
3. 预留穿墙螺栓孔和预埋件应垂直于建筑结构外表面，其中心误差应小于 15mm。
4. 连接处所需要的建筑结构混凝土强度应由计算确定，但不应小于 C10。
5. 升降机构连接应正确且牢固可靠。
6. 安全控制系统的设置和试运行效果应符合设计要求。
7. 升降动力设备工作正常。

（二）使用

1. 升降。升降过程中应实行统一指挥、统一指令。升降指令应由总指挥一人下达；当有异常情况出现时，任何人均可立即发出停止指令。遇 5 级及以上大风和大雨、大雪、浓雾和雷雨等恶劣天气时，不得进行升降作业。附着式升降脚手架的升降操作应符合下列规定：（1）应按升降作业程序和操作规程进行作业；（2）操作人员不得停留在架体上；（3）升降过程中不得有施工荷载；（4）所有妨碍升降的障碍物应已拆除；（5）所有影响升降作业的约束应已解除；（6）各相邻提升点间的高差不得大于 30mm，整体架最大升降差不得大于 80mm。

2. 使用。附着式升降脚手架应按设计性能指标进行使用，不得随意扩大使用范围；架体上的施工荷载应符合设计规定，不得超载，不得放置影响局部杆件安全的集中荷载。当附着式升降脚手架停用超过 3 个月时，应提前采取加固措施。当附着式升降脚手架停用超过 1 个月或遇 6 级及以上大风后复工时，应进行检查，确认合格后方可使用。

附着式升降脚手架在使用过程中不得进行下列作业：（1）利用架体吊运物料；（2）在架体上拉结吊装缆绳（或缆索）；（3）在架体上推车；（4）任意拆除结构件或松动连接件；（5）拆除或移动架体上的安全防护设施；（6）利用架体支撑模板或卸料平台；（7）其他影响架体安全的作业。

3. 拆除。附着式升降脚手架的拆除工作应按已经过审批的专项施工方案及安全操作规程的有关要求进行。拆除工作进行之前，必须对拆除作业人员进行安全技术交底。拆除时应有可靠的措施防止人员与物料坠落，拆除的材料及设备不得抛扔。拆除作业应在白天进行。遇五级及以上大风和大雨、大雪、浓雾和雷雨等恶劣天气时，不得进行拆卸作业。

附着式升降脚手架安装前应具有下列文件：（1）相应资质证书及安全生产许可证；（2）附

着式升降脚手架的鉴定或验收证书；（3）产品进场前的自检记录；（4）特种作业人员和管理人员岗位证书；（5）各种材料、工具的质量合格证、材质单、测试报告；（6）主要部件及提升机构的合格证。

附着式升降脚手架应在下列阶段进行检查与验收：（1）首次安装完毕；（2）提升或下降前；（3）提升、下降到位，投入使用前。

第八节 悬挑式脚手架

《建筑施工扣件式钢管脚手架安全技术规范》JGJ 130—2011 规定，悬挑式脚手架依附于建筑结构本身，利用悬挑梁或悬挑架作为脚手架基础，将脚手架荷载全部或部分传递给建筑结构。在高层建筑施工中广为应用，由于分段搭设，可减少钢管投入量，节约人工费，但计算较为复杂、施工难度较大。

一、材料

（一）悬挑承力架

目前施工现场用于制作悬挑构件的型钢最常见的为工字钢。型钢悬挑梁宜采用双轴对称截面的型钢。悬挑钢梁型号及锚固件应按设计确定，钢梁截面高度不应小于 160mm。固定于主体结构楼面的悬挑钢梁应有良好的抗拔脱能力。

（二）吊拉构件

每个型钢悬挑梁外端设置钢丝绳或钢拉杆与上一层建筑结构斜拉结。钢丝绳、钢拉杆不参与悬挑钢梁受力计算；钢丝绳与建筑结构拉结的吊环应使用 HPB235 钢筋，其直径不宜小于 20mm（或经计算确定），型钢悬挑梁前段应采用吊拉卸荷，吊拉卸荷的吊拉构件有刚性的，也有柔性的，使用钢丝绳时，其直径不应小于 14mm，钢丝绳卡不得少于 3 个。

（三）U 形钢筋锚环

型钢悬挑梁固定端应采用 2 个（对）及以上 U 形钢筋拉环或锚固螺栓与建筑结构梁板固定，U 形钢筋拉环或锚固螺栓应预埋至混凝土梁、板底层钢筋位置，并应与混凝土梁、板底层钢筋焊接或绑扎牢固，其锚固长度应符合现行国家标准《混凝土结构设计规范》GB 50010 中钢筋锚固的规定，如图 5-8-1 所示。

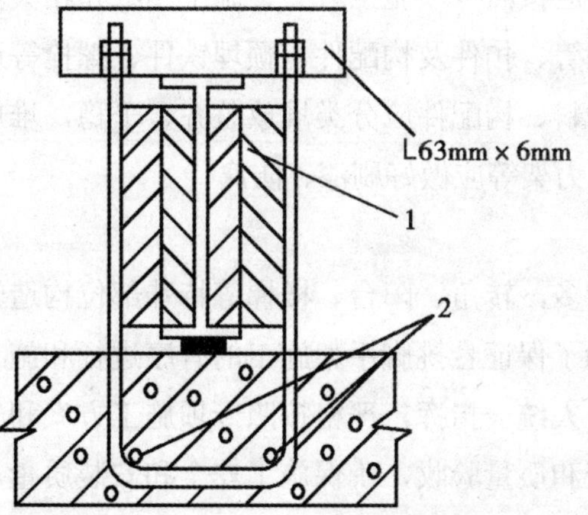

图 5-8-1 悬挑钢梁 U 形螺栓固定构造

1—木楔侧向揳紧；2—两根 1.5m 长直径 18mm 的 HRB335 钢筋

当型钢悬挑梁与建筑结构采用螺栓钢压板连接固定时，钢压板尺寸不应小于 100mm×10mm

（宽×厚）；当采用螺栓角钢压板连接时，角钢规格不应小于 63mm×63mm×6mm。

二、构造要求

一次悬挑脚手架高度不宜超过 20m。当悬挑承力架的纵向间距与钢管脚手架立杆纵向间距相符时，立杆轴力可直接传递至悬挑承力架上。当悬挑承力架的纵向间距与钢管脚手架立杆纵向间距不符时，应在悬挑承力架上设置纵向承力钢梁，如图 5-8-2 所示。

型钢悬挑梁固定段长度不应小于悬挑段长度的 1.25 倍。型钢悬挑梁悬挑端应设置能使脚手架立杆与钢梁可靠固定的定位点，定位点离悬挑梁端部不应小于 100mm，如图 5-8-3 所示。悬挑梁悬挑长度按设计确定。锚固位置设置在楼板上时，楼板的厚度不宜小于 120mm。如果楼板的厚度小于 120mm 应采取加固措施。锚固型钢的主体结构混凝土强度等级不得低于 C20。悬挑钢梁支撑点应设置在结构梁上，不得设置在外伸阳台上或悬挑板上，否则应采取加固措施。

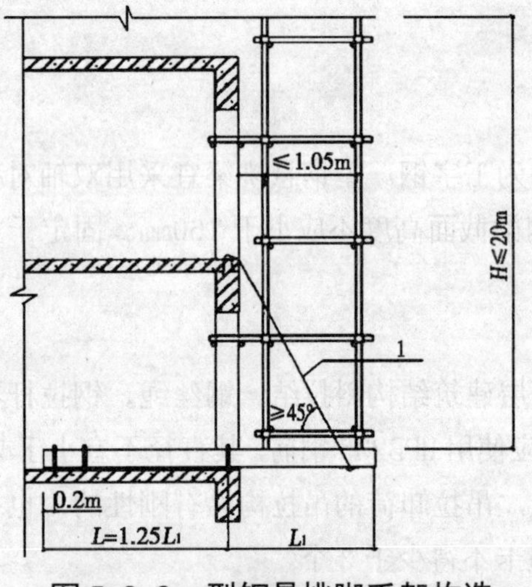

图 5-8-2　型钢悬挑脚手架构造

1—钢丝绳或钢拉杆

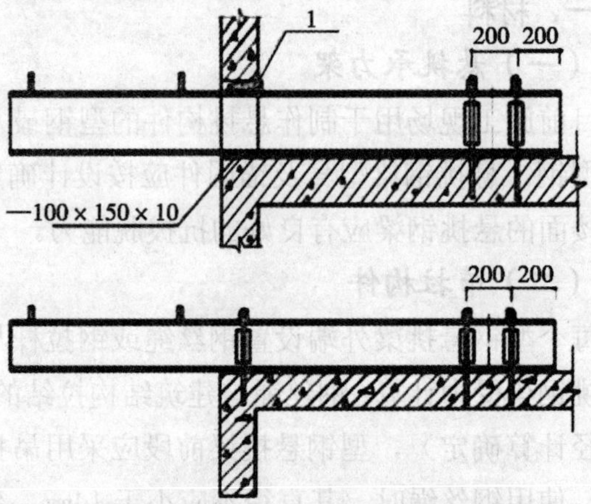

图 5-8-3　悬挑钢梁构造

1—木楔揳紧

三、安拆与使用

（一）施工准备

应按照专项施工方案、施工图的要求制作、安装预埋铁件、预埋螺栓，并进行隐蔽工程验收，隐蔽验收应手续齐全。应按照专项施工方案、施工图纸和相关技术规范的规定，对进场的悬挑承力架构件、脚手架钢管、扣件及构配件、预埋铁件、螺栓等进行检查验收，不合格产品不得使用。经检验合格的材料、构配件应分类堆放整齐、平稳，堆放场地不得有积水。悬挑脚手架的钢管、扣件和悬挑承力架等应做好刷漆、防腐。

（二）安装搭设

悬挑脚手架构件种类较多，转角、阳台、楼梯等特殊部位构造较为复杂；架设安装作业需要互相配合、协调操作，为了保证悬挑脚手架施工的有序进行和施工安全，故悬挑式脚手架的安装搭设作业，必须明确专人统一指挥，严格按照专项施工方案和安全技术操作规程进行，作业过程中，应加强安全检查和质量验收，确保施工安全和安装质量。作业过程中加强检查和验收，及时纠正一切违章行为和施工误差，是保证悬挑式脚手架施工质量和安全的重要措施。

（三）拆除

拆除作业必须严格按照专项施工方案和安全技术操作规程进行，严禁违章指挥、违章作业。

拆除作业时，应由专人负责统一指挥。脚手架拆除必须由上而下逐层拆除，严禁上下同时作业。连墙件必须随脚手架逐层拆除，严禁先将连墙件整层或数层拆除后再拆脚手架。

拆除作业应有可靠措施防止人员与物料坠落，拆除的构配件应传递或吊运至地面，严禁抛掷。运至地面的构配件应及时检查、修整和保养，按不同品种、规格分类存放，存放场地应干燥、通风，防止构配件锈蚀。

第九节　高处作业吊篮

《建筑施工工具式脚手架安全技术规范》JGJ 202—2010 规定，高处作业吊篮是指悬挑机构架设于建筑物或构筑物上，利用提升机构驱动悬吊平台，通过钢丝绳沿建筑物或构筑物立面上下运行的施工设施，也是为操作人员设置的作业平台。依据《高处作业吊篮》GB/T 19155—2017 的规定，吊篮按其安装方式也可称为非常设悬挂接近设备。吊篮通常由悬挂平台和工作前在现场组装的悬挂装置组成。在工作完成后，吊篮被拆卸从现场撤离，并可在其他地方重新安装和使用。

一、基本要求

吊篮标准件、配套件、外购件、外协件应有合格证方可使用；自制零部件均应经检验合格后方可装配。各类型号吊篮的通用零部件应具有互换性。所有零部件的安装应正确、完整，连接牢固可靠。焊接质量应符合产品图样的规定，重要部件应进行探伤检查。结构件应进行有效的防腐处理。

1.对安装吊篮的建筑物要求

建筑物结构应能承受吊篮工作时对结构施加的最大作用力。楼面上设置安全锚固环和/或安装吊篮用的预埋螺栓公称直径应不小于 16mm。在建筑物的适当位置，应设置供吊篮使用的电源配电箱。该配电箱应防雨、安全、可靠，在紧急情况时能方便切断电源。

2.技术性能要求

平台升降速度应不大于 18m/min，其误差不大于设计值的±5%。吊篮在额定载重量工作时，在距离噪声源 1m 处的噪声值应不大于 79dB（A）。吊篮的各机构作业时应保证：电气系统与控制系统功能正常，动作灵敏、可靠；安全保护装置与限位装置动作准确，安全可靠；各传动机构运转平稳，不得有过热、异常声响或振动，起升机构等无渗漏油现象。

3.结构件的报废

吊篮主要结构件由于腐蚀、磨损等原因不能符合《高处作业吊篮》GB/T 19155—2017 的要求时应进行修复和加强，否则应予报废。主要受力构件产生永久变形而又不能修复时，应予报废。悬挂装置等整体失稳后不得修复，应予报废。当结构件及其焊缝出现裂纹时，应分析原因，根据受力和裂纹情况采取加强措施。应达到原设计要求并符合《高处作业吊篮》GB/T 19155—2017 的要求才能继续使用，否则应予报废。

二、吊篮平台

1.基本要求

（1）平台尺寸应满足所搭载的操作者人数和其携带工具与物料的需要。在不计控制箱的影响时，平台内部宽度应不小于500mm。每个人员的工作面积应不小于0.25㎡。

（2）平台底板应为坚固、防滑表面（如格形板或网纹板），并固定可靠。底板上的任何开孔应设计成能防止直径为15mm的球体通过，并有足够的排水措施。

（3）平台四周应安装护栏、中间护栏和踢脚板。护栏高度应不小于1000mm，测量值为护栏上部至平台底板表面的距离。中间护栏与护栏和踢脚板间的距离应不大于500mm。如平台外部有包板时，则不需要中间护栏，如图5-9-1所示。

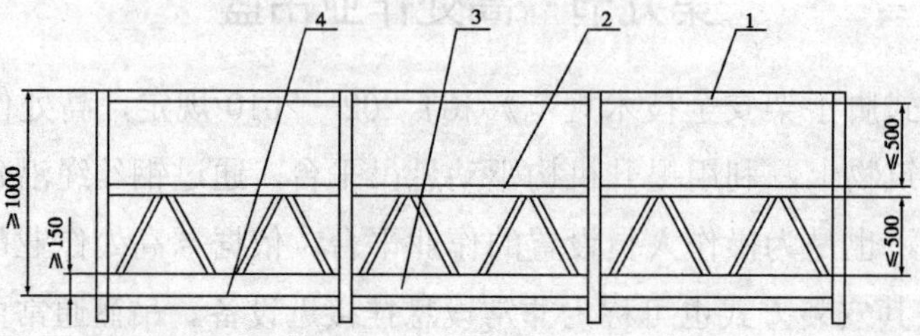

图5-9-1　平台尺寸

1—护栏；2—中间护栏；3—踢脚板；4—平台底板

（4）踢脚板应高于平台底板表面150mm。如平台包板则不需要踢脚板。

（5）平台各承载材料应采用防锈蚀处理。

（6）应在平台明显部位永久醒目地注明额定载重量和允许乘载的人数及其他注意事项。

（7）平台上如需要（或特定场合）可设置超载检测装置，当工作载荷超过额定载荷25%时，能制止平台上升运动。

（8）平台上不应有可能引起伤害的锐边、尖角或凸出物。

（9）当有外部物体可能落到平台上产生危险且危及人身安全时，应安装防护顶板或采取其他保护措施。

（10）应根据平台内的人员数配备独立的坠落防护安全绳。与每根坠落防护安全绳相系的人数不应超过两人。坠落防护安全绳应符合《坠落防护安全绳》GB 24543—2009的规定。

2.吊架要求

平台放置额定载重量时应保持稳定，载荷在最不利情况下，平台重心距护栏内侧应不小于150mm，平台横向倾斜角度应不大于8°。

3.组合式平台

（1）应确保设计的组件不会造成错误组装，且固定螺栓及其他连接件应清晰可见，没有缺失。

（2）无论是在使用和反复拆装过程中，用于连接的零件应能承受其支撑的作用力。一旦组装完毕，除人为拆卸外，不能自行松脱。

（3）定位销和锁紧卡等小零件应与安装部位的结构件永久连接在一起。

4.平台出入门

（1）出入门应为滑动式或向内开启。

（2）出入门应能自动回到关闭和锁定位置，或可联锁以防止设备的运行，直至门被关闭并锁定。

（3）除正常操作外，出入门不能开启。

5.多层平台

（1）如果使用双层或多层平台，应在上层底板设置出入口并在两平台底板之间设置可以安全通过的爬梯。出入口门应向上开启，不可阻挡爬梯并保持在关闭位置。

（2）两底板之间的最小高度应不小于 2m。

（3）当两底板间的高度大于 2.5m 时，在爬梯上应设置环状护栏。环状护栏的起始高度在离下层平台底板 2m 位置处。

三、起升机构

吊篮的起升机构一般由驱动绳轮、钢丝绳、滑轮或导向轮和安全部件组成。电动机、减速机、制动器、卷筒或牵引机构之间的机械传动应采用齿轮、齿条、螺杆、链条等形式，禁止采用摩擦传动型式。起升机构应具有良好的穿绳性能，不得卡绳和堵绳。起升机构应安装主制动器，在下列情况下应自动起作用：

1.施加在曲柄或手柄的手动作用力终止。

2.主动力源失效。

3.控制电路的动力源失效。

单向传动箱不能作为制动器使用。当起升机构承载 1.25 倍的极限工作载荷、平台按额定速度运行时，主制动器应能在 100mm 的距离内制动住平台。当起升机构静态承载 1.5 倍的极限工作载荷达 15min，主制动器应无滑移或蠕动现象。

四、悬挂装置

吊篮悬挂机构的所有部件均可重复安装与使用。部件不应有可能引起伤害的尖角、锐边或凸出部分。固定销和紧固卡等小型元件应永久性地连接在一起。悬挂机构各部分的部件应遵循下列原则：

1.经常移动且由一人搬运的部件最大质量为 25kg。

2.由两人搬运的部件最大质量为 50kg。

3.用作悬挂装置配重的所有重物应是实心的（每块质量最大 25kg）且有永久标记，禁止采用注水或散状物作为配重。

4.如采用混凝土配重，混凝土强度应不低于 C25；内部应有加强钢筋等，适合长途运输和搬运。

安装在屋面上的配重悬挂支架，内外两侧的长度应是可调节式。配重悬挂支架上应附着永久清晰的安装说明。配重应坚固地安装在配重悬挂支架上，只有在需要拆除时方可拆卸。配重应锁住以防止未授权人员拆卸。

五、电气系统

电气系统供电应采用三相五线制，接零、接地线应始终分开，接地线应采用黄绿相间线。在接地处应有明显的接地标志。主电源保护应满足以下要求：

1.主电源回路应有过电流保护装置和灵敏度不小于 30mA 的漏电保护装置。控制电源与主电源之间应使用变压器进行有效隔离。

2.当设备通过插头连接电源时，与电源线连接的插头结构应为母式。在拔下插头的状态下，操作者即可检查任何工作位置的情况。

3.当使用导电滑轨时，电源端应有过电流保护装置和 30mA 的漏电保护装置。自导轨、滑轨取电时，建议采用双连接型双重保护。

4.主电路相间绝缘电阻应不小于0.5MΩ，电气线路绝缘电阻应不小于2MΩ。

5.电机外壳及所有电气设备的金属外壳、金属护套都应可靠接地，接地电阻应不大于4Ω。

六、控制系统

1.吊篮控制箱上的按钮、开关等操作元件应坚固可靠，这些按钮或开关装置应是自动复位式的，控制按钮的最小直径为10mm。控制箱上除操作元件外，还应设置一个切断总电源的开关，此开关应是非自动复位式的。操作盘上的按钮应有效防止雨水进入。

2.操作的动作与方向应以文字或符号清晰表示在控制箱上或其附近面板上。

3.在平台上各动作的控制应按逻辑顺序排列。

4.应提供停止吊篮控制系统运行的急停按钮，此按钮为红色并有明显的“急停”标记，不能自动复位。急停按钮按下后停止吊篮的所有动作。

5.平台的上升和下降控制按钮应位于平台内。

6.双层平台的主控制器应位于上层，在下层可安装副控制器。且各控制器均可操作平台上升与下降。

7.电气控制箱的控制按钮外露部分由绝缘材料制成，应能承受50Hz正弦波形、1250V电压、1min的耐压试验。

8.电气控制箱应上锁以防止未授权操作。

七、安拆与使用

吊篮安装前，拆卸单位应具备吊篮安装、拆卸相应的资质证书。拆卸单位除应具有资质评审规定的专业技术人员外，还应有与承担工程相适应的专业作业人员。主要负责人，项目负责人，专职安全生产管理人员应持有安全生产考核合格证书。吊篮安装，拆卸的作业人员应持有特种作业人员的资格证书。拆卸单位应与使用单位在吊篮安装前签订吊篮安全协议，明确双方的安全生产责任。

1.吊篮的使用

吊篮作业准备阶段作业人员应认真查阅交接班记录，逐项检查设备技术状况，检查中发现问题应及时解决或上报。确认无问题后由操作人员填表并签字，然后交主管领导审批签字后，方可上机操作。检查悬吊平台运行范围内有无障碍物。将悬吊平台升至离地1m处，检查制动器、安全锁、手动滑降装置、急停和上限位是否灵敏、有效。

不准将吊篮作为垂直运输设备使用，严禁超载作业，尽量使载荷均匀分布在悬吊平台上，避免偏载，当电源电压偏差超过±5%，但未超过10%或环境温度超过40℃或工作地点超过海拔1000m时，应降低载荷使用，此时的载重量不宜超过额定载重量的80%，禁止在悬吊平台内用梯子或其他装置取得较高的工作高度。

禁用密目网或其他附加装置围挡悬吊平台，利用吊篮进行电焊作业时，严禁用吊篮作电焊接线回路，吊篮内严禁放置氧气瓶，乙炔瓶等易燃易爆品；吊篮内严禁放置电焊机，在运行过程中，悬吊平台发生明显倾斜时，应及时进行调平，严禁在悬吊平台内猛烈晃动或做“荡秋千”等危险动作，电动机启动频率不得大于6次/min，连续不间断工作时间不得大于30min，作业人员应经常检查电动机和提升机是否过热，当其温升超过65K时，应暂停使用提升机。

严禁固定安全锁开启手柄，人为使安全锁失效。严禁在安全钢丝绳绷紧的情况下，硬性扳动安全锁的开锁手柄。悬吊平台向上运行时，严禁使用上行程限位开关停车，严禁在大雾、雷雨或冰雪等恶劣气候条件下进行作业，在作业时中，突遇大风或雷电雨雪时，应立即将悬吊平台降至地面，切断电源，绑牢悬吊平台，有效遮盖提升机、安全锁和电控箱后，方准离开，运行中发现设备异常（如异响、异味、过热等），应立即停机检查。故障不排除不得开机作业，运行中提升机发生卡绳故障时，应立即停机排除，严禁反复按动升降按钮强行排险，发生故障，应由专业维修人员进行排除。安全锁应由制造厂进行维修、标定，在运行过程不得进行任何保养、调整和检修工作。

2.吊篮的拆卸

吊篮拆卸时应按照专项施工方案，并在专业人员的指导下实施。吊篮拆卸应遵循“先装的部件后拆”的拆卸原则。拆除前应将吊篮悬吊平台落地，并将钢丝绳从提升机、安全锁中退出，先收到屋面，再切断总电源。拆卸分解后的零部件不得放置在建筑物边缘，并采取防止坠落的措施。零散物品应放置在容器中。不得将吊篮的任何部件从高处抛下。在拆卸现场应设置警示标志。

第十节 门式脚手架

《建筑施工门式钢管脚手架安全技术标准》JGJ/T 128—2019规定，门式钢管脚手架是以门架、交叉支撑、连接棒、水平架、锁臂、底座等组成基本结构，再以水平加固杆、剪刀撑、扫地杆加固，能承受相应荷载，具有安全防护功能，为建筑施工提供作业条件的一种定型化钢管脚手架。包括门式作业脚手架和门式支撑架。简称门式脚手架。门式作业脚手架是采用连墙件与建筑物主体结构附着连接，为建筑施工提供作业平台和安全防护的门式钢管脚手架。包括落地作业脚手架、悬挑脚手架、架体构架以门架搭设的建筑施工用附着式升降作业安全防护平台。其基本构造如下：

一、交叉支撑

上、下榀门架立杆应在同一轴线位置上，门架立杆轴线的对接偏差不应大于2mm。下榀门架的组装必须设置连接棒，连接棒插入立杆的深度不应小于30mm，连接棒与门架立杆配合间隙不应大于2mm。门式脚手架设置的交叉支撑应与门架立杆上的锁销锁牢，交叉支撑的设置应符合下列规定：

1.门式作业脚手架的外侧应按步满设交叉支撑，内侧宜设置交叉支撑；当门式作业脚手架的内侧不设交叉支撑时，应符合下列规定：

（1）在门式作业脚手架内侧应按步设置水平加固杆。

（2）当门式作业脚手架按步设置挂扣式脚手板或水平架时，可在内侧的门架立杆上每2步设置一道水平加固杆。

2.门式支撑架应按步在门架的两侧满设交叉支撑。

二、加固杆

1.剪刀撑的设置。门式脚手架应设置剪刀撑，剪刀撑的构造应符合下列规定：

（1）剪刀撑斜杆的倾角应为45°～60°。

（2）剪刀撑应采用旋转扣件与门架立杆及相关杆件扣紧。

（3）每道剪刀撑的宽度不应大于6个跨距，且不应大于9m；也不宜小于4个跨距，且不宜小于6m，如图5-10-1所示。

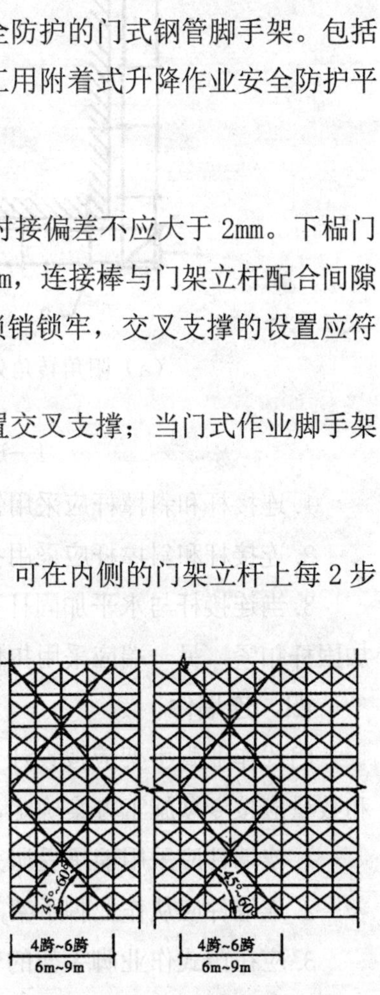

图5-10-1 剪刀撑布置示意

（4）每道竖向剪刀撑均应由底至顶连续设置。

（5）剪刀撑斜杆的接长应符合标准规定。

2. 水平加固杆的设置。门式脚手架应设置水平加固杆，水平加固杆的构造应符合下列规定：

（1）每道水平加固杆均应通长连续设置。

（2）水平加固杆应靠近门架横杆设置，应采用扣件与相关门架立杆扣紧。

（3）水平加固杆的接长应采用搭接，搭接长度不宜小于1000mm，搭接处宜采用2个及以上旋转扣件扣紧。

3. 水平架的设置。门式作业脚手架应在门架的横杆上扣挂水平架，水平架设置应符合下列规定：

（1）应在作业脚手架的顶层、连墙件设置层和洞口处顶部设置。

（2）当作业脚手架安全等级为Ⅰ级时，应沿作业脚手架高度每步设置一道水平架；当作业脚手架安全等级为Ⅱ级时，应沿作业脚手架高度每两步设置一道水平架。

（3）每道水平架均应连续设置。

三、转角处门架连接

在建筑物的转角处，门式作业脚手架内、外两侧立杆上应按步水平设置连接杆和斜撑杆，应将转角处的两榀门架连成一体，如图5-10-2所示，并应符合下列规定：

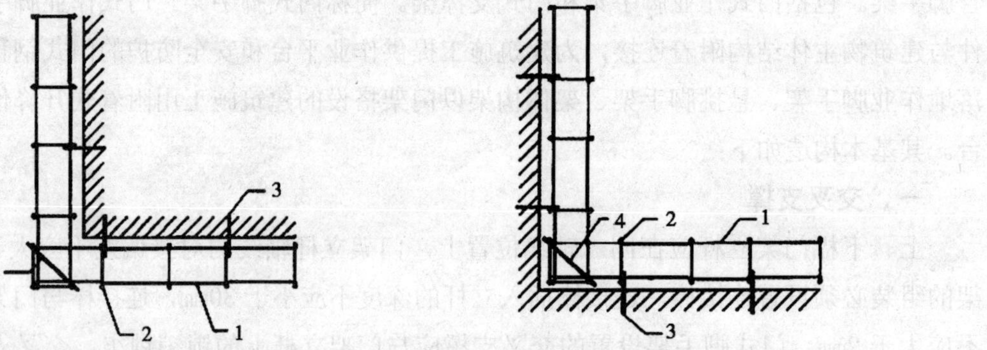

（a）阳角转角处脚手架连接　　（b）阴角转角处脚手架连接

图5-10-2　转角处脚手架连接

1—连接杆；2—门架；3—连墙件；4—斜撑杆

1. 连接杆和斜撑杆应采用钢管，其规格应与水平加固杆相同。

2. 连接杆和斜撑杆应采用扣件与门架立杆或水平加固杆扣紧。

3. 当连接杆与水平加固杆平行时，连接杆的一端应采用不少于2个旋转扣件与平行的水平加固杆扣紧，另一端应采用扣件与垂直的水平加固杆扣紧。

四、连墙件

门式作业脚手架应按设计计算和构造要求设置连墙件与建筑结构拉结，连墙件设置的位置和数量应按专项施工方案确定，应按确定的位置设置预埋件，并应符合下列规定：

1. 连墙件应采用能承受压力和拉力的构造，并应与建筑结构和架体连接牢固。

2. 连墙件应从作业脚手架的首层首步开始设置，连墙点之上架体的悬臂高度不应超过2步。

3. 应在门式作业脚手架的转角处和开口型脚手架端部增设连墙件，连墙件的竖向间距不应大于建筑物的层高，且不应大于4.0m。

五、通道口

门式作业脚手架通道口高度不宜大于 2 个门架高度，对门式作业脚手架通道口应采取加固措施，如图 5-10-3 所示，并应符合下列规定：

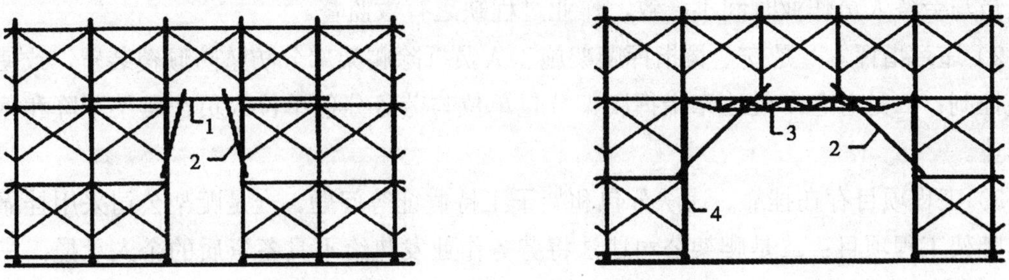

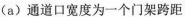

（a）通道口宽度为一个门架跨距　　（b）通道口宽度为多个门架跨距

图 5-10-3　通道口加固示意

1—水平加固杆；2—斜撑杆；3—托架梁；4—加强杆

1.当通道口宽度为一个门架跨距时，在通道口上方的内外侧应设置水平加固杆，水平加固杆应延伸至通道口两侧各一个门架跨距。

2.当通道口宽度为多个门架跨距时，在通道口上方应设置托架梁，并应加强洞口两侧的门架立杆，托架梁及洞口两侧的加强杆应经专门设计和制作。

3.应在通道口内上角设置斜撑杆。

第十一节　事故案例

◆◇案例一、某高层住宅楼附着式升降脚手架整体坠落事故

【背景资料】

××年 10 月 20 日，某高层住宅楼项目 16 层～19 层处附着式升降脚手架下降作业时，作业人员为快速下降，采用钢丝绳替代爬架提升支座，人为拆除脚手架所有防坠器及防倾覆装置，并拔掉同步控制装置信号线，导致脚手架在下降过程中发生坠落，坠落过程中与底部的落地式脚手架相撞，造成 7 人死亡、4 人受伤。项目部根据项目进展，计划对爬架进行下降作业，项目部安全员对爬架进行了下降作业前检查验收，并填写“附着式升降脚手架提升、下降作业前检查验收表”（该表删除了监理单位签字栏），检查结论为合格。监理公司未参加爬架下降作业前检查工作。现场安全员向监理公司提交了“爬架进行下降操作告知书”，在未得到监理公司同意下降爬架的情况下，安全员组织爬架进行了分片下降作业。监理公司发现后未对爬架的下降行为进行制止，未向施工单位下发工程暂停令及其他紧急措施。

【事故原因】

1.直接原因

（1）违规采用钢丝绳替代爬架提升支座。

（2）人为拆除爬架所有防坠器及防倾覆装置，并拔掉同步控制装置信号线，在架体邻近吊点荷载增大，引起局部损坏时，架体失去超载保护和停机功能，产生连锁反映，造成架体整体坠落，是事故发生的直接原因。

（3）违规交叉作业是导致事故后果扩大的直接原因。

2. 间接原因

(1) 项目管理混乱。一是总承包单位未认真履行统一协调，管理职责，现场安全管理混乱；二是总包单位项目安全员删除爬架下降作业前检查验收表中监理单位签字栏；三是项目部安全管理人员与劳务人员作业时间不一致，作业过程缺乏有效监督。

(2) 违章指挥。一是安全员指挥爬架施工人员拆除爬架部分防坠防倾覆装置，致使爬架失去防坠控制；二是总包单位违章指挥爬架分包单位与劳务分包单位人员在爬架下降和落地架上同时作业。

(3) 工程项目存在挂靠、违法分包和架子工持假证等问题。一是爬架公司采用挂靠资质方式承揽爬架工程项目；二是爬架公司违法将劳务作业发包给不具备资质的个人承揽；三是爬架作业人员持有的架子工资格证书存在伪造情况。

(4) 工程监理不到位。一是监理公司发现爬架在下降作业存在隐患的情况下，未采取有效措施予以制止；二是监理公司未按住建部有关危大工程检查的相关要求检查爬架项目；三是监理公司明知分包单位项目经理长期不在岗和相关人员冒充项目经理签字的情况下，未跟踪督促落实到位。

【事故性质】

该起事故为因违章指挥、违章作业、管理混乱引起，交叉作业导致事故后果扩大。事故等级为较大事故，事故性质为生产安全责任事故。

【防范措施】

1. 强培训教育，提高安全意识，增加自我保护能力，杜绝违章作业。

安全生产教育培训是实现安全生产的重要基础工作。企业要完善内部教育培训制度，通过对职工进行三级教育、定期培训，开展班组班前活动，利用黑板报、宣传栏、事故案例剖析等多种形式，加强对一线作业人员，尤其是农民工的培训教育，增强安全意识，掌握安全知识，提高职工搞好安全生产的自觉性、积极性和创造性，使各项安全生产规章制度得以贯彻执行。脚手架等特殊工种作业人员必须做到持证上岗，并每年接受规定学时的安全教育培训。进入施工现场必须戴安全帽，禁止穿拖鞋或光脚。在没有防护设施的高空、悬崖和陡坡施工，必须系安全带。正确使用个人安全防护用品是防止职工因工伤亡事故的第一道防线，是作业人员的“护身符”。

2. 严格执行脚手架有关规范要求。

钢丝绳替代爬架提升支座、人为拆除爬架所有防坠器及防倾覆装置、拔掉同步控制装置信号线，均是该起事故的直接原因，脚手架搭设及拆除必须严格按照相关规范执行，避免脚手架事故的发生。

3. 制定有针对性的、切实可行的脚手架搭设与拆除方案，严格进行安全技术交底。

安全防护方案是规定施工现场如何进行安全防护的文件，所以必须根据施工现场的实际情况，针对现场的施工环境、施工方法及人员配备等情况进行编制，按照标准、规范的规定，确定切实有效的防护措施，并认真落实到工程项目的实际工作中。

◆◇案例二、某工业厂房外墙脚手架坍塌事故

【背景资料】

××年9月11日，某施工单位在建厂房发生脚手架坍塌较大事故，造成3人死亡。该工业厂房建筑面积3294.95m²，建筑高度17.8m，一层，框架结构。事故发生前，该厂房主体结构已验收完成，屋面混凝土未浇筑，正在进行外墙砌筑。外墙脚手架由某脚手架专业承包单位组织搭拆，进场的部分脚手架钢管锈蚀严重，钢管有开裂、孔洞现象；施工方案中连墙件为预埋短钢管利用水平杆连接，现场连墙杆间距 3 跨～6 跨，现场脚手架上未设置剪刀撑，扫地杆距地面的高度为 650mm，架体第四步以上集中堆放荷载，且严重超载。脚手架材质经工程检测公司进行检测，检测结果为不合格。

【事故原因】

1. 直接原因

（1）脚手架承包单位未按照施工方案搭设脚手架，致使多部位杆件间距超过施工方案及规范要求；

（2）架体连墙杆间距超过规范要求，致使连墙杆数量不足；

（3）架体部分钢管及扣件材料质量检测不合格，现场抽查扣件扭紧力矩严重不符合要求，扣件抗滑力不足；

（4）脚手架未设置剪刀撑，致使架体整体稳定性不足；

（5）架体上堆载约 10.41kN/m²，违反规范《建筑施工扣件式钢管脚手架安全技术规范》JGJ 130—2011 规定的 5kN/m²，导致脚手架严重超载，造成架体失稳坍塌。

2. 间接原因

（1）施工单位借用其他企业的资质证书实际承建工程，安全生产责任制不健全，安全管理制度不健全，安全生产分工及岗位职责不明确，安全隐患排查治理不到位，放任其分包单位及人员违章指挥、冒险作业，未对主管部门下发的《建设工程施工安全隐患整改通知书》组织人员进行整改，导致事故发生。

（2）监理单位履行监理职责不力，监理工作流于形式，未按照监理合同要求派驻项目监理人员，未督促项目施工单位及人员落实安全生产责任制，对现场长期存在的安全隐患督促整改不到位，未及时消除事故隐患。

（3）脚手架专业承包单位安全生产责任制落实不到位，未组织编制脚手架专项施工方案，搭设完成后未经施工单位、监理单位开展三方验收，对脚手架存在的安全隐患整改不到位。

【事故性质】

经调查认定，该起事故是一起较大生产安全责任事故。

【防范措施】

1. 脚手架的材料和构件应符合相关的技术标准、规范及规定。搭设与拆除应有能指导施工的方案，并在搭设前进行交底。当脚手架的高度超过规范规定时，应编制专项施工方案，并经审查合格批准后方能使用。

2. 架子工应持证上岗，定期接受安全教育培训。

3. 脚手架应按相关规范要求设置剪刀撑、斜撑杆、交叉拉杆，并应与立杆连接牢固。

4. 脚手架作业层上物料需堆放平稳，合理分散荷载，码放高度控制在安全规定范围内。作业层应在显著位置设置限载标志，注明限载数量，严禁超载。

5. 脚手架搭设完成后要经施工负责人员检查验收合格才能使用。使用期间应经常检查，发现问题应及时维修和加固。

6. 监理单位应落实安全生产责任制，严格履行监理职责。

第六章　模板支架

《建筑施工脚手架安全技术统一标准》GB 51210—2016 规定，模板支撑架是由杆件或结构单元、配件通过可靠连接而组成，支承于地面或结构上，可承受各种荷载，具有安全保护功能，为建筑施工提供支撑和作业平台的脚手架，包括以各类不同杆件（构件）和节点形式构成的结构安装支撑脚手架、混凝土施工用模板支撑脚手架等，简称支撑架。

第一节　一般规定

一、模板工程的组成及分类

模板工程一般由面板、支架和连接件三部分组成。

支架类型主要包括：扣件式钢管支架、碗扣式钢管支架、承插型盘扣件钢管支架、轮扣式钢管支架及门式钢管支架等。

二、常用支架材料

脚手架所用钢管宜采用现行国家标准《直缝电焊钢管》GB/T 13793 或现行《低压流体输送用焊接钢管》GB/T 3091 中规定的普通钢管，并应满足表 5-1-2 的规定。

底座和托座应经设计计算后加工制作，其材质应符合现行国家标准《碳素结构钢》GB/T 700 中 Q235 级钢或《低合金高强度结构钢》GB/T 1591 中 Q345 级钢的规定，并应符合下列要求：

1. 底座的钢板厚度不得小于 6mm，托座 U 形钢板厚度不得小于 5mm，钢板与螺杆应采用环焊，焊缝高度不应小于钢板厚度，并宜设置加劲板；

2. 可调底座和可调托座螺杆插入脚手架立杆钢管的配合公差应小于 2.5mm；

3. 可调底座和可调托座螺杆与可调螺母啮合的承载力应高于可调底座和可调托座的承载力，应通过计算确定螺杆与调节螺母啮合的齿数，螺母厚度不得小于 30mm。

三、构造安全技术

目前模板支撑架形式及种类较多，各种形式的支撑架执行各相关专项规范，常用各专项规范主要有：《建筑施工脚手架安全技术统一标准》GB 51210—2016、《建筑施工扣件式钢管脚手架安全技术规范》JGJ 130—2011、《建筑施工碗扣式钢管脚手架安全技术规范》JGJ 166—2016、《建筑施工承插型盘扣式钢管脚手架安全技术标准》JGJ/T 231—2021、《建筑施工门式钢管脚手架安全技术标准》JGJ/T 128—2019 及《建筑施工临时支撑结构技术规范》JGJ 300—2013 等。

（一）立杆地基及基础

《建筑施工模板安全技术规范》JGJ 162—2008 规定：

1. 竖向模板和支架立柱支撑部分安装在基土上时，应加设垫板，垫板应有足够强度和支撑面积，且应中心承载。基土应坚实，并应有排水措施。对湿陷性黄土应有防水措施；对特别重要的结构工程可采用混凝土、打桩等措施防止支架柱下沉。对冻胀性土应有防冻融措施；

2. 当满堂或共享空间模板支架立柱高度超过 8m 时，若地基土达不到承载要求，无法防止立柱下沉，则应先施工地面下的工程，再分层回填夯实基土，浇筑地面混凝土垫层，达到强度后方可支模。

（二）模板支架构造措施

《建筑施工脚手架安全技术统一标准》GB 51210—2016 规定，支撑脚手架的立杆间距和步距应按设计计算确定，且间距不宜大于 1.5m，步距不应大于 2.0m。模板支撑脚手架的安全等级应符合表 6-1-1 的规定。

表 6-1-1　模板支撑脚手架的安全等级

支撑脚手架		安全等级
搭设高度（m）	荷载标准值（kN）	
≤8	≤15kN/m² 或≤20kN/m 或≤7kN/点	Ⅱ
＞8	＞15kN/m² 或＞20kN/m 或＞7kN/点	Ⅰ

1. 连墙措施

支撑脚手架独立架体高宽比不应大于 3.0。当有既有建筑结构时，支撑脚手架应与既有建筑结构可靠连接，连接点至架体主节点的距离不宜大于 300mm，应与水平杆同层设置，并应符合下列规定：

（1）连接点竖向间距不宜超过 2 步；

（2）连接点水平向间距不宜大于 8m。

2. 竖向剪刀撑

（1）支撑脚手架应设置竖向剪刀撑，并应符合下列规定：

①安全等级为Ⅱ级的支撑脚手架应在架体周边、内部纵向和横向每隔不大于 9m 设置一道；

②安全等级为Ⅰ级的支撑脚手架应在架体周边、内部纵向和横向每隔不大于 6m 设置一道；

③竖向剪刀撑斜杆间的水平距离宜为 6m～9m，剪刀撑斜杆与水平面的倾角应为 45°～60°。

（2）当采用竖向斜撑杆、竖向交叉拉杆代替支撑脚手架竖向剪刀撑时，应符合下列规定：

①安全等级为Ⅱ级的支撑脚手架应在架体周边、内部纵向和横向每隔 6m～9m 设置一道；安全等级为Ⅰ级的支撑脚手架应在架体周边、内部纵向和横向每隔 4m～6m 设置一道。

每道竖向斜撑杆、竖向交叉拉杆可沿支撑脚手架纵向、横向每隔 2 跨在相邻立杆间从底至顶连续设置，如图 6-1-1 所示；也可沿支撑脚手架竖向每隔 2 步距连续设置。斜撑杆可采用八字形对称布置，如图 6-1-2 所示。

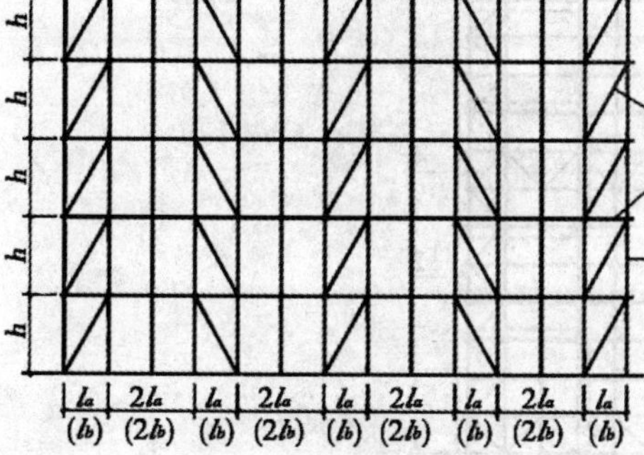

（a）立面图

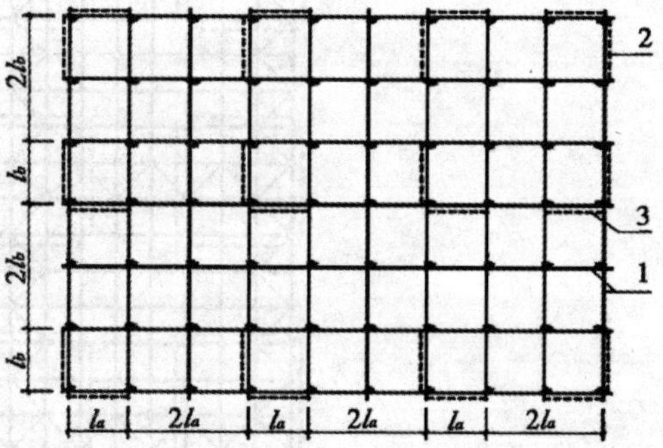

（b）平面图

图 6-1-1　竖向斜撑杆布置示意（一）

1—立杆；2—水平杆；3—斜撑杆

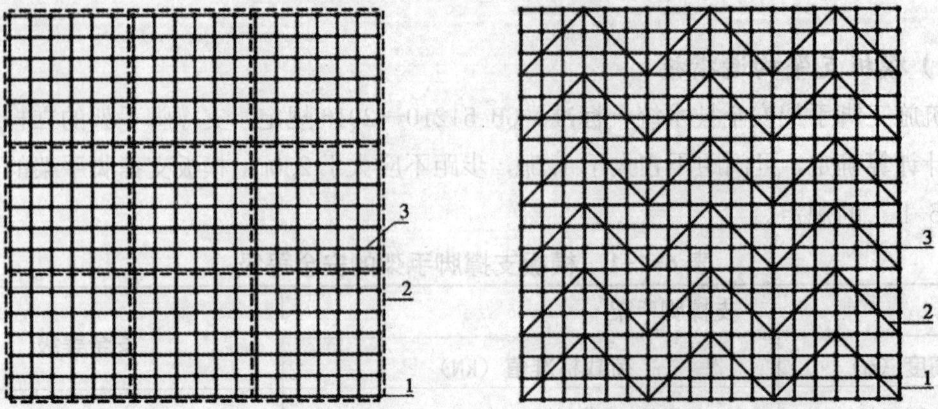

（a）立面图　　　　　　　　　　　　（b）平面图

图 6-1-2　竖向斜撑杆布置示意（二）

1—立杆；2—斜撑杆；3—水平杆

②支撑脚手架上的荷载标准值大于 30kN/m²时，可采用塔形桁架矩阵式布置，塔形桁架的水平截面形状及布局，可根据荷载等因素选择，如图 6-1-3 所示。

3. 水平剪刀撑

（1）支撑脚手架应设置水平剪刀撑，并应符合下列规定：

①安全等级为Ⅱ级的支撑脚手架宜在架顶处设置一道水平剪刀撑；

②安全等级为Ⅰ级的支撑脚手架应在架顶、竖向每隔不大于 8m 各设置一道水平剪刀撑；

③每道水平剪刀撑应连续设置，剪刀撑的宽度宜为 6m～9m。

（2）当采用水平斜撑杆、水平交叉拉杆代替支撑脚手架每层的水平剪刀撑时，应符合下列规定，如图 6-1-3 所示。

①安全等级为Ⅱ级的支撑脚手架应在架体水平面的周边、内部纵向和横向每隔不大于 12m 设置一道；

②安全等级为Ⅰ级的支撑脚手架宜在架体水平面的周边、内部纵向和横向每隔不大于 8m 设置一道；

③水平斜撑杆、水平交叉拉杆应在相邻立杆间连续设置。

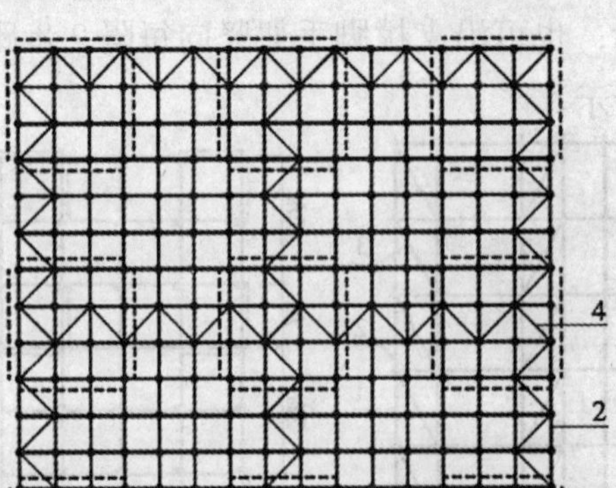

图 6-1-3　竖向塔形桁架、水平斜撑杆布置示意图

1—立杆；2—水平杆；3—竖向塔形桁架；4—水平斜撑杆

4. 水平杆

支撑脚手架的水平杆应按步距沿纵向和横向通长连续设置，不得缺失。在支撑脚手架立杆底部应设置纵向和横向扫地杆，水平杆和扫地杆应与相邻立杆连接牢固。

安全等级为Ⅰ级的支撑脚手架顶层两步距范围内架体的纵向和横向水平杆宜按减小步距加密设置。

当支撑脚手架顶层水平杆承受荷载时，应经计算确定其杆端悬臂长度，并应小于 150mm。

5. 可不设置剪刀撑的情况

当支撑脚手架同时满足下列条件时，可不设置竖向、水平剪刀撑：

（1）搭设高度小于 5m，架体高宽比小于 1.5。

（2）被支承结构自重面荷载不大于 $5kN/m^2$；线荷载不大于 8kN/m；

（3）杆件连接节点的转动刚度符合本标准要求。

（4）架体结构与既有建筑结构按规定可靠连接。

（5）立杆基础均匀，满足承载力要求。

四、搭设与拆除

模板支架的搭设与拆除，目前现行规范《建筑施工脚手架安全技术统一标准》GB 51210—2016、《建筑施工扣件式钢管脚手架安全技术规范》JGJ 130—2011、《建筑施工碗扣式钢管脚手架安全技术规范》JGJ 166—2016、《建筑施工承插型盘扣式钢管脚手架安全技术标准》JGJ/T 231—2021、《建筑施工模板安全技术规范》JGJ 162—2008 及《建筑施工临时支撑结构技术规范》JGJ 300—2013 等规范都作出了具体的要求。

1. 模板及支架搭设

（1）脚手架应按顺序搭设，并应符合下列规定：

①支撑脚手架应逐排、逐层进行搭设；

②剪刀撑、斜撑杆等加固杆件应随架体同步搭设，不得滞后安装；

③构件组装类脚手架的搭设应自一端向另一端延伸，自下而上按步架设，并应逐层改变搭设方向；

④每搭设完一步架体后，应按规定校正立杆间距、步距、垂直度及水平杆的水平度。

（2）《建筑施工模板安全技术规范》JGJ 162—2008 规定，支撑梁、板的支架立柱构造与安装应符合下列规定：

①梁和板的立柱，其纵横向间距应相等或成倍数。

②木立柱底部应设垫木，顶部应设支撑头。钢管立柱底部应设垫木和底座，顶部应设可调支托，U 形支托与楞梁两侧间如有间隙，必须楔紧，其螺杆伸出钢管顶部不得大于 200mm，螺杆外径与立柱钢管内径的间隙不得大于 3mm，安装时应保证上下同心。

③在立柱底距地面 200mm 高处，沿纵横水平方向应按纵下横上的程序设扫地杆。可调支托底部的立柱顶端应沿纵横向设置一道水平拉杆。扫地杆与顶部水平拉杆之间的间距，在满足模板设计所确定的水平拉杆步距要求条件下，进行平均分配确定步距后，在每一步距处纵横向应各设一道水平拉杆。当层高在 8m～20m 时，在最顶步距两水平拉杆中间应加设一道水平拉杆；当层高大于 20m 时，在最顶两步距水平拉杆中间应分别增加一道水平拉杆。所有水平拉杆的端

部均应与四周建筑物顶紧顶牢。无处可顶时，应在水平拉杆端部和中部沿竖向设置连续式剪刀撑；

④木立柱的扫地杆、水平拉杆、剪刀撑应采用 40mm×50mm 木条或 25mm×80mm 的木板条与木立柱钉牢。钢管立柱的扫地杆、水平拉杆、剪刀撑应采用 ϕ48mm×3.5mm 钢管，用扣件与钢管立柱扣牢。木扫地杆、水平拉杆、剪刀撑应采用搭接，并应采用铁钉钉牢。钢管扫地杆、水平拉杆应采用对接，剪刀撑应采用搭接，搭接长度不得小于 500mm，并应采用 2 个旋转扣件分别在离杆端不小于 100mm 处进行固定。

（3）《建筑施工模板安全技术规范》JGJ 162—2008 规定，柱模板应符合下列规定：

①现场拼装柱模板时，应适时地安设临时支撑进行固定，斜撑与地面的倾角宜为 60°，严禁将大片模板系在柱子钢筋上；

②待四片柱模就位组拼经对角线校正无误后，应立即自下而上安装柱箍；

③若为整体预组合柱模，吊装时应采用卡环和柱模连接，不得采用钢筋钩代替；

④柱模校正（用四根斜支撑或用连接在柱模顶四角带花篮螺栓的揽风绳，底端与楼板钢筋拉环固定进行校正）后，应采用斜撑或水平撑进行四周支撑，以确保整体稳定。当高度超过 4m 时，应群体或成列同时支模，并应将支撑连成一体，形成整体框架体系。当需单根支模时，柱宽大于 500mm 应每边在同一标高上设置不得少于 2 根斜撑或水平撑。斜撑与地面的夹角宜为 45°～60°，下端应有防滑移的措施；

⑤角柱模板的支撑，除满足上款要求外，还应在里侧设置能承受拉力和压力的斜撑。

（4）《建筑施工模板安全技术规范》JGJ 162—2008 规定，墙模板应符合下列规定：

①当采用散拼定型模板支模时，应自下而上进行，必须在下一层模板全部紧固后，方可进行上一层安装。当下层不能独立安设支撑件时，应采取临时固定措施。

②当采用预拼装的大块墙模板进行支模安装时，严禁同时起吊 2 块模板，并应边就位、边校正、边连接，固定后方可摘钩。

③安装电梯井内墙模前，必须在板底下 200mm 处牢固地满铺一层脚手板。

④模板未安装对拉螺栓前，板面应向后倾一定角度。

⑤当钢楞长度需接长时，接头处应增加相同数量和不小于原规格的钢楞，其搭接长度不得小于墙模板宽或高的 15%～20%。

⑥拼接时的 U 形卡应正反交替安装，间距不得大于 300mm；2 块模板对接接缝处的 U 形卡应满装。

⑦对拉螺栓与墙模板应垂直，松紧应一致，墙厚尺寸应正确。

⑧墙模板内外支撑必须坚固、可靠，应确保模板的整体稳定。当墙模板外面无法设置支撑时，应在里面设置能承受拉力和压力的支撑。多排并列且间距不大的墙模板，当其与支撑互成一体时，应采取措施，防止灌筑混凝土时引起邻近模板变形。

（5）模板的吊运

吊运模板时，必须符合下列规定：

①作业前应检查绳索、卡具、模板上的吊环，必须完整有效，在升降过程中应设专人指挥，统一信号，密切配合；

②吊运大块或整体模板时，竖向吊运不应少于 2 个吊点，水平吊运不应少于 4 个吊点。吊

运必须使用卡环连接，并应稳起稳落，待模板就位连接牢固后，方可摘除卡环；

③吊运散装模板时，必须码放整齐，待捆绑牢固后方可起吊；

④严禁起重机在架空输电线路下面工作；

⑤遇 5 级及以上大风时，应停止一切吊运作业。

2. 模板及支架拆除

《混凝土结构工程施工规范》GB 50666—2011 规定，模板拆除时，可采取先支的后拆、后支的先拆，先拆非承重模板、后拆承重模板的顺序，并应从上而下进行拆除。

底模及支架应在混凝土强度达到设计要求后再拆除；当设计无具体要求时，同条件养护的混凝土立方体试件抗压强度应符合表 6-1-2 的规定。

表 6-1-2　底模拆除时的混凝土强度要求

构件类型	构件跨度（m）	达到设计混凝土强度等级值的百分率（%）
板	≤2	≥50
	>2，≤8	≥75
	>8	≥100
梁、拱、壳	≤8	≥75
	>8	≥100
悬挑结构		≥100

模板支架拆除技术要求：

（1）《建筑施工模板安全技术规范》JGJ 162—2008 规定，拆除条形基础、杯形基础、独立基础或设备基础的模板时，应符合下列规定：

①拆除前应先检查基槽（坑）土壁的安全状况，发现有松软、龟裂等不安全因素时，应在采取安全防范措施后，方可进行作业；

②模板和支撑杆件等应随拆随运，不得在离槽（坑）上口边缘 1m 以内堆放；

③拆除模板时，施工人员必须站在安全地方。应先拆内外木楞、再拆木面板；钢模板应先拆钩头螺栓和内外钢楞，后拆 U 形卡和 L 形插销，拆下的钢模板应妥善传递或用绳钩放置地面，不得抛掷。拆下的小型零配件应装入工具袋内或小型箱笼内，不得随处乱扔。

（2）《建筑施工模板安全技术规范》JGJ 162—2008 规定，拆除柱模应符合下列规定：

①柱模拆除应分别采用分散拆和分片拆 2 种方法：

分散拆除的顺序应为：拆除拉杆或斜撑、自上而下拆除柱箍或横楞、拆除竖楞，自上而下拆除配件及模板、运走分类堆放、清理、拔钉、钢模维修、刷防锈油或脱模剂、入库备用。

分片拆除的顺序应为：拆除全部支撑系统、自上而下拆除柱箍及横楞、拆掉柱角 U 形卡、分 2 片或 4 片拆除模板、原地清理、刷防锈油或脱模剂、分片运至新支模地点备用。

②柱子拆下的模板及配件不得向地面抛掷。

（3）《建筑施工模板安全技术规范》JGJ 162—2008 规定，拆除墙模应符合下列规定：

①墙模分散拆除顺序应为：拆除斜撑或斜拉杆、自上而下拆除外楞及对拉螺栓、分层自上而下拆除木楞或钢楞及零配件和模板、运走分类堆放、拔钉清理或清理检修后刷防锈油或脱模剂、入库备用。

②预组拼大块墙模拆除顺序应为：拆除全部支撑系统、拆卸大块墙模接缝处的连接型钢及

零配件、拧去固定埋设件的螺栓及大部分对拉螺栓、挂上吊装绳扣并略拉紧吊绳后，拧下剩余对拉螺栓，用方木均匀敲击大块墙模立楞及钢模板，使其脱离墙体，用撬棍轻轻外撬大块墙模板使全部脱离，指挥起吊、运走、清理、刷防锈油或脱模剂备用；

③拆除每一大块墙模的最后2个对拉螺栓后，作业人员应撤离大模板下侧，以后的操作均应在上部进行。个别大块模板拆除后产生局部变形者应及时整修好；

④大块模板起吊时，速度要慢，应保持垂直，严禁模板碰撞墙体。

（4）《建筑施工模板安全技术规范》JGJ 162—2008规定，拆除梁、板模板应符合下列规定：

①梁、板模板应先拆梁侧模，再拆板底模，最后拆除梁底模，并应分段分片进行，严禁成片撬落或成片拉拆；

②拆除时，作业人员应站在安全的地方进行操作，严禁站在已拆或松动的模板上进行拆除作业；

③拆除模板时，严禁用铁棍或铁锤乱砸，已拆下的模板应妥善传递或用绳钩放至地面；

④严禁作业人员站在悬臂结构边缘敲拆下面的底模；

⑤待分片、分段的模板全部拆除后，方允许将模板、支架、零配件等按指定地点运出堆放，并进行拔钉、清理、整修、刷防锈油或脱模剂，入库备用。

（5）《建筑施工脚手架安全技术统一标准》GB 51210—2016规定，脚手架的拆除作业必须符合下列规定：

①架体的拆除应从上而下逐层进行，严禁上下同时作业。

②同层杆件和构配件必须按先外后内的顺序拆除；剪刀撑、斜撑杆等加固杆件必须在拆卸至该杆件所在部位时再拆除。

③作业脚手架连墙件必须随架体逐层拆除，严禁先将连墙件整层或数层拆除后再拆架体。拆除作业过程中，当架体的自由端高度超过2个步距时，必须采取临时拉结措施。

五、验收与监测监控

模板支架搭设过程中应分阶段检查验收，模板搭设完成后应全面检查验收，合格后方可进入下一道工序浇筑混凝土。

1.检查与验收

（1）模板支架检查与验收

模板支架的检查验收应由项目负责人组织，施工单位和项目两级技术人员、项目安全、质量、施工人员，监理单位的总监和专业监理工程师参加。一般分模板支架阶段检查验收和支设完成后的分项工程验收。

模板支架的检查验收应分阶段进行，阶段划分及各阶段检查验收内容主要包括以下内容：

①地基基础完成后，检查地基础标高、平整度、排水措施及承载力特征值；

②垫木、固定支座和可调支座铺设后，检查其平面位置、稳固性，垫木的厚度、宽度、长度；

③架体在搭设首层立杆和每搭完一个自然层高度或每一个单幅竖向剪刀撑高度后，检查依据施工方案和标准；

④遇6级以上风、大雨过后以及停工超过一个月重新搭设前，检查地基是否有下沉、垫板

和可调底座是否有松动、立杆是否有悬空，各连接节点是否有松动，与既有结构的连接是否有松脱等；

⑤模板支设完成后，对模板分项工程进行检查验收，除全面复查以上各款检查内容外，尚应检查悬伸长度、螺杆外露长度、插入立杆长度、大跨度梁板的起拱高度，形成验收记录。

（2）模板支架质量检查验收标准

①地基基础检查验收标准

天然地基、换填地基、下部结构检查验收标准符合设计要求和施工方案。

②支架检查验收标准符合设计和施工方案中安全技术的要求。

③扣件安装检查验收

安装后的扣件螺栓拧紧扭力矩应采用扭力板手检查，抽样方法应按随机分布原则进行。不合格的应重新拧紧至合格。

2.监测监控

当工程设计对模板支架有监测要求，或体型复杂、高度和跨度很大的模板支架，或需了解其内力的模板支架，应对模板支架进行监测。

（1）一般规定

模板支架监测宜由有相应资质的单位进行监测。监测时应采用自动监测的方法。

（2）监测方案

模板支架监测前应制定监测方案。监测方案应包括监测目的（位移监测、内力监测）、测点布置、监测方法、监测人员及主要仪器设备、监测频率、监测报警值和监测安全措施。

（3）测点设置

①基准点设置

除采用卫星定位监测外，应在待监测的模板支架附近稳定坚实且视野开阔处设置基准点（或工作基点），其位置标高作为模板支架位移观测的依据。该基准点（或工作基点）应与该工程的测量基准点形成网络，以便校核其位置标高的可靠性。

②位移点设置

位移监测点的布设应在支架的顶部、底部及每5步设置，设置在角部、四边的中部和其他需要了解位移情况的位置。

③内力监测点设置

内力监测点的布设应在受力大的立杆、角部立杆处，在高度区间内测点数量不应少于3个。

（4）监测设备

设备类型：位移监测设备有自动跟踪测量全站仪、三维激光扫描测量仪、位移传感器等。内力监测设备有应力、应变传感器等。

（5）监测要求

①监测点应稳固、明显，应设监测装置和监测点的保护措施。

②监测项目的监测频率应根据支架的规模、周边环境、自然条件、施工阶段等因素确定。位移监测频率不应少于每天1次，内力监测频率不应少于2h一次。混凝土浇筑期间每20min～30min一次。监测数据变化量较大或速率加快时，应提高监测频率。

（6）监测报警

①监测报警值应采用监测项目的累计变化量和变化速率值进行控制，并宜满足表 6-1-3 的规定。

表 6-1-3 监测报警值

监测指标	限 值
内 力	设计计算值或应力比达到 90%
	近 3 次读数平均值的 1.5 倍
水平位移	支架高度的 1/3000；且立杆顶水平位移达到 4mm
	近 3 次读数平均值的 1.5 倍
竖向沉降	架体顶部沉降值达到 7mm

②当出现下列情况之一时，应立即启动安全应急预案：监测数据达到报警值时；支架的荷载突然发生意外变化时；周边场地出现突然较大沉降或严重开裂的异常变化时。

（7）安全措施

当架体变形及应力达到报警值时，不得采取人员进入架体下监测的方法。

（8）监控要求

在混凝土浇筑过程中，应派专人观测模板支架的工作状态。观测人员发现有模板支架构件松动、变形、有声响等异常情况时立即通知混凝土作业人员暂停作业，疏散到安全区域，并马上报告施工负责人，采取处置措施。排除各种安全隐患后，重新进行检查验收，符合要求后方可恢复作业。

高支模架相邻区域有多层楼层时，宜在各楼层配置监控人员，无相邻楼层时应增加监控人员，配备望远镜等。监控人员要在安全且便于实施监控的区域巡查。重点监控浇筑混凝土部位，兼顾其他部位,监控人员要配置联络工具，规定联络方式，做到迅速反馈到位，实现安全逃生。

第二节 扣件式钢管支架

一、基本规定

《建筑施工扣件式钢管脚手架安全技术规范》JGJ 130—2011 规定，立杆伸出顶层水平杆中心线至支撑点的长度 a 不应超过 0.5m。满堂支撑架搭设高度不宜超过 30m。竖向剪刀撑斜杆与地面的倾角应为 45°～60°，水平剪刀撑与支架纵（或横）向夹角应为 45°～60°，满堂支撑架的可调底座、可调托撑螺杆伸出长度不宜超过 300mm，插入立杆内的长度不得小于 150mm。满堂支撑架应在支架的四周和中部与结构柱进行刚性连接，连墙件水平间距应为 6m～9m，竖向间距应为 2m～3m。支撑架高宽比不应大于 3。

二、构造要求

满堂支撑架应根据架体的类型设置剪刀撑，并应符合下列规定：

1.普通型

（1）在架体外侧周边及内部纵、横向每 5m～8m，应由底至顶设置连续竖向剪刀撑，剪刀撑宽度应为 5m～8m，如图 6-2-1 所示。

（2）在竖向剪刀撑顶部交点平面应设置连续水平剪刀撑。当支撑高度超过 8m，或施工总荷载大于 15kN/m²，或集中线荷载大于 20kN/m 的支撑架，扫地杆的设置层应设置水平剪刀撑。水平剪刀撑至架体底平面距离与水平剪刀撑间距不宜超过 8m，如图 6-2-1 所示。

2.加强型

（1）当立杆纵、横间距为 0.9m×0.9m～1.2 m×1.2m 时，在架体外侧周边及内部纵、横向每 4 跨（且不大于 5m），应由底至顶设置连续竖向剪刀撑，剪刀撑宽度应为 4 跨；

（2）当立杆纵、横间距为 0.6m×0.6m～0.9m×0.9m（含 0.6m×0.6m，0.9m×0.9m）时，在架体外侧周边及内部纵、横向每 5 跨（且不小于 3m），应由底至顶设置连续竖向剪刀撑，剪刀撑宽度应为 5 跨；

（3）当立杆纵、横间距为 0.4m×0.4m～0.6m×0.6m（含 0.4m×0.4m）时，在架体外侧周边及内部纵、横向每 3m～3.2m 应由底至顶设置连续竖向剪刀撑，剪刀撑宽度应为 3m～3.2m；

（4）在竖向剪刀撑顶部交点平面应设置水平剪刀撑，扫地杆层设置水平剪刀撑，水平剪刀撑至架体底平面距离与水平剪刀撑间距不宜超过 6m，剪刀撑宽度应为 3m～5m，如图 6-2-2 所示。

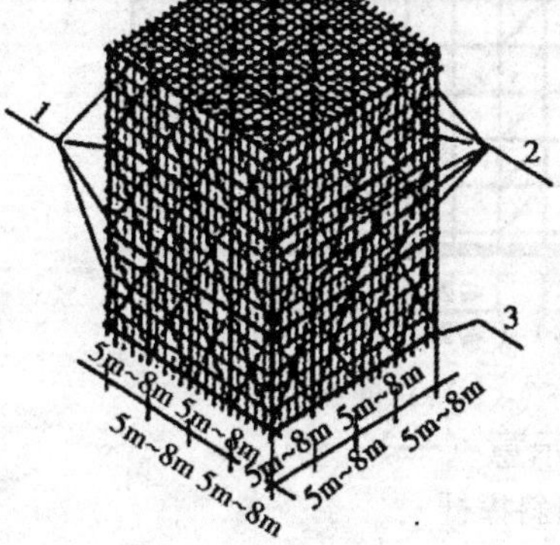

图 6-2-1　普通型水平、竖向剪刀撑布置

1—水平剪刀撑；2—竖向剪刀撑；3—扫地杆设置层

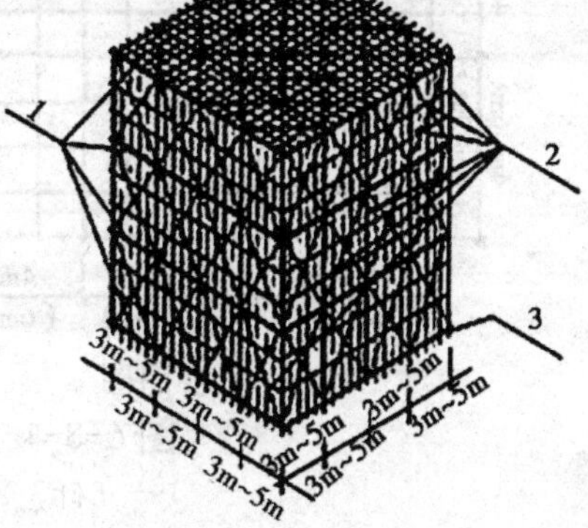

图 6-2-2　加强型水平、竖向剪刀撑构造布置

1—水平剪刀撑；2—竖向剪刀撑；3—扫地杆设置层

第三节　碗扣式钢管支架

一、基本规定

《建筑施工碗扣式钢管脚手架安全技术规范》JGJ 166—2016 规定，碗扣式钢管支撑架立杆顶端可调托撑伸出顶层水平杆的悬臂长度不应超过 650mm。可调托撑和可调底座螺杆插入立杆的长度不得小于 150mm，伸出立杆的长度不宜大于 300mm，安装时其螺杆应与立杆钢管上下同心，且螺杆外径与立杆钢管内径的间隙不应大于 3mm。可调托撑上主楞支撑梁应居中设置，接头宜设置在 U 形托板上，同一断面上主楞支撑梁接头数量不应超过 50%。

二、构造要求

1.当有既有建筑结构时，模板支撑架应与既有建筑结构可靠连接，并应符合下列规定：

（1）连接点竖向间距不宜超过两步，并应与水平杆同层设置；

（2）连接点水平向间距不宜大于 8m；

（3）连接点至架体碗扣主节点的距离不宜大于 300mm；

（4）当遇柱时，宜采用抱箍式连接措施；

（5）当架体两端均有墙体或边梁时，可设置水平杆与墙或梁顶紧。

2. 模板支撑架应设置竖向斜撑杆，并应符合下列规定：

（1）安全等级为Ⅰ级的模板支撑架应在架体周边、内部纵向和横向每隔 4m～6m 各设置一道竖向斜撑杆；安全等级为Ⅱ级的模板支撑架应在架体周边、内部纵向和横向每隔 6m～9m 各设置一道竖向斜撑杆，如图 6-3-1（a）、图 6-3-2（a）所示；

（2）每道竖向斜撑杆可沿架体纵向和横向每隔不大于两跨在相邻立杆间由底至顶连续设置，如图 6-3-1（b）所示；也可沿架体竖向每隔不大于 2 步距采用八字形对称设置，如图 6-3-2（b）所示，或采用等覆盖率的其他设置方式。

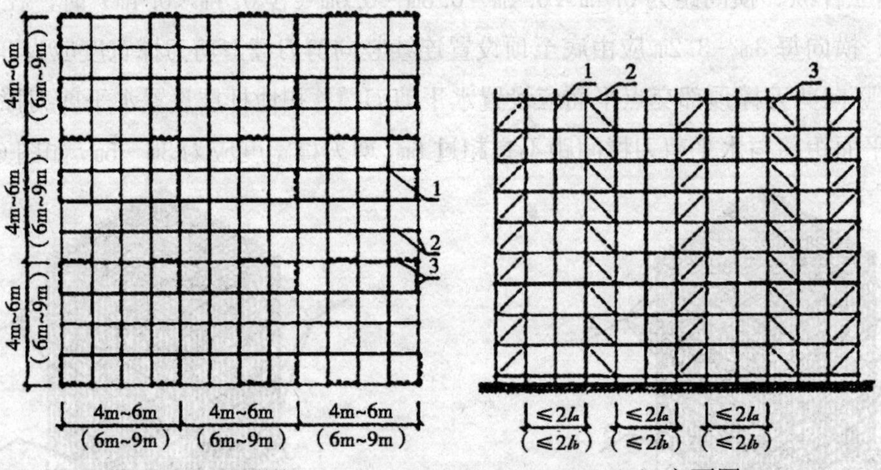

（a）平面图　　（b）立面图

图 6-3-1　竖向斜撑杆布置示意（一）

1—立杆；2—水平杆；3—竖向斜撑杆

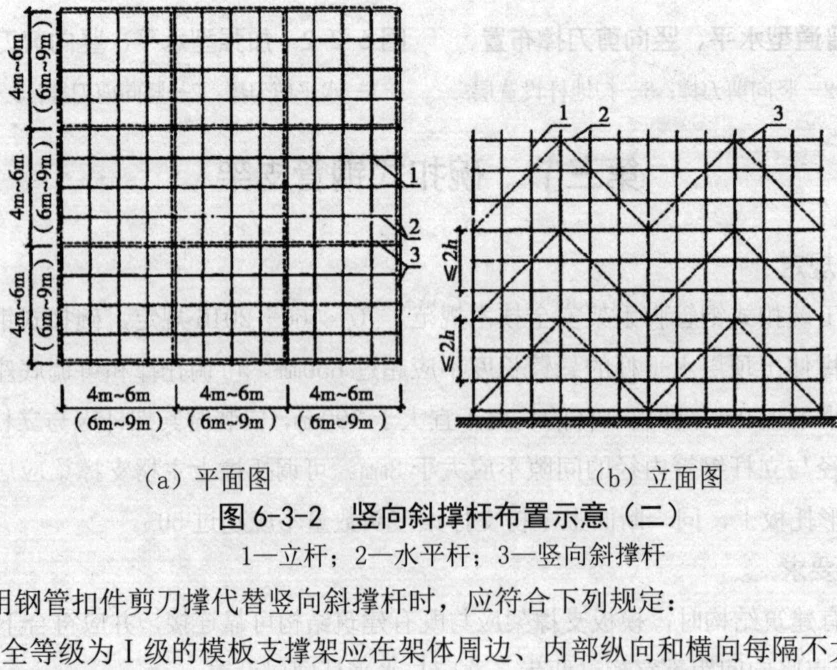

（a）平面图　　（b）立面图

图 6-3-2　竖向斜撑杆布置示意（二）

1—立杆；2—水平杆；3—竖向斜撑杆

3. 当采用钢管扣件剪刀撑代替竖向斜撑杆时，应符合下列规定：

（1）安全等级为Ⅰ级的模板支撑架应在架体周边、内部纵向和横向每隔不大于 6m 设置一道竖向钢管扣件剪刀撑；

（2）安全等级为Ⅱ级的模板支撑架应在架体周边、内部纵向和横向每隔不大于 9m 设置一道竖向钢管扣件剪刀撑；

（3）每道竖向剪刀撑应连续设置，剪刀撑的宽度宜为6m～9m。

4.模板支撑架应设置水平斜撑杆，如图6-3-3所示，并应符合下列规定：

（1）安全等级为Ⅰ级的模板支撑架应在架体顶层水平杆设置层、竖向每隔不大于8m设置一层水平斜撑杆；每层水平斜撑杆应在架体水平面的周边、内部纵向和横向每隔不大于8m设置一道；

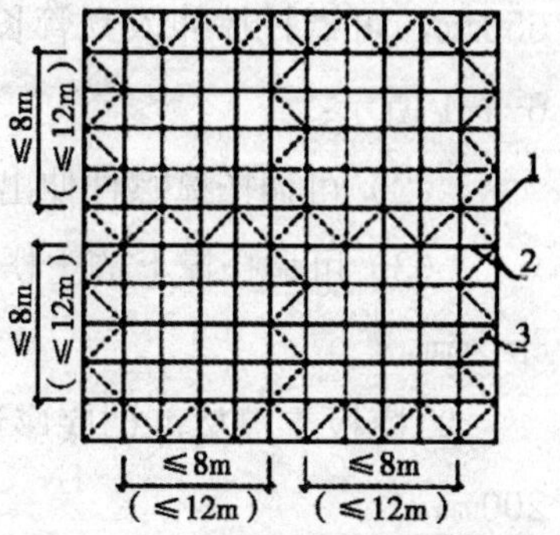

图6-3-3 水平斜撑杆布置

1—立杆；2—水平杆；3—水平斜撑杆

（2）安全等级为Ⅱ级的模板支撑架宜在架体顶层水平杆设置层设置一层水平剪刀撑；水平斜撑杆应在架体水平面的周边、内部纵向和横向每隔不大于12m设置一道；

（3）水平斜撑杆应在相邻立杆间呈条带状连续设置。

5.当采用钢管扣件剪刀撑代替水平斜撑杆时，应符合下列规定：

（1）安全等级为Ⅰ级的模板支撑架应在架体顶层水平杆设置层、竖向每隔不大于8m设置一道水平剪刀撑；

（2）安全等级为Ⅱ级的模板支撑架宜在架体顶层水平杆设置层设置一道水平剪刀撑；

（3）每道水平剪刀撑应连续设置，剪刀撑的宽度宜为6m～9m。

6.当模板支撑架同时满足下列条件时，可不设置竖向及水平向的斜撑杆和剪刀撑：

（1）搭设高度小于5m，架体高宽比小于1.5；

（2）被支承结构自重面荷载标准值不大于5kN/m²，线荷载标准值不大于8kN/m；

（3）架体按《建筑施工碗扣式钢管脚手架安全技术规范》JGJ 166—2016的构造要求与既有建筑结构进行了可靠连接；

（4）场地地基坚实、均匀，满足承载力要求。

7.独立的模板支撑架高宽比不宜大于3；当大于3时，应采取下列加强措施。

（1）将架体超出顶部加载区投影范围向外延伸布置2跨～3跨，将下部架体尺寸扩大；

（2）按《建筑施工碗扣式钢管脚手架安全技术规范》JGJ 166—2016的构造要求将架体与既有建筑结构进行可靠连接；

（3）当无建筑结构进行可靠连接时，宜在架体上对称设置缆风绳或采取其他防倾覆的措施。

第四节 轮扣式钢管支架

一、基本规定

《轮扣式钢管脚手架安全技术标准》DBJ04/T 400—2020规定，安全等级为Ⅰ级的模板支撑架应组织专家对专项施工方案进行论证。

1.可调托撑的设置应符合下列规定：

（1）立杆伸出顶层水平杆的悬臂长度不应大于650mm，可调托撑伸入立管长度≥150mm，设置形式如图6-4-1所示；

（2）可调托撑螺杆伸出立杆长度不超过300mm；

（3）可调托撑上的主楞梁应居中，其间隙每边不大于2mm。

2.模板支撑架可调底座调节丝杆外露长度不宜大于200mm。

3.同一区域立杆纵向间距应成倍数关系，并按照先主梁、再次梁、后（楼）板的顺序排列，使梁板架体通过水平杆纵横拉结形成整体，模数不匹配位置应确保水平杆两侧延伸至少扣接两根轮扣立杆。

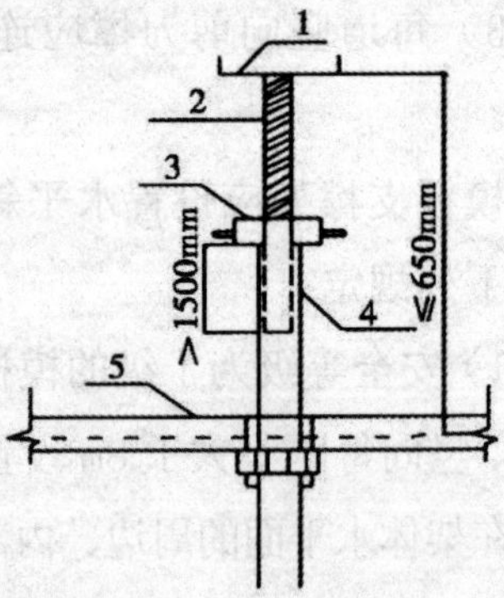

图6-4-1　可调托撑伸出顶层水平杆悬臂长度

1—可调托撑；2—螺杆；3—调位螺母；4—立杆；5—水平杆

二、构造要求

1.立杆的构造应符合下列规定：

（1）立杆间距不得大于1.2m；

（2）立杆的底部宜设置可调底座或垫板；

（3）立杆接头应采用带专用外套管的立杆连接，外套管开口朝下；

（4）在同一水平高度内相邻立杆连接位置宜错开，错开高度不宜小于600mm；

（5）当立杆基础不在同一高度时，应综合考虑配架组合或采用扣件式钢管杆件连接搭设。

2.模板支撑架每排每列立杆之间应采用水平杆连接，水平杆布置应符合下列规定：

（1）支架水平杆必须按步纵横向通长连续设置，不得缺失；

（2）支架应设置纵向和横向扫地杆，在立杆的最底部轮扣盘处设置一道水平杆作为扫地杆，扫地杆的高度不应超过550mm；

（3）水平杆的步距不得大于1.8m；

（4）在立杆最顶端轮扣盘处设置一道水平杆作为封顶杆，封顶杆距离可调托撑托板顶不应超过650mm；

（5）模板支撑架的纵横向水平杆通长连续设置，当支撑立杆的间距尺寸与水平杆长度模数不匹配时，应增设扣件式钢管立杆及水平杆，将支撑架连成整体。

3.模板支撑架的剪刀撑设置应符合下列要求：

（1）搭设高度小于5m（含5m）的模板支撑架且与周边结构无可靠拉结时，架体外围及内部应在竖向连续设置扣件式剪刀撑；

（2）搭设高度大于5m且不超过8m时，架体外围及内部应在竖向连续设置扣件式剪刀撑，并在顶层、底层及中间层不大于6个步距和6m设置扣件式钢管水平剪刀撑，剪刀撑的搭设方式应按相关要求执行；

（3）当架体高度大于8m时，架体外围及内部应在竖向连续设置扣件式剪刀撑，顶层、底层及中间层不大于6个步距和6m设置扣件式钢管水平剪刀撑，支撑架的顶层水平杆步距宜比中间标准步距缩小一个轮扣间距；

（4）剪刀撑连接方式如图 6-4-2（a）、图 6-4-2（b）所示；竖向剪刀撑的宽度为 6m、且不大于 6 跨，水平剪刀撑的竖向间距不大于 6 步、且不大于 6m，剪刀撑与水平杆的夹角宜为 45°～60°；架体高度大于 3 倍的步距时，架体顶部应设置一道水平扣件式钢管剪刀撑，剪刀撑应延伸至周边；

（5）扣件式剪刀撑斜杆的接长应采用搭接，搭接长度不应小于 1m，并应采取不少于 2 个旋转扣件固定。端部扣件盖板的边缘至杆端距离不小于 100mm。

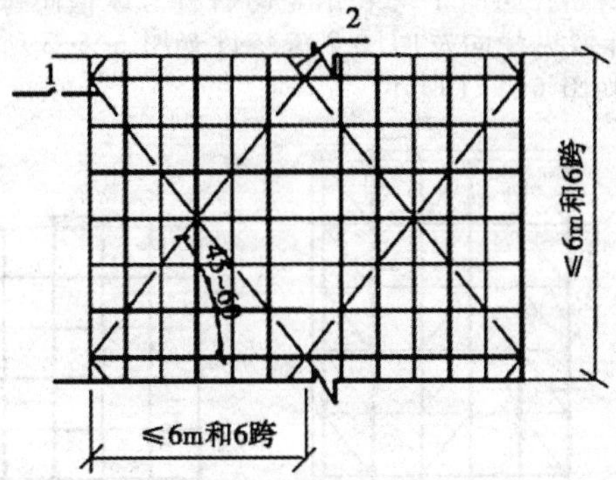

（a）立面示意

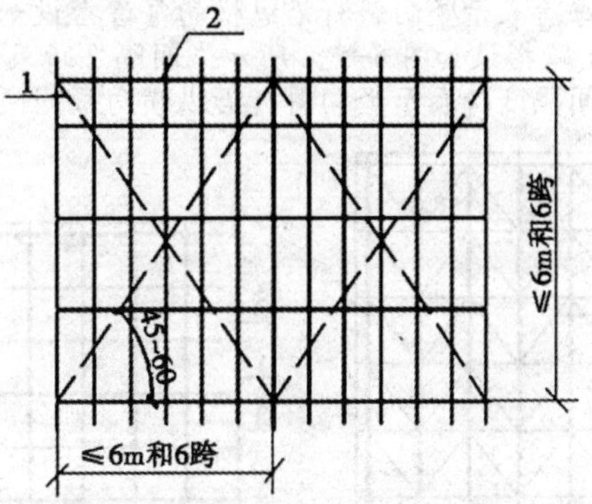

（b）平面示意

图 6-4-2　剪刀撑连接方式

1—竖向剪刀撑；2—水平剪刀撑

第五节　承插型盘扣式钢管支架

一、基本概念

《建筑施工承插型盘扣式钢管脚手架安全技术标准》JGJ/T 231—2021 规定，承插型盘扣式钢管脚手架根据使用用途可分为支撑脚手架和作业脚手架。立杆之间采用外套管或内插管连接，水平杆和斜杆采用杆端扣接头卡入连接盘，用楔形插销连接，能承受相应的荷载，并具有作业安全和防护功能的结构架体，简称脚手架。

二、构造要求

1. 支撑架的高宽比宜控制在 3 以内，高宽比大于 3 的支撑架应与既有结构进行刚性连接或采取增加抗倾覆措施。对标准步距为 1.5m 的支撑架，应根据支撑架搭设高度、支撑架型号及立杆轴向力设计值进行竖向斜杆布置，竖向斜杆布置型式选用应符合表 6-5-1、表 6-5-2 的规定。

表 6-5-1　标准型（B 型）支撑架竖向斜杆布置型式

立杆轴力设计值 N（kN）	搭设高度 H（m）			
	$H \leqslant 8$	$8 < H \leqslant 16$	$16 < H \leqslant 24$	$H > 24$
$N \leqslant 25$	间隔 3 跨	间隔 3 跨	间隔 2 跨	间隔 1 跨
$25 < N \leqslant 40$	间隔 2 跨	间隔 1 跨	间隔 1 跨	间隔 1 跨
$N > 40$	间隔 1 跨	间隔 1 跨	间隔 1 跨	每跨

表 6-5-2　重型（Z 形）支撑架竖向斜杆布置型式

立杆轴力设计值 *N*（kN）	搭设高度 *H*（m）			
	H≤8	8＜*H*≤16	16＜*H*≤24	*H*＞24
N≤40	间隔 3 跨	间隔 3 跨	间隔 2 跨	间隔 1 跨
40＜*N*≤65	间隔 2 跨	间隔 1 跨	间隔 1 跨	间隔 1 跨
N＞65	间隔 1 跨	间隔 1 跨	间隔 1 跨	每跨

注：1. 立杆轴力设计值和脚手架搭设高度为同一独立架体内的最大值；
2. 每跨表示竖向斜杆沿纵横向每跨搭设如图 6-5-1 所示；间隔 1 跨表示竖向斜杆沿纵横向每间隔 1 跨搭设如图 6-5-2 所示；间隔 2 跨表示竖向斜杆沿纵横向每间隔 2 跨搭设如图 6-5-3 所示；间隔 3 跨表示竖向斜杆沿纵横向每间隔 3 跨搭设如图 6-5-4 所示。

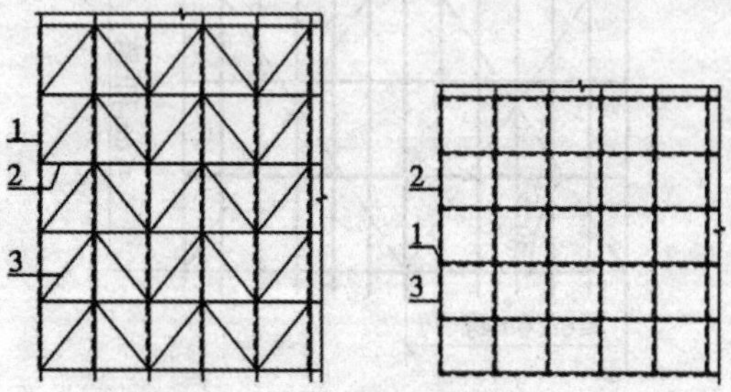

（a）立面图　（b）平面图

图 6-5-1　每跨型式支撑架斜杆设置

1—立杆；2—水平杆；3—竖向斜杆

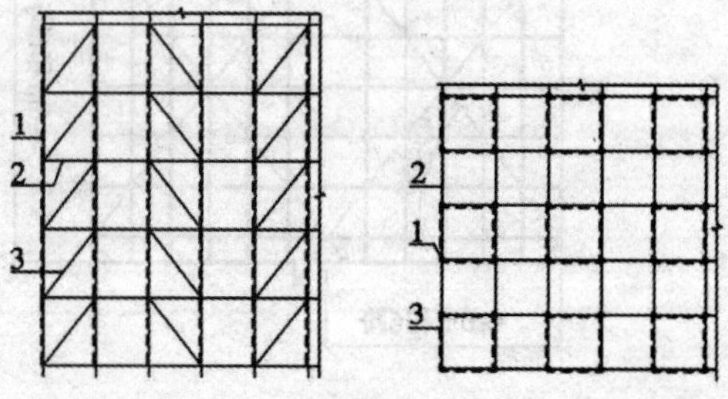

（a）立面图　（b）平面图

图 6-5-2　间隔 1 跨型式支撑架斜杆设置

1—立杆；2—水平杆；3—竖向斜杆

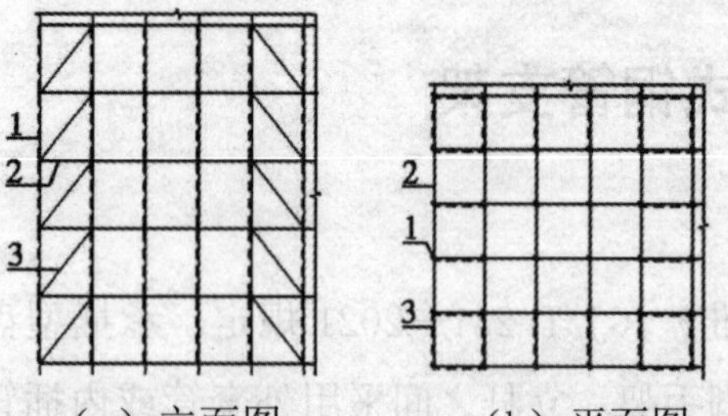

（a）立面图　（b）平面图

图 6-5-3　间隔 2 跨型式支撑架斜杆设置

1—立杆；2—水平杆；3—竖向斜杆

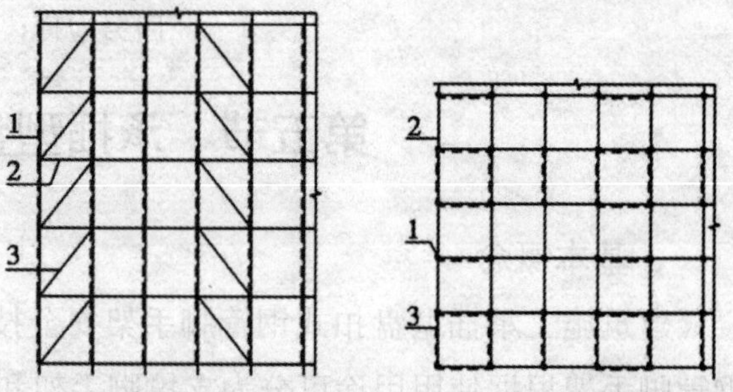

（a）立面图　（b）平面图

图 6-5-4　间隔 3 跨型式支撑架斜杆设置

1—立杆；2—水平杆；3—竖向斜杆

2. 当支撑架搭设高度大于 16m 时，顶层步距内应每跨布置竖向斜杆。

3. 支撑架可调托撑伸出顶层水平杆或双槽托梁中心线的悬臂长度不应超过 650mm，且丝杆外露长度不应超过 400mm，可调托撑插入立杆或双槽托梁长度不得小于 150mm。

4. 支撑架可调底座丝杆插入立杆长度不得小于 150mm，丝杆外露长度不宜大于 300mm，作为扫地杆的最底层水平杆中心线高度离可调底座的底板高度不应大于 550mm。

5. 当支撑架搭设高度超过 8m，有既有建筑结构时，应沿高度每间隔 4～6 个步距与周围已建成的结构进行可靠拉结。

6. 支撑架应沿高度每隔 4～6 个标准步距应设置水平剪刀撑，并应符合现行行业标准《建筑施工扣件式钢管脚手架安全技术规范》JGJ 130 中钢管水平剪刀撑的相关规定。

7. 当以独立塔架形式搭设支撑架时，应沿高度间隔 2～4 个步距与相邻的独立塔架水平拉结。

8. 当支撑架架体内设置与单支水平杆同宽的人行通道时，可间隔抽除第一层水平杆和斜杆形成施工人员进出通道，与通道正交的两侧立杆间应设置竖向斜杆；当支撑架架体内设置与单支水平杆不同宽人行通道时，应在通道上部架设支撑横梁，横梁的型号及间距应依据荷载确定。

第六节　承插型键槽式钢管支架

一、概念及组成

《建筑施工键插接式钢管支架安全技术规程》DBJ04/T 329—2016 规定，承插型键槽式钢管支架是由立杆、水平杆、斜杆、可调底座及可调顶撑（托座）等构配件构成的几何不变体系钢管支架，如图 6-6-1 所示。

立杆：杆上焊接或压接有插座和连接套管的竖向支撑杆件。

立杆连接套管：焊接或压接于立杆一端，用于立杆竖向接长的专用外套管。

水平杆：两端有插头，与立杆承插连接的水平杆件。

水平斜杆：两端有插头，与立杆承插连接的水平斜向杆件。

竖向斜杆：杆端扁平，通过带键销的活动插座与立杆连接的竖向斜杆。

可调顶撑是竖向安装在立杆顶部，可调节高度，顶部没有自由端的顶撑，可调顶撑由丝杆、调节螺母、活动插座、承重龙骨杆件等组成，顶端没有自由端，如图 6-6-2 所示。

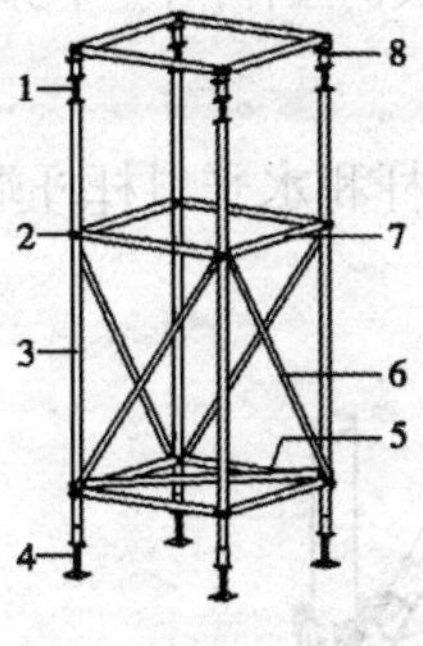

图 6-6-1　承插型键槽式模板支架

1—可调顶撑（托座）；2—承插节点；3—立杆；4—可调底座；5—水平斜杆；6—竖向斜杆；7—水平杆；8—敲击式早拆头

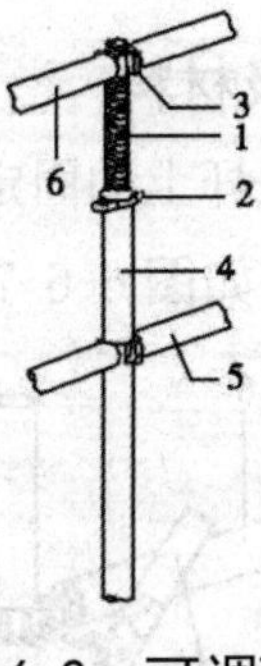

图 6-6-2　可调顶撑

1—丝杆；2—调节螺母；3—活动插座；4—立杆；5—水平杆；6—承重龙骨杆件

可调托座是竖向安装在立杆顶部，可调节高度，顶部有自由端的顶托。可调托座由丝杆、调节螺母、托座等组成，顶端有自由端，如图 6-6-3 所示。

可调底座是竖向安装在立杆底部可调节高度的底座。可调底座由丝杆、可调螺母、底板组成，如图 6-6-4 所示。

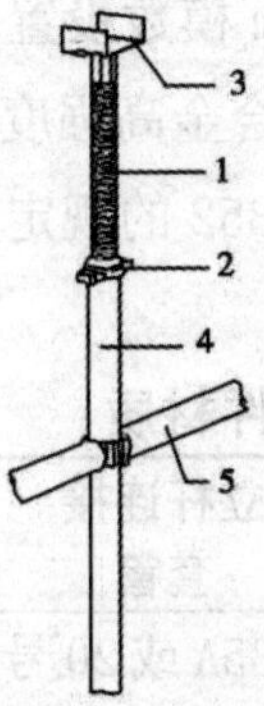

图 6-6-3　可调托座

1—丝杆；2—调节螺母；3—托座；4—立杆；5—水平杆

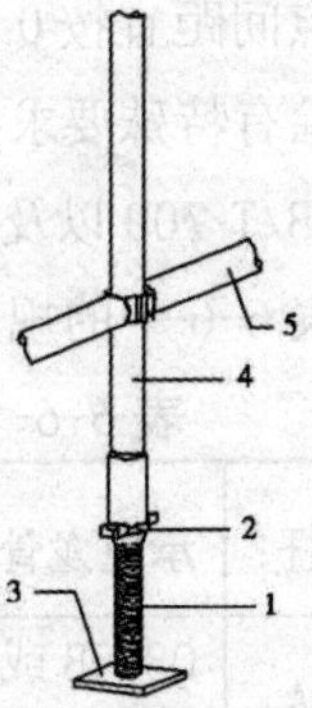

图 6-6-4　可调底座

1—丝杆；2—调节螺母；3—底板；4—立杆；5—水平杆

三角托架是为解决边梁支撑，与立杆上插座承插连接的侧边悬挑三角形钢管焊接件。固定半扣件的一边焊接在三角托架上，另一边与立杆通过螺栓连接，如图 6-6-5 所示。

敲击式早拆头是设于模板支架顶端，由早拆卡环、可调顶撑、立杆等组成，能通过敲击早拆卡环，使支架顶部水平杆落下，达到早拆目的，如图 6-6-6 所示。

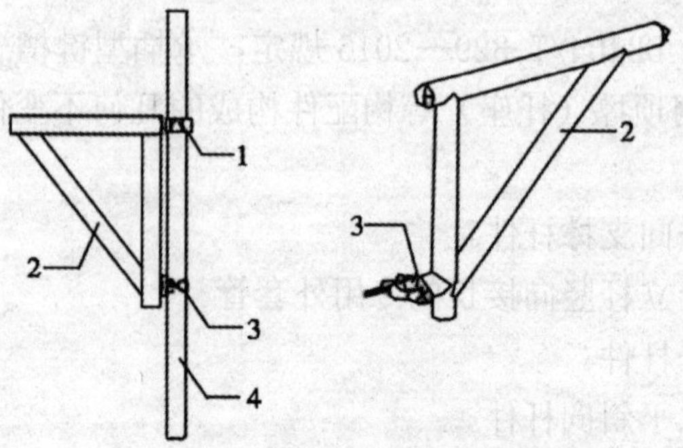

图 6-6-5　三角托架

1—插座；2—三角托架；3—固定半扣件；4—立杆

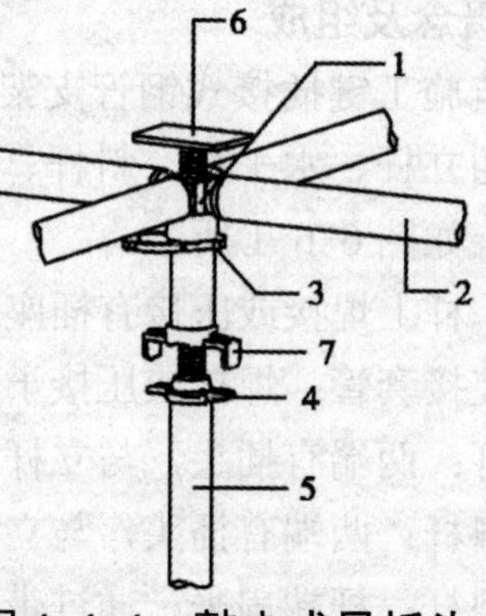

图 6-6-6　敲击式早拆头

1—活动插座；2—水平杆；3—早拆卡环；4—调节螺母；5—立杆；6—带顶板的丝杆；7—早拆调节螺母

二、构配件及材料

键槽节点由立杆上的固定插座、带键销的可调插座、水平杆和水平斜杆杆端插头、竖向斜杆扁平杆端组成，如图 6-6-7 所示。

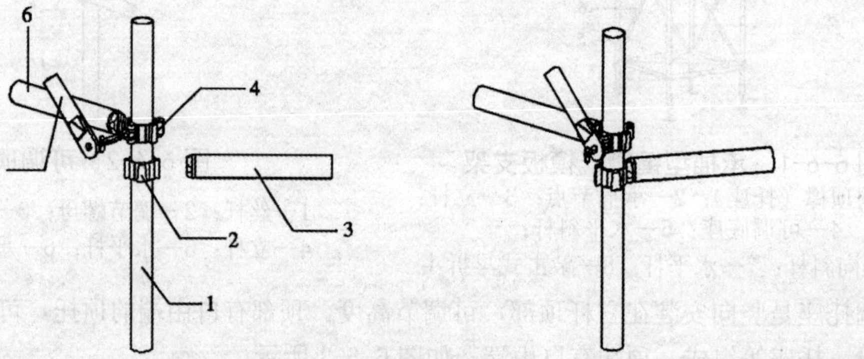

图 6-6-7　键槽节点

1—立杆；2—固定插座；3—水平杆；4—带键销的可调插座；5—竖向斜杆；6—水平斜杆

立杆键槽节点间距宜按 0.5m 模数设置；水平杆长度宜按 0.3m 模数设置。承插型键槽式钢管支架的构配件除有特殊要求外，其材质应符合现行国家标准《低合金高强度结构钢》GB/T 1591、《碳素结构钢》GB/T 700 以及《一般工程用铸造碳钢件》GB/T 11352 的规定，各类支架主要构配件材质应符合表 6-6-1 的规定。

表 6-6-1　承插型键槽式钢管支架主要构配件材质

立杆	水平杆	承重龙骨	竖向斜杆	水平斜杆	插头、插座	立杆连接套管	丝杆	调节螺母
Q235B 或 Q345B	Q235A	Q345B 或 Q235A	Q195	Q235B	ZG230-450	Q235A 或 20 号无缝钢管	Q235A	ZG230-450

钢管外径允许偏差应符合表 6-6-2 的规定，钢管壁厚允许偏差应为±0.1mm。

表 6-6-2　钢管外径允许偏差（mm）

外径 *D*	外径允许偏差
33、38、48	+0.2 -0.1
60	+0.3 -0.1

插座的高度不得小于 37mm，允许尺寸偏差应为±0.5mm；壁厚不得小于 3mm，允许尺寸偏差应为±0.2mm；插头外径不得小于 48mm，允许尺寸偏差应为±0.5mm；杆头端板厚度不得小于 4.5mm，允许尺寸偏差应为±0.2mm。

立杆连接套管与立杆的连接方式可采用焊接或压接。采用焊接方式时，立杆连接套管长度不应小于 120mm；采用压接时，长度不应小于 140mm，可插入长度不应小于 95mm。套管内径与立杆钢管外径间隙不应大于 2mm。

插座与立杆焊接或压接固定时，插座圆心与立杆轴心的不同轴度不应大于 0.2mm；以插座锥形键外侧面为测点，插座与立杆纵轴线正交的垂直度偏差不应大于 0.3mm。可调底座、可调顶撑（托座）的丝杆宜采用梯形牙，实心丝杆公称直径不得小于 30mm，空心丝杆公称直径不得小于 38mm。

可调底座的底板和可调托座的托板宜采用 Q235 钢板制作，厚度不应小于 5mm，允许尺寸偏差应为±0.2mm，承力面钢板长度和宽度均不应小于 150mm；承力面钢板与丝杆应采用环焊，并应设置加劲片；可调托座的托板应设置开口挡板，挡板高度不应小于 30mm。

可调底座、可调顶撑（托座）的丝杆与可调螺母旋合长度不得小于 4 扣，可调螺母厚度不得小于 30mm。

构配件外观质量应符合以下要求：

1. 钢管应无裂纹、凹陷、锈蚀，不得采用对接焊接钢管。

2. 钢管应平直，直线度允许偏差为管长的 1/500，两端面应平整，不得有斜口、毛刺。

3. 铸件表面应光整，不得有砂眼、缩孔、裂纹、浇冒口残余等缺陷，表面粘砂应清除干净。

4. 冲压件不得有毛刺、裂纹、氧化皮等缺陷。

5. 各焊缝应饱满，焊药清除干净，不得有未焊透、夹砂、咬肉、裂纹等缺陷。

6. 可调底座和可调顶撑（托座）的表面宜浸漆或冷镀锌，涂层应均匀、牢固；架体杆件及其他构配件表面应热镀锌或涂刷防锈漆，表面应光滑，在连接处不得有毛刺、滴瘤和多余结块。

7. 主要构配件上的生产厂标识应清晰。

三、构造要求

1. 立杆

模板支架应根据施工方案计算得出的立杆排架尺寸选用定长的水平杆，并应根据支撑高度组合套插的立杆段、可调顶撑、可调托座和可调底座。对长条状的独立高支模架，架体总高度与架体的宽度之比 H/B 不宜大于 3。模板支架立杆间距不大于 1500mm，步距不应大于 1800mm。高大模板支架最顶层的水平杆步距应比标准步距缩小一个盘扣距离。立杆长度根据支模高度选用相应的体系，通过可调底座或垫板与地面相接。

可调顶撑插入立杆内的丝杆长度不应小于 150mm，按可调顶撑的型号、规格键入连接水平杆或承重龙骨杆件，消除支撑体系顶端自由端，形成一个整体网格结构。承插型键槽式钢管支架立杆顶部插入可调顶撑，顶部连接水平杆，无自由端，架体稳定性得到保证。如图 6-6-8 所示。

如采用可调托座的形式，可调托座伸出顶层水平杆的悬臂长度严禁超过 650mm，且丝杆外露长度严禁超过 400mm，可调托座插入立杆长度不得小于 150mm，如图 6-6-9 所示。

模板支架可调底座调节丝杆外露长度不应大于 300mm，作为扫地杆的最底层水平杆离地高度不应大于 550mm。当单肢立杆荷载设计值不大于 40kN 时，底层的水平杆步距可按标准步距设置，且应设置竖向斜杆；当单肢立杆荷载设计值大于 40kN 时，底层的水平杆应比标准步距缩小一个键槽节点间距，且应设置竖向斜杆，如图 6-6-10 所示。

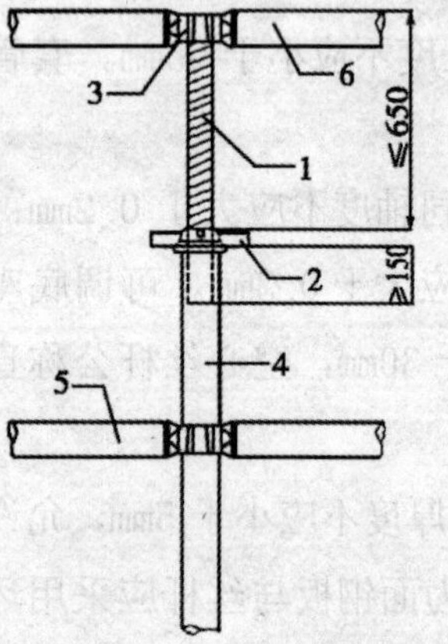

图 6-6-8　可调顶撑

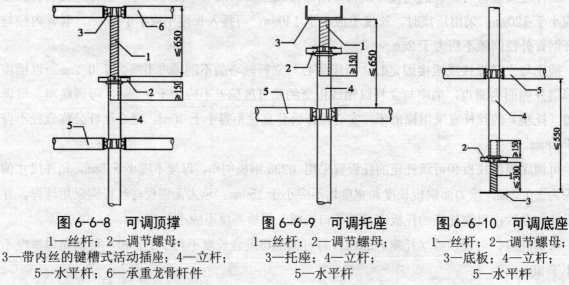

1—丝杆；2—调节螺母；3—带内丝的键槽式活动插座；4—立杆；5—水平杆；6—承重龙骨杆件

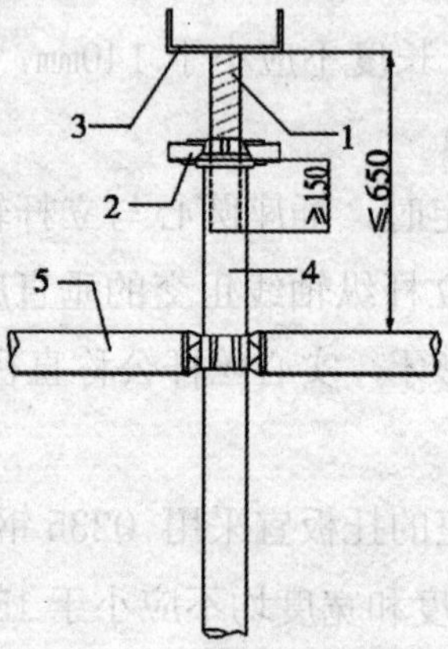

图 6-6-9　可调托座

1—丝杆；2—调节螺母；3—托座；4—立杆；5—水平杆

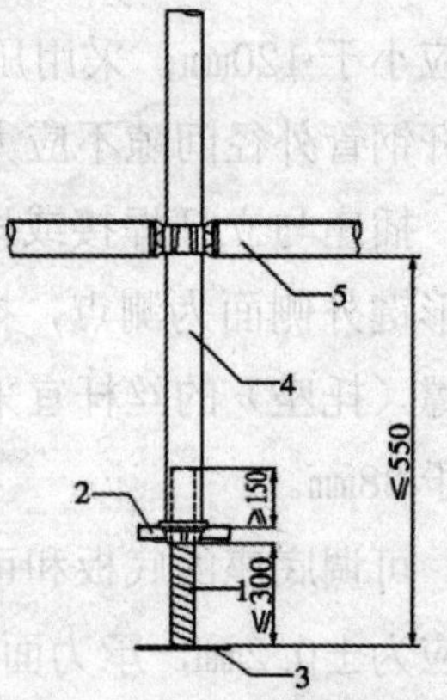

图 6-6-10　可调底座

1—丝杆；2—调节螺母；3—底板；4—立杆；5—水平杆

2. 扫地杆

模板支架应设置扫地杆，扫地杆通过插座固定在距立杆底端不大于 300mm 处的立杆上。当模板支架立杆基础不在同一高度上时，必须将高处的纵向扫地杆向低处延长两跨与立杆固定，高低差不应大于 1m。靠边坡上方的立杆轴线到边坡的距离不应小于 500mm，如图 6-6-11 所示。

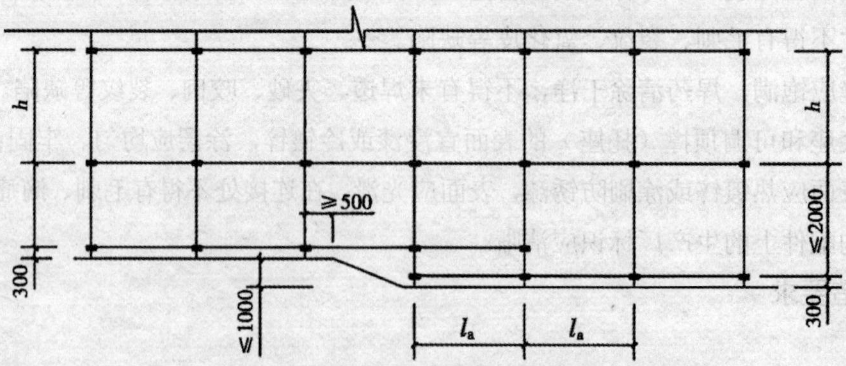

图 6-6-11　纵、横向扫地杆构造

1—扫地杆；2—立杆；3—水平杆

3. 斜杆

当搭设高度不超过 8m 的满堂支模架时，步距不应超过 1.8m，支架架体四周外立面向内的第一跨，每步均应设置竖向斜杆，架体整体底层以及顶层均应设置竖向斜杆，并应在架体内部区域每隔 5 跨由底至顶纵、横向均设置竖向斜杆。当架体的高度不超过 4 个步距时，可不设置顶层水平斜杆；当架体高度超过 4 个步距时，应设置顶层水平斜杆，如图 6-6-12 所示。

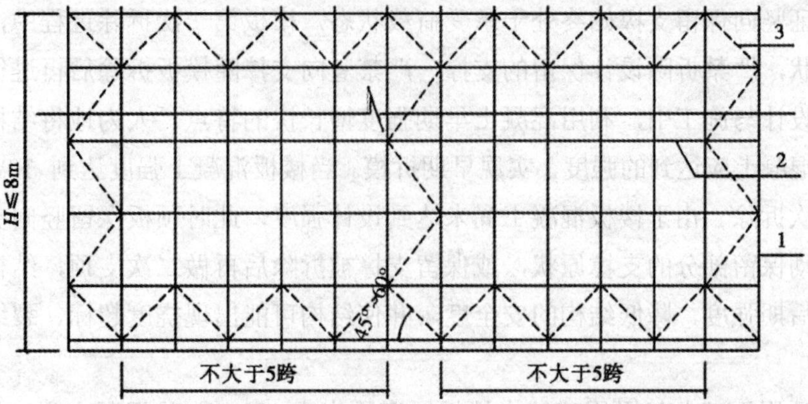

图 6-6-12　满堂架高度不大于 8m 斜杆设置立面图

1—立杆；2—水平杆；3—斜杆

当搭设高度超过 8m 的满堂模板支架时，支架架体四周外立面竖向斜杆应满布设置，并应在架体内部区域每隔 5 跨由底至顶纵、横向均应设置竖向斜杆，水平杆的步距不得大于 1.8m，沿高度每隔 4～6 个标准步距应设置水平斜杆。周边有结构物时，宜与周边结构形成可靠拉结，如图 6-6-13 所示。

当模板支架搭设成无侧向拉结的独立塔状支架时，架体每个侧面每步距应设竖向斜杆。当有防扭要求时，在顶层及每隔 3～4 个步距增设水平斜杆，如图 6-6-14 所示。

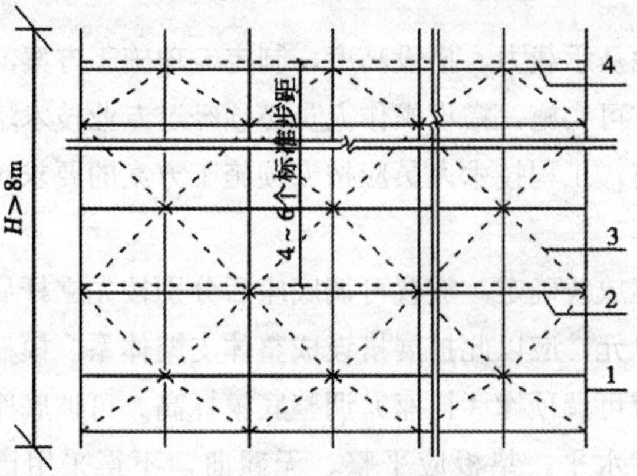

图 6-6-13　满堂架高度大于 8m 斜杆设置立面图

1—立杆；2—水平杆；3—竖向斜杆；4—水平斜杆

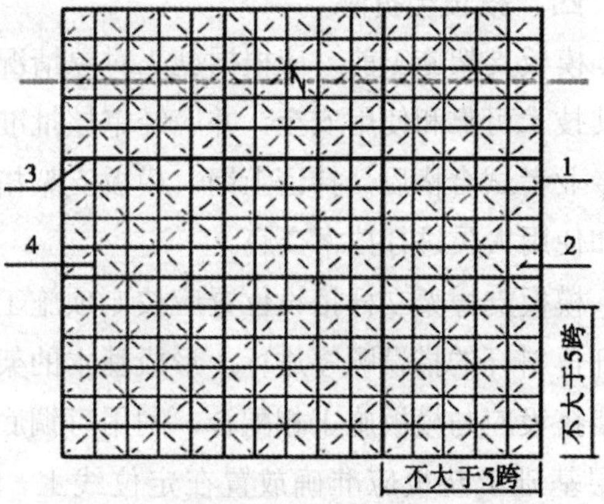

图 6-6-14　满堂架高度大于 8m 斜杆设置平面图

1—竖向斜杆；2—水平斜杆；3—横向斜杆；4—水平杆

竖向斜杆在同一跨内呈“Z”形布置；在相邻跨内交叉布置；竖向斜杆布置在水平杆和立杆的外侧。竖向斜杆与地面的倾角应在 45°～60°之间。水平斜杆在同一跨内交叉布置；在相邻跨内呈“Z”形布置；水平斜杆布置在水平杆的上侧。

4. 早拆支撑

早拆支撑由敲击式早拆头和立杆、横杆等组成，是可实施一次支撑，两次分别拆除的模板支撑系统。早拆支撑由承插型键槽式钢管支架结合专门配套设计的敲击式早拆头组成。早拆支撑中立杆底端通过可调底座或垫板与楼地面相接；水平杆、水平斜杆、竖向斜杆通过插座与立杆连接形成几何不变体系；早拆支撑顶端安装配套设计的敲击式早拆头实现早拆。

早拆支撑的设计与施工，必须保证第一次拆除模架后，支撑体系与结构荷载传递可靠。模板早拆必须保证竖向保留支撑始终处于承受荷载状态，模板第一次拆除过程中，严禁扰动保留部分的支撑原状，严禁拆除设计保留的支撑，严禁竖向支撑随模板拆除后再进行二次支顶。现浇混凝土楼板设计与施工中，利用混凝土早期强度增长快的特点，人为地将结构跨度减小，从而降低拆模时混凝土应达到的强度，实现早期拆模。当楼板混凝土强度达到 10MPa 后，可以实施模架的第一次拆除。由于楼板混凝土尚未达到设计强度，此时顶板保留竖向支撑支顶不牢，或在拆除时扰动保留部分的支撑原状，或保留支撑被拆除后再做二次支顶，结构受到扰动，会影响混凝土的后期强度，降低结构的安全度，并使结构可能出现挠度超标、裂缝超标等混凝土缺陷。

早拆支撑适用于工业与民用建筑中楼板厚度不小于 100mm，且混凝土强度等级不低于 C20 的现浇钢筋混凝土楼板施工。不适用于预应力楼板的施工。早拆支撑承受竖向荷载力的最低设计值不应小于 25kN。根据早拆模板的竖向支撑的纵横间距，考虑楼板自重荷载、模板恒载、施工荷载等进行计算，早拆支撑承受竖向荷载力的最低设计值不应小于 25kN。

早拆支撑应根据工程的施工图纸、施工组织设计进行设计，确定模板与支撑的数量、模板拆除后竖向支撑的保留数量，并由技术主管部门审核批准。早拆支撑设计应明确标注第一次拆除模架时保留的支撑。早拆模板设计应保证上、下层支撑位置对应准确。第一次拆除模架后保留的竖向支撑间距应不大于 2m。

四、搭设与拆除

模板支架施工前，应根据施工对象情况、地基承载力、搭设高度，制定专项施工方案，保证其技术可靠和使用安全，并应经审核批准后方可实施。搭设操作人员必须经过专业技术培训和专业考试合格后，持证上岗。模板支架搭设前，工程技术人员应按专项施工方案的要求对搭设和使用人员进行技术交底。

模板支撑架立杆搭设位置应按专项施工方案放线确定，放置可调底座后分别按先立杆后水平杆再斜杆的搭设顺序进行，形成基本的架体单元，应以此扩展搭设成整体支架体系。模板支撑架搭设应与模板施工相配合，利用可调底座或可调顶撑（托座）调整底模标高。可调底座和土层基础上垫板应准确放置在定位线上，保持水平。垫板应平整、无翘曲，不得采用已开裂垫板。

建筑楼板多层连续施工时，应保证上下层支撑立杆在同一轴线上。每搭完一步支模架后，应及时校正水平杆步距，立杆的纵、横距，立杆的垂直偏差和水平杆的水平偏差。立杆的垂直偏差不应大于模板支架总高度的 1/500，且不得大于 50mm。

早拆支撑铺设模板前，利用早拆支撑的可调顶撑或可调托座将主、次龙骨及顶托调整到方案设计标高，早拆装置的支撑顶板与现浇结构混凝土模板支顶到位，目测不可有空隙，确保早拆装置受力的二次转换，保证拆模后楼板平整。

架体拆除时应按专项施工方案设计的拆除顺序进行。拆除作业应该按先搭后拆的原则，从顶层开始，逐层向下进行，严禁上下层同时拆除，严禁抛掷。

早拆支撑当施工层无过量施工荷载时，方可进行下层第一次模架拆除。模架第一次拆除过程中，严禁扰动保留部分的支撑原状，严禁拆除设计保留的支撑，严禁竖向支撑随模板拆除后再进行二次支顶。

早拆支撑安装的允许偏差应符合表 6-6-3 的规定。

表 6-6-3 早拆支撑安装的允许偏差

序 号	项 目	允许偏差	检验方法
1	支撑立柱垂直度允许偏差	≤层高的 1/300	吊线、钢尺检查
2	上下层支撑立杆定位偏差	＜30mm	钢尺检查

第七节 铝合金模板及支架

《组合铝合金模板工程技术规程》JGJ 386—2016 规定，铝合金模板是由铝合金材料制作而成的模板，包括平面模板和转角模板等。支撑是用于支撑铝合金模板、加强模板整体刚度、调整模板垂直度、承受模板传递的荷载的部件，包括可调钢支撑、斜撑、背楞、柱箍等。早拆装置是由早拆头、早拆铝梁、快拆锁条等组成，安装在竖向支撑上，可将模板及早拆铝梁降下，实现先行拆除模板的装置。

一、墙柱模板

墙柱模板采用对拉螺栓连接时，最底层背楞距离地面、外墙最上层背楞距离板顶不宜大于 300mm，内墙最上层背楞距离板顶不宜大于 700mm，如图 6-7-1 所示；除应满足计算要求外，背楞竖向间距不宜大于 800mm，对拉螺栓横向间距不宜大于 800mm，如图 6-7-2 所示。转角背楞及宽度小于 600mm 的柱箍，如图 6-7-3 所示，宜一体化，相邻墙肢模板宜通过背楞连成整体。

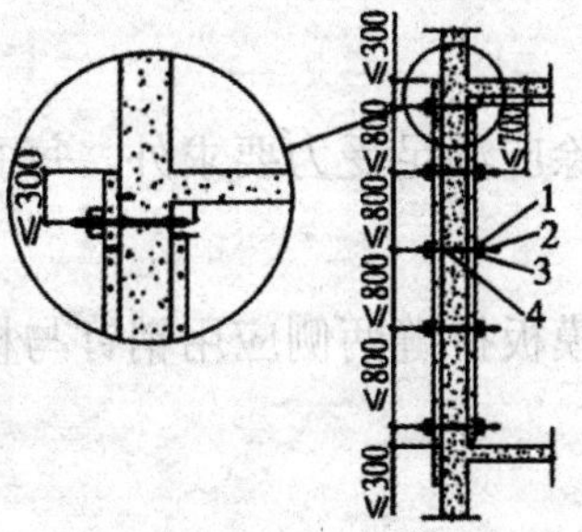

图 6-7-1 外墙背楞布置大样示意

1—背楞；2—对拉螺栓；3—对拉螺栓垫片；4—对拉螺栓套管

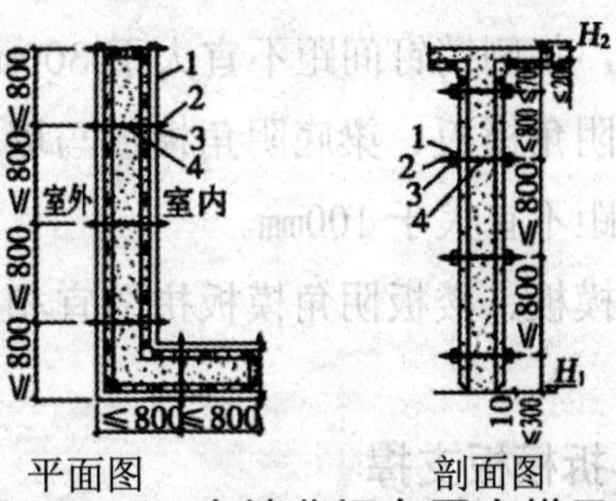

图 6-7-2 内墙背楞布置大样示意

1—背楞；2—对拉螺栓；3—对拉螺栓垫片；4—对拉螺栓套管

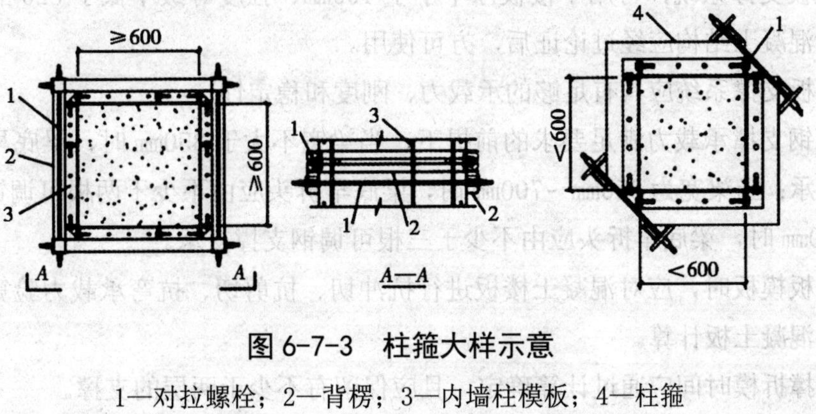

图 6-7-3 柱箍大样示意

1—对拉螺栓；2—背楞；3—内墙柱模板；4—柱箍

当设置斜撑时，墙斜撑间距不宜大于 2000mm，长度大于等于 2000mm 的墙体斜撑不应少于两根，柱模板斜撑间距不应大于 700mm，当柱截面尺寸大于 800mm 时，单边斜撑不宜少于两根。斜撑宜着力于竖向背楞，如图 6-7-4 所示。

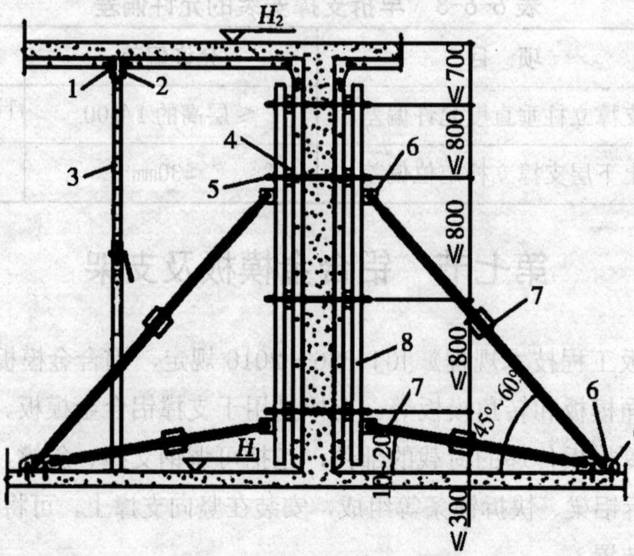

图 6-7-4　斜撑布置示意

1—板底早拆头；2—快拆锁条；3—可调钢支撑；4—背楞；5—对拉螺栓；6—斜撑码；7—斜撑；8—竖向背楞；9—固定螺栓

二、梁板模板

1. 楼板阴角模板的拼缝应与楼板模板的拼缝错开。

2. 楼板模板受力端部，除应满足受力要求外，每孔均应用销钉锁紧，孔间距不宜大于 150mm；不受力侧边，每侧销钉间距不宜大于 300mm。

3. 梁侧阴角模板、梁底阴角模板与墙柱模板连接，除应满足受力要求外，每孔均应用销钉锁紧，孔间距不宜大于 100mm。

4. 梁侧模板、楼板阴角模板拼缝宜相互错开，梁侧模板拼缝两侧应用销钉与楼板阴角模板连接。

三、早拆模板支撑

1. 板底早拆系统支撑间距不宜大于 1300mm×1300mm，梁底早拆系统支撑间距不宜大于 1300mm。

2. 早拆模板支撑系统，可用于楼板厚不小于 100mm、强度等级不低于 C20 的现浇混凝土结构，对预应力混凝土结构应经过论证后，方可使用。

3. 早拆模板支撑系统应具有足够的承载力、刚度和稳定性。

4. 在可调钢支撑承载力满足要求的前提下，当梁宽不大于 350mm 时，梁底早拆头可由一根可调钢支撑支承；当梁宽为 350mm～700mm 时，梁底早拆头应由不少于两根可调钢支撑支承；当梁宽大于 1000mm 时，梁底早拆头应由不少于三根可调钢支撑支承。

5. 拆除楼板模板时，应对混凝土楼板进行抗冲切、抗剪切、抗弯承载力验算和挠度验算，验算时可按素混凝土板计算。

6. 竖向支撑拆模时间应通过计算确定，且应保留有不少于两层的支撑。

第八节　事故案例

◆◇案例一、某市电视台演播中心屋盖模架坍塌事故

【背景资料】

某市电视台演播中心屋盖梁底标高为27.7m，模板支架材料采用扣件式钢管脚手架，支架立杆最底部标高为-8.7m，支架总面积约624m^2，支架高度为36.4m。××年10月25日上午，在浇筑屋盖混凝土过程中发生模板支架坍塌事故，41位伤者被送往医院抢救，其中6人死亡。

经事故调查，模架搭设施工时断时续。搭设时无审批的施工方案、无图纸、无进行技术交底。由项目经理决定支架立杆、纵横向水平杆的搭设尺寸按常规进行搭设，由项目部施工员在现场指挥搭设。该支架由该建筑公司的劳务公司组织进场的某工程队进行搭设，其中5人无特种作业人员操作资格证书，地上25m～29m最上边一段由木工工长负责指挥木工搭设。搭设支架的全过程中，没有办理自检、互检、交接检、专职检的手续，搭设完毕后未按规定进行整体验收，浇筑混凝土时仍有6名架子工在继续加固支架。

【事故原因】

1.直接原因

（1）支架搭设不合理，特别是水平连系杆严重不够，严重缺失水平杆引起立杆局部失稳；

（2）立杆尺寸过大以及底部未设扫地杆；

（3）立杆连接点设置在同一平面；

（4）未设置剪刀撑；

（5）屋盖下模板支架与周围结构固定与连接不足，加大了顶部晃动。

2.间接原因

（1）施工组织管理混乱，模板支架搭设无图纸、无交底，施工中无自检、互检等手续，搭设完成后没有组织专项验收是造成事故的主要原因。

（2）施工现场技术管理混乱，对大型或复杂重要的混凝土结构工程的模板施工未按程序进行，支架搭设开始后送交工地的施工方案中有关模板支架设计方案过于简单，缺乏必要的细部构造大样图和相关的详细说明，且无计算书；支架施工方案传递无记录，导致现场支架搭设时无规范可循。

（3）施工现场支架钢管和扣件在采购、租赁过程中质量管理把关不严，部分钢管和扣件不符合质量标准。

【事故性质】

经调查认定，该起事故是一起较大生产安全责任事故。

【防范措施】

1.工程项目部建立强有力的组织保证措施，配足人员，项目经理、生产经理、技术人员、施工人员、安全人员等关键岗位人员应由素质高、技术能力强的人员组成，对高大模板工程施工，思想上要高度重视。

2.项目经理部成立以项目经理为首的高大模板工程施工小组，技术负责人组织技术人员认

真研究施工图纸，选取最不利荷载单元进行设计计算、现场实地踏勘，讨论研究模板支架的搭设过程，深度优化施工方案，认真组织专家论证审查，按照专家论证意见进行修订完善。

3.对于关键节点，关键部位的支架搭设要求，技术人员绘出节点详图、平面图、立面图、剖面图等，对施工班组认真交底。

4.现场搭设作业时，进行测量放线，定好每根立杆位置及标高，现场施工人员、安全员、监理人员严格履行安全管理职责，对不符合施工方案或规范规定的，坚决要求返工，项目经理对高大模板工程的施工应实行带班制度。

5.严格落实验收制度，对高大模板支架的验收内容要根据方案要求进行量化，验收要有结论，验收人员必须签字，验收不合格的，严禁进行下一步作业。

◆◇案例二、某市羽毛球馆屋盖模架坍塌事故

【背景资料】

××年11月15日上午10时左右，某施工单位在羽毛球馆屋顶混凝土浇筑过程中发生超高模板支架整体坍塌事故，造成2人死亡，3人受伤。该屋顶长29m、宽18m厚0.12m、层高9.5m。总承包单位将该工程转包于其他单位施工，施工项目实际负责人无执业资格，项目经理、技术负责人、安全员、施工员、质量员等均未到岗。总承包单位未在项目过程中进行检查，未对超高模板支架施工方案进行专家论证。方案要求梁下立杆纵向间距400mm，但实际搭设700mm～800mm；梁底要求两根立杆，但实际搭设只有一根立杆；方案要求“墙、柱和梁板分开浇筑，竖向结构达到一定强度后可作为模板支架的约束端”，但实际混凝土浇筑时，柱子与柱顶梁板同时浇筑。

【事故原因】

1.直接原因

（1）超高模板支架的承载能力未达到施工方案的要求。

①超高模板支架的主要承重构件立杆间距未按施工方案的要求布置；

②超高模板支架钢管材质经检测，所检项目钢管检测结论为不符合要求。

（2）构造措施未按施工方案要求搭设，造成超高模板支架整体稳定性严重不足。

①模板支架未设置扫地杆；

②模板支架未设置竖向剪刀撑、水平剪刀撑；

③立杆对接连接点均设置于同一平面，严重降低了支架的整体稳定性；

④局部位置缺失纵向、横向水平杆，导致整体性能下降；

⑤支架未与周围柱子进行连接，造成支架整体稳定性下降。

（3）混凝土施工顺序违反施工方案要求

方案要求“墙、柱和梁板分开浇筑，竖向结构达到一定强度后可作为模板支架的约束端”，但实际混凝土浇筑时，柱子与梁板同时浇筑，造成模板支架约束作用减弱，稳定性能降低。

2.间接原因

（1）工程项目非法转包，项目管理人员不到位。

（2）施工组织不规范，安全制度不落实。

（3）违反危险性较大的分部分项工程操作规程，超高模板支架搭设、混凝土作业未按施工方案组织实施，方案未经专家论证。安全规章制度执行不严，未进行方案的安全技术交底，组织开展安全教育培训不够，施工人员安全意识淡薄，违章冒险作业。

【事故性质】

经调查认定，该起事故为一般生产安全责任事故。

【防范措施】

1.把好模架材料和模架产品关，在模架材料和产品进入施工现场前，要对准备购置的模架材料和产品进行检查和抽查，要优选和定点厂家选用合格的材料和合格的产品，严防假冒伪劣材料、产品进入施工现场。

2.把好模架施工方案和施工工艺的设计审批关，对于重大工程、高大工程的施工方案和施工工艺要进行论证评审。

3.把好模架安装、拆卸的工艺关，要做到架设方法正确，防护到位，加强措施周全，安装要牢靠，拆卸要安全。

4.把好模架支设安装的检查验收关，尤其是对高大空间的支模架在浇灌混凝土之前要组织仔细的检查与验收。

5.把好模架使用过程中的监管和动态控制关，尤其是对高大空间的支模架在浇筑混凝土的全过程中要注意观察，发现异常情况要及时采取措施，以杜绝事故发生，实现安全施工。

第七章　高处作业

施工现场高处坠落和物体打击事故最多，是安全防护工作的重点。据多年来事故统计，每年建筑施工现场高处坠落事故和物体打击的起数和伤亡的人数约占40%以上，其主要原因是施工现场临边、洞口防护不到位，悬空、攀登作业的安全措施不符合要求导致的。

第一节　一般规定

一、基本概念

（一）高处作业

《建筑施工高处作业安全技术规范》JGJ 80—2016规定，高处作业是在坠落高度基准面2m及以上有可能坠落的高处进行的作业。高处作业包括临边、洞口、攀登、悬空、操作平台、交叉作业与建筑施工安全网搭设等。

（二）作业高度

作业区各作业位置至相应坠落高度基准面的垂直距离的最大值，称为作业区的高处作业高度。

（三）坠落高度基准面

通过可能坠落范围内最低处的水平面基准面。所谓基准面，是指由高处坠落达到的底面。而地面也有可能高低不平，所以对基准面的规定是最低着落点。

（四）可能坠落范围

以作业位置为中心，可能坠落范围半径为半径划成的与水平面垂直的柱形空间。

（五）可能坠落范围半径

作业高度越高，危险性就越大，按作业高度，将高处作业分为2m～5m、5m～15m、15m～30m及＞30m四个区域。高处作业高度与坠落半径的关系见表7-1-1。

表7-1-1　高处作业高度（h）与坠落半径（R）关系（m）

高处作业级别	高处作业基础高度	坠落半径	高处作业级别	高处作业基础高度	坠落半径
一级	2～5	3	三级	15～30	5
二级	5～15	4	特级	＞30	6

二、高处作业分级

高处作业的级别按作业高度可分为四级。

一级高处作业：作业高处在2m～5m时。二级高处作业：作业高处在5m～15m时。三级高处作业：作业高处在15m～30m时。特级高处作业：作业高处在30m以上时。

三、安全技术要求

1.建筑施工中凡涉及临边与洞口作业、攀登与悬空作业、操作平台、交叉作业及安全网搭设的，应在施工组织设计或施工方案中制定高处作业安全技术措施。高处作业施工前，应对作业人员进行安全技术交底，并应记录。应对初次作业人员进行培训。

2. 在坠落高度基准面上方 2m 及以上进行高空或高处作业时，应设置安全防护设施并采取防滑措施，高处作业人员应正确佩戴安全帽、安全带等劳动防护用品。

3. 高处作业应制定合理的作业顺序。多工种垂直交叉作业存在安全风险时，应在上、下层之间设置安全防护设施。严禁无防护措施进行多层垂直作业。

4. 在建工程的预留洞口、通道口、楼梯口、电梯井口等孔洞以及无围护设施或围护设施高度低于 1.2m 的楼层周边、楼梯侧边、平台或阳台边、屋面周边和沟、坑、槽等边沿应采取安全防护措施，并严禁随意拆除。

5. 严禁在未固定、无防护设施的构件及管道上进行作业或通行。

6. 各类操作平台、载人装置应安全可靠，周边应设置临边防护，并应具有足够的强度、刚度和稳定性，施工作业荷载严禁超过其设计荷载。

7. 遇雷雨、大雪、浓雾或作业场所 5 级以上大风等恶劣天气时，应停止高处作业。

8. 安全防护设施验收资料应包括下列主要内容：

（1）施工组织设计中的安全技术措施或专项方案；

（2）安全防护用品用具产品合格证明；

（3）安全防护设施验收记录；

（4）预埋件隐蔽验收记录；

（5）安全防护设施变更记录及签证。

9. 安全防护设施验收应包括以下主要内容：

（1）防护栏杆的设置与搭设；

（2）攀登与悬空作业的用具与设施搭设；

（3）操作平台及平台防护设施的搭设；

（4）防护棚的搭设；

（5）安全网的设置；

（6）安全防护设施、设备的性能与质量、所用的材料、配件的规格；

（7）设施的节点构造，材料配件的规格、材质及其与建筑物的固定、连接状况。

第二节　临边与洞口作业

一、临边作业安全防护

（一）临边作业

《建筑施工高处作业安全技术规范》JGJ 80—2016 规定，临边作业指在工作面边沿无围护或围护设施高度低于 800mm 的高处作业，包括楼板边、楼梯段边、屋面边、阳台边、各类坑、沟、槽等边沿的高处作业。

（二）防护措施

1. 坠落高度基准面 2m 及以上进行临边作业时，应在临空一侧设置防护栏杆，并应采用密目式安全立网或工具式栏板封闭。

2.施工的楼梯口、楼梯平台和梯段边，应安装防护栏杆；外设楼梯口、楼梯平台和梯段边还应采用密目式安全立网封闭。

3.建筑物外围边沿处，对没有设置外脚手架的工程，应设置防护栏杆；对有外脚手架的工程，应采用密目式安全立网全封闭。密目式安全立网应设置在脚手架外侧立杆上，并应与脚手杆紧密连接。

4.施工升降机、龙门架和井架物料提升机等在建筑物间设置的停层平台两侧边，应设置防护栏杆、挡脚板，并应采用密目式安全立网或工具式栏板封闭。

5.停层平台口应设置高度不低于1.8m的楼层防护门，并应设置防外开装置。井架物料提升机通道中间，应分别设置隔离设施。

二、洞口作业安全防护

（一）洞口作业

《建筑施工高处作业安全技术规范》JGJ 80—2016规定，洞口作业是指在地面、楼面、屋面和墙面等有可能使人和物料坠落，其坠落高度大于或等于2m的洞口处的高处作业。

（二）防护措施

1.洞口作业时，应采取防坠落措施，并应符合下列规定：

（1）当竖向洞口短边边长小于500mm时，应采取封堵措施；当垂直洞口短边边长大于或等于500mm时，应在临空一侧设置高度不小于1.2m的防护栏杆，并应采用密目式安全立网或工具式栏板封闭，设置挡脚板。

（2）当非竖向洞口短边边长为25mm～500mm时，应采用承载力满足使用要求的盖板覆盖，盖板四周搁置应均衡，且应防止盖板移位。

（3）当非竖向洞口短边边长为500mm～1500mm时，应采用盖板覆盖或防护栏杆等措施，并应固定牢固。

（4）当非竖向洞口短边边长大于或等于1500mm时，应在洞口作业侧设置高度不小于1.2m的防护栏杆，洞口应采用安全平网封闭。

2.电梯井口应设置防护门，其高度不应小于1.5m，防护门底端距地面高度不应大于50mm，并应设置挡脚板。

3.在电梯施工前，电梯井道内应每隔2层且不大于10m加设一道安全平网。电梯井内的施工层上部，应设置隔离防护设施。

4.洞口盖板应能承受不小于1kN的集中荷载和不小于$2kN/m^2$的均布荷载，有特殊要求的盖板应另行设计。

5.墙面等处落地的竖向洞口、窗台高度低于800mm的竖向洞口及框架结构在浇筑完混凝土未砌筑墙体时的洞口，应按临边防护要求设置防护栏杆。

三、防护栏杆

1.临边作业的防护栏杆应由横杆、立杆及挡脚板组成，防护栏杆应符合下列规定：

（1）防护栏杆应为两道横杆，上杆距地面高度应为1.2m，下杆应在上杆和挡脚板中间设置。

（2）当防护栏杆高度大于1.2m时，应增设横杆，横杆间距不应大于600mm。

（3）防护栏杆立杆间距不应大于 2m。

（4）挡脚板高度不应小于 180mm。

2.防护栏杆立杆底端应固定牢固，并应符合下列规定：

（1）当在土体上固定时，应采用预埋或打入方式固定。

（2）当在混凝土楼面、地面、屋面或墙面固定时，应将预埋件与立杆连接牢固。

（3）当在砌体上固定时，应预先砌入相应规格含有预埋件的混凝土块，预埋件应与立杆连接牢固。

3.防护栏杆杆件的规格及连接，应符合下列规定：

（1）当采用钢管作为防护栏杆杆件时，横杆及栏杆立杆应采用脚手钢管，并应采用扣件、焊接、定型套管等方式进行连接固定。

（2）当采用其他材料作防护栏杆杆件时，应选用与钢管材质强度相当的材料，并应采用螺栓、销轴或焊接等方式进行连接固定。

4.防护栏杆的立杆和横杆的设置、固定及连接，应确保防护栏杆在上、下横杆和立杆任何部位处，均能承受任何方向 1kN 的外力作用。当栏杆所处位置有发生人群拥挤、物件碰撞等可能时，应加大横杆截面或加密立杆间距。

5.防护栏杆应张挂密目式安全立网或其他材料封闭。

第三节　攀登与悬空作业

一、攀登作业安全防护

（一）攀登作业

《建筑施工高处作业安全技术规范》JGJ 80—2016 规定，攀登作业是指借助登高用具或登高设施进行的高处作业。

（二）防护措施

1.攀登作业设施和用具应牢固可靠；当采用梯子攀爬作业时，踏面荷载不应大于 1.1kN；当梯面上有特殊作业时，应按实际情况进行专项设计。

2.同一梯子上不得两人同时作业。在通道处使用梯子作业时，应有专人监护或设置围栏。脚手架操作层上严禁架设梯子作业。

3.使用单梯时梯面应与水平面成 75° 夹角，踏步不得缺失，梯格间距宜为 300mm，不得垫高使用。

4.使用固定式直梯攀登高度超过 3m 时，宜加设护笼；当攀登高度超过 8m 时，应设置梯间平台。

5.钢结构安装时应使用梯子或其他登高设施攀登作业。坠落高度超过 2m 时，应设置操作平台。

6.当安装屋架时应在屋脊处设置扶梯，扶梯踏步间距不应大于 400mm。屋架杆件安装时搭设的操作平台，应设置防护栏杆或使用作业人员拴挂安全带的安全绳。

7.深基坑施工应设置扶梯、入坑踏步及专用载人设备或斜道等设施。采用斜道时，应加设间距不大于400mm 的防滑条等防滑措施。作业人员严禁沿坑壁、支撑或乘运土工具上、下。

二、悬空作业安全防护

（一）悬空作业

《建筑施工高处作业安全技术规范》JGJ 80—2016 规定，悬空作业是指在周边无任何防护设施或防护设施不能满足防护要求的临空状态下进行的高处作业。

（二）防护措施

1. 构件吊装和管道安装时的悬空作业应符合下列规定：

（1）钢结构吊装构件宜在地面组装，安全设施应一并设置。

（2）吊装钢筋混凝土屋架、梁、柱等大型构件前，应在构件上预先设置登高通道、操作立足点等安全设施。

（3）在高空安装大模板吊装第一块预制构件或单独的大中型预制构件时，应站在作业平台上操作。

（4）钢结构安装施工宜在施工层搭设水平通道，水平通道两侧应设置防护栏杆；当利用钢梁作为水平通道时，应在钢梁一侧设置连续的安全绳，安全绳宜采用钢丝绳。

（5）钢结构、管道等安装施工的安全防护宜采用工具化、定型化设施。

2. 严禁在未固定、无防护设施的构件及管道上进行作业或通行。

3. 当利用吊车梁等构件作为水平通道时，临空面的一侧应设置连续的栏杆等防护措施。当安全绳为钢索时，钢索的一端应采用花篮螺栓收紧；当安全绳为钢丝绳时，钢丝绳的自然下垂度不应大于绳长的1/20，并不应大于 100mm。

4. 模板支撑体系搭设和拆卸的悬空作业，应符合下列规定：

（1）模板支撑的搭设和拆卸应按规定程序进行，不得在上下同一垂直面上同时装拆模板。

（2）在坠落基准面 2m 及以上高处搭设与拆除柱模板及悬挑结构的模板时，应设置操作平台。

（3）在进行高处拆模作业时应配置登高用具或搭设支架。

5. 绑扎钢筋和预应力张拉的悬空作业应符合下列规定：

（1）绑扎立柱和墙体钢筋，不得沿钢筋骨架攀登或站在骨架上作业。

（2）在坠落基准面 2m 及以上高处绑扎柱钢筋和进行预应力张拉时，应搭设操作平台。

6. 混凝土浇筑与结构施工的悬空作业应符合下列规定：

（1）浇筑高度 2m 及以上的混凝土结构构件时，应设置脚手架或操作平台。

（2）悬挑的混凝土梁和檐、外墙和边柱等结构施工时，应搭设脚手架或操作平台。

7. 屋面作业时应符合下列规定：

（1）在坡度大于 25° 的屋面上作业，当无外脚手架时，应在屋檐边设置不低于 1.5m 高的防护栏杆，并应采用密目式安全立网全封闭。

（2）在轻质型材等屋面上作业，应搭设临时走道板，不得在轻质型材上行走；安装轻质型材板前，应采取在梁下支设安全平网或搭设脚手架等安全防护措施。

8. 外墙作业时应符合下列规定：

（1）门窗作业时应有防坠落措施，操作人员在无安全防护措施时，不得站立在樘子、阳台栏板上作业。

（2）高处作业不得使用座板式单人吊具，不得使用自制吊篮。

第四节　操作平台与交叉作业

一、操作平台安全防护

（一）操作平台

《建筑施工高处作业安全技术规范》JGJ 80—2016 规定，操作平台是指由钢管、型钢及其他等效性能材料等组装搭设制作的供施工现场高处作业和载物的平台，包括移动式、落地式、悬挑式等平台。

（二）移动式操作平台防护措施

移动式操作平台是带脚轮或导轨，可移动的脚手架操作平台。架体构造应符合下列规定：

1. 移动式操作平台面积不宜大于 $10m^2$，高度不宜大于 5m，高宽比不应大于 2∶1，施工荷载不应大于 $1.5kN/m^2$。

2. 移动式操作平台的轮子与平台架体连接应牢固，立柱底端离地面不得大于 80mm，行走轮和导向轮应配有制动器或刹车闸等制动措施。

3. 移动式行走轮承载力不应小于 5kN，制动力矩不应小于 2.5N·m，移动式操作平台架体应保持垂直，不得弯曲变形，制动器除在移动情况外，均应保持制动状态。

4. 移动式操作平台移动时，操作平台上不得站人。

（三）落地式操作平台防护措施

落地式操作平台是从地面或楼面搭起、不能移动的操作平台，单纯进行施工作业的施工平台和可进行施工作业与承载物料的接料平台。

1. 落地式操作平台架体构造应符合下列规定：

（1）操作平台高度不应大于 15m，高宽比不应大于 3∶1。

（2）施工平台的施工荷载不应大于 $2.0kN/m^2$；当接料平台的施工荷载大于 $2.0kN/m^2$ 时，应进行专项设计。

（3）操作平台应与建筑物进行刚性连接或加设防倾措施，不得与脚手架连接。

（4）用脚手架搭设操作平台时，其立杆间距和步距等结构要求应符合国家现行相关脚手架规范的规定；应在立杆下部设置底座或垫板、纵向与横向扫地杆，并应在外立面设置剪刀撑或斜撑。

（5）操作平台应从底层第一步水平杆起逐层设置连墙件，且连墙件间隔不应大于 4m，并应设置水平剪刀撑。连墙件应为可承受拉力和压力的构件，并应与建筑结构可靠连接。

2. 落地式操作平台一次搭设高度不应超过相邻连墙件以上两步。

3. 落地式操作平台拆除应由上而下逐层进行，严禁上下同时作业，连墙件应随施工进度逐层拆除。

4. 落地式操作平台检查验收应符合下列规定：

（1）操作平台的钢管和扣件应有产品合格证。

（2）搭设前应对基础进行检查验收，搭设中应随施工进度按结构层对操作平台进行检查验收。

（3）遇6级以上大风、雷雨、大雪等恶劣天气及停用超过1个月，恢复使用前，应进行检查。

（四）悬挑式操作平台防护措施

悬挑式操作平台是以悬挑形式搁置或固定在建筑物结构边沿的操作平台，斜拉式悬挑操作平台和支承式悬挑操作平台。

1.悬挑式操作平台设置应符合下列规定：

（1）操作平台的搁置点、拉结点、支撑点应设置在稳定的主体结构上，且应可靠连接。

（2）严禁将操作平台设置在临时设施上。

（3）操作平台的结构应稳定可靠，承载力应符合设计要求。

2.悬挑式操作平台的悬挑长度不宜大于5m，均布荷载不应大于5.5kN/m²，集中荷载不应大于15kN，悬挑梁应锚固固定。

3.采用支承方式的悬挑式操作平台，应在钢平台下方设置不少于两道斜撑，斜撑的一端应支承在钢平台主结构钢梁下，另一端应支承在建筑物主体结构。

4.采用悬臂梁式的操作平台，应采用型钢制作悬挑梁或悬挑桁架，不得使用钢管，其节点应采用螺栓或焊接的刚性节点。

5.悬挑式操作平台应设置4个吊环，吊运时应使用卡环，不得使吊钩直接钩挂吊环。吊环应按通用吊环或起重吊环设计，并应满足强度要求。

6.悬挑式操作平台安装时，钢丝绳应采用专用的钢丝绳夹连接，钢丝绳夹数量应与钢丝绳直径相匹配，且不得少于4个。建筑物锐角、利口周围系钢丝绳处应加衬软垫物。

7.悬挑式操作平台的外侧应略高于内侧；外侧应安装防护栏杆并应设置防护挡板全封闭。

8.人员不得在悬挑式操作平台吊运、安装时上下。

二、交叉作业安全防护

（一）交叉作业

《建筑施工高处作业安全技术规范》JGJ 80—2016规定，交叉作业是垂直空间贯通状态下，可能造成人员或物体坠落，并处于坠落半径范围内、上下左右不同层面的立体作业。

（二）交叉作业基本要求

1.交叉作业时下层作业位置应处于上层作业的坠落半径之外。安全防护棚和警戒隔离区范围的设置应视上层作业高度确定，并应大于坠落半径。

2.安全防护棚搭设应符合下列规定：

（1）当安全防护棚为非机动车辆通行时，棚底至地面高度不应小于3m；当安全防护棚为机动车辆通行时，棚底至地面高度不应小于4m。

（2）当建筑物高度大于24m并采用木质板搭设时，应搭设双层安全防护棚。两层防护的间距不应小于700mm，安全防护棚的高度不应小于4m。

（3）当安全防护棚的顶棚采用竹笆或木质板搭设时，应采用双层搭设间距不应小于700mm；当采用木质板或与其等强度的其他材料搭设时，可采用单层搭设，木板厚度不应小于50mm。防护棚的长度应根据建筑物高度与可能坠落半径确定。

3. 安全防护网搭设应符合下列规定：

（1）安全防护网搭设时，应每隔 3m 设一根支撑杆，支撑杆水平夹角不宜小于 45°；

（2）当在楼层设支撑杆时，应预埋钢筋环或在结构内外侧各设一道横杆；

（3）安全防护网应外高里低，网与网之间应拼接严密。

4. 对不搭设脚手架和设置安全防护棚时的交叉作业，应设置安全防护网，当在多层、高层建筑外立面施工时，应在二层及每隔四层设一道固定的安全防护网，同时设一道随施工高度提升的安全防护网。

5. 在高处安装构件、部件、设施时，应采取可靠的临时固定措施或防坠措施。

6. 在高处拆除或拆卸作业时，严禁上下同时进行。拆卸的施工材料、机具、构件、配件等，应运至地面，严禁抛掷。

7. 施工作业平台物料堆放重量不应超过平台的容许承载力，物料堆放高度应满足稳定性要求。

8. 安全通道上方应搭设防护设施，防护设施应具备抗高处坠物穿透的性能。

9. 预应力结构张拉、拆除时，预应力端头应采取防护措施，且轴线方向不应有施工作业人员。无粘结预应力结构拆除时，应先解除预应力，再拆除相应结构。

第五节　安全帽、安全带、安全网

安全帽、安全带、安全网俗称“三宝”，正确佩戴和使用“三宝”是减少和防止高处坠落和物体打击这类事故发生的重要措施。

一、安全帽

安全帽的使用应符合下列要求：

1. 在使用前一定要检查安全帽是否有裂纹、碰伤痕迹、凹凸不平、磨损（包括对帽衬的检查），安全帽上如存在影响其性能的明显缺陷就应及时报废以免影响防护作用。

2. 不能随意在安全帽上拆卸或添加附件，以免影响其原有的防护性能。

3. 不能随意调节帽衬的尺寸。安全帽的内部尺寸如垂直间距、佩戴高度、水平间距，标准中是有严格规定的，这些尺寸直接影响安全帽的防护性能，使用者一定不能随意调节，否则，落物冲击一旦发生，安全帽会因佩戴不牢脱出或因冲击触顶而起不到防护作用，直接伤害佩戴者。

4. 使用时一定要将安全帽戴正、戴牢，不能晃动，要系紧下颏带，调节好后箍以防安全帽脱落。

5. 不能私自在安全帽上打孔，不要随意碰撞安全帽，不要将安全帽当板凳坐，以免影响其强度。

6. 受过一次强冲击或做过试验的安全帽不能继续使用，应予以报废。

7. 安全帽不能放置在有酸、碱、高温、日晒、潮湿或化学试剂的场所，以免其老化或变质。

8. 应注意使用在有效期内的安全帽。

二、安全带

安全带的使用应符合下列要求：

1. 应根据工种和用途正确选用安全带。

2. 安全带应采用有合格证的产品，有磨损、断股、变质、受过冲击等情况的应停止使用。使用两年后，要进行抽验，合格的才能继续使用，做过冲击试验的安全带不能再用。

3. 安全带应高挂低用，注意避免摆动碰撞。

4. 不准将绳打结使用。不准将钩直接挂在安全绳上使用，应挂在连接环上。不准将绳系在活动物体上，应挂在牢固的建筑物构件上。

5. 安全绳要避开锐角、尖刺、刀刃等，要避免接触明火和酸碱化学物质。使用频繁的安全绳，要经常做外观检查，如有异常，应立即更换。

6. 安全带要防止日晒、雨淋，平时储藏在干燥、通风的仓库内。

三、安全网

安全网的搭设应符合下列要求：

1. 安全网搭设应绑扎牢固、网间严密。安全网的支撑架应具有足够的强度和稳定性。

2. 密目式安全立网搭设时，每个开眼环扣应穿入系绳，系绳应绑扎在支撑架上，间距不得大于 450mm。相邻密目网间应紧密结合或重叠。

3. 当立网用于龙门架、物料提升架及井架的封闭防护时，四周边绳应与支撑架贴紧，边绳的断裂张力不得小于 3kN，系绳应绑在支撑架上，间距不得大于 750mm。

4. 用于电梯井、钢结构和框架结构及构筑物封闭防护的平网，应符合下列规定：

（1）平网每个系结点上的边绳应与支撑架靠紧，边绳的断裂张力不得小于 7kN，系绳沿网边应均匀分布，间距不得大于 750mm；

（2）电梯井内平网网体与井壁的空隙不得大于 25mm，安全网拉结应牢固。

第六节　事故案例

◆◇案例一、人的不安全行为导致高处坠落事故

【背景资料】

××年 5 月 24 日上午 9 时，某施工单位 A 项目部分包门窗安装的工人代某和工友李某进入 5 号楼二单元 803 室安装飘窗玻璃，结束后准备安装一单元 802 室的飘窗玻璃。9 时 15 分左右，代某在无任何防护的情况下，从 803 室飘窗外窗台直接跨越到 802 室飘窗外窗台（水平距离 1.10m，与地面垂直距离 21.25m），跨越过程中从 8 楼坠落至室外地面导致死亡。

【事故原因】

1. 直接原因

代某安全意识薄弱，在无安全防护措施的情况下，从 803 室飘窗外窗台直接跨越到 802 室飘窗外窗台过程中发生高处坠落致死亡。

2. 间接原因

（1）安装作业的事故隐患排查治理不到位。项目部知晓作业人员在安装玻璃作业过程中存

在跨越窗台的行为，存在发生高处坠落事故的事故隐患，但无针对性防范措施。

（2）安装作业现场安全管理不到位。经查门窗安装时项目部负责人和安全负责人均不在现场，作业现场安全管理缺失。

（3）从业人员安全教育培训不到位。该公司对从业人员的培训和考核内容中缺少对玻璃安装作业岗位安全知识和防范措施的交底，未能保证从业人员具备必要的安全生产知识；未向从业人员明确告知安装作业场所的危险因素和防范措施，从业人员对作业过程危险性认识不足，安全意识薄弱。

【事故性质】

经调查认定，该起事故是分包安装工代某冒险作业所致的生产安全责任事故，等级为一般事故。

【防范措施】

1. 对作业人员加强安全教育培训和做好安全技术交底，让作业人员明白作业过程中存在的安全隐患和应当采取的技术措施，对于防止事故的发生具有重要意义。

2. 控制人的不安全行为和管理上的缺陷是阻止事故发生的重要环节。

◆◇案例二、临边作业无安全防护措施导致高处坠落事故

【背景资料】

××年2月20日上午10点，某厂安装主厂房屋面板，5名工作班成员高处作业均未系安全带，在推动钢板过程中，因两侧用力不均，其中一侧3人坠落死亡。

【事故原因】

1. 直接原因

（1）高处临边作业未安装安全绳及没有系安全带。

（2）操作人员操作不当，未按规定先固定、再翻板的方法施工，而是采用平推钢板方法。

（3）现场未设置安全网、安全绳等安全防护措施。

2. 间接原因

（1）作业人员安全知识缺乏，安全意识淡薄酿成事故。

（2）现场管理人员对施工工作面的安全检查不细致，没有检查高处作业的安全防护措施是否到位。

（3）未为作业人员提供合格的、正确的个人防护用品。

（4）安全教育培训及安全技术交底未落实、不深入。

【事故性质】

经调查认定，该起事故是安全管理不到位所致的生产安全责任事故，等级为较大事故。

【防范措施】

1. 加强作业人员的安全意识教育，提高自我保护能力，切实做到“四不伤害”，即（不伤害自己、不伤害他人、不被他人伤害、保护他人不受伤害）。

2. 提高操作人员自身防护能力，正确规范使用安全防护装备。

3. 认真落实各级安全生产责任制，特别是应加强生产班组的安全管理，做到班前安全教育，班中落实安全措施，班后安全检查。

◆◇案例三、某工程交叉作业导致物体打击事故

【背景资料】

××年05月30日17时许，某项目部3号楼在建工程发生一起物体打击事故。事故发生时，叶某在3号楼5层电梯井道内安装电梯作业，电梯井道内壁的混凝土附着物凸出井道内壁约100mm，在电梯安装调试过程中，被电梯配重块撞击脱落，沿电梯井道从30层下掉到5层砸中电梯安装人员叶某，导致其当场死亡。

【事故原因】

1.直接原因

叶某（死者）作为电梯安装施工人员，清楚知道3号楼电梯井道内壁存在混凝土附着物的安全隐患，土建施工方还未消除该安全隐患，公司安全会议明确要求停止有关电梯安装作业的情况下，未经项目经理同意和施工队长批准，强行撬开已封闭的电梯井道入口，私自进入现场施工，冒险进行安装作业，且在安装施工过程中没有按要求做好安全防护措施，未按照安装电梯操作规程要求调整电梯配重垂直角度，是造成事故发生的直接原因。

2.间接原因

（1）土建施工方项目经理未能监督好日常安全生产巡查工作，未能及时发现并阻止在3幢电梯井道隐患整改期间叶某违规私自进行安装电梯的行为，导致本次事故发生。

（2）电梯安装施工队队长未能教育监督叶某严格遵守工作岗位职责和安全操作规程，未能及时发现并阻止在3号楼电梯井道隐患整改期间叶某违规私自进行安装电梯的行为，导致本次事故发生。

【事故性质】

经调查认定，该起事故是电梯井道内壁存在混凝土附着物安全隐患未排除，电梯安装人员叶某冒险作业所致的生产安全责任事故，等级为一般事故。

【防范措施】

1.强化施工现场安全巡查和管理，落实全员安全生产责任制。对于工人习惯性违章、工人强行冒险作业、违章作业需要强化安全监管，保证现场所有作业人员的健康安全。

2.提高作业人员安全意识，做好上岗前的安全教育培训与安全技术交底。从进场开始，落实三级入场教育及安全技术交底，做好过程中工序风险识别和隐患治理，对于防止事故的发生具有重要意义。

3.控制人的不安全行为是阻止事故发生的重要环节。

◆◇案例四、某工程交叉作业导致火灾事故

【背景资料】

某医院由酒店改造而成，东楼是医院住院部，在维修改造工程施工中发生火灾事故，导致5名施工作业人员当场死亡。现场查明五层烧毁最为严重，走廊几乎全部被熏黑，吊顶、钢筋和电线裸露在外，部分楼层外墙也被烧毁，有的房门已经烧没，房间内的床和织物大半被烧毁。经初步调查，事故系医院住院部内部改造施工作业过程中由电焊产生的火花引燃现场可燃涂料的挥发物所致。

【事故原因】

1.直接原因

（1）施工作业过程中由电焊产生的火花引燃现场可燃涂料的挥发物所致。

（2）焊接工人开始焊接工作，在未确定安全隐患被排除的情况下，仍然继续冒险作业。

（3）未对实施焊接作业现场采取安全防护措施，导致火花乱飞。

（4）可燃物品未采取防护措施进行保护。

2.间接原因

（1）未实施动火作业审批制度，任命没有焊接特种操作证和缺乏焊接知识的人员负责焊接工种的施工。

（2）施工单位负责人消防责任主体意识淡薄，没有认真落实消防安全责任制，未对员工进行岗前安全培训和消防宣传教育。

（3）危险作业区域未悬挂安全警示标志。

【事故性质】

经调查认定，该起事故为因安全管理不到位所导致的生产安全责任事故，等级为较大责任事故。

【防范措施】

1.严格落实动火作业审批制度，对危险作业必须设有专人监护。

2.所有进入现场的施工人员实施实名制管理，特种人员作业必须持证上岗，其他人员禁止特殊工种作业。

3.施工现场交叉作业环境复杂，专职安全员和管理人员必须加强施工过程中安全巡检工作，查隐患、查违章、查防护、查操作，发现问题立刻整改。

4.加强消防安全宣传教育，适时进行消防应急演练，切实提高建筑行业安全管理水平。

第八章 施工用电

随着建筑施工科技水平的不断提高，电能的高效应用和安全保障工作的重要性越发凸显。建筑施工现场用电机械设备多，临时性用电多，环境复杂多变，这些都给施工现场带来许多安全生产隐患，因此做好施工现场安全用电管理，消除习惯性违章，确保安全用电，防止电气事故发生意义非常重大。

第一节 一般规定

一、用电组织设计

保证设计质量、严格遵守和实施国家标准的施工用电组织设计是保证安全用电的首要因素。

1.依据《施工现场临时用电安全技术规范》JGJ 46—2005 的规定，施工现场用电设备在 5 台及以上或设备总容量在 50kW 及以上者，应编制临时用电施工组织设计。

2.施工现场用电组织设计应包括下列内容：

（1）设计说明。

（2）现场勘测。

（3）制定总体方案，确定电源进线、变电所或配电室、配电装置、用电设备位置及线路走向。

（4）施工现场用电容量统计。

（5）进行负荷计算。

（6）选择变压器。

（7）设计配电系统。

设计配电线路，选择导线或电缆；设计配电装置，选择电器；设计接地装置；绘制临时用电系统图纸，主要包括施工用电系统总平面图、配电装置布置图、配电系统接线图、接地装置设计图。

（8）设计防雷装置。

（9）确定防护措施。

（10）制定安全用电措施和电气防火措施。

3.依据《施工现场临时用电安全技术规范》JGJ 46—2005 的规定，施工用电组织设计编制及变更时，必须履行“编制、审核、批准”程序，由电气工程技术人员组织编制，经相关部门审核及具有法人资格企业的技术负责人批准后实施。变更施工用电组织设计时，应补充有关图纸资料。

4.依据《施工现场临时用电安全技术规范》JGJ 46—2005 的规定，施工现场用电设备在 5 台以下和设备总容量在 50kW 以下者，应制定安全用电和电气防火措施。

5.在编制和实施用电组织设计时应重点关注的技术要点：

（1）一般施工现场的低压配电系统宜采用三级配电；

（2）每台用电设备宜由独立的末级配电箱供电；

（3）总配电箱、末级配电箱应装设剩余电流保护器；

（4）发电机组电源应与其他电源互相闭锁，严禁并列运行；

（5）按要求装设并连通保护导体（PE）；

（6）保护导体（PE）、接地导体和保护联结导体应确保自身可靠连接；

（7）共用接地装置的电阻值应满足各种接地的最小电阻值的要求；

（8）线缆敷设应采取有效保护措施，防止对线路的导体造成机械损伤和介质腐蚀；

（9）电缆中应包含全部工作芯线、中性导体（N）及保护导体（PE），不同功能导体外绝缘色不应混用；

（10）手持式灯具应采用供电电压不大于 36V 的安全特低电压（SELV）供电；

（11）照明变压器应使用双绕组型安全隔离变压器，严禁采用自耦变压器；

（12）安全隔离变压器严禁带入金属容器或金属管道内使用。

二、配电装置与线缆

符合标准、质量优良的配电装置、电器、电线、电缆产品是保证安全的物质基础。

1. 配电箱的电器必须可靠、完好，严禁使用破损的电器。

2. 选用的开关电器、电线、电缆等均必须是符合现行国家标准（列入强制性认证目录的应通过 3C 认证）的合格产品。

3. 依据《建筑与市政施工现场安全卫生与职业健康通用规范》GB 55034—2022 的规定，电缆中应包含全部工作芯线、中性导体（N）及保护导体（PE）或保护接地中性导体（PEN）；相导体 L_1、L_2、L_3 外绝缘层应依次为黄色、绿色、红色；保护导体（PE）及保护接地中性导体（PEN）外绝缘层应为黄绿双色；中性导体（N）外绝缘层应为淡蓝色；不同功能导体外绝缘色不应混用。

三、施工与操作

严格的施工、安装和操作水平是施工用电安全的实施保证。

1. 安装、巡检、维修或拆除施工用电设备和线路，必须由建筑电工完成，并应有人监护。建筑电工等级应同工程的难易程度和技术复杂性相适应。

2. 施工用电系统或电气设备在安拆、检修、维护时，应切断并隔离相关配电回路及设备的电源，并应采用验电器检验并确认断电后方可作业，严禁带电作业。依据《建筑与市政施工现场安全卫生与职业健康通用规范》GB 55034—2022 的规定，应在对应的控制开关明显部位悬挂“禁止合闸、有人工作”停电标识牌。对应配电室的门、防护围栏的门、配电箱的门关闭上锁，在锁具或其箱门、墙壁等醒目位置设置警示标识牌。

3. 依据《建筑与市政施工现场安全卫生与职业健康通用规范》GB 55034—2022 的规定，线路和用电设备作业严禁预约停送电，停送电必须由专人负责。

4. 各类用电人员应掌握安全用电基本知识和所用设备的性能，并应符合下列规定：

（1）使用电气设备前必须按规定穿戴和配备好相应的劳动防护用品，并应检查电气装置和保护设施，严禁设备带“缺陷”运转；

（2）认真按规程保管和维护用电设备，发现问题及时报告解决；

（3）暂时停用的设备其末级配电箱必须分断电源隔离开关，并应关门上锁；

（4）移动电气设备时，必须切断电源并做妥善处理后进行。

四、制度建设与实施

科学有序的运行维护及制度的建设与实施是施工用电安全不可缺少的要素。

1.依据《施工现场临时用电安全技术规范》JGJ 46—2005 的规定，建筑电工必须经过按国家现行标准考核合格后，持证上岗工作；其他用电人员必须通过相关安全教育培训和技术交底，考核合格后方可上岗工作。

2.依据《施工现场临时用电安全技术规范》JGJ 46—2005 的规定，施工用电系统必须经编制、审核、批准部门和使用单位共同验收，合格后方可投入使用。

3.临时用电系统的管理应符合下列规定：

（1）《建设工程施工现场供用电安全规范》GB 50194—2014 规定，施工用电系统投入使用前应建立健全施工用电管理机构，设立管理、运行、检修、维护专业人员并明确职责及管理范围。

（2）应根据用电情况制定用电、运行、检修、维护等管理制度以及安全操作规程。运行、检修、维护人员应熟悉有关规章制度。

（3）《建设工程施工现场供用电安全规范》GB 50194—2014 规定，应建立用电安全岗位责任制，明确各级用电安全负责人。

（4）施工用电系统应定期检查。

4.施工用电系统的运行、维护器具配置应符合下列规定：

（1）配电室内应配备合格的安全工具及防护设施。

（2）施工用电系统的运行、检修及维护，应按有关规定配备安全工器具及防护设施，并应定期检查、检验。电工绝缘工具和应急处置器具不得挪作他用。

5.施工现场必须建立施工用电安全技术档案，并应包括下列内容：

（1）施工用电组织设计编制、修改和审批的全部资料；

（2）施工现场用电系统主要设备、材料的产品合格证、3C 认证报告、检测报告等；

（3）用电工程技术交底资料；

（4）用电工程检查验收表；

（5）电气设备的试、检验凭单和调试记录；

（6）接地电阻、绝缘电阻和剩余电流动作保护器的剩余电流动作参数测定记录表；

（7）定期检（复）查表；

（8）电工安装、巡检、维修、拆除工作记录；

（9）施工现场用电管理制度、分包单位用电安全生产协议、建筑电工特种作业操作资格证等。

6.施工用电安全技术档案在施工期间应有专人妥善保管。其中“电工安装、巡检、维修、拆除工作记录”可指定建筑电工代管，并应在用电系统拆除后统一归档。

第二节　用电技术

一、三级配电系统

《建设工程施工现场供用电安全规范》GB 50194—2014 规定，一般施工现场的低压配电系统宜采用三级配电，随着超高层建筑、群体工程等配电距离远、保障面积大、用电机具繁杂的大型工程项目的不断涌现，很多情况下配电系统不超过三级难以做到也不符合工程建设实际情况，因此，当向非重要负荷供电时，可适当增加配电级数，但不宜过多。对于某些小型施工现场采用二级配电也是允许的。

所谓三级配电是指从电源的进线开始至用电设备之间经过三级配电装置配送电力，即设置总配电箱（一级箱）或由配电室的配电柜开始，依次经由分配电箱（二级箱）、末级配电箱（三级箱）到用电设备，分三个层次逐级实现配电的方式。组合形式可分为：室内配电柜→室外分配电箱→末级配电箱或室外总配电箱→室外分配电箱→末级配电箱等，三级配电系统结构如图8-2-1所示。

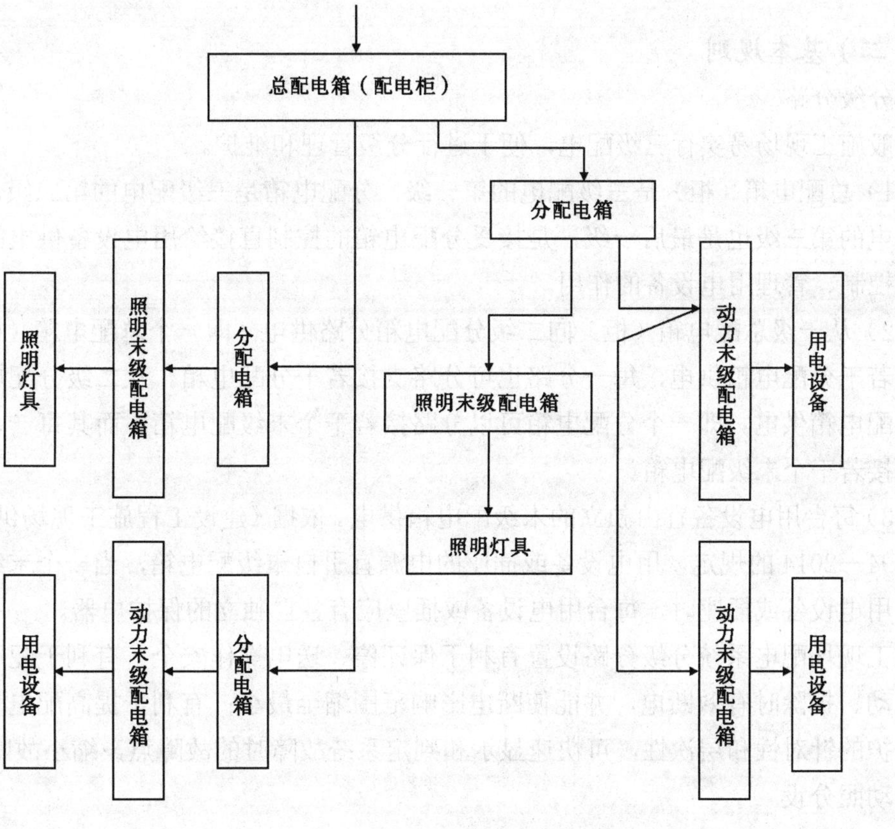

图8-2-1　三级配电系统结构示意图

（一）设置原则

1.配电系统的设置应根据工程性质、规模、负荷容量等因素综合考虑。应满足生产和使用所需的供电可靠性和电能质量的要求，同时应注意接线简单，操作方便安全，具有一定灵活性，能适应施工生产和使用上的变化及设备检修的需要，确保安全用电。

2.《供配电系统设计规范》GB 50052—2009规定，在正常环境下，当大部分用电设备为中小容量，且无特殊要求时，宜采用树干式配电。

3.《供配电系统设计规范》GB 50052—2009规定，当用电设备为大容量或负荷性质重要，或有特殊要求的，宜采用放射式配电。

4.《建设工程施工现场供用电安全规范》GB 50194—2014规定，低压配电系统不宜采用链式配电。当部分用电设备距离供电点较远，而彼此相距很近、容量小的次要用电设备，可采用链式配电。但每一回路链接的用电设备不宜超过 5 台，其总容量不宜超过 10kW。

5.在高层建筑内，当向楼层配电点供电时，宜分区采用树干式配电。但部分较大容量的集中负荷或重要负荷，应从总配电箱以放射式配电。

6.《建设工程施工现场供用电安全规范》GB 50194—2014 规定，消防等重要负荷应由总配电箱专用回路直接供电，并不得接入过负荷保护和剩余电流保护器。

7.《建设工程施工现场供用电安全规范》GB 50194—2014 规定，消防泵、施工升降机、塔式起重机、混凝土输送泵等大型设备，应设专用配电箱，保证其用电的可靠性。

8.《建设工程施工现场供用电安全规范》GB 50194—2014 规定，配电系统的三相负荷宜保持平衡，最大相负荷不宜超过三相负荷平均值的 115%，最小相负荷不宜小于三相负荷平均值的 85%。

（二）基本规则

1.分级分路

一般施工现场易实行三级配电，便于进行分级管理和维护。

（1）总配电箱（柜）是三级配电的第一级，分配电箱是三级配电的第二级，末级配电箱是三级配电的第三级也是最后一级，是接受分配电箱的控制直接给用电设备供电的配电箱，起到保护、控制、管理用电设备的作用。

（2）从一级总配电箱（柜）向二级分配电箱分路供电。即一个总配电箱（柜）可以分若干分路向若干分配电箱供电，每一分路也可分路支接若干分配电箱。从二级分配电箱的分路向三级末级配电箱供电。即一个分配电箱可以分路接若干个末级配电箱，而其每一个分路也可以直接或链接若干个末级配电箱。

（3）每台用电设备宜由独立的末级配电箱供电。依据《建设工程施工现场供用电安全规范》GB 50194—2014 的规定，用电设备或插座的电源宜引自末级配电箱，当一个末级配电箱直接控制多台用电设备或插座时，每台用电设备或插座应有各自独立的保护电器。

施工现场配电系统分级分路设置有利于保证停、送电操作安全；有利于配电系统检修、变更、移动、拆除时有效断电，并能使断电影响范围缩至最小；有利于提高配电系统故障时系统自身保护的针对性和层次性，可快速显示和判定系统故障时的故障点，缩小故障停电范围。

2.动照分设

《建设工程施工现场供用电安全规范》GB 50194—2014 规定，动力分配电箱与照明分配电箱宜分别设置。当合并设置为同一配电箱时，动力与照明应分路供电。动力末级配电箱与照明末级配电箱应分别设置。实行动照分设有利于防止动力用电和照明用电相互干扰，从而提高各自用电的可靠性。

3.压缩配电间距

总配电箱宜设在靠近电源的区域，分配电箱应设在用电设备或负荷相对集中的场所，便于给末级配电箱供电和满足规范规定的安全距离。分配电箱与末级配电箱的距离不宜超过 30m。末级配电箱与其供电的固定式用电设备的水平距离不宜超过 3m。

实行控制配电间距的目的在于减少负荷矩，提高供电质量，方便用电管理和停电、送电作业。在控制配电间距时，应与施工现场的实际场所条件和用电需要情况相结合。

二、配电室的设置

在施工现场配电系统的设计过程中，为进一步增强总配电箱的安全防护性能，提高供电保障的可靠性宜在合理的位置设置配电室。

（一）配电室位置的选取

配电室的位置应结合施工现场的实际状况按照靠近电源、方便日常检修和维护、接近负荷中心、进出线方便、周边道路畅通、附近无剧烈振动和热源烘烤、设备安装进出方便、周围环境潮气少、无腐蚀介质、无易燃易爆物、避开污染源的下风侧和易积水场所的正下方等原则综合考虑确定。

（二）配电室的建筑

配电室的建筑应满足如下要求：

1.《施工现场临时用电安全技术规范》JGJ 46—2005 规定，配电室的门向外开，并配锁；

2.配电室的面积满足配电柜空间排列的要求；

3.《建设工程施工现场供用电安全规范》GB 50194—2014 规定，配电装置的上端距棚顶距离不宜小于 0.5m；

4.配电室门窗能自然通风和采光，保证电气设备散热条件；

5.配电室屋面有保温隔层及防水、排水措施；

6.配电室应设置防止雨雪侵入和蛇、鼠类等小动物从采光窗、通风窗、门、电缆沟等部位进入室内的设施；

7.配电室建筑的耐火等级不低于三级，同时室内配置可用于扑灭电气火灾的灭火器；

8.配电室内不应有与其无关的管道和线路通过，避免由于其他管线损坏或检修，影响电气设备正常运行。

（三）配电室的照明

《施工现场临时用电安全技术规范》JGJ 46—2005 规定，配电室的照明应包括两个彼此独立的照明系统，一是正常照明，二是事故照明；《建设工程施工现场供用电安全规范》GB 50194—2014 规定，配电装置的正上方不应安装照明灯具。考虑到室内灯具检修方便和灯具照明效果的需要，可在操作通道的上方或配电柜对面墙体的上部安装照明灯具。

三、自备电源的设置

自备电源是指施工现场因外电线路停止供电或电力供应不足，而安装设置的发电机组，作为外电停止供电的接续电源。施工现场设置自备电源主要有以下两种情况：

正常用电时，由外电线路电源供电，自备电源仅作为外电线路电源停止供电时的后备接续供电电源。

正常供电时，无外接电源可供使用或外接电源供电不足，自备电源作为正常用电电源。

1.自备发电机的选择

合理选择自备发电机确定机组容量时，应首先确定发电机组的用途，是常用、备用、还是应急使用。根据发电机组用途合理确定供电的保障范围（指用电设备的数量及功率）。在计算考虑供电保障负荷总容量时，要着重考虑启动电动机容量。

2.外电闭锁

当自备电源仅作为外电线路停止供电时的后备接续供电电源时，为了保障施工现场用电的安全性、连续性和稳定性，依据《建筑与市政施工现场安全卫生与职业健康通用规范》GB 55034—2022 的规定：施工用电的发电机组电源应与其他电源互相闭锁，严禁并列运行。当外电线路停电时，联络开关能够首先断开外电线路，再接通自备电源，继续向配电系统供电；当外电线路来电时，联络开关断开自备电源后，才能接通外电线路向配电系统供电。

四、配电系统接地形式的设置

施工现场主要有专用变压器供电和共用变压器三相四线制低压线缆接入供电等两种电源供电形式，在设置配电系统的接地形式时应根据不同的电源供电形式按要求设置。当施工现场设有专供施工使用的低压侧为220/380V中性点直接接地的变压器时宜采用TN-S系统，具体做法如图8-2-2所示。当施工现场是与其他用电单位共用变压器三相四线制低压线缆接入供电时宜采用TN-C-S系统，具体做法如图8-2-3所示。依据《建筑电气与智能化通用规范》GB 55024—2022的规定，保护导体（PE）必须通过保护导体（PE）汇流排连接，不同回路的保护导体（PE）和中性导体（N）不应连接在汇流排同一孔上或端子上。依据《建筑与市政施工现场安全卫生与职业健康通用规范》GB 55034—2022的规定，保护导体（PE）、接地导体和保护联结导体应确保自身可靠连接。依据《交流电气装置的接地设计规范》GB/T 50065—2011的规定，连接到保护导体（PE）接线汇流排的每根导体，连接应牢固可靠，应能单独地拆开。依据《建设工程施工现场供用电安全规范》GB 50194—2014的规定，用电设备的保护导体（PE）不应串联连接，应采用焊接、压接、螺栓连接或其他可靠方法连接。

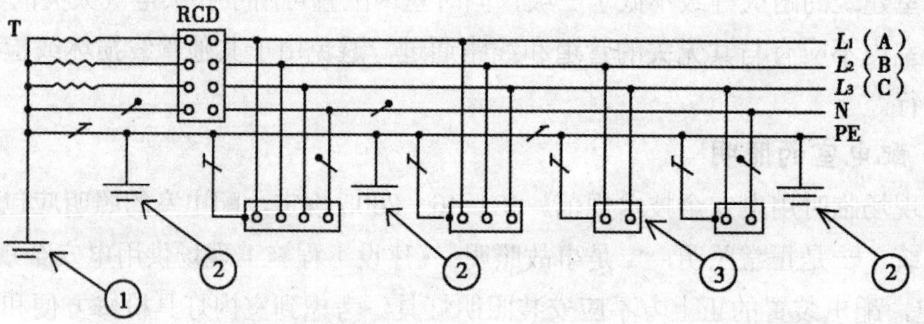

图8-2-2 专用变压器供电时TN-S接地保护系统示意图

1—工作接地；2—保护导体（PE）重复接地；3—电气设备金属外壳（正常不带电的外露可导电部分）；L_1、L_2、L_3—相导体；N—中性导体；PE—保护导体；RCD—剩余电流保护器（兼有隔离、短路、过负荷、漏电保护功能的漏电断路器）

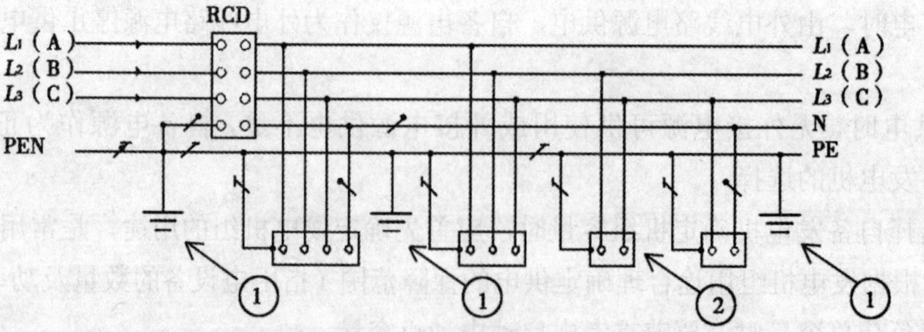

图8-2-3 三相四线供电时TN-C-S接地保护系统示意图

1—保护导体（PE）重复接地；2—电气设备金属外壳（正常不带电的外露可导电部分）；L_1、L_2、L_3—相导体；PEN—保护接地中性导体；N—中性导体；PE—保护导体；RCD—剩余电流保护器（兼有隔离、短路、过负荷、漏电保护功能的漏电断路器）

1.保护导体（PE）的引出位置

对于专用变压器供电时的TN-S系统，保护导体（PE）应由电源配电箱保护导体（PE）接线端子处引出，当电源配电箱没有专用保护导体（PE）接线端子时可从中性导体（PE）接线端子处引出；依据《建设工程施工现场供用电安全规范》GB 50194—2014的规定，对于共用变压器三相四线制低压线缆接入供电的TN-C-S系统，在总配电箱处应将保护接地中性导体（PEN）分离成中性导体（N）和保护导体（PE）。保护接地中性导体（PEN）应先接至保护导体（PE）汇流排，保护导体（PE）汇流排和中性导体（N）汇流排应跨接。中性导体（N）应接入剩余电流保护器电源侧N接线端，保护导体（PE）不得经过剩余电流保护器，经过剩余电流保护器后的中性导体（N）与保护导体（PE）应严格分开，不得再作任何电气连接。

2.保护导体（PE）与中性导体（N）的应用区别

保护导体（PE），是为了安全目的，用于电击防护所设置的导体。主要用于连接电气设备外露可导电部分，在正常工作情况下无电流通过，且与大地保持等电位；中性导体（N），是电气上与中性点连接并能用于配电的导体。中性导体（N）作为电源线用于连接单相设备或三相四线制设备，在正常工作情况下会有电流通过，被视为带电部分，且对地呈现电压。所以在施工现场TN-S、TN-C-S系统中保护导体（PE）和中性导体（N）不可混用或代用。

3.保护导体（PE）的重复接地

施工现场TN-S、TN-C-S系统中保护导体（PE）的重复接地应分别设置于配电系统的首端、中间、末端处，重复接地的数量不宜少于$2n+1$（n代表总分路数量），每处重复接地电阻值不应大于10Ω。保护导体（PE）重复接地的目的是降低保护导体（PE）的接地电阻，防止保护导体（PE）断线而导致保护失效。重复接地的接地装置必须与保护导体（PE）相连接，接地导体（PE）严禁与中性导体（N）相连接。

根据上述要求结合施工现场配电线路布设的实际情况，保护导体（PE）的重复接地点宜在以下部位设置：总配电箱处；各分路分配电箱处；各分路最远端用电设备末级配电箱处；架空线路的终端；塔式起重机、施工升降机、物料提升机、混凝土搅拌站等大型施工机械设备末级配电箱处。依据《建设工程施工现场供用电安全规范》GB 50194—2014的规定，施工现场具体应用时接地导体应直接接至配电箱保护导体（PE）汇流排，接地导体的截面积应与水平接地体的截面积相同。依据《建筑电气与智能化通用规范》GB 55024—2022的规定，除国家现行产品标准允许外，电气设备的外露可导电部分不得用作保护导体（PE），图8-2-4列出正确连接方法和错误连接方法。

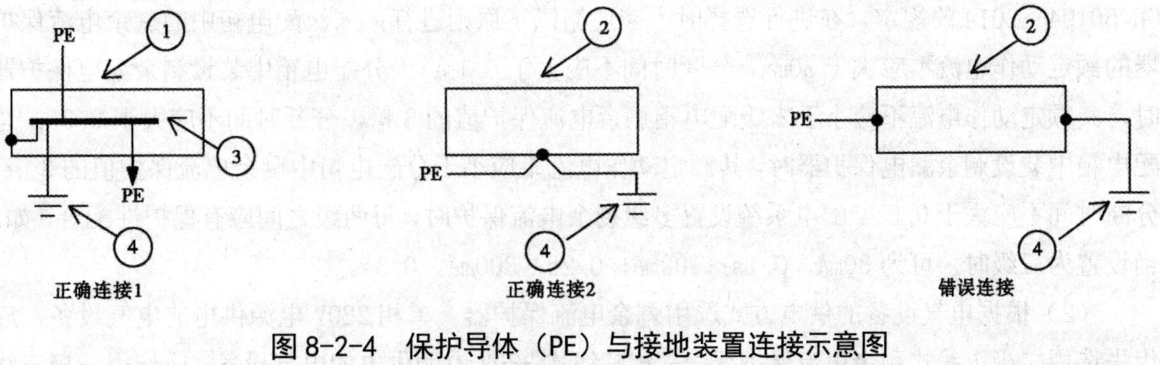

图8-2-4 保护导体（PE）与接地装置连接示意图

1—配电箱金属箱体（正常不带电的外露可导电部分）；2—电气设备金属外壳（正常不带电的外露可导电部分）；3—保护导体（PE）汇流排；4—保护导体（PE）重复接地；PE—保护导体

4.需连接保护导体（PE）的电气设备

在施工现场TN-S、TN-C-S系统中下列电气设备不带电的外露可导电部分应连接保护导体（PE）：

（1）电机、变压器、电器、照明器具、手持式电动工具等Ⅰ类电气设备的金属外壳、基础型钢、与该电气设备连接的金属构架及靠近带电部分的金属围栏；

（2）电气设备传动装置的金属部件；

（3）配电装置的金属箱体、框架；

（4）电力线路的金属保护管、敷线的钢索、起重机的底座和轨道、滑升模板金属操作平台等；

（5）安装在电力线路杆（塔）上的开关、电容器等电气装置的金属外壳及支架。

五、漏电保护系统

在施工现场配电系统中，漏电主要是由于电气设备和配电线路的绝缘因受潮、受高温、被腐蚀和机械损伤而部分或全部丧失绝缘性所致。在极端情况下，当电气设备或配电线路的不同相导体之间绝缘性完全丧失时，就会发生相间短路，当电气设备或配电线路的带电部分与电气设备正常不带电的外露可导电部分之间的绝缘性能完全丧失时，就会发生所谓单相“碰壳”对地短路。所以短路故障也可视为最为严重的漏电故障。

1.安装多级剩余电流保护器做到分级选择性保护

总配电箱、末级配电箱应装设剩余电流保护器，分配电箱宜分别装设剩余电流保护器，构成两级或两级以上的漏电保护系统，且各级剩余电流保护器的动作电流值与动作时间协调配合，实现具有选择性的分级保护。其中，总配电箱中的剩余电流保护器可以设置于总路，也可以设置于各分路，不必重叠设置。为了缩小由于剩余电流保护器跳闸断电而影响的停电范围，避免导致大面积停电，总配电箱剩余电流保护器一般设置于分路上。

例如在总配电箱和末级配电箱中分别设置剩余电流保护器形成了分级选择性保护，使每台用电设备均有两级漏电保护措施。两级漏电保护措施之间相互配合，若在末端发生故障时，剩余电流保护器不会越级动作。当下级剩余电流保护器发生故障丧失保护功能时，上级剩余电流保护器动作以补救下级失灵的意外情况。

2.剩余电流保护器的选用与安装

（1）剩余电流保护器的选用。为达到分级、分段漏电保护的要求，就要选择上、下级剩余电流保护器的额定动作电流和上、下级分断时间。依据《建设工程施工现场供用电安全规范》GB 50194—2014的规定，在进行选择时，应遵循以下原则进行：末级配电箱中的剩余电流保护器的额定动作电流不应大于30mA，分断时间不应大于0.1s；当分配电箱中装设剩余漏电保护器时，其额定动作电流不应小于末级配电箱剩余电流保护值的3倍，分断时间不应大于0.3s；总配电箱中装设剩余漏电保护器时，其额定动作电流不应小于分配电箱中剩余电流保护值的3倍，分断时间不应大于0.5s。配电系统设置多级剩余电流保护时，每两级之间应有保护性配合，如：当设置为三级时，可为30mA，0.1s；100mA，0.2s；300mA，0.3s。

（2）根据电气设备的供电方式选用剩余电流保护器。单相220V电源供电的电气设备，应优先选用二极二线式剩余电流保护器；三相三线式380V电源供电的电气设备，应选用三极三线式剩余电流保护器；三相四线式380V电源供电的电气设备，三相设备与单相设备共用的电路应选用三极四线或四极四线式剩余电流保护器。剩余电流保护器的极数是指开关电器能够分断、闭合导体的数量，线数是指开关电器接入、接出导体的数量，见表 8-2-1。

表 8-2-1　剩余电流保护器的极与线

极数	二线	三线	四线
单极	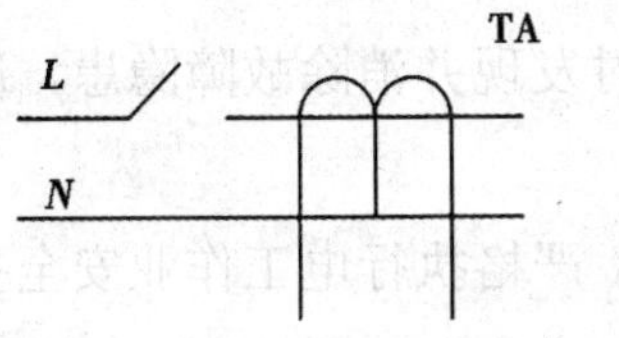 L　N　TA		
二极	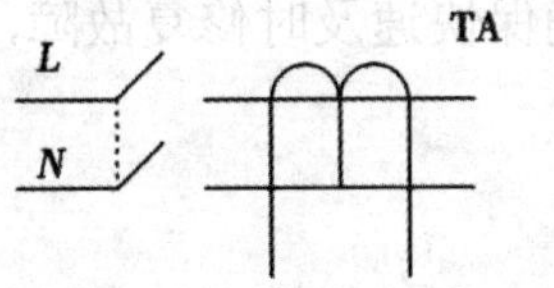 L　N　TA	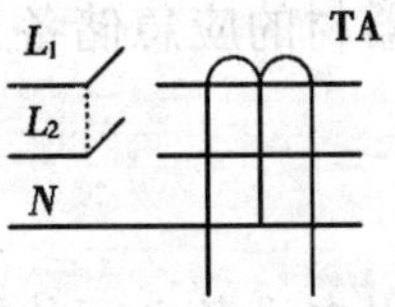 L₁　L₂　N　TA	
三极		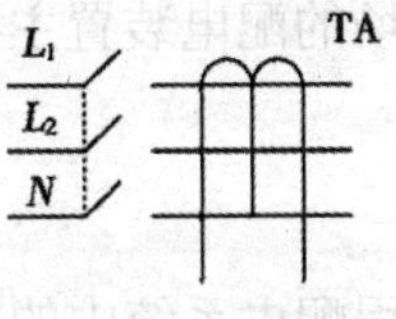 L₁　L₂　N　TA	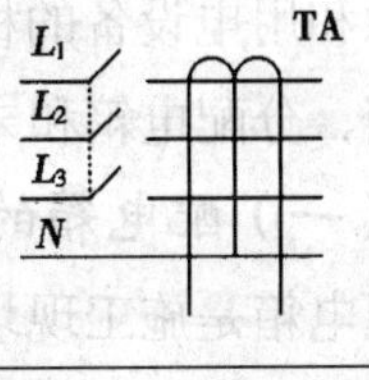 L₁　L₂　L₃　N　TA
四极			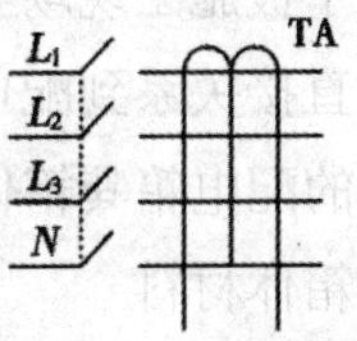 L₁　L₂　L₃　N　TA

六、过负荷保护与短路保护系统

过负荷保护和短路保护是配电系统的重要保护措施也是最基本的保护措施。可以有效保障配电系统安全稳定运行，延长使用寿命，避免发生变配电装置、用电设备、导线过热运行缩短使用寿命甚至烧损等严重故障。

（一）过负荷与短路保护系统的设置

1. 采用三级过负荷与短路保护系统。在施工现场配电系统三级配电装置的总配电箱、分配电箱、末级配电箱中，均安装设置断路器或熔断器等具有过负荷与短路保护功能的电器。

2. 配电系统的总路与分路均应设置过负荷与短路保护装置。在总配电箱、分配电箱的总路和各分路中都要设置断路器或熔断器等具有过负荷与短路保护功能的电器。

在实际应用中宜选用具有过负荷和短路保护功能的漏电断路器取代传统型号的断路器和熔断器。

（二）施工现场配电系统的过负荷与短路故障的预防措施

1. 做好过负荷与短路电流的计算工作，正确选择保护动作额定电流值，过负荷与短路保护电器应与被保护用电设备及线路相适应。宜采用速断保护装置，以便发生过负荷和短路故障时能够迅速切断线路，减少故障持续时间，从而减少故障导致的损失。

2. 按要求正确安装设置防雷保护系统，预防和减少雷击损害。

3. 认真做好用电设备的维护管理工作，按要求对用电设备进行维护保养，确保设备完好率。

4.严格按照相关用电设备的安全操作规程和技术指标操作使用机电设备，严禁违章作业，严禁超载运行、过负荷运行。

5.做好配电线路及装置的防护工作，严防配电线路及装置受损导致故障。电缆埋设部位应设置标记，动土作业时应指派专人监控看护，防止电缆受损。

6.做好施工现场配电系统的日常检查与管理工作，及时发现并消除故障隐患，减少和预防故障发生。

7.进行配电系统安装与检修维护作业时要注意力集中，严格执行电工作业安全技术操作规程，送电作业前认真进行检测验证，防止误接线。

8.做好过负荷与短路故障维修器材的应急储备工作，确保快速及时修复故障，恢复保护功能，恢复正常供电。

七、配电装置

配电装置是配电系统中电源与用电设备之间传输、分配电力、提供电气保护的装置，是联系电源和用电设备的枢纽。施工现场的配电装置主要指施工现场临时用电配电系统中设置的总配电箱、分配电箱和末级配电箱。

（一）配电箱的箱体结构

配电箱是施工现场临时用电工程配电系统中的重要环节。与配电室、供电线路相比，配电箱更易于被施工现场各类人员接触到。而配电箱中各种元器件的设置是否正确、使用维护是否得当，直接关系到配电系统各部分的电气安全，关系到现场人员的人身安全。施工现场配电系统设置的配电箱其箱体结构应符合以下要求。

1.箱体材料

配电箱应采用钢板或优质绝缘材料制作，钢板的厚度宜为1.5mm～2.0mm，其中末级配电箱箱体钢板厚度不宜小于1.2mm。箱体表面应做防腐、防锈处理，还应经得起在正常条件下可能遇到的潮湿影响。不应采用木质材料制作配电箱，因为木质配电箱易受腐蚀、受潮而导致绝缘性能下降，而且机械强度差，不耐冲击，使用寿命短。

2.电器安装板

配电箱内的电器（含插座）应先安装在金属或非木质阻燃绝缘电器安装板上，然后方可整体紧固在配电箱体内。电器安装板在装设时，应与箱体正常安装位置的后侧面间留有一定的间隙空间，用以布置箱体的进、出线。电器安装板与箱体之间可通过折页做活动连接，也可用螺栓做固定连接。金属电器安装板与金属箱体之间必须保证电气连接，当金属电器安装板与金属箱体之间采用折页做活动连接时，必须在二者之间跨接铜导线。

3.汇流排

在配电箱的内设电器安装板上，应配置用作中性导体（N）、保护导体（PE）接线的汇流排。接线汇流排应设置于方便接线的位置上。中性导体（N）和保护导体（PE）接线汇流排必须分别设置，固定安装在电器安装板上，并做符号标记。中性导体（N）汇流排与金属电器安装板之间必须保持绝缘。保护导体（PE）汇流排与金属电器安装板之间必须保持电气连接。当采用绝缘电器安装板时，保护导体（PE）汇流排应与金属箱体作电气连接。依据《建设工程施工现场供用电安全规范》GB 50194—2014的规定，保护导体（PE）汇流排上的端子数量不应少于进线和出线回路的数量。

（二）其他要求

1.《建设工程施工现场供用电安全规范》GB 50194—2014 规定，户外安装的配电箱应使用户外型，其防护等级不应低于外壳防护等级（IP 代码）IP44。

2.固定式配电箱的中心点与地面的垂直距离应为 1.4m～1.6m；移动式配电箱应装设在坚固、稳定的支架上，其中心点与地面的垂直距离宜为 0.8m～1.6m。

3.配电箱设门并配锁，当箱体宽度超过 500mm 时应做双开门。

4.配电箱箱门处应设有防触电警示标志，张贴写明管理责任单位、配电箱名称、用途、编号、值班电工及联系电话的标签。

5.配电箱接线进出规则为下进下出，不能设在顶面、后面或侧面，更不能从箱门缝隙中引进或引出导线。在导线的进、出口处应设护套，加强绝缘防护，防止线缆破损导致漏电、短路发生。

6.各级配电箱箱内应有分路标记及内部电气系统接线图，以确保准确操作开关电器，防止误操作，便于检修，便于设备的操作者进行安全、可靠的操作。

7.配电箱内的电器配置和接线严禁随意改动。更换电器装置时，必须与原规格、性能保持一致，不得使用与原规格、性能不一致的代用品。主要是为了保证施工现场配电箱正常电器功能配置，以防随意改动而破坏了正常的功能配置，影响保护性能，形成安全隐患。

8.配电箱应设置在干燥、通风及常温场所，不得设置在有损伤作用的烟气、潮气及其他有害介质中，亦不得设置在易受外来固体撞击、强烈振动、液体浸溅及热源烘烤场所。否则，应予以清除或采取安全防护措施。

9.配电箱内不得放置任何杂物，尤其是易燃易爆物、腐蚀和金属物，并经常保持清洁。主要是为了设备开关操作、维修方便，防止因杂物引起火灾或连电事故，防止金属物等损坏导线绝缘或污染开关电器，造成短路或开关电器误动作。

10.配电箱周围不得留有杂草、杂物、材料、工作台等障碍物，应满足人员安全操作对空间、场地和通道的要求。

八、配电线路

配电线路主要指连接配电装置和用电设备，传输分配电能的供电线路。

（一）设置原则

1.应结合施工现场规划及布局，在满足安全要求的条件下，方便线路敷设、接引及维护。

2.应避开过热、腐蚀以及储存易燃、易爆物的仓库等影响线路安全运行的区域。

3.宜避开易遭受机械性外力的交通、吊装、挖掘作业频繁场所，以及河道、低洼、易遭受雨水冲刷的地段。

4.不应跨越在建工程、脚手架、临时建筑物。

5.应根据施工现场环境特点，以满足线路安全运行、便于维护和拆除的原则来选择敷设方式和路径，敷设方式应能够避免受到机械性损伤或其他损伤。

6.配电线缆可采用架空、直埋、沿支架等方式进行敷设。

7.不应敷设在树木上或直接绑挂在金属构架和金属脚手架上。

8. 不应接触潮湿地面或热源。

9. 应根据敷设方式、施工现场环境条件、用电设备负荷功率及配电距离等因素选择电缆的类型。

10. 低压配电线路截面的选择和保护应符合现行国家标准《低压配电设计规范》GB 50054的有关规定。

（二）配电线路的形式

施工现场配电线路的形式主要有放射式、树干式和链式。

1. 放射式配线

放射式配线是指一独立负荷或一集中负荷均由一单独的配电线路供电，如图 8-2-5 所示。

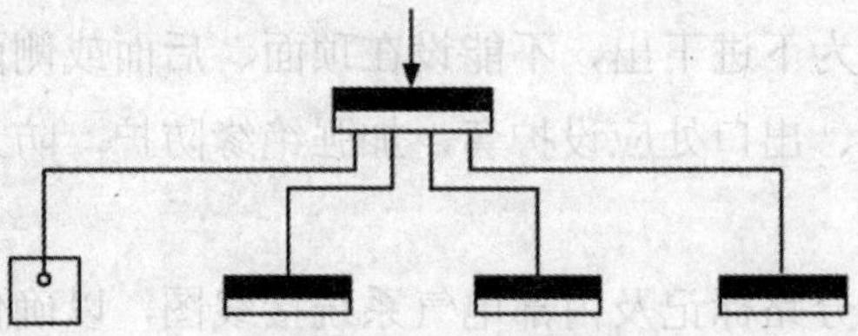

图 8-2-5　放射式配线

放射式配线适合于施工现场负荷大容量设备分片相对集中或重要用电设备的配线。其优点是各线路故障互相不影响，供电可靠性高，维修方便；其缺点是配电线缆和电器用量较多，投资较大，系统用电灵活性差。

2. 树干式配线

树干式配线是指一些独立负荷或一些集中负荷按照它们的所在位置依次连接到某一条配电干线上，如图 8-2-6 所示。

树干式配线适合于负荷容量较小，且分布比较均匀的用电场所。其优点是配电线缆和电器比放射式配线用量少，系统用电灵活性较好，比较经济。其缺点是供电可靠性差，当干线发生故障时，停电范围较大，干线上所有用电设备均受影响。

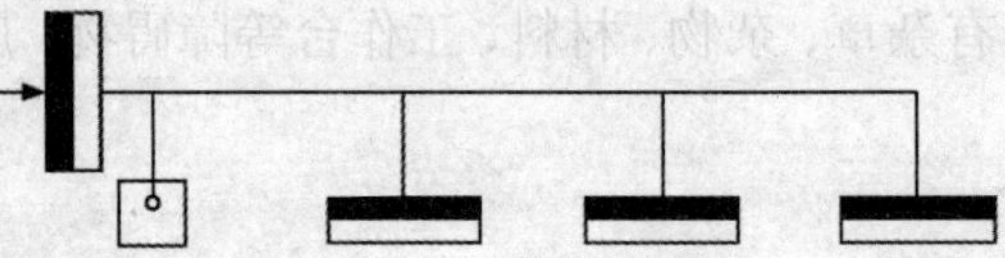

图 8-2-6　树干式配线

3. 链式配线

链式配线是一种类似于树干式的配电线路，其各负荷与干线之间不是独立支接，而是关联链接，是指将供电线路分为若干段，前后段电缆均接在配电箱总断路器的上口端子处，依次至最后一级配电箱，如图 8-2-7 所示。

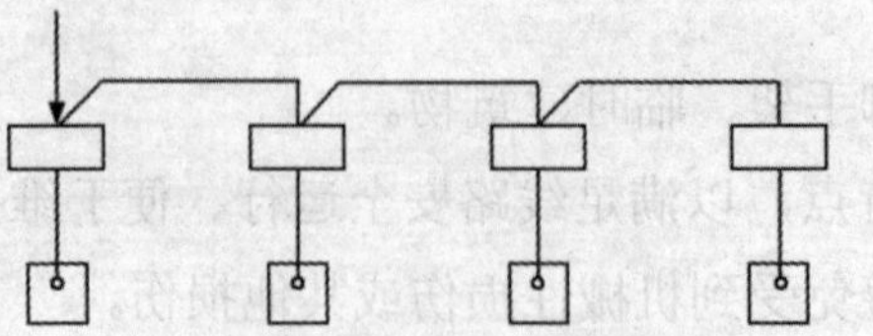

图 8-2-7　链式配线

链式配线适合给同类小容量用电设备，且彼此靠近的末级配电箱配电。

（三）配电线路的敷设

1.直埋线路

电缆直埋有许多优点，主要是投资少，易散热，不宜受损，施工方便，安全性高，施工完毕挖出电缆后可继续使用。

在地下管网较多，有较频繁开挖的地段不宜直埋敷设电缆；直埋电缆应沿道路或建筑物边缘埋设，并宜沿直线敷设，直线段每隔20m处、转弯处或中间接头处应设电缆走向标识桩；电缆直埋时，其表面距地面的距离不宜小于0.7m；电缆上、下、左、右侧应铺以软土或沙土，其厚度及宽度不得小于100mm，上部应覆盖硬质保护层。直埋敷设于冻土地区时，电缆宜埋入冻土层以下，当无法深埋时可在土壤排水性较好的干燥冻土层或回填土中埋设。

2.其他方式敷设线路

（1）以支架、吊索方式敷设电缆线路

当电缆敷设在金属支架上时，金属支架应可靠接地。当在金属支架上安装绝缘子固定电缆时可不做接地。固定点间距应保证电缆可承受的荷载（主要包括电缆自重荷载、风荷载、雨雪荷载等），以防芯线被拉伸、变形或拉断。电缆线路应固定牢固，绑扎线应使用绝缘材料。沿构筑物、建筑物水平敷设的电缆线路，距地面高度不宜小于2.5m。垂直引上敷设的电缆线路，固定点每楼层不得少于1处。各施工楼层宜选用预分支电缆沿在建工程的外墙、竖井、垂直空洞等部位敷设配电。

（2）沿墙面或地面敷设电缆线路

电缆线路宜敷设在人不易触及的地方。电缆线路敷设路径应有醒目的警告标示。沿地面明敷的电缆线路应沿建筑物墙体根部敷设，穿越道路或其他易受机械损伤的区域，应采取防机械损伤的措施，周围环境应保持干燥。在电缆敷设路径附近，当有产生明火的作业时，应采取防止火花损伤电缆的措施。

（3）电缆沟内敷设电缆电路

电缆沟沟壁、盖板及其材质构成，应满足承受荷载和适合现场环境耐久的要求。电缆沟应有排水措施。

（4）临时设施室内配线

室内配线在穿越楼板或墙壁时应用绝缘保护管保护。明敷线路应采用穿线管或线槽对导线进行保护，且应固定牢固，导线不应直接埋入抹灰层内敷设。当采用金属管敷设时，金属管必须做等电位连接，且必须与保护导体（PE）相连接。室内配线所用导线或电缆的截面应根据用电设备或线路的计算负荷确定，但铜线截面不应小于1.5mm²。施工现场室内配线不宜采用铝线。

九、外电防护

在施工现场周围往往存在一些高、低压电力线路，这些不属于施工现场的外界电力线路统称为外电线路。外电线路一般为架空线路，个别现场也会遇到埋地电缆线路。如果施工现场距离外电线路较近，易因为机械运行，施工人员搬运物料、器具，尤其是金属料具或操作不慎意外触及外电线路，从而发生触电伤害事故。因此，当施工现场临近外电线路作业时，为了防止外电线路对施工现场作业人员可能造成的触电伤害事故，施工现场必须对其采取相应的防护措施，这种对外电线路触电伤害的防护称为外电线路的防护，简称外电防护。

外电防护主要有以下技术措施。

1.保证安全距离

在建工程不得在外电架空线路保护区内搭设生产、生活等临时设施或堆放构件、架具、材料及其他杂物。依据《建设工程施工现场供用电安全规范》GB 50194—2014的规定，施工现场道路设施等与外电架空线路的最小距离应符合表8-2-2的规定。在外电架空线路附近开挖沟槽时，应采取加固措施，防止外电架空线路电杆倾倒、悬倒。

表8-2-2 施工现场道路设施等与外电架空线路的最小距离（m）

类别	距离	外电线路电压等级		
		10kV及以下	220kV及以下	500kV及以下
施工道路与外电架空线路	跨越道路时距路面最小垂直距离	7.0	8.0	14.0
	沿道路边敷设时距离路沿最小水平距离	0.5	5.0	8.0
临时建筑物与外电架空线路	最小垂直距离	5.0	8.0	14.0
	最小水平距离	4.0	5.0	8.0
在建工程脚手架与外电架空线路	最小水平距离	7.0	10.0	15.0
各类施工机械外缘与外电架空线路最小距离		2.0	6.0	8.5

2.架设安全防护设施

当施工现场道路设施等与外电线路的最小距离达不到表8-2-2中的规定时，应采取防护隔离措施。架设防护设施时，应采用线路暂时停电或其他可靠的安全技术措施，并应有电气专业技术人员和专职安全人员监护。依据《建设工程施工现场供用电安全规范》GB 50194—2014的规定，防护设施与外电架空线路之间的安全距离不应小于表8-2-3所列数值。防护设施应坚固、稳定，应能承受施工过程中人体、机械、器材、落物的意外撞击和风雨、机械振动等不良环境因素的冲击，而保持其防护功能，即不歪斜、不扭曲、不松动，特别是要保证不悬倒、不塌落，以保障施工作业人员、机械设备以及被防护外电线路的安全。外电安全防护设施应悬挂醒目的警告标识。依据《建设工程施工现场供用电安全规范》GB 50194—2014的规定，当外电线路的防护措施无法实现时，应采取停电、迁移外电架空线路或改变工程位置等措施，未采取上述措施的不得施工。

表8-2-3 防护设施与外电架空线路之间的最小安全距离（m）

外电架空线路电压等级（kV）	≤10	35	110	220	330	500
防护设施与外电架空线路之间的最小安全距离	2.0	3.5	4.0	5.0	6.0	7.0

3.无防护隔离措施不得强行施工

当针对外电架空线路的安全防护措施无法实现时，应采取停电、迁移外电架空线路或改变工程位置等措施，未采取上述措施的不得施工。

十、接地与防雷

（一）接地装置

接地装置就是连接电气设备与大地之间的金属导体，它一般由接地体和接地导体两部分组成。其中，埋入地下直接与大地接触的金属导体或导体组叫接地体，接地体又分为人工接地体和自然接地体。连接接地体与电气设备之间的金属线叫接地导体。

1.人工接地体的敷设

（1）人工接地体的顶面埋设深度不宜小于0.6m。

（2）人工垂直接地体宜采用热浸镀锌圆钢、角钢、钢管，长度宜为2.5m；人工水平接地体宜采用热浸镀锌扁钢或圆钢；圆钢直径不应小于12mm；扁钢、角钢等型钢截面积不应小于90mm^2，其厚度不应小于3mm；钢管壁厚不应小于2mm；人工接地体不得采用螺纹钢筋。

（3）人工接地体的埋设间距不宜小于5m。

2.自然接地体的选用

接地体应尽量选用自然接地体，以便节约钢材和降低施工难度。依据《建设工程施工现场供用电安全规范》GB 50194—2014的规定，当利用自然接地体时，应保证其完好的电气通路。下列装置或设备可以做自然接地体。

（1）敷设在地下的各种金属管道（自来水管、金属下水管等），依据《建设工程施工现场供用电安全规范》GB 50194—2014的规定，严禁利用输送可燃液体、可燃气体或爆炸性气体的金属管道作为自然接地体或电气设备的接地保护导体（PE）。

（2）建筑物、构筑物与地连接的金属结构。

（3）有金属外皮的电缆（铠装电缆）。

（4）钢筋混凝土建筑物与构筑物基础的钢筋结构体。

（二）接地电阻

1.中性点接地电阻

《建设工程施工现场供用电安全规范》GB 50194—2014规定，当高压设备的保护接地与变压器的中性点接地分开设置时，变压器中性点接地的接地电阻不应大于4Ω；当受条件限制高压设备的保护接地与变压器中性点接地无法分开设置时，变压器中性点的接地电阻值不应大于1Ω。

2.重复接地电阻

《建设工程施工现场供用电安全规范》GB 50194—2014规定，TN-S、TN-C-S系统重复接地装置的接地电阻值不宜大于10Ω。

3.防雷接地电阻

《施工现场临时用电安全技术规范》JGJ 46—2005规定，防雷接地装置的冲击接地电阻值不得大于30Ω。如防雷接地与重复接地共用同一接地装置，则接地电阻值应满足重复接地的要求。

4.发电机接地电阻

《建设工程施工现场供用电安全规范》GB 50194—2014规定，发电机中性点应接地，且接地电阻值不应大于4Ω。

（三）防雷

位于山区或多雷地区的变电所、箱式变电站、配电室应装设防雷装置；高压架空线路及变压器高压侧应装设避雷器；自室外引入有重要电气设备的办公室的低压线路宜装设电涌保护器。

《施工现场临时用电安全技术规范》JGJ 46—2005规定，施工现场和临时生活区的高度在20m及以上的钢脚手架、幕墙金属龙骨、正在施工的建筑物及塔式起重机、井子架、施工升降机、机具、烟囱、水塔等设施，均应设有防雷保护措施；当以上设施在其他建筑物或设施的防雷保护范围之内时，可不再设置。设有防雷保护措施的机械设备，其上的金属管路应与设备的金属结构体做电气连接；机械设备的防雷接地与保护导体（PE）的重复接地可共用同一接地体。

十一、办公、生活用电及现场照明

（一）办公、生活用电

1.建筑施工现场的常见临时办公和生活用电器具主要有电脑、复印机、打印机、空调、电风扇、电冰箱、电炊具、热水器、消毒柜、排油烟机、电暖气及办公与生活照明等。

2.办公、生活用电器应符合国家产品认证标准。

3.办公、生活场所不得使用电炉等产生明火的电器。

4.建筑施工现场的临时办公和生活用电的供电应采用 TN-S 系统。

5.办公、生活设施用水的水泵电源宜采用单独回路供电。

6.临时办公和生活用电应根据实际使用的电器功率大小严格进行负荷计算（应留有一定的安全余量），并根据计算结果选用相应载流量的导线（导线宜选用阻燃铜线）进行敷设。由于办公和生活用电器设备的电源电压大多是单相 220V，因此应根据负荷计算结果合理分配设置供电回路，尽量达到三相平衡，避免中性点漂移。

7.电气线路应按照现行国家标准进行布线，严禁私接乱拉。在线槽内配线和穿管配线时，线槽和线管内的导线中间不得有接头，接头需在接线盒内。线路不得直接敷设在易燃建筑材料上，如确需通过易燃材料时应采取防火隔离措施。

8.临时办公和生活用电应设专用配电箱。专用配电箱内应设置具有隔离、短路、过负荷和漏电保护功能的电器，当短路、过负荷保护装置选用自动空气开关时，额定电流的选择和过负荷保护的整定要符合要求。

9.办公和生活用电气设备具有金属外壳的，如电脑主机箱、电冰箱、洗衣机、柜式空调和各类炊具等的插排或插座，除引入单相 220V 的相导体（L）、中性导体（N）外，还必须把保护导体（PE）引入接好，保证办公和生活用电设备的外露可导电部分与保护导体（PE）有可靠的电气连接，避免间接触电事故的发生。

10.办公、生活区严禁在宿舍使用不符合安全性能要求的电器。功率较大的电器，其开关、导线、插头和插座的选择一定要匹配，要留有充分的余量，不得使用破损的插头和插座，不得用插、拔插头的方法来开、关电器，更不要用湿手插、拔插头。

11.发热类电器如电暖气等，必须远离易燃物，不得直接置于木板上，以防引起火灾。

12.电器电源线不得拖放在地面上，以防电源线绊人，并防止电源线损坏，触电伤人。

13.电器除冰箱这类制冷器具外，在不用时应切断电源，特别是电热类的器具在人离开时必须断开电源。

14.工人生活场所的宿舍宜采用 36V 安全特低电压系统（SELV）供电。

15.对经常使用的电器，应保持其干燥和清洁。电器损坏后，应请专业人员或送修理店维修。严禁非专业人员在带电情况下拆开电器外壳。严禁使用安全装置缺失或有故障的电器。

（二）现场照明

1.照明方式的选择

（1）需要夜间施工、无自然采光或自然采光差的场所，办公、生活、生产辅助设施，道路应设置一般照明。

（2）同一工作场所内的不同区域有不同照度要求时，应分区采用一般照明或混合照明，不应只采用局部照明。

2.照明种类的选择

（1）工作场所均应设置正常照明。

（2）在坑井、沟道、沉箱内及高层构筑物内的走道、拐弯处、安全出入口、楼梯间、操作区域等部位，应设置应急照明。

（3）在危及航行安全的建筑物、构筑物上，应根据航行要求设置障碍照明。

3.照明灯具的选择

（1）潮湿或特别潮湿场所，以及室外露天，选用密闭型防水照明器或配有防水灯头的开启式照明器。

（2）含有大量尘埃但无爆炸和火灾危险的场所，选用防尘性照明器。有爆炸和火灾危险的场所选用防爆型照明器。

（3）存在较强振动的场所，选用防振型照明器。有酸、碱等强腐蚀介质场所，选用耐酸碱型照明灯。

（4）对需要大面积照明的场所，应采用LED投光灯、镝灯、高压汞灯、高压钠灯等照明器具。

（5）照明器具和器材的质量均应符合国家现行有关强制性标准的规定，不得使用绝缘老化或破损的器具和器材。

（6）依据《建筑与市政施工现场安全卫生与职业健康通用规范》GB 55034—2022的规定，手持式灯具应采用供电电压不大于36V的安全特低电压系统（SELV）供电。依据《建设工程施工现场供用电安全规范》GB 50194—2014的规定，手持式灯具应采用Ⅲ类灯具，严禁利用额定电压220V的临时照明灯具作为行灯使用。

（7）手持式灯具灯体及手柄绝缘应良好、坚固、耐热、耐潮湿。

4.特殊场所使用安全特低电压系统（SELV）供电的照明装置

（1）下列特殊场所的安全特低电压系统照明电源电压不应大于24V。

金属结构构架场所；隧道、人防等地下空间；有导电粉尘、腐蚀介质、蒸汽及高温炎热的场所。

（2）下列特殊场所的特低电压系统照明电源的电压不应大于12V。

相对湿度长期处于95%以上的潮湿场所；导电良好的地面；狭窄的导电场所。

5.特低电压照明装置供电的变压器

《建设工程施工现场供用电安全规范》GB 50194—2014规定，特低电压照明装置供电的变压器应采用双绕组型安全隔离变压器，不得使用自耦变压器。安全隔离变压器二次回路不应接地。安全隔离变压器严禁带入金属容器或金属管道内使用。

6.照明灯具的使用

《建设工程施工现场供用电安全规范》GB 50194—2014规定，照明开关应控制相导体。当采用螺口灯头时，相导体应接在中心触头上。照明灯具与易燃物之间，应保持一定的安全距离。《施工现场临时用电安全技术规范》JGJ 46—2005规定，普通灯具不宜小于300mm；聚光灯等高热灯具不宜小于500mm，且不得直接照射易燃物。当间距不够时，应采取隔热措施。照明灯具的金属外壳应与保护导体（PE）相连接。室外220V灯具距地面高度不宜低于3m，室内220V灯具不宜低于2.5m。LED投光灯、镝灯、高压汞灯、高压钠灯等照明器具的安装高度宜在3m以上，灯线应穿管或固定在专用的接线柱上，不得靠近灯具表面。

第三节　事故案例

◆◇案例一、无证操作人员上岗作业导致第三者触电死亡事故

【背景资料】

某施工单位在某工业园内承建工业厂房。××年3月17日上午，根据工地施工队长的安排，电焊工李某负责进行北侧墙体钢筋的焊接，当时该电焊工从配电箱接出一路电源线到电焊机上，并将电焊机放在翻斗车里，随后上了厂房脚手架进行焊接作业。在10时左右，因需移位作业，电焊工李某就让另一名普工孙某把装有电焊机的翻斗车推至另一作业点。普工孙某双手持推车手柄推动小车时引发触电并呼救。现场其他人员听到呼救声后立即采取救护措施，并急报120急救中心，经医生到场抢救，终因触电时间较长抢救无效死亡。

【事故原因】

1.直接原因

经查实，电焊工李某无建筑电工操作资格证，为贪图方便擅自接线，并把电焊机放在翻斗车内，实施移动操作。由于移动操作产生颠簸和拖拽，致使电焊机外壳及小车均带电（因接线不规范引起）。普工孙某在推动翻斗车时双手触碰车柄遭受电击，致使触电身亡。

2.间接原因

（1）风险因素认识不足。普工孙某对挪移用电设备的安全风险认识不足，在没有切断电源的情况下，违规冒险推动翻斗车挪移电焊机。

（2）电焊工李某无证从事接用电作业。李某从事用电设备电源线的接线作业，未经培训并经考核合格取得建筑电工操作资格证，属于无证违规上岗，造成电焊机接入的电源线不符合安全要求。

（3）安全保护不规范。给电焊机供电的末级配电箱未安装剩余电流动作保护器。配电系统的保护导体未与电焊机的外露可导电部分做电气连接。

【事故性质】

经调查认定，该起事故是一起一般等级的生产安全责任事故。

【防范措施】

1.对施工现场用电人员认真组织进行用电安全教育，强化安全意识，提高施工作业人员的安全用电技能水平。挪移用电设备时，应在确认切断电源的情况下进行。

2.施工现场应配备经培训考核合格并取得建筑电工操作资格证的专业电工进行接用电作业。

3.末级配电箱进线端应设置总断路器，分支回路应设置具有短路、过负荷、剩余电流动作保护功能的电器。

4.用电设备电源线的保护导体应在配电箱的保护导体汇流排和用电设备的外露可导电部分之间做电气连接，确保电焊机处于接地保护状态。

◆◇案例二、无证操作人员上岗作业导致建筑电工触电死亡事故

【背景资料】

××年4月13日下午，某工地进行室外管网施工作业，挖掘机意外将该工地3号供电支线的埋地电缆挖断，造成该支线停电。电工宋某和张某接到施工人员报告后到总配电室查看确认3号支线控制断路器已跳闸停电，随后到事故现场修复被破坏的电缆。此时建筑工人白某在停电后到总配电室查看，直接进入配电室打开总配电箱将已跳闸停电的3号支线合闸送电，正在该支线上进行维修作业的建筑电工宋某被电击死亡。

【事故原因】

1.直接原因

白某进入配电室打开总配电箱将已跳闸停电的3号支线合闸送电，致使正在该支线上维修作业的建筑电工宋某被电击死亡。这是这起事故的直接原因。

2.间接原因

（1）直埋电缆无警示标识。经现场勘查，该工地3号供电线路为直埋电缆，沿埋地电缆的走向位置在地面没有按要求设置警示标识，以提醒人们注意地下埋有电缆禁止动土作业。

（2）安全监护不到位。一是该工地在进行室外管网施工作业时，没有事先告知项目部机电管理人员并指派建筑电工在直埋电缆附近进行土方开挖作业现场监护，以确保动土作业不伤及直埋电缆。二是当3号线路电缆受损需要停电维修时没有安排专人在配电室进行监护，以防人员误合闸。

（3）没有悬挂警示标牌。总配电箱3号支线控制断路器在跳闸停电后进行受损线路故障维修时，没有在对应的断路器上悬挂“禁止合闸，有人工作”标识牌，也没有锁好总配电箱箱门，以防人员误合闸。

（4）白某无证上岗。白某在总配电箱进行送电作业，未经培训并经考核合格取得建筑电工操作资格证，属于无证违规上岗，造成误合闸送电。

【事故性质】

经调查认定，该起事故是一起一般等级的生产安全责任事故。

【防范措施】

1.直埋电缆应沿道路或建筑物边缘埋设，并宜沿直线敷设，直线段每隔20m处、转弯处或中间接头处应设电缆走向标识桩，以防土方施工破坏电缆。

2.在直埋电缆附近进行土方开挖作业时应事先告知项目部机电管理人员并指派建筑电工进行现场监护，以确保电缆安全完好运行。

3.在进行电缆维修作业时，应先分断电源开关，确认停电后再在对应开关电器上悬挂“禁止合闸，有人工作”警示标识牌，锁好配电箱箱门，指定专人负责监护后方可开始进行电缆线路维修作业。

4.对施工现场用电人员认真进行安全用电教育，强化安全用电意识，提高施工作业人员的安全用电技能水平，非电工人员不得从事电工作业。

第九章　起重机械与吊装

起重机械是各种工程建设广泛应用的重要起重设备，它对减轻劳动强度、节省人力、降低建设成本、提高劳动生产率、加快建设速度、实现工程施工机械化起着十分重要的作用。

近年来随着建设工程规模的不断扩大，起重安装工程量越来越大，而建筑起重机械所引发的安全事故在施工现场事故中占比较高。如何有效地控制和降低施工现场建筑起重机械的安全事故，有效地保证建筑起重机械设备的安全正常运作，是建筑施工安全工作的一项重要内容。

2023 年 5 月 23 日，由国家市场监管总局批准发布的《起重机械安全技术规程》TSG 51—2023 明确了起重机械的基本安全要求，为更好地指导和规范起重机械安全工作提供了重要依据和支撑。

第一节　一般规定

一、基本要求

1. 选用建筑起重机械时，其主要性能参数、利用等级、载荷状态、工作级别等应与建筑工程相匹配。

2. 施工现场应提供符合起重机械作业要求的通道和电源等工作场地和作业环境。基础与地基承载能力应满足起重机械的安全使用要求。

3. 操作人员在作业前应对行驶道路、架空电线、建（构）筑物等现场环境以及起吊重物进行全面了解。

4. 建筑起重机械应装有音响清晰的信号装置。在起重臂、吊钩、平衡重等转动物体上应有鲜明的色彩标志。

5. 建筑起重机械的变幅限位器、力矩限制器、起重量限制器、防坠安全器、钢丝绳防脱装置、防脱钩装置以及各种行程限位开关等安全保护装置，必须齐全有效，严禁随意调整或拆除。严禁利用限制器和限位装置代替操纵机构。

6. 建筑起重机械安装工、司机、信号司索工作业时应密切配合，按规定的指挥信号执行。

7. 施工现场应采用旗语、口哨、对讲机等有效的联络措施确保通信畅通。

8. 在风速达到 9.0m/s 及以上或大雨、大雪、大雾等恶劣天气时，严禁进行建筑起重机械的安装拆卸作业。

9. 操作人员进行起重机械回转、变幅、行走和吊钩升降等动作前，应发出音响信号示意。

10. 建筑起重机械作业时，应在臂长的水平投影覆盖范围外设置警戒区域，并应有监护措施；起重臂和重物下方不得有人停留、工作或通过。起重机械严禁以任何方式吊载人员，人货两用的施工升降机和人车共乘的机械式停车设备除外。

11. 易散落物件应使用吊笼吊运。标有绑扎位置的物件，应按标记绑扎后吊运。吊索的水平夹角宜为 45°～60°，不得小于 30°，吊索与物件棱角之间应加保护垫料。

12. 重物的吊运速度应平稳、均匀，不得突然制动。回转未停稳前，不得反向操作。

13. 建筑起重机械作业时，在遇突发故障或突然停电时，应立即把所有控制器拨到零位，并及时关闭发动机或断开电源总开关，然后进行检修。起吊物不得长时间悬挂在空中，应采取措施将重物降落到安全位置。

14. 起重机严禁越过无防护设施的外电架空线路作业。在外电架空线路附近吊装时，起重机的任何部位或被吊物边缘在最大偏斜时与架空线路边线的最小安全距离应符合表 9-1-1 规定。

表 9-1-1　起重机与架空线路边线的最小安全距离（m）

方向	电压（kV）					
	10	35	110	220	330	500
沿垂直方向	3.0	4.0	5.0	6.0	7.0	8.5
沿水平方向	2.0	3.5	4.0	6.0	7.0	8.5

二、通用零部件

（一）钢丝绳

1. 钢丝绳作吊索时，其安全系数不得小于 6 倍。

2. 钢丝绳的报废应符合现行国家标准《起重机用钢丝绳检验和报废实用规范》GB/T 5972 的规定。

3. 当钢丝绳的端部采用编结固定时，编结部分的长度不得小于钢丝绳直径的 20 倍，并不应小于 300mm，固接强度不应小于钢丝绳最小破断拉力的 75%。插接绳股应拉紧，凸出部分应光滑平整，且应在插接末尾留出适当长度，用金属丝扎牢，钢丝绳插接方法宜符合现行行业标准《起重机械吊具与索具安全规程》LD48 的要求。

4. 当采用绳夹固接时，应符合 GB/T 5976—2006 中的规定，钢丝绳绳夹最少数量应满足表 9-1-2 的要求，且固接处的强度不应小于钢丝绳最小破断拉力的 85%。

表 9-1-2　钢丝绳夹的正确布置方法

绳夹规格（钢丝绳公称直径）d_t（mm）	钢丝绳夹的最小数量（组）
≤18	3
＞18～26	4
＞26～36	5
＞36～44	6
＞44～60	7

注：绳夹按推荐数量正确布置和夹紧，并且所有的绳夹将夹座置于钢丝绳的较长部分，绳夹间的距离等于 6～7 倍钢丝绳直径。

钢丝绳夹板应在钢丝绳受力绳一边，绳夹间距 *A*（图 9-9-1）不应小于钢丝绳直径的 6 倍。

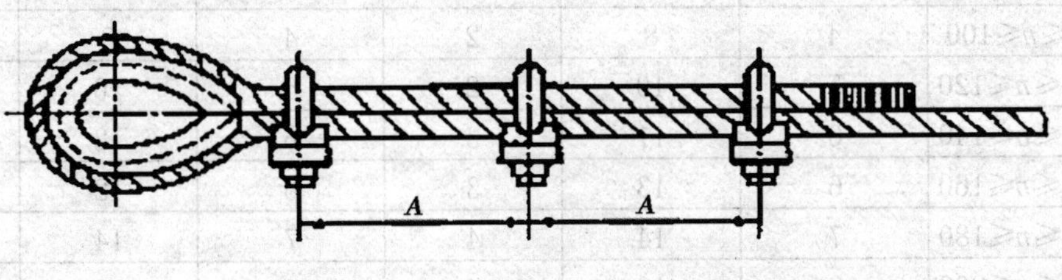

图 9-1-1　钢丝绳夹的正确布置方法

为了便于检查接头是否可靠和发现钢丝绳是否滑动，可在最后一个夹头后面大约500mm处再安一个夹头，并将绳头放出一个“安全弯”。这样，当接头的钢丝绳发生滑动时，“安全弯”首先被拉直，这时就应该立即采取措施处理。

5.当用楔形接头固接时，楔套应当用钢材制造，楔套无裂纹，楔块无松动，固接强度不应小于钢丝绳最小破断拉力的75%。

6.当用锥形套浇铸法固接时，固接强度应达到钢丝绳的最小破断拉力。

7.当用金属压制接头固接时，接头无裂纹，固接强度应达到钢丝绳的最小破断拉力。

8.当用压板固接时，压板数量应当不少于2个（电动葫芦不少于3个），并且具有防松或者自紧的性能，固接强度应达到钢丝绳破断拉力的80%（塔式起重机为100%）。

9.施工升降机钢丝绳绳端连接（固定）的强度应当不小于钢丝绳最小破断拉力的80%。

10.起重机械钢丝绳在使用中应每周进行一次外观检查，每月至少进行一次全面地、细致的检查。起重机械停止工作达3个月以上，在重新投入生产之前应对钢丝绳预先进行检查。钢丝绳达到表9-1-3~表9-1-5标准时，应予报废。

表9-1-3　钢丝绳报废标准

序号	可见断丝的种类	报废基准
1	断丝随机地分布在单层缠绕的钢丝绳经过一个或多个钢制滑轮的区段和进出卷筒的区段，或者多层缠绕的钢丝绳位于交叉重叠区域的区段	单层股和平行捻密实钢丝绳见表9-1-4，阻旋转钢丝绳见表9-1-5
2	在不进出卷筒的钢丝绳区段出现的呈局部聚集状态的断丝	如果局部聚集集中在一个或两个相邻的绳股，即使$6d$长度范围内的断丝数低于表9-1-4和表9-1-5的规定值，可能也要报废钢丝绳
3	股沟断丝	在一个钢丝绳捻距（大约为$6d$的长度）内出现两个或更多断丝
4	绳端固定装置处的断丝	两个或更多断丝

表9-1-4　单层股钢丝绳和平行捻密实钢丝绳中达到报废程度的最少可见断丝数

钢丝绳类别号RCN	外层股中承载钢丝的总数[a] n	可见断丝的数量[b]					
		在钢制滑轮上工作和/或单层缠绕在卷筒上的钢丝绳区段（钢丝断裂随机分布）				多层缠绕在卷筒上的钢丝绳区段[c]	
		工作级别M1～M4或未知级别[d]				所有工作级别	
		交互捻		同向捻		交互捻和同向捻	
		$6d$[e]长度范围内	$30d$[e]长度范围内	$6d$[e]长度范围内	$30d$[e]长度范围内	$6d$[e]长度范围内	$30d$[e]长度范围内
01	$n\leqslant 50$	2	4	1	2	4	8
02	$51\leqslant n\leqslant 75$	3	6	2	3	6	12
03	$76\leqslant n\leqslant 100$	4	8	2	4	8	16
04	$101\leqslant n\leqslant 120$	5	10	2	5	10	20
05	$121\leqslant n\leqslant 140$	6	11	3	6	12	22
06	$141\leqslant n\leqslant 160$	6	13	3	6	12	26
07	$161\leqslant n\leqslant 180$	7	14	4	7	14	28
08	$181\leqslant n\leqslant 200$	8	16	4	8	16	32
09	$201\leqslant n\leqslant 220$	9	18	4	9	18	36

续表 9-1-4

钢丝绳类别号 RCN	外层股中承载钢丝的总数[a] n	可见断丝的数量[b]					
		在钢制滑轮上工作和/或单层缠绕在卷筒上的钢丝绳区段（钢丝断裂随机分布）				多层缠绕在卷筒上的钢丝绳区段[c]	
		工作级别 M1～M4 或未知级别[d]				所有工作级别	
		交互捻		同向捻		交互捻和同向捻	
		$6d$[e] 长度范围内	$30d$[e] 长度范围内	$6d$[e] 长度范围内	$30d$[e] 长度范围内	$6d$[e] 长度范围内	$30d$[e] 长度范围内
10	$221 \leqslant n \leqslant 240$	10	19	5	10	20	38
11	$241 \leqslant n \leqslant 260$	10	21	5	10	20	42
12	$261 \leqslant n \leqslant 280$	11	22	6	11	22	44
13	$281 \leqslant n \leqslant 300$	12	24	6	12	24	48
14	$n > 300$	$0.04n$	$0.08n$	$0.02n$	$0.04n$	$0.08n$	$0.16n$

注：对于外层股为西鲁式结构且每股的钢丝数≤19 的钢丝绳（例如 6×19 Seale），在表中的取值位置为其“外层股中承载钢丝总数”所在行之上的第二行。

a 在本标准中，填充钢丝不作为承载钢丝，因而不包括在 n 值之中。

b 一根断丝有两个断头（按一根断丝计数）。

c 这些数值适用于交叉重叠区域和由于钢丝绳偏角影响的缠绕绳圈之间干涉引起的劣化（不适用于只在滑轮上工作而不在卷筒上缠绕的区段）。

d 机构的工作级别为 M5～M8 时，断丝数可取表中数值的两倍。

e d 为钢丝绳公称直径。

表 9-1-5　阻旋转钢丝绳中达到报废程度的最少可见断丝数

钢丝绳类别号 RCN	钢丝绳外层股数和在外层股中承载钢丝总数[a] n	可见断丝的数量[b]			
		在钢制滑轮上工作和/或单层缠绕在卷筒上的钢丝绳区段		多层缠绕在卷筒上的钢丝绳区段[c]	
		$6d$[d] 长度范围内	$30d$[d] 长度范围内	$6d$[d] 长度范围内	$30d$[d] 长度范围内
21	4 股 $n \leqslant 100$	2	4	2	4
22	3 股或 4 股 $n \geqslant 100$	2	4	4	8
	至少 11 个外层股				
23-1	$71 \leqslant n \leqslant 100$	2	4	4	8
23-2	$101 \leqslant n \leqslant 120$	3	5	5	10
23-3	$121 \leqslant n \leqslant 140$	3	5	6	11
24	$141 \leqslant n \leqslant 160$	3	6	6	13
25	$161 \leqslant n \leqslant 180$	4	7	7	14
26	$181 \leqslant n \leqslant 200$	4	8	8	16
27	$201 \leqslant n \leqslant 220$	4	9	9	18
28	$221 \leqslant n \leqslant 240$	5	10	10	19
29	$241 \leqslant n \leqslant 260$	5	10	10	21
30	$261 \leqslant n \leqslant 280$	6	11	11	22
31	$281 \leqslant n \leqslant 300$	6	12	12	24
32	$n > 300$	6	12	12	24

注：对于外层股为西鲁式结构且每股的钢丝数≤19 的钢丝绳（例如 18×19 Seale-WSC），在表中的取值位置为其“外层股中承载钢丝总数”所在行之上的第二行。

a 在本标准中，填充钢丝不作为承载钢丝，因而不包括在 n 值之中。

b 一根断丝有两个断头（按一根断丝计数）。

c 这些数值适用于交叉重叠区域和由于钢丝绳偏角影响的缠绕绳圈之间干涉引起的劣化（不适用于只在滑轮上工作而不在卷筒上缠绕的区段）。

d d 为钢丝绳公称直径。

起重机械钢丝绳在使用时，绳卡的选用应与钢丝绳的直径相匹配。选用标准应符合表 9-1-2 的规定。

（二）吊钩

在用起重机械的吊钩应根据使用状况定期进行检查，并至少每半年检查一次，且进行清洗润滑。吊钩一般的检查方法是：先用煤油清洗吊钩钩体，然后用 20 倍放大镜检查钩体是否有疲劳裂纹，尤其对危险断面要仔细检查，对板钩的衬套、销轴、轴孔、耳环等检查其磨损情况，检查各紧固件是否松动。某些大型的工作级别较高或使用在重要工况环境的起重机的吊钩，还应采用无损探伤法检查吊钩内、外部是否存在缺陷。

不准使用铸造吊钩。吊钩固定要牢靠，转动部位应灵活，钩体表面光洁，无裂纹、剥裂及任何有损伤钢丝绳的缺陷。钩体上的缺陷不得焊补。为防止吊具自行脱钩，吊钩上应设置防脱装置。

吊钩出现表 9-1-6 中情况之一时，应予以报废。

表 9-1-6　主要零部件报废标准

1. 吊钩禁止补焊，出现以下情况之一时，应当予以报废： （1）用 20 倍放大镜观察表面有裂纹；（2）钩尾和螺纹部分等危险截面及钩筋有永久性变形；（3）挂绳处截面磨损量超过原高度的 10%；（4）心轴磨损量超过其直径的 5%；（5）开口度比原尺寸增加 15%
2. 卷筒和滑轮出现下列情况之一时，应当予以报废： （1）裂纹或轮缘破损；（2）卷筒壁磨损量达原壁厚的 10%；（3）滑轮绳槽壁厚磨损量达原壁厚的 20%；（4）滑轮槽底的磨损量超过相应钢丝绳直径的 25%
3. 制动器出现以下情况之一时，应当予以报废： （1）可见裂纹；（2）制动块摩擦衬垫磨损量达原厚度的 50%；（3）制动轮表面磨损量达 1.5～2mm；（4）弹簧出现塑性变形；（5）电磁铁杠杆系统空行程超过其额定行程的 10%
4. 车轮出现以下情况之一时，应当予以报废： （1）可见裂纹；（2）车轮踏面厚度磨损量达原厚度的 15%；（3）车轮轮缘厚度磨损量达原厚度的 50%

（三）滑轮

起重机械上用的滑轮可分为装在固定轴上的定滑轮和装设在活动轴上的动滑轮。就滑轮的功能而言，则可分为支撑导向滑轮。滑轮多用钢板压模或焊制而成。滑轮出现表 9-1-6 中情况之一时，应予以报废。

滑轮直径应与钢丝绳直径相匹配，滑轮绳槽深度，绳槽底圆曲率半径以及绳槽夹角等参数值均有明确规定。不符合这些规定，就可能造成钢丝绳及滑轮绳槽的迅速磨损。

（四）制动器

制动器是起重机械必备的一种部件，其功能在于制止工作机构的运转，使之静停于原位不动。制动器出现表 9-1-6 中情况之一时，应予以报废。

塔式起重机上用的制动器可分为：瓦块式和片式（又称盘式）两大类。瓦块式制动器多为敞露结构，装于减速器快速轴的轴端，或装设于电动机轴与减速器输入轴相连接之处。片式制动器则为内包结构，装于电动机尾端轴伸处。

第二节　塔式起重机

一、塔式起重机简介

塔式起重机是可回转臂架型起重机，它的臂架安装在垂直的塔身顶部，是建筑安装工程中主要的施工机械。一般由金属结构、工作机构和电气系统三部分组成。金属结构包括标准节、平衡臂、起重臂、塔帽和底座等。工作机构有起升、回转、变幅和行走四大机构。电气系统包括电动机、控制器、配电柜、连接线路、信号及照明装置等。

（一）起升机构

在起重机中，用以提升或下降货物的机构称为起升机构，一般采用卷扬式（又称卷扬机）。起升机构是起重机中最重要、最基本的机构，一般由驱动装置、钢丝绳卷绕系统、吊物装置和安全保护装置等组成，如图 9-2-1 所示。

（二）回转机构

起重机的回转机构能使被起吊重物绕起重机的回转中心作圆弧运动，实现在水平面内运输重物的目的，如图 9-2-2 所示。

图 9-2-1　起升机构

图 9-2-2　回转机构

（三）变幅机构

用来改变起重机幅度的机构称为起重机的变幅机构，如图 9-2-3 所示。变幅机构可以扩大起重机的作业范围，当变幅机构与回转机构协同工作时，起重机的作业范围是一个环形空间。

图 9-2-3　变幅机构

（四）行走机构

行走机构仅用于轨道行走式塔式起重机，由电机、减速器、台车、车轮、夹轨器、终点限位开关、缓冲器等组成。

二、安全装置

机械设备的安全装置可以在设备失灵、故障或操作人员误操作时保护设备、人员的安全。防止设备在运行中超负荷，一旦超过规定的负荷，设备安全装置会自动作用，将运转停止，有效的防止了过载负荷引起的安全事故。塔式起重机的安全保护装置有：行程限位器，载荷限制器，钢丝绳防脱装置，小车断绳保护装置，小车防坠落装置，爬升防脱装置，风速仪，抗风防滑装置，报警装置，急停开关等。

（一）行程限位器

1. 起升高度限位器

（1）俯仰变幅动臂用的吊钩高度限位器

对动臂变幅的塔式起重机，当吊钩装置顶部至起重臂下端最小距离为 800mm 时，应能立即停止运动，对设有变幅重物平移功能的动臂变幅的塔式起重机，还应同时切断向外变幅控制回路电源，但应有下降和向内变幅运动。

（2）小车变幅用的起升高度限位器

对小车变幅的塔式起重机，应设置起升高度限制器，如图 9-2-4 所示。当吊钩装置顶部升至小车架下端的最小距离为 800mm 时应能立即停止起升运动，但应有下降运动。

图 9-2-4　起升高度限位器

所有型式塔式起重机，当钢丝绳松弛可能造成卷筒乱绳或反卷时应设置下限位，在吊钩不能再下降或卷筒上钢丝绳只剩 3 圈时应能立即停止下降运动。

2. 幅度限位器

（1）对动臂变幅的塔式起重机，应设置幅度限位器，如图 9-2-5 所示，在臂架到达相应的极限位置前开关动作，停止臂架再往极限方向变幅。对动臂变幅的塔式起重机，应设置臂架极限位置的限制装置，该装置应能有效防止臂架向后倾翻。

（2）对小车变幅的塔式起重机，应设置小车行程限位器和终端缓冲装置。限位开关动作后应保证小车停车时，其终端部距缓冲装置最小距离为 200mm。最大变幅速度超过 40m/min 的塔式起重机，在小车向外运行并且起重力矩达到 80%的额定值时，强迫换速装置应当自动转换为低速运行。

（3）回转限位器

回转限位器用以限制塔式起重机的回转角度，防止扭断或损坏电缆。凡是不装设中央集电环的塔式起重机，均应配置回转限位器，如图 9-2-6 所示。对回转处不设集电器供电的塔式起重机，应设置正反两个方向回转限位开关，开关动作时臂架旋转角度应不大于±540°。

图 9-2-5　幅度限位器

图 9-2-6　回转限位器

（4）运行限位器

对于轨道运行的塔式起重机，每个运行方向应设置限位装置，其中包括限位开关、缓冲器和终端止挡。应保证开关动作后塔式起重机停车时，其终端部距缓冲器最小距离为 1000mm，缓冲器距终端止挡最小距离为 1000mm。

（二）载荷限制器

1. 起重量限制器

塔式起重机应设置起重量限制器，如图 9-2-7 所示。当起重量大于最大额定起重量并小于 105%额定起重量时，应停止上升方向动作，但应有下降方向动作。具有多挡变速的起升机构，限制器应对各挡位具有防止超载的作用。

2. 起重力矩限制器

塔式起重机应设置起重力矩限制器，如图 9-2-8 所示。当起重力矩大于相应幅度额定值并小于额定值 105%时，应停止上升和向外变幅动作，但应有下降和内变幅动作。力矩限制器控制定码变幅的触点和控制定幅变码的触点应分别设置，且能分别调整。

图 9-2-7　起重量限制器

图 9-2-8　起重力矩限制器

（三）钢丝绳防脱装置

滑轮、起升卷筒及动臂变幅卷筒均应设有钢丝绳防脱装置，如图 9-2-9 所示，该装置表面与滑轮或卷筒侧板边缘间的间隙不应超过钢丝绳直径的 20%，装置可能与钢丝绳接触面不应有棱角。

（四）小车断绳保护装置

小车变幅塔式起重机应设置双向小车变幅断绳保护装置，如图 9-2-10 所示。

图 9-2-9　钢丝绳防脱槽装置

图 9-2-10　小车断绳保护装置

（五）小车防坠落装置

小车应有轮缘或设有水平导向轮以防止小车脱离臂架。

设置小车防坠落装置，如图 9-2-11 所示，即使车轮失效小车也不得脱离臂架坠落，装置应在失效点下坠 10mm 前作用。

（六）爬升装置防脱功能

爬升式塔式起重机爬升支撑装置应有直接作用于其上的预定工作位置锁定装置，如图 9-2-12 所示。在加节、降节作业中，塔式起重机未到达稳定支撑状态（塔式起重机回落到安全状态或被换步支撑装置安全支撑），被人工解除锁定前，即使爬升装置有意外卡阻，爬升支撑装置也不应从支撑处（踏步或爬梯）脱出。

图 9-2-11　小车防坠落装置

图 9-2-12　爬升防脱装置

（七）风速仪

对臂根铰点高度超过50m的塔式起重机，应配备风速仪，如图9-2-13所示，当风速大于工作允许风速时，应能发出停止作业的警报。

（八）抗风防滑装置

轨道运行的塔式起重机，应设置非工作状态抗风防滑装置。

（九）报警装置

塔式起重机应装有报警装置。在塔式起重机达到额定起重力矩和/或额定起重量的90%以上时，装置应能向司机发出连续的声光报警。在塔式起重机达到额定起重力矩和/或额定起重量的100%以上时，装置应能发出连续清晰的声光报警，且只有在降低到额定工作能力100%以内时报警才能停止。

（十）急停开关

“急停开关”通常为手动控制的按压式开关（按键为红色），如图9-2-14所示，串联接入设备的控制电路，用于紧急情况下直接断开控制电路电源，从而快速停止设备避免非正常工作。急停开关必须是非自行复位的电气安全装置。

图9-2-13　风速仪

图9-2-14　紧急安全开关

三、塔式起重机的安全管理

塔式起重机的安全管理依据《建筑施工塔式起重机安装、使用、拆卸安全技术规程》JGJ 196—2010、《建筑机械使用安全技术规程》JGJ 33—2012、《塔式起重机》GB/T 5031—2019、《塔式起重机安全规程》GB 5144—2006、《塔式起重机混凝土基础工程技术标准》JGJ 187—2019及《施工现场临时用电安全技术规范》JGJ 46—2005的相关规定。

（一）塔式起重机的安拆管理

1.塔式起重机安装、拆卸单位必须具有从事塔式起重机安装、拆卸业务的相应资质。起重设备安装工程专业承包企业资质分为一级、二级、三级。

一级资质：可承担塔式起重机、各类施工升降机和门式起重机的安装与拆卸。

二级资质：可承担3150kN·m以下塔式起重机、各类施工升降机和门式起重机的安装与拆卸。

三级资质：可承担800kN·m以下塔式起重机、各类施工升降机和门式起重机的安装与拆卸。

2.塔式起重机安装、拆卸单位应具备安全管理保证体系，有健全的安全管理制度。

3.塔式起重机安装、拆卸作业应配备下列人员：

（1）持有安全生产考核合格证书的项目负责人和安全负责人、机械管理人员；

（2）具有建筑施工特种作业操作资格证书的建筑起重机械安装拆卸工、起重司机、起重信号工、司索工等特种作业操作人员。

4. 塔式起重机安装、拆卸前，应编制专项施工方案，指导作业人员实施安装、拆卸作业。专项施工方案应根据塔式起重机使用说明书和作业场地的实际情况编制，并应符合国家现行相关标准的规定。

5. 塔式起重机安装前，必须经维修保养，并进行全面的检查，确认合格后方可安装。

6. 安装塔式起重机时基础混凝土应达到设计强度的 80%以上，塔式起重机运行时基础混凝土强度应达到设计强度的 100%。

7. 塔式起重机的基础及其地基承载力应符合使用说明书和设计图纸的要求、安装前应对基础进行验收。合格后方可安装。基础周围应有排水设施。

8. 安拆作业，应根据专项施工方案要求实施。安拆作业人员应分工明确、职责清楚，安拆前应对安拆作业人员进行安全技术交底。

9. 在塔式起重机的安装、拆卸阶段，进入现场的作业人员必须佩戴安全帽、防滑鞋、安全带等防护用品，无关人员严禁进入作业区域内。在安装、拆卸作业期间应设警戒区。

10. 安装辅助设备就位后，应对其机械和安全性能进行检验，合格后方可作业。

11. 安装所使用的钢丝绳、卡环、吊钩和辅助支架等起重机具均应符合相关规定，并应经检查合格后方可使用。

12. 安装作业中应统一指挥，明确指挥信号。当视线受阻，距离过远时，应采用对讲机或多级指挥。

13. 当遇特殊情况安装作业不能连续进行时，必须将已安装的部位固定牢靠并达到安全状态，经检查确认无隐患后，方可停止作业。

14. 安装后塔式起重机的独立高度、悬臂高度应符合使用说明书的要求。

15. 安装完毕后，安装单位应对安装质量进行自检，并填写自检报告书。

（二）塔式起重机的使用管理

1. 塔式起重机使用前，应对起重司机、起重信号工、司索工等作业人员进行安全技术交底。

2. 塔式起重机操作时，应严格遵循“十不吊原则”。

（1）塔式起重机起吊前，当吊物与地面或其他物件之间存在吸附力或摩擦力而未采取处理措施时，不得起吊。

（2）塔式起重机起吊前，应对安全装置进行检查，确认合格后方可起吊；安全装置失灵时，不得起吊。

（3）塔式起重机不得起吊质量超过额定载荷的吊物，且不得起吊质量不明的吊物。

（4）遇有风速在 12m/s 及以上的大风或大雨、大雪、大雾等恶劣天气时，应停止作业。

（5）物件起吊时应绑扎牢固，不得在吊物上堆放悬挂其他物件；零星材料起吊时，必须用吊笼或钢丝绳绑扎牢固，否则不得起吊。

（6）当吊物上站人时不得起吊。

（7）吊索与吊物棱角之间应有防护措施；未采取防护措施的，不得起吊。

（8）夜间施工应有足够照明，作业现场视线不明，看不清吊物起落点，不得起吊。

（9）斜拉斜挂重物时，不得起吊。

（10）信号指挥不明，不得起吊。

3. 塔式起重机起吊前，应对吊具与索具进行检查，确认合格后方可起吊；当吊具索具不符合相关规定的，不得用于起吊作业。

4. 雨雪过后，应先经过试吊，确认制动器灵敏可靠后方可进行作业。

5. 作业完毕后，应松开回转制动器，各部件应置于非工作状态，控制开关应置于零位，并应切断总电源。

6. 行走式塔式起重机停止作业时，应锁紧夹轨器。

7. 当塔式起重机使用高度超过 30m 时，应配备障碍灯，起重臂根部铰点高度超过 50m 时应配备风速仪。

8. 当同一施工地点有两台以上塔式起重机并可能互相干涉时，应制定群塔作业方案。两台塔式起重机之间的最小架设距离应保证处于低位塔式起重机的起重臂端部与另一台塔式起重机的塔身之间至少有 2m 的距离；处于高位塔式起重机的最低位置的部件（吊钩升至最高点或平衡重的最低部位）与低位塔式起重机中处于最高位置部件之间的垂直距离不应小于 2m。

9. 塔式起重机的尾部与周围建筑物及其外围施工设施之间的安全距离不小于 0.6m。

10. 塔式起重机的金属结构、轨道、所有电气设备的金属外壳、金属线管、安全照明的变压器低压侧均应可靠接地，接地电阻不大于 4Ω，重复接地电阻不大于 10Ω。

11. 使用中应定期对塔式起重机的垂直度进行监测，并满足塔式起重机垂直度要求。空载，风速不大于 3m/s 状态下，独立状态塔身（或附着状态下最高附着点以上塔身）轴线的侧向垂直度允差为 0.4%，最高附着点以下塔身轴线的侧向垂直度允许偏差为 0.2%。

12. 作业中平移起吊重物时，重物应高出其所跨障碍物的高度不得小于 1m。

13. 严禁使用自由下降的方法下降吊钩或重物。

14. 司机必须在规定的通道内上、下起重机。上、下起重机时，不得握持任何物件。

15. 禁止在起重机各个部位乱放工具、零件或杂物，禁止从起重机上向下抛扔物品。

第三节　桥式、门式起重机

一、桥式、门式起重机简介

桥式起重机由大车机构、小车机构、起升机构、电气部分、桥架五部分组成。桥式起重机是横架于车间、仓库和料场上空进行物料吊运的起重设备。由于它的两端坐落在高大的水泥柱或者金属支架上，形状似桥，因而得名桥式起重机。桥式起重机的桥架沿铺设在两侧高架上的轨道纵向运行，可以充分利用桥架下面的空间吊运物料，不受地面设备的阻碍，如图 9-3-1 所示。

门式起重机由大车机构、小车机构、起升机构、电气部分、门架五部分组成，是桥式起重机的一种变形，又叫龙门吊，如图 9-3-2 所示。它的金属结构像门形框架，承载主梁下安装两条支脚，可以直接在地面的轨道上行走，主梁两端可以具有外伸悬臂梁。门式起重机具有场地利用率高、作业范围大、适应面广、通用性强等特点，在室内外仓库、料场、地铁工程及构件预制厂得到广泛使用。

图 9-3-1　桥式起重机

图 9-3-2　门式起重机

二、桥式、门式起重机的安全装置

（一）起重量限制器

对于双小车或多小车的起重机各单小车均应装有起重量限制器，起重量限制器的限制值为各单小车的额定起重量，当单个小车起吊重量超过规定的限制值时应能自动切断起升动力源。联合起吊作业时，如果抬吊重量超过规定的抬吊限制值及各小车的起重量超过规定的限制值，起重量限制器应能自动切断各小车的起升动力源。

（二）起升高度限位装置

当吊物装置上升到设定的极限位置时，起升高度限位装置应能自动切断上升方向电源，此时钢丝绳在卷筒上应留有至少一圈空槽；当需要限定下极限位置时，应设下降深度限位装置，除能自动切断下降方向电源外，钢丝绳在卷筒上的缠绕，除不计固定钢丝绳的圈数外，至少还应保留两圈。

（三）其他安全装置

1. 起重机和小车的运行机构均应设置行程开关、止挡扫轨板和缓冲器。

2. 反滚轮式小车应设防倾翻的安全装置。

3. 同一轨道上有两台起重机或小车时，相间应设防碰装置。如需严格控制相间距离时宜设定距装置。

4. 门式起重机应设夹轨器、锚定装置或其他抗风防滑装置。

三、桥式、门式起重机的安全使用管理

桥式、门式起重机的安全使用管理依据《通用桥式起重机》GB/T 14405—2011、《通用门式起重机》GB/T 14406—2011 的相关规定。

1. 门式、桥式起重机作业前应重点检查下列项目，并应符合相应要求：

（1）机械结构外观应正常，各连接件不得松动；

（2）钢丝绳外表情况应良好，绳卡应牢固；

（3）各安全限位装置应齐全完好。

2. 作业前，应进行空载试运转，检查并确认各机构运转正常，制动可靠，各限位开关灵敏有效。

3. 吊运路线不得从人员、设备上面通过；空车行走时，吊钩应离地面 2m 以上。

4. 双小车或多小车联合作业的起重机进行起吊作业时，吊点数一般不应超过三个。

5. 吊运重物应平稳、慢速，行驶中不得突然变速或倒退。两台起重机同时作业时，应保持

5m 以上距离。不得用一台起重机顶推另一台起重机。

6. 起重机行走时，两侧驱动轮应保持同步，发现偏移应及时停止作业，调整修理后继续使用。

7. 作业中，人员不得从一台桥式起重机跨越到另一台桥式起重机。

8. 操作人员进入桥架前应切断电源。

9. 门式、桥式起重机的主梁挠度超过规定值时，应修复后使用。

10. 作业后，门式起重机应停放在停机线上，用夹轨器锁紧；桥式起重机应将小车停放在两条轨道中间，吊钩提升到上部位置。吊钩上不得悬挂重物。

11. 作业后，应将控制器拨到零位，切断电源，应关闭并锁好操作室门窗。

第四节　汽车式、轮胎式起重机

一、汽车式、轮胎式起重机简介

汽车起重机是装在普通汽车底盘或特制汽车底盘上的一种起重机，其行驶驾驶室与起重操纵室分开设置。这种起重机的优点是机动性好，转移迅速。缺点是工作时须支腿，不能负荷行驶，也不适合在松软或泥泞的场地上工作。

轮胎起重机是把起重机构安装在加重型轮胎和轮轴组成的特制底盘上的一种全回转式起重机，其行驶与起重操纵共用一个操纵室。其上部构造与履带式起重机基本相同，为了保证安装作业时机身的稳定性，起重机设有四个可伸缩的支腿。由于轮胎起重机的轮距与轴距相近，这样，既能保证各向倾翻稳定性一致，又增加了机动性。它还具有良好的通过性，可以在 360° 的范围内进行全周作业。轮胎起重机能带载行驶，行驶速度较汽车式慢，也不适合在松软或泥泞的场地上工作。

它们主要的工作机构有：起升机构、变幅机构、回转机构、行走机构。

二、汽车式、轮胎式起重机的安全装置

1. 起重力矩限制器

当实际起重力矩达到相应工况下额定起重力矩值的 90%～100%时，力矩限制器应发出清晰的声或光的持续预警信号；当实际起重力矩超过相应工况下额定起重力矩值的 100%时，力矩限制器应发出明显区别于预警信号且清晰的声或光的报警信号，并切断向危险方向运动的各项动作。

2. 起重量限制器

当起重量达到相应工况额定起重量的 90%～100%时，起重量限制器应发出清晰的声或光的持续预警信号；当起重量超过相应工况额定起重量的 100%时，起重量限制器应发出明显区别于预警信号且清晰的声或光的报警信号，并切断向危险方向运动的各项动作。

3. 幅度限位器

当仰角达到仰角限值的 90%～100%时，幅度限位器应发出清晰的声或光的持续预警信号；当仰角超过仰角限值的 100%时，幅度限位器应发出明显区别于预警信号且清晰的声或光的报警信号，并切断变幅机构向危险方向运行的动作。

4. 起升高度限位器

臂架全缩和最大仰角，起升机构以中速起升吊钩，当吊钩触及起升高度限位器时，起升高度限位器应发出报警信号并切断起升机构向危险方向运行的动作。

5.下降深度限位器

臂架全伸和最大仰角,起升机构以中速下降吊钩,当起升机构触及下降深度限位器时,下降深度限位器应发出报警信号并切断起升机构向危险方向运行的动作。

6.水平仪

起重机应装有水平显示器。水平显示器应安装在支腿操纵台或司机室内操纵者视线之内，以检查起重机的底座倾斜程度，保证起重机作业前的整机水平。

7.仰角指示器

起重机仰角指示器用来显示起重机臂架的角度，其仰角信息在力矩限制器的显示器上显示出来。

三、汽车式、轮胎式起重机的安全管理

1.起重机械工作的场地应保持平坦坚实，符合起重时的受力要求；起重机械应与沟渠、基坑保持安全距离。

2.起重机械启动前应重点检查下列项目，并应符合相应要求：

（1）各安全保护装置和指示仪表应齐全完好；

（2）钢丝绳及连接部位应符合规定；

（3）燃油、润滑油、液压油及冷却水应添加充足；

（4）各连接件不得松动；

（5）轮胎气压应符合规定；

（6）起重臂应可靠搁置在支架上。

3.作业前，应全部伸出支腿，调整机体使回转支撑面的倾斜度在无载荷时不大于1/1000（水准居中）。支腿的定位销必须插上。底盘为弹性悬挂的起重机，插支腿前应先收紧稳定器。

4.作业中不得扳动支腿操纵阀。调整支腿时应在无载荷时进行，应先将起重臂转至正前方或正后方之后，再调整支腿。

5.起重作业前，应根据所吊重物的质量和起升高度，并应按起重性能曲线，调整起重臂长度和仰角；应估计吊索长度和重物本身的高度，留出适当起吊空间。

6.汽车式起重机变幅角度不得小于各长度所规定的仰角。

7.汽车式起重机起吊作业时，汽车驾驶室内不得有人，重物不得超越汽车驾驶室上方，且不得在车的前方起吊。

8.起吊重物达到额定起重量的50%及以上时，应使用低速挡。

9.作业中发现起重机倾斜、支腿不稳等异常现象时，应在保证作业人员安全的情况下，将重物降至安全的位置。

10.当重物在空中需停留较长时间时，应将起升卷筒制动锁住，操作人员不得离开操作室。

11.起吊重物达到额定起重量的90%以上时，严禁向下变幅，同时严禁进行两种及以上的操作动作。

12.起重机械带载回转时，操作应平稳，应避免急剧回转或急停，换向应在停稳后进行。

13.轮胎式起重机带载行走时，道路应平坦坚实，载荷应符合使用说明书的规定，重物离地面不得超过500mm，并应拴好拉绳，缓慢行驶。

14.作业后，应先将起重臂全部缩回放在支架上，再收回支腿；吊钩应使用钢丝绳挂牢；车

架尾部两撑杆应分别撑在尾部下方的支座内，并应采用螺母固定；阻止机身旋转的销式制动器应插入销孔，并应将取力器操纵手柄放在脱开位置，最后应锁住起重操作室门。

15.行驶时，底盘走台上不得有人员站立或蹲坐，不得堆放物件。

第五节　履带式起重机

一、履带式起重机简介

履带起重机是以履带及其支承驱动装置为运行部分的流动式起重机。与前两种起重机比较，除行走部分用履带代替轮胎外，其余各机构的工作原理基本相同。由于履带的接地面积大，又能在松软的路面上行走，它具有地面附着力大、爬坡能力强、转弯半径小（甚至可在原地转弯）、作业时不需要支腿支承、可以负载行驶等特点。

它主要由起升机构、变幅机构、回转机构、行走机构组成。

二、安全装置

（一）起升高度限位器

当吊物装置上升到设计规定的上极限位置时，应能立即切断起升动力源。在此极限位置的上方，还应留有足够的空余高度，以适应上升制动行程的要求。

（二）下降深度限位器

当吊物装置下降到设计规定的下极限位置时，应能立即切断下降动力源，确保在卷筒上缠绕的钢丝绳剩余安全圈至少保持2圈。

（三）幅度限位器

采用钢丝绳变幅的起重机应配置幅度限位器。臂架在极限位置时，控制系统应自动停止变幅向危险方向动作，并确保在卷筒上缠绕的钢丝绳剩余安全圈至少保持2圈。

（四）防止臂架向后倾翻的装置

采用钢丝绳变幅的起重机应配置防止臂架、超起桅杆、副臂桅杆向后倾翻的装置。该装置可吸收钢丝绳或吊具因故障突然释放载荷造成的冲击，防止臂架或杆向后倾覆。

（五）角度限位器

采用钢丝绳变幅的起重机应设置角度限位器。角度限位器应有效限制主臂、副臂的最大、最小工作角度。

（六）水平仪

水平仪应安装在起重机的司机室中或操作者附近的视线之内。水平仪的显示误差不应大于±0.1°。

（七）防超载的安全装置

起重机应配置力矩限制器，力矩限制器的技术要求应符合《起重机械超载保护装置》GB/T 12602—2020的规定并至少应具备以下功能。

1.操作中能持续显示额定起重量或额定起重力矩、实际起重量或实际起重力矩、载荷百分比，并应通过指示灯显示载荷状态。

（1）绿灯亮表示实际起重量或实际起重力矩小于实际幅度所对应的相应额定起重量或额定起重力矩的90%；

（2）黄灯亮表示实际起重量或实际起重力矩在实际幅度所对应的相应额定起重量或额定起重力矩的 90%～100%，同时蜂鸣器断续报警；

（3）红灯亮表示实际起重量或实际起重力矩大于实际幅度所对应的相应额定起重量或额定起重力矩的 100%，同时蜂鸣器连续报警。

2.报警消声功能。

3.显示工作幅度、臂架仰角。

4.当实际起重量在 100%～105%额定起重量时，自动停止起重机向危险方向的动作但允许强制作业功能。

5.打开强制作业开关，起重机应允许在额定起重量的 100%～105%操作，工作速度应满足：

（1）采用电控系统的起重机，其工作速度小于最大允许工作速度的 15%；

（2）采用液控系统的起重机，其工作速度小于最大允许工作速度的 25%。

6.在达到起升高度、下降深度、超载、角度限位等的极限状态时，应显示相应的报警指示。即使打开强制作业开关，上述报警指示不应自动解除。

三、履带式起重机的安全管理

履带式起重机的安全管理依据《履带起重机》GB/T 14560—2022 的相关规定。

1.起重机械应在平坦坚实的地面上作业、行走和停放。作业时，坡度不得大于 3°，起重机械应与沟渠、基坑保持安全距离。

2.起重机械启动前应重点检查下列项目，并应符合相应要求：

（1）各安全防护装置及各指示仪表应齐全完好；

（2）钢丝绳及连接部位应符合规定；

（3）燃油、润滑油、液压油、冷却水等应添加充足；

（4）各连接件不得松动；

（5）在回转空间范围内不得有障碍物。

3.作业时，起重臂的最大仰角不得超过使用说明书的规定。当无资料可查时，不得超过 78°。

4.起重机械变幅应缓慢平稳，在起重臂未停稳前不得变换挡位。

5.起重机械工作时，在行走、起升、回转及变幅四种动作中，应只允许不超过两种动作的复合操作。当负荷超过该工况额定负荷的 90%及以上时，应慢速升降重物，严禁超过两种动作的复合操作和下降起重臂。

6.在重物起升过程中，操作人员应把脚放在制动踏板上，控制起升高度，防止吊钩冒顶。当重物悬停空中时，即使制动踏板被固定，仍应脚踩在制动踏板上。

7.起重机械不宜长距离负载行驶。起重机械负载时应缓慢行驶，起重量不得超过相应工况额定起重量的 70%，起重臂应位于行驶方向正前方，载荷离地面高度不得大于 500mm，并应拴好拉绳。

8.起重机械上、下坡道时应无载行走，上坡时应将起重臂仰角适当放小，下坡时应将起重臂仰角适当放大。下坡严禁空挡滑行。在坡道上严禁带载回转。

9.作业结束后，起重臂应转至顺风方向，并应降至 40°～60°之间，吊钩应提升到接近顶端的位置，关停内燃机，并应将各操纵杆放在空挡位置，各制动器应加保险固定，操作室和机棚应关门加锁。

第六节　施工升降机

一、施工升降机简介

建筑施工升降机（又称施工电梯）是一种使工作笼（吊笼）沿导轨架作垂直（或倾斜）运动的机械，用来运送人员和物料。一般由地面护栏（包括底架）、导轨架、附着装置、吊笼、驱动系统、防坠安全器、超载保护装置、电动扒杆、电缆筒、电缆臂、电缆护架、限位装置、电气设备与控制系统等组成。根据用途可分为人货两用施工升降机和货用施工升降机；根据传动形式可分为齿轮齿条式施工升降机、钢丝绳式施工升降机和混合式施工升降机；根据吊笼的数量分为单笼施工升降机和双笼施工升降机。本节仅阐述人货两用的齿轮齿条式施工升降机。

二、安全装置

人货两用施工升降机的安全可靠性要求比较高。因此，该系列施工升降机装有许多不同类型的安全装置，有机械的、电气的以及机械电气联锁的。其主要的安全装置有防坠器，超载保护装置，上、下限位开关，上、下极限开关，急停开关，安全钩，门体联锁装置和缓冲弹簧等。

（一）防坠安全器

齿轮齿条施工升降机，为了防止吊笼坠落均装有锥鼓形渐进式防坠安全器，如图 9-6-1 所示。这种防坠安全器按其工作特性可分为单向式和双向式两种。单向防坠安全器，其特点是只能沿吊笼下降方向起限速作用。双向防坠安全器，它可以沿着吊笼的升、降两个方向起限速作用。

防坠安全器不应当借助电气、液压或者气动装置来动作；防坠安全器或者其制停装置应当安装在吊笼上并且由吊笼超速来直接触发。

（二）弹簧缓冲器

在施工升降机的底架上设有缓冲弹簧，如图 9-6-2 所示，当吊笼发生坠落事故时，保证吊笼下降着地时呈柔性接触，减轻吊笼的冲击。

缓冲弹簧有圆锥卷弹簧和圆柱螺旋弹簧。圆锥卷弹簧的制造工艺较难，成本高，但体积小承载能力强。一般情况下，每个吊笼对应的底架上装有两个圆锥卷弹簧或装有四个圆柱螺旋弹簧。

图 9-6-1　锥鼓形渐进式防坠安全器

图 9-6-2　弹簧缓冲器

（三）限速开关

对于额定提升速度大于 0.7m/s 的施工升降机，还应设有吊笼上下运行减速开关，该开关的安装位置应保证在吊笼触发上、下行程限位开关之前动作，使高速运行的吊笼提前减速。

（四）上、下行程限位开关

为防止吊笼上、下运行时超过需停位置时或因司机误操作、电气故障等原因继续上升或下降引发事故而设置有上、下行程限位开关，如图 9-6-3 所示。行程限位开关均应由吊笼或相关零件的运动直接触发。上、下行程限位开关可用自动复位型，切断的是控制回路。

1.上限位开关的安装位置应符合以下要求：

（1）当额定提升速度小于 0.80m/s 时，上限位开关的安装位置应保证吊笼触发该开关后，上部安全距离不小于 1.8m。

（2）当额定提升速度大于或等于 0.80m/s 时，上限位开关的安装位置应保证吊笼触发该开关后，上部安全距离能满足下列公式的计算值：

$$L=1.8+0.1v^2$$

式中：L——上部安全距离的数值，单位为米（m）；

v——提升速度的数值，单位为米每秒（m/s）。

2.下限位开关的安装位置应保证吊笼以额定载重量下降时，触板触发该开关使吊笼制停，此时触板离下极限开关还应有一定行程。

（五）上、下极限开关

上、下极限开关是在上、下行程限位开关一时不起作用，吊笼继续上行或下降到设计规定的最高极限或最低极限位置时能及时切断总电源，以保证吊笼安全，如图 9-6-3 所示。极限开关不应与行程限位开关共用一个触发元件。极限开关为非自动复位型，其动作后必须手动复位才能使吊笼重新启动。

上、下极限开关的安装位置应符合以下要求：

1.在正常工作状态下，上极限开关的安装位置应保证上极限开关与上限位开关之间的越程距离为 0.15m；

2.在正常工作状态下，下极限开关的安装位置应保证吊笼在碰到缓冲器之前下极限开关先动作。

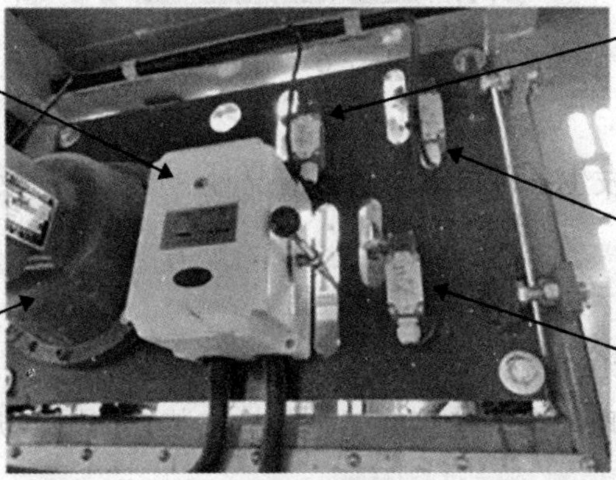

图 9-6-3 各限位器及防坠安全器

1—限速开关；2—上限位开关；3—下限位开关；4—防坠安全器；5—上、下极限开关

（六）超载保护装置

施工升降机应装有超载保护装置，如图 9-6-4 所示。该装置应对吊笼内载荷、吊笼顶部载荷均有效。超载保护装置应在载荷达到额定载重量的 90%时给出清晰的报警信号；并在载荷达

到额定载重量的110%时中止吊笼启动。

（七）安全钩

安全钩是为防止吊笼到达预先设定位置，上限位开关和上极限开关因各种原因不能及时动作，吊笼继续向上运行，将导致吊笼冲出导轨架顶部而发生倾翻坠落事故而设置的，如图9-6-5所示。安全钩是安装在吊笼上部的最后一道安全装置，它能使吊笼上行到导轨顶部的时候，安全钩钩住导轨架，保证吊笼不发生倾翻坠落事故。

图9-6-4　超载保护装置

图9-6-5　安全钩

（八）吊笼门、底笼门联锁装置

施工升降机的吊笼门、底笼门均装有电气联锁开关，如图9-6-6所示。它们能有效地防止因吊笼门或底笼门未关闭就启动运行而造成人员的坠落或物料滚落，只有当吊笼门和底笼门完全关闭时才能启动运行。

图9-6-6　联锁装置

（九）急停开关

当吊笼在运行过程中发生各种原因的紧急情况时，司机应能及时按下急停开关，使吊笼立即停止，防止事故的发生。

急停开关必须是非自行复位的电气安全装置。

三、施工升降机的安全管理

施工升降机的安全管理依据《建筑施工升降机安装、使用、拆卸安全技术规程》JGJ 215—2010的相关规定。

（一）施工升降机的使用管理

1.不得使用有故障的施工升降机。

2.严禁施工升降机使用超过有效标定期的防坠安全器。

3.施工升降机额定载重量、额定乘员数标牌应置于吊笼醒目位置。严禁在超过额定载重量或额定乘员数的情况下使用施工升降机。

4. 当电源电压值与施工升降机额定电压值的偏差超过±5%或供电总功率小于施工升降机的规定值时，不得使用施工升降机。

5. 当建筑物超过 2 层时，施工升降机地面通道上方应搭设防护棚。当建筑物高度超过 24m 时，应设置双层防护棚。

6. 当遇大雨、大雪、大雾，施工升降机顶部风速大于 20m/s 或导轨架、电缆表面结有冰层时，不得使用施工升降机。

7. 严禁用行程限位开关作为停止运行的控制开关。

8. 使用期间，使用单位应按使用说明书的要求对施工升降机定期进行保养。

9. 施工升降机安装时，应在每个层站入口处安装层门。层门门栓宜设置在靠施工升降机一侧，且层门应处于常闭状态。未经施工升降机司机许可，不得启闭层门。

10. 装载和卸载时，吊笼门边缘与层站边缘的水平距离应不大于 50mm。层门上部的内边缘与正常作业时的升降机任一运动件之间的安全距离应不小于 0.85m；如果额定提升速度不大于 0.7m/s,则此安全距离可为 0.50m。层门上部的外边缘与正常作业时的升降机运动件的安全距离应不小于 0.75m；如果额定提升速度不大于 0.7m/s,则此安全距离可为 0.40m。

11. 在施工升降机基础周边水平距离 5m 以内，不得开挖井沟，不得堆放易燃易爆物品及其他杂物。

12. 施工升降机安装在建筑物内部井道中时，应在运行通道四周搭设封闭屏障。

13. 安装在阴暗处或夜班作业的施工升降机，应在全行程装设明亮的楼层编号标志灯。夜间施工时作业区应有足够的照明。

14. 施工升降机不得使用脱皮、裸露的电线、电缆。

15. 施工升降机司机严禁酒后作业。工作时间内司机不应与其他人员闲谈，不应有妨碍施工升降机运行的行为。

16. 施工升降机司机应遵守安全操作规程和安全管理制度。

17. 实行多班作业的施工升降机，应执行交接班制度，交班司机应填写交接班记录表。接班司机应进行班前检查，确认无误后，方能开机作业。

18. 施工升降机每天第一次使用前，司机应将吊笼升离地面 1m～2m，停车检验制动器的可靠性。当发现问题，应经修复合格后方能运行。

19. 使用中，应定期对齿轮齿条式施工升降机导轨架轴心线对底座水平基准面的安装垂直度偏差进行监测，监测数据应符合表 9-6-1 的规定。对钢丝绳式施工升降机，导轨架轴心线对底座水平基准面的安装垂直度偏差值不应大于导轨架高度的 1.5/1000。

表 9-6-1　齿轮齿条式施工升降机垂直度允许偏差

导轨架架设高度，h（m）	≤70	70＜h≤100	100＜h≤150	150＜h≤200	h＞200
垂直度偏差（mm）	不大于导轨架架设高度的 1/1000	≤70	≤90	≤110	≤130

20. 工作时间内司机不得擅自离开施工升降机。当有特殊情况需离开时，应将施工升降机停

到最底层，关闭电源并锁好吊笼门。

21. 当施工升降机在运行中由于断电或其他原因而中途停止时，可进行手动下降，将电动机尾端制动电磁铁手动释放拉手缓缓向外拉出，使吊笼缓慢地向下滑行。吊笼下滑时，不得超过额定运行速度，手动下降应由专业维修人员进行操纵。

22. 各楼层宜当设置与升降机操作人员联络的楼层呼叫系统，方便建筑工人与施工升降机司机的联系。

（二）施工升降机的检查与维修保养

1. 依据《施工现场机械设备检查技术规范》JGJ 160—2016 的相关规定对施工升降机进行安全检查。

2. 当遇到可能影响施工升降机安全技术性能的自然灾害、发生设备事故或停工 6 个月以上时，应对施工升降机重新组织检查验收。应按使用说明书的规定对施工升降机进行保养、维修。保养、维修的时间间隔应根据使用频率、操作环境和施工升降机状况等因素确定。使用单位应在施工升降机使用期间安排足够的设备保养、维修时间。

3. 对保养和维修后的施工升降机，经检测确认各部件状态良好后，宜对施工升降机进行额定载重量试验。双吊笼施工升降机应对左右吊笼分别进行额定载重量试验，试验范围应包括施工升降机正常运行的所有方面。

4. 施工升降机使用期间，每 3 个月应进行不少于一次的额定载重量坠落试验。坠落试验的方法、时间间隔及评定标准应符合使用说明书和现行国家标准《施工升降机》GB/T 10054 的有关要求。

5. 对施工升降机进行检修时应切断电源，并应设置醒目的警示标志。当需通电检修时，应做好防护措施。不得使用末排除安全隐患的施工升降机。严禁在施工升降机运行中进行保养、维修作业。施工升降机保养过程中，对磨损、破坏程度超过规定的部件，应及时进行维修或更换，并由专业技术人员检查验收。

6. 应将各种与施工升降机检查、保养和维修相关的记录纳入安全技术档案，并在施工升降机使用期间内在工地存档。

第七节　物料提升机

一、物料提升机简介

物料提升机是建筑施工现场常用的一种输送物料的垂直运输设备。它以卷扬机为动力，以底架、立柱及天梁为架体，以钢丝绳为传动，以吊笼为工作装置。在架体上装设滑轮、导轨、导靴、吊笼、安全装置等和卷扬机配套构成完整的垂直运输体系。物料提升机构造简单，用料品种和数量少，制作容易，安装、拆卸和使用方便，价格低，是一种投资少、见效快的装备机具。

二、安全装置

（一）起重量限制器

当荷载达到额定起重量的 90%时，起重量限制应发出警示信号；当荷载达到额定起重量的

120%时，起重量限制器应切断上升主电路电源。

（二）防坠安全器

当吊笼提升钢丝绳断绳时，防坠安全器应制停带有额定起重量的吊笼，且不应造成结构损坏。

（三）安全停层装置

安全停层装置应为刚性机构，吊笼停层时，安全停层装置应能可靠承担吊笼自重、额定荷载及运料人员等全部工作荷载。吊笼停层后，底板与停层平台的垂直偏差不应大于50mm。

（四）限位装置

物料提升机的限位装置应符合下列规定：

1. 上限位开关：当吊笼上升至限定位置时，触发限位开关吊笼被制停，上部越程距离不应小于3m；

2. 下限位开关：当吊笼下降至限定位置时，触发限位开关吊笼被制停。

（五）紧急断电开关

紧急断电开关应为非自动复位型，任何情况下均可切断主电路停止吊笼运行。紧急断电开关应设在便于司机操作的位置。

（六）缓冲器

缓冲器应承受吊笼下降时相应的冲击荷载。

（七）通信装置

当司机对吊笼升降运行、停层平台观察视线不清时，必须设置通信装置，通信装置应同时具备语音和影像显示功能。

三、物料提升机的安全管理

物料提升机的安全管理依据《龙门架及井架物料提升机安全技术规范》JGJ 88—2010的相关规定。

1. 使用单位应建立设备档案，档案内容应包括下列项目：

（1）安装检测及验收记录；

（2）大修及更换主要零部件记录；

（3）设备安全事故记录；

（4）累计运转记录。

2. 物料提升机必须由取得特种作业操作证的人员操作。

3. 物料提升机严禁载人。

4. 物料应在吊笼内均匀分布，不应过度偏载。

5. 不得装载超出吊笼空间的超长物料，不得超载运行。

6. 在任何情况下，不得使用限位开关代替控制开关运行。

7. 物料提升机每班作业前司机应进行作业前检查，确认无误后方可作业。应检查确认下列内容：

（1）制动器可靠有效；

（2）限位器灵敏完好；

（3）停层装置动作可靠；

（4）钢丝绳磨损在允许范围内；

（5）吊笼及对重导向装置无异常；

（6）滑轮、卷筒防钢丝绳脱槽装置可靠有效；

（7）吊笼运行通道内无障碍物。

8. 井架、龙门架物料提升机不得和脚手架连接。

9. 作业后，应检查钢丝绳、滑轮、滑轮轴和导轨等，发现异常磨损，应及时修理和更换。

10. 下班前，应将吊笼返回最底层停放，控制开关应扳至零位，并应切断电源，锁好开关箱。

第八节　起重机的维修保养与检查验收

一、一般规定

1. 在用起重机械至少每月进行一次日常维护保养和自行检查，每年进行一次全面检查，保持起重机械的正常状态。日常维护保养和自行检查、全面检查应当按照《施工现场机械设备检查技术规范》JGJ 160—2016 和产品安装使用维护说明的要求进行。发现异常情况，应当及时进行处理，并且记录，记录存入安全技术档案。

2. 在用起重机械的日常维护保养，重点是对主要受力结构件、安全保护装置、工作机构、操纵机构、电气（液压、气动）控制系统等进行清洁、润滑、检查、调整、更换易损件和失效的零部件。

3. 在用起重机械的自行检查至少包括以下内容：

（1）整机工作性能；

（2）安全保护、防护装置；

（3）电气（液动、气动）等控制系统的有关部件；

（4）液压（气动）等系统的润滑、冷却系统；

（5）制动装置；

（6）吊钩及其闭锁装置、吊钩螺母及其放松装置；

（7）联轴器；

（8）钢丝绳磨损和绳端的固定；

（9）链条和吊辅具的损伤。

4. 起重机械的全面检查，除包括第 3 条要求的自行检查的内容外，还应当包括以下内容：

（1）金属结构的变形、裂纹、腐蚀，以及其焊缝、铆钉、螺栓等连接；

（2）主要零部件的变形、裂纹、磨损；

（3）指示装置的可靠性和精度；

（4）电气和控制系统的可靠性；

（5）必要时还需要进行相关的载荷试验。

5. 起重机械的日常维护保养、自行检查，应当由使用单位的起重机械作业人员实施；全面检查，应当由使用单位的起重机械安全管理人员负责组织实施。使用单位无能力进行日常维护保养、自行检查和全面检查时，应当委托具有起重机械制造、安装、改造、维修许可资格的单位实施，但是必须签订相应工作合同，明确责任。

二、起重机的维修保养

通过擦拭、清扫、润滑、调整等一般方法对设备进行护理，以维持和保护设备的性能和技术状况，称为设备维护保养。设备维护保养的要求主要有四项：

1. 清洁。设备内外整洁，各滑动面、丝杠、齿条、齿轮箱、油孔等处无油污，各部位不漏油、不漏气，设备周围的切屑、杂物、脏物要清扫干净。

2. 整齐。工具、附件、工件（产品）要放置整齐，管道、线路要有条理。

3. 润滑良好。按时加油或换油，不断油，无干摩现象，油压正常，油标明亮，油路畅通，油质符合要求，油枪、油杯、油毡清洁。

4. 安全。遵守安全操作规程，不超负荷使用设备，设备的安全防护装置齐全可靠及时消除不安全因素。

（一）保养

保养起重机作业中，司机除了对临时出现的故障进行排除和修理外，每天必须停机对机械认真地做一次例行保养，并按使用说明书规定的部位、周期和润滑剂做好润滑。

1. 设备的日常维护保养

设备的日常维护保养，一般有日保养和周保养，又称日例保和周例保。

（1）日例保

日例保由设备操作工人当班进行，认真做到班前四件事、班中五注意和班后四件事。

①班前四件事

a. 了解工作任务，检查交接班记录。b. 擦拭设备。c. 检查手柄位置和手动运转部位是否正确、灵活，安全装置是否可靠。d. 低速运转检查传动是否正常。

②班中五注意

a. 注意运转声音。b. 注意设备的温度。c. 注意压力、液位、电气、液压、气压系统。d. 注意仪表信号。e. 注意安全保险是否正常。

③班后四件事

a. 关闭开关，所有手柄放到零位。b. 清除铁屑、脏物。c. 清扫工作场地，整理附件、工具。d. 填写交接班记录和运转记录，办理交接班手续。

（2）周例保

周例保由设备操作工人在每周末进行，保养时间为：一般设备 2h，精、大、稀设备 4h。

a. 外观。擦净设备，清扫工作场地。达到内洁外净无死角、无锈蚀，周围环境整洁。

b. 操纵传动。检查各部位的技术状况，紧固松动部位，调整配合间隙。检查互锁、保险装置。达到传动声音正常、安全可靠。

c. 液压润滑。清洗油线、防尘毡、滤油器，油箱添加油或换油。检查液压系统达到油质清洁，油路畅通，无渗漏，无研伤。

d.电气系统。检查绝缘、接地，达到完整、清洁、可靠。

2.一级保养

一级保养是以操作工人为主，维修工人协助，按计划对设备局部拆卸和检查，清洗规定的部位，疏通油路、管道，更换或清洗油线、毛毡、滤油器，调整设备各部位的配合间隙，紧固设备的各个部位。

3.二级保养

二级保养是以维修工人为主，操作工人参加来完成。二级保养列入设备的检修计划，对设备进行部分解体检查和修理，更换或修复磨损件，清洗、换油、检查修理电气部分，使设备的技术状况全面达到规定设备完好标准的要求。

（二）维修

起重机发生故障后，必须及时排除与维修。

（三）大修

1.起重机经过一段长时间的运转后应进行大修，大修间隔最长不应超过 15000h。

2.大修时必须做到：

（1）起重机的所有可拆零件全部拆卸、清洗、修理或更换；

（2）更换润滑油；

（3）所有电机应拆卸、解体、维修；

（4）更换老化的电线和损坏的电气元件；

（5）除锈、涂漆；

（6）对拉臂的钢丝绳按《起重机钢丝绳保养、维护、检验和报废》GB/T 5972—2016 的规定进行检查和更换；

（7）起重机上所用的各种仪表应按有关规定维修、校验、更换。

3.大修出厂时，起重机应达到产品出厂时的工作性能，并应有检验合格证。

（四）零部件的代用及改装

在各种场合的修理中，未经生产厂的同意，不得采用任何代用件及代用材料。严禁修理单位自行改装。

（五）停用时的维护

长时间不使用的起重机对各部位做好润滑、防腐、防雨处理后停放好，每年做一次检查。

三、检查与验收

设备的检查就是对其运行情况、工作性能、安全性能、磨损程度进行检查和校验，通过检查可以全面掌握设备技术状况的变化、劣化程度和磨损情况，针对检查发现的问题，改进设备维修工作，提高维修质量和缩短维修时间，保证设备的安全性能。

在起重设备使用期间，使用单位应每月组织专业人员按表 9-8-1~表 9-8-3 对设备进行检查，并对检查结果进行记录。

表 9-8-1 起重机检查

<table>
<tr><th>序号</th><th>项目类别</th><th>检查内容及要求</th><th>检查方法</th><th>检查结果</th></tr>
<tr><td>1</td><td rowspan="10">资料复核</td><td>产品出厂合格证、特种设备制造许可证、备案证明</td><td>查阅资料</td><td></td></tr>
<tr><td>2</td><td>安装告知手续</td><td>查阅资料</td><td></td></tr>
<tr><td>3</td><td>安装合同及安全协议</td><td>现场查对</td><td></td></tr>
<tr><td>4</td><td>专项施工方案</td><td>查阅资料</td><td></td></tr>
<tr><td>5</td><td>地基承载力勘察报告</td><td>查阅资料</td><td></td></tr>
<tr><td>6</td><td>基础验收及其隐蔽工程资料</td><td>查阅资料</td><td></td></tr>
<tr><td>7</td><td>基础混凝土强度报告</td><td>查阅资料</td><td></td></tr>
<tr><td>8</td><td>预埋件或地脚螺栓产品合格证</td><td>查阅资料</td><td></td></tr>
<tr><td>9</td><td>塔式起重机安装前检查表</td><td>查阅资料</td><td></td></tr>
<tr><td>10</td><td>安装自检记录</td><td>查阅资料</td><td></td></tr>
<tr><td>*11</td><td rowspan="4">使用环境</td><td>塔式起重机尾部分与周围建筑物及其外围施工设施之间的安全距离不应小于0.6m</td><td>目测、必要时测量</td><td></td></tr>
<tr><td>*12</td><td>两台塔式起重机之间的最小架设距离，处于低位的塔式起重机的臂架端部与任意一台塔式起重机塔身之间的距离不应小于2m，处于高位塔式起重机的最低位置的部件与低位塔式起重机处于最高位置的部件之间的垂直距离不应小于2m</td><td>目测、测量</td><td></td></tr>
<tr><td>*13</td><td>塔式起重机独立高度或自由端高度不应大于使用说明书的允许高度</td><td>目测，查阅资料</td><td></td></tr>
<tr><td>*14</td><td>有架空输电线的场所，塔式起重机的任何部位与架空线路边线的最小安全距离应符合下表规定
<table>
<tr><td rowspan="2">安全距离（m）</td><td colspan="7">电压（kV）</td></tr>
<tr><td><1</td><td>10</td><td>35</td><td>110</td><td>220</td><td>330</td><td>500</td></tr>
<tr><td>沿垂直方向</td><td>1.5</td><td>3.0</td><td>4.0</td><td>5.0</td><td>6.0</td><td>7.0</td><td>8.5</td></tr>
<tr><td>沿水平方向</td><td>1.5</td><td>2.0</td><td>3.5</td><td>4.0</td><td>6.0</td><td>7.0</td><td>8.5</td></tr>
</table></td><td>目测、测量</td><td></td></tr>
<tr><td>*15</td><td rowspan="2">基　础</td><td>基础应符合使用说明书的要求</td><td>查阅资料</td><td></td></tr>
<tr><td>16</td><td>基础应有排水设施，不得积水</td><td>目测</td><td></td></tr>
<tr><td>*17</td><td rowspan="2">结构件</td><td>主要结构件应无明显塑性变形、裂纹、严重锈蚀和可见焊接缺陷</td><td>目测、测量</td><td></td></tr>
<tr><td>*18</td><td>结构件、连接件的安装应符合使用说明的要求</td><td>与使用说明书比对</td><td></td></tr>
</table>

续表 9-8-1

序号	项目类别		检查内容及要求	检查方法	检查结果
*19	结构件		销轴轴向定位应可靠	目测	
*20			高强螺栓连接应按说明书要求预紧，应有双螺母防松措施且螺栓高出螺母顶平面的3倍螺距	目测、测量	
*21			平衡重、压重的安装数量、位置与臂长组合及安装应符合使用说明书的要求，平衡重、压重吊点应完好	目测、与使用说明书比对	
*22			塔式起重机安装后，在空载、风速不大于3m/s状态下，独立状态塔身（或附着状态下最高附着点以上塔身）轴心线的侧向垂直度允许偏差不应大于4/1000，最高附着点以下塔身轴心线的垂直度允许偏差不应大于2/1000	测量	
23			塔式起重机的斜梯、直立梯、护圈和各平台应位置正确。安装应齐全完整，无明显可见缺陷，并应符合使用说明书的要求	目测与使用说明书比对	
24			平台钢板网不得有破损	目测	
25			休息平台应设置在不超过12.5m的高度处，上部休息平台的间隔不应大于10m	目测	
*26			塔身高度超过使用说明书规定的最大独立高度时，应设有附着装置	查阅资料 目测、测量	
*27	行走系统		轨道应通过垫块与轨枕可靠地连接，每间隔6m应设一个轨距拉杆。钢轨接头处应有轨枕支承，不应悬空。在使用过程中轨道不应移动	目测、测量	
28			轨距允许误差不应大于公称值的1/1000，其绝对值不应大于6mm	测量	
29			钢轨接头间隙不应大于4mm，与另一侧钢轨接头的错开距离不应小于1.5m，接头处两轨顶高度差不应大于2mm	测量	
*30			塔机安装后，轨道顶面纵横方向上的斜度，对于上回转塔机不应大于3/1000；对于下回转塔机不应大于5/1000。在轨道全程中，轨道顶面任意两点的高度差应小于100mm	测量	
31			轨道行程两端的轨顶高度不宜低于其余部位中最高点的轨顶高度	测量	
*32	起升机构	钢丝绳	钢丝绳的规格、型号应符合使用说明书的要求，并应正确穿绕。钢丝绳润滑应良好，与金属结构无摩擦	目测、查对资料	
*33			钢丝绳绳端固结应符合使用说明书的要求	目测、查对资料	
*34			钢丝绳应符合现行国家标准《超重机 钢丝绳 保养、维护、安装、检验和报废》GB/T 5972 的规定	目测、测量	
35		卷扬机	卷扬机应无渗漏，润滑应良好，各连接紧固件应完整、齐全；当额定荷载试验工况时，应运行平稳、无异常声响	观察、辨听	
36			卷筒两侧边缘超过最外层钢丝绳的高度不应小于钢丝绳直径的2倍。卷筒上的钢丝绳排列应整齐有序	现场观测	
37			卷筒上钢丝绳绳端固结应符合使用说明书的要求	目测	
38			当吊钩位于最低位置时，卷筒上钢丝绳应至少保留3圈	目测	

续表 9-8-1

序号	项目类别		检查内容及要求	检查方法	检查结果
39	起升机构	滑轮卷筒	滑轮转动应不卡滞，润滑应良好	目测	
40	起升机构	滑轮卷筒	卷筒和滑轮有下列情况之一时应报废： 裂纹或轮缘破损； 卷筒壁磨损量达原壁厚的10%； 滑轮绳槽壁厚磨损量达原壁厚的20%； 滑轮槽底的磨损量超过相应钢丝绳直径的25%	目测、必要时测量	
*41	起升机构	制动器	制动器零件不得有下列情况之一： 可见裂纹； 制动块摩擦衬垫磨损量达原厚度的50%； 制动轮表面磨损量达1.5mm～2mm； 弹簧出现塑性变形； 电磁铁杆杆系统空行程超过其额定行程的10%	目测、测量	
*42	起升机构	制动器	制动器制动可靠，动作平稳	目测	
43	起升机构	制动器	防护罩完好、稳固	目测	
*44	起升机构	吊钩	心轴固定应完整可靠	目测	
*45	起升机构	吊钩	吊钩防止吊索或吊具非人为脱出的装置应可靠有效	目测	
*46	起升机构	吊钩	吊钩不得补焊，有下列情况之一的应予以报废： 用20倍放大镜观察表面有裂纹； 钩尾和螺纹部分等危险截面及钩筋有永久性变形； 挂绳处截面磨损量超过原高度的10%； 心轴磨损量超过其直径的5%； 开口度比原尺寸增加10%	目测、测量	
47	回转机构		回转减速机应固定可靠、外观应整洁、润滑应良好；在非工作状态下臂架应能自由旋转	目测	
48	回转机构		齿轮啮合应均匀平稳，且无断齿、啃齿	目测	
49	回转机构		回转机构防护罩应完整，无破损	目测	
*50	变幅系统		钢丝绳、卷筒、滑轮、制动器的检查应符合本表32.33.34.39.40.41.42.43的规定	目测	
*51	变幅系统		变幅小车结构应无明显变形，车轮间距应无异常	目测、测量	
*52	变幅系统		小车维修挂篮应无明显变形，安装应符合使用说明书的要求	目测	
53	变幅系统		车轮有下列情况之一的应予以报废： 可见裂纹； 车轮踏面厚度磨损量达原厚度的15%； 车轮轮缘厚度磨损量达原厚度的50%	目测、测量	
*54	防脱装置		钢丝绳必须设有防脱装置，该装置与滑轮及卷筒轮缘的间距不得大于钢丝绳直径的 20%	目测、测量	
*55	顶升系统		液压系统应有防止过载和液压冲击的安全溢流阀	查阅记录	
*56	顶升系统		顶升液压缸应有平衡阀或液压锁，平衡阀或液压锁与液压缸之间不得采用软管连接	目测	
57	顶升系统		泵站、阀锁、管路及其接头不得有明显渗漏油渍	目测	

续表 9-8-1

序号	项目类别		检查内容及要求	检查方法	检查结果
*58	司机室		结构应牢固，固定应符合使用说明书的要求	目测	
59	司机室		应有绝缘地板和符合消防要求的灭火器，门窗应完好，起重特性曲线图（表）、安全操作规程标牌应固定牢固，清晰可见	目测	
*60	安全装置	起升高度限位器	动臂变幅的塔式起重机，当吊钩装置顶部升至起重臂下端的最小距离为800mm处时，应能立即停止起升运动。对没有变幅重物平移功能的动臂变幅的塔式起重机，还应同时切断向外变幅控制回路电源，但应有下降和向内变幅运动	目测	
* 61			小车变幅的塔机，当吊钩装置顶部至小车架下端的最小距离为800mm处时，应能立即停止起升运动，但应有下降运动	测量	
*62		起重力矩限制器和起重量限制器	当起重力矩大于相应幅度额定值并小于额定值105%时，应停止上升和向外变幅动作	审阅自检调试记录并验证	
63			力矩限制器控制定码变幅的触点和控制定幅变码的触点应分别设置，且应能分别调整	目测	
*64			当小车变幅的塔式起重机最大变幅速度超40m/min，在小车向外运行，且起重力矩达到额定值的80%时，变幅速度应自动转换为不大于40m/min	审阅自检调试记录并验证	
*65			当起重量大于最大额定起重量并小于105%最大额定起重量时，应停止上升方向动作，但应有下降方向动作。具有多挡变速的起升机构，限制器应对各挡位具有防止超载的作用	审阅自检调试记录并验证	
*66		幅度限位器	动臂变幅的塔机应设有幅度限位开关，在臂架到达相应的极限位置前开关应能动作，停止臂架再往极限方向变幅	目测	
*67			小车变幅的塔机应设有小车行程限位开关和终端缓冲装置。限位开关动作后应保证小车停车时其端部距缓冲装置最小距离为200mm	实测并与自检记录核对	
*68			动臂变幅的塔机应设有臂架极限位置的限制装置，该装置应能有效防止臂架向后倾翻	目测	
69		其他安全保护装置	回转处不设集电器供电的塔式起重机，应设有正、反两个方向的回转限位器，限位器动作时臂架旋转角度不应大于±540°	目测	
*70			轨道行走式塔式起重机应设行程限位装置及抗风防滑装置。每个运行方向的行程限位装置包括限位开关、缓冲器和终端止挡，行程限位装置应保证限位开关动作后，塔机停车时其端部距缓冲器最小距离应为1000mm，缓冲器距终端止挡最小距离应为1000mm，终端止挡距轨道尾端最小距离应为1000mm；非工作状态抗风防滑装置应有效	目测、测量	
*71			小车变幅的塔式起重机应设小车断绳保护装置，且在向前及向后两个方向上均应有效	目测	
*72			小车变幅的塔式起重机应设小车防坠落装置，且应有效，可靠	目测、测量	
*73			自升式塔式起重机应具有爬升装置防脱功能，且应有效，可靠	目测	
74			臂根铰点高度超过50m的塔式起重机，应配备风速仪。当风速大于工作允许风速时，应能发出停止作业的警报信号	目测	

续表 9-8-1

序号	项目类别	检查内容及要求	检查方法	检查结果
*75	电气系统	供电系统应符合现行行业标准《施工现场临时用电安全技术规范》JGJ 46的规定	现场检查	
*76		动力电路和控制电路的对地绝缘电阻不应低于0.5MΩ	测量	
77		塔式起重机应有良好的照明。照明供电不应受停机的影响	现场检查	
78		塔顶和臂架端部应安装有红色障碍指示灯，电源供电不应受停机的影响	目测	
79		电气柜或配电箱应有门锁。门内应有原理图或布线图、操作指示等，门外应有警示标志	开柜查看、试验动作	
*80		塔式起重机应设有短路、过流、欠压、过压及失压保护、零位保护、电源错相及断相保护装置，并应齐全	开柜查看、试验动作	
*81		塔式起重机的金属结构、轨道、所有电气设备的金属外壳、金属线管、安全照明的变压器低压侧等均应可靠接地，接地电阻不应大于4Ω，重复接地电阻不应大于10Ω	测量	
*82		塔式起重机应设置有非自动复位的、能切断总控制电源的紧急断电开关，该开关应设在司机操作方便的地方	动作试验	
83		在司机室内明显位置应装有总电源开合状况的指示信号灯和电压表	目测	
*84		零线和接地线必须分开，接地线严禁作载流回路。塔机结构不得作为工作零线使用	目测	
85		轨道行走式塔式起重机的电缆卷筒应具有张紧装置，电缆收放速度与塔式起重机运行速度应同步。电缆在卷筒上的连接应牢固，电缆电气接点不宜被拉曳	目测	
86	空载试验	塔式起重机空载状态下，起升、回转、变幅、运行各动作的操作试验、检查应符合下列规定： 操作系统、控制系统、联锁装置应动作准确，灵活； 各行程限位器的动作准确、可靠； 各机构中无相对运动部位应无漏油现象，有相对运动的各机构运动的平稳性。应无爬行、震颤、冲击、过热、异常噪声等现象	试验结果与自检表核对	
*87	额定载荷试验	应符合现行国家标准《塔式起重机》GB/T 5031的规定	试验结果与自检表核对	

注：1.表中序号打*的为保证项目，其他为一般项目；

2.要求量化的参数应按实测数据填在检查结果中，无实测数据的填写观测到的状况。

表 9-8-2　施工升降机检查

序号	项目类别	检查内容及要求	检查方法	检查结果
1	资料复核	产品出厂合格证、监督检验证明、特种设备制造许可证、备案证明	查阅资料	
2		安装告知手续	查阅资料	

续表 9-8-2

<table>
<tr><th>序号</th><th>项目类别</th><th>检查内容及要求</th><th>检查方法</th><th>检查结果</th></tr>
<tr><td>3</td><td rowspan="7">资料复核</td><td>安装合同及安全协议</td><td>查阅资料</td><td></td></tr>
<tr><td>4</td><td>防坠安全器标定检测报告</td><td>查阅资料</td><td></td></tr>
<tr><td>5</td><td>专项施工方案</td><td>查阅资料</td><td></td></tr>
<tr><td>6</td><td>基础验收及其隐蔽工程资料</td><td>查阅资料</td><td></td></tr>
<tr><td>7</td><td>基础混凝土强度报告</td><td>查阅资料</td><td></td></tr>
<tr><td>8</td><td>安装前检查表</td><td>查阅资料</td><td></td></tr>
<tr><td>9</td><td>安装自检记录</td><td>查阅资料</td><td></td></tr>
<tr><td>10</td><td>安全距离</td><td>
<table>
<tr><th colspan="2">最小安全操作距离</th></tr>
<tr><td>电压（kV）</td><td>最小安全操作距离（m）</td></tr>
<tr><td><1</td><td>4</td></tr>
<tr><td>1～10</td><td>6</td></tr>
<tr><td>35～110</td><td>8</td></tr>
<tr><td>220</td><td>10</td></tr>
<tr><td>330～500</td><td>15</td></tr>
</table>
</td><td>目测</td><td></td></tr>
<tr><td>11</td><td>噪　声</td><td>
<table>
<tr><th colspan="3">噪声限值（dB）</th></tr>
<tr><td>项目</td><td>吊笼内</td><td>离传动系统1m处</td></tr>
<tr><td>单传动</td><td>≤85</td><td>≤88</td></tr>
<tr><td>并联双传动</td><td>≤86</td><td>≤90</td></tr>
<tr><td>并联三传动</td><td>≤87</td><td>≤92</td></tr>
<tr><td>液压调速</td><td>≤98</td><td>≤110</td></tr>
</table>
</td><td>测量</td><td></td></tr>
<tr><td>12</td><td rowspan="2">基　础</td><td>基础应满足使用说明书或专项施工方案的要求</td><td>查阅资料</td><td></td></tr>
<tr><td>13</td><td>基础及周围应有排水设施，不得积水</td><td>目测</td><td></td></tr>
<tr><td>14</td><td rowspan="2">防护围栏</td><td>施工升降机应设置高度不低于1.8m的地面防护围栏，并不得缺损，并应符合使用说明书的要求</td><td>测量</td><td></td></tr>
<tr><td>15</td><td>围栏门的开启高度不应小于1.8m，并应符合使用说明书的要求。围栏门应装有机械锁紧和电气安全开关；当吊笼位于底部规定位置时，围栏门方能开启，且应在该门开启后吊笼不能启动</td><td>试验</td><td></td></tr>
<tr><td>16</td><td rowspan="5">吊　笼</td><td>吊笼门框净高不应小于2m，净宽不应小于0.6m，吊笼箱体应完好，无破损</td><td>测量</td><td></td></tr>
<tr><td>17</td><td>吊笼门应装机械锁钩，运行时不应自动打开，应设有电气安全开关：当门未完全关闭时，该开关应能有效切断控制回路电源，使吊笼停止或无法启动</td><td>现场试验</td><td></td></tr>
<tr><td>18</td><td>当吊笼顶板作为安装、拆卸、维修的平台或设有天窗时，顶板应抗滑，且周围应设护栏。该护栏的上扶手高度不应小于1.1m，中间高度应设置横杆，挡脚板高度不应小于100mm，护栏与顶板边缘的距离不应大于100mm，并应符合使用说明书的要求</td><td>测量</td><td></td></tr>
<tr><td>19</td><td>吊笼顶部应有紧急出口，并应配有专用扶梯，出口门应装向外开启的活板门，并应设有电气安全联锁开关，并应灵敏、有效</td><td>目测、现场试验</td><td></td></tr>
<tr><td>20</td><td>吊笼内应有产品铭牌，安全操作规程、操作开关及其他危险处应有醒目的安全警示标志</td><td>目测</td><td></td></tr>
</table>

续表 9-8-2

<table>
<tr><th>序号</th><th>项目类别</th><th colspan="2">检查内容及要求</th><th>检查方法</th><th>检查结果</th></tr>
<tr><td rowspan="8">21</td><td rowspan="12">架体结构</td><td colspan="2">安装垂直度</td><td rowspan="8">测量</td><td rowspan="8"></td></tr>
<tr><td>架设高度h（m）</td><td>垂直度偏差（mm）</td></tr>
<tr><td>≤70</td><td>≤h/1000</td></tr>
<tr><td>70<h≤100</td><td>≤70</td></tr>
<tr><td>100<h≤150</td><td>≤90</td></tr>
<tr><td>150<h≤200</td><td>≤110</td></tr>
<tr><td>>200</td><td>≤130</td></tr>
<tr><td>钢丝绳式</td><td>≤1.5h/1000</td></tr>
<tr><td>*22</td><td colspan="2">主要结构件应无明显塑性变形、裂纹和严重锈蚀，焊缝应无明显可见的焊接缺陷</td><td>目测</td><td></td></tr>
<tr><td>*23</td><td colspan="2">结构件各连接螺栓应齐全、紧固，应有防松措施，螺栓应高出螺母顶平面，销轴连接应有可靠轴向止动装置</td><td>目测与使用说明书比对</td><td></td></tr>
<tr><td>*24</td><td colspan="2">当导轨架的高度超过使用说明书规定的最大独立高度时，应设有附着装置</td><td>与使用说明书比对</td><td></td></tr>
<tr><td>25</td><td colspan="2">附着装置以上的导轨架自由端高度不得超过使用说明书的要求</td><td>目测</td><td></td></tr>
<tr><td>26</td><td rowspan="7">层门、楼层平台</td><td colspan="2">各停层处应设置层门，层门不应凸出到吊笼的升降通道上</td><td>目测、测量</td><td></td></tr>
<tr><td>27</td><td colspan="2">层门开启后的净高度不应小于2.0m；特殊情况下，当进入建筑物的入口高度小于2.0m时，可降低层门框架高度，但净高度不应小于1.8m</td><td>现场试验</td><td></td></tr>
<tr><td>28</td><td colspan="2">人货两用施工升降机层门的开、关过程可由吊笼内乘员操作，楼层内人员无法开启</td><td>目测</td><td></td></tr>
<tr><td>29</td><td colspan="2">楼层平台搭设应牢固可靠，不应与施工升降机钢结构相连接</td><td>目测</td><td></td></tr>
<tr><td>30</td><td colspan="2">楼层平台侧面防护装置与吊笼或层门之间任何开口的间距不应大于150mm</td><td>测量</td><td></td></tr>
<tr><td>31</td><td colspan="2">吊笼门框外缘与登机平台边缘之间的水平距离不应大于50mm</td><td>测量</td><td></td></tr>
<tr><td>32</td><td colspan="2">各楼层应设置楼层标识，夜间施工应有照明</td><td>目测</td><td></td></tr>
<tr><td>*33</td><td rowspan="2">钢丝绳</td><td colspan="2">钢丝绳的规格、型号应符合使用说明书的要求，并应正确穿绕，钢丝绳应润滑良好，与金属结构无摩擦</td><td>与说明书核对</td><td></td></tr>
<tr><td>34</td><td colspan="2">钢丝绳绳端固定应牢固、可靠，并应符合使用说明书的要求</td><td>与说明书核对</td><td></td></tr>
<tr><td>35</td><td>钢丝绳</td><td colspan="2">钢丝绳应符合现行国家标准《起重机 钢丝绳 保养、维护、安装、检验和报废》GB/T 5972的规定</td><td>目测</td><td></td></tr>
<tr><td>36</td><td rowspan="2">滑轮曳引轮</td><td colspan="2">滑轮、曳引轮转动应良好，无裂纹、破损；滑轮轮槽壁厚磨损不应超过原壁厚的20%，轮槽底部直径减少量不应超过钢丝绳直径的25%，槽底应无沟槽</td><td>目测、测量</td><td></td></tr>
<tr><td>37</td><td colspan="2">应有防钢丝绳脱出装置，该装置与滑轮外缘的间隙不应大于钢丝绳直径的20%，且应可靠有效</td><td>目测、测量</td><td></td></tr>
<tr><td>38</td><td rowspan="2">传动系统</td><td colspan="2">传动系统旋转的零部件应有防护罩等安全防护设施</td><td>目测</td><td></td></tr>
<tr><td>39</td><td colspan="2">对齿轮齿条式施工升降机，其传动齿轮、防坠安全器的齿轮与齿条啮合时，接触长度沿齿高不得小于40%，沿齿长不得小于50%</td><td>目测
测量</td><td></td></tr>
</table>

续表 9-8-2

序号	项目类别	检查内容及要求	检查方法	检查结果
40	导轮背轮安全挡块	导轮连接及润滑应良好、无明显侧倾偏摆	目测	
41		背轮安装应牢靠，并应贴紧齿条背面，润滑应良好，无明显侧倾偏摆	目测	
42		安全挡块应可靠有效	目测	
43	对重、缓冲装置	对重应根据有关规定的要求涂成警告色	目测	
44		对重导向装置应正确可靠，对重轨道应平直，接缝应平整，错位阶差不应大于0.5mm	目测 测量	
45		应在吊笼和对重运行通道的最下方安装缓冲器	目测	
46	制动器	制动器应符合使用说明书的要求	查阅资料	
47		传动系统应采用常闭式制动器，制动器动作应灵敏，工作应可靠	目测	
48		每个制动器应可手动释放，且需由恒力作用来维持释放状态	目测、试验	
*49	安全装置	有对重的施工升降机，当对重质量大于吊笼质量时，应有双向防坠安全器或对重防坠安全装置	目测	
*50		齿轮齿条式施工升降机吊笼上沿导轨设置的安全钩不应少于2对，安全钩应能防止吊笼脱离导轨架或防坠安全器输出端齿轮脱离齿条	目测	
*51		施工升降机应设置自动复位的上下限位开关	现场试验	
*52		施工升降机应设置极限开关。当限位开关失效时，极限开关应切断总电源，使吊笼停止。当极限开关为非自动复位型时，其动作后，手动复位方能使吊笼重新启动	现场试验	
53		限位开关的安装位置应符合下列规定： （1）上限位开关的安装位置：当额定提升速度小于0.8m/s时，触板触发该开关后，上部安全距离不应小于1.8m，当额定提升速度大于或等于0.8m/s时，触板触发该开关后，上部安全距离应满足下式的要求：$L=1.8+0.1v^2$； （2）下限位开关的安装位置：吊笼在额定荷载下降时，触板触发下限位开关使吊笼制停，此时触板离触发下极限开关还应有一定的行程	测量	
54		上限位与上极限开关之间的越程距离：齿轮齿条式施工升降机不应小于0.15m。钢丝绳式施工升降机不应小于0.5m。下极限开关在正常工作状态下，吊笼碰到缓冲器之前，触板应首先触发下极限开关	测量	
55		极限开关不应与限位开关共用一个触发元件	目测	
*56		用于对重的钢丝绳应装有非自动复位型的防松绳装置	目测	
57		应设置超载保护装置，且应灵敏有效	目测	
58		地面进料口防护棚应符合现行行业标准《建筑施工高处作业安全技术规范》JGJ 80的规定	目测	

续表 9-8-2

序号	项目类别	检查内容及要求	检查方法	检查结果
*59	防坠安全器	严禁使用超过有效标定期限的防坠安全器	目测、比对	
60	电气系统	供电系统应符合现行行业标准《施工现场临时用电安全技术规范》JGJ 46的规定	现场检查 查阅资料	
61		施工升降机应设有专用开关箱	目测	
62		当吊笼顶用作安装、拆卸、维修的平台时，应设有检修或拆装时的顶部控制装置。控制装置应安装非自行复位的急停开关，任何时候均可切断电路停止吊笼运行	目测、试验	
63		在操作位置上应标明控制元件的用途和动作方向	目测	
64		当施工升降机安装高度大于120m，并超过建筑物高度时，应安装红色障碍灯。障碍灯电源不得因施工升降机停机而停电	测量	
*65		施工升降机的控制、照明、信号回路的对地绝缘电阻应大于0.5MΩ，动力电路的对地绝缘电阻应大于1MΩ	测量	
66		设备控制柜应设有相序和断相保护器及过载保护器	目测、试验	
*67		操作控制台应安装非自行复位的急停开关	目测、试验	
68		电气设备应有防止外界干扰的防护措施	目测	
69		施工升降机工作中应有防止电缆和电线机械损伤的防护措施	目测、查阅资料	

注：1.表中序号打*的为保证项目，其他为一般项目；
2.要求量化的参数应按实测数据填在检查结果中，无实测数据的填写观测到的状况。

表 9-8-3　物料提升机检查

序号	项目类别	检查内容及要求	检查方法	检查结果
1	资料复核	产品出厂合格证、备案证明	查阅资料	
2		安装告知手续	查阅资料	
3		使用说明书	查阅资料	
4		防坠安全器说明书	查阅资料	
5		安装合同及安全协议	查阅资料	
6		专项施工方案	查阅资料	
7		基础验收及其隐蔽工程资料	查阅资料	
8		安装前检查表	查阅资料	
9		安装自检验收表	查阅资料	
10	基　础	基础尺寸、外形、混凝土强度等级及地基承载等，应符合使用说明书要求	查阅资料 测量	
11		基础及周围应有排水设施，不得积水	现场检查	

续表 9-8-3

序号	项目类别	检查内容及要求	检查方法	检查结果
*12	架体结构	主要结构件应无明显变形、严重锈蚀。焊缝应无明显可见裂纹	目测	
13		结构件安装应符合说明书的要求，各连接螺栓应齐全、紧固，并应有防松措施。螺栓露出螺母端部的长度不应少于3倍螺距	目测、外观检查	
*14		架体垂直度偏差不应大于架体高度的1.5/1000	测量	
15		井架式物料提升机的架体在各楼层通道的开口处，应有加强措施	目测	
16		架体底部应设高度不应小于1.8m的防护围栏以及围栏门,并应完好无损。围栏门应装有电气连锁开关，吊笼应在围栏门关闭后方可启动	目测检查动作试验	
17	吊　笼	吊笼内净高度不应小于2m	测量	
*18		吊笼应设置吊笼门,吊笼两侧立面及吊笼门应采用网板结构全高度封闭，吊笼门的开启高度不应低于1.8m	测量、手动试验	
19		吊笼应有可靠防护顶板	目测	
20		吊笼底板应有防滑、排水功能，无明显变形、锈蚀、破损，且应固定牢靠	目测、检查	
*21		吊笼滚动导靴应可靠有效	目测、检查	
22		产品标牌应固定牢固，易于观察，并应在显著位置设置安全警示标识	目测	
*23	提升机构	固定卷扬机应有专用的锚固设施，且应牢固可靠	目测、测量	
24		卷扬钢丝绳不得拖地和被水浸泡，穿越道路时应采取防护措施	目测、查阅资料	
25		卷扬机应设置防止钢丝绳脱出卷筒的保护装置，该装置与卷筒侧板最外缘的间隙不应超过钢丝绳直径的20%，并应有足够的强度	目测、检查	
26		钢丝绳在卷筒上应整齐排列，端部应与卷筒压紧装置连接牢固。当吊笼处于最低位置时，卷筒上的钢丝绳不应少于3圈	测量、检查	
*27		卷筒两端的凸缘至最外层钢丝绳的距离不应小于钢丝绳直径的2倍	目测、检查	
28		滑轮组与架体（或吊笼）应采用刚性连接，严禁使用开口板式滑轮	目测、检查	
*29		滑轮应设置防钢丝绳脱出装置，该装置与滑轮间隙不得超过钢丝绳直径的20%	目测、检查	
*30		制动器应动作灵敏，工作应可靠	目测、检查	
*31		当曳引钢丝绳为2根及以上时,应设置张力自动平衡装置	目测、检查	
32		导向滑轮和卷筒中间位置的连线应与卷筒轴线垂直，其距离不应小于卷筒长度的20倍	目测、测量	

续表 9-8-3

序号	项目类别	检查内容及要求	检查方法	检查结果
*33	钢丝绳	钢丝绳绳端固结应牢固、可靠。当采用金属压制接头固定时，接头不应有裂纹；当采用楔块固结时，楔套不应有裂纹，楔块不应松动；当采用绳夹固结时，绳夹安装应正确。绳夹数应满足现行国家标准《起重机械安全规程 第一部分：总则》GB 6067.1的要求	目测、检查	
*34		钢丝绳的规格、型号应符合设计要求、与滑轮和卷筒相匹配，并应正确穿绕。钢丝绳应润滑良好，不得与金属结构摩擦	目测、测量	
*35		钢丝绳达到现行国家标准《起重机 钢丝绳 保养、维护、安装、检验和报废》GB/T 5972的规定报废条件时，应予报废	目测、测量	
36	导向、缓冲装置	吊笼滚轮与导轨之间的最大间隙不应大于10mm	测量	
37		吊笼导轨结合面错位阶差不应大于1.5mm，对重导轨、防坠器导轨结合面错位阶差不应大于0.5mm	测量	
38		吊笼和对重底部应设置缓冲器	目测	
*39	停层平台	各停层平台搭设应牢固、安全可靠，两边应设置不小于1.5m高的防护栏杆，并应全封闭	目测、测量	
*40		各停层平台应设置常闭平台门，其高度不应小于1.8m，且应向内侧开启	目测、测量	
*41	安全装置	应设置起重量限制器：当荷载达到额定起重量的90%时，应发出警示信号。当荷载达到额定起重量并小于额定起重量的120%时，起重量限制器应能停止起升动作	目测、试验	
*42		吊笼应设置防坠安全器：当提升钢丝绳断绳或传动装置失效时，防坠安全器应能制停带有额定起重量的吊笼，且不应造成结构损坏；自升平台应设置有渐进式防坠安全器	目测、试验	
43		应设置上限位开关：当吊笼上升至限定位置时，应能触发限位开关，吊笼应停止运动。上部越程距离不应小于3m	试验	
*44		应设置下限位开关：当吊笼下降至限定位置时，应能触发限位开关，吊笼应停止运动	试验	
45		进料口防护棚应设置在提升机地面上料口上方，其长度不应小于3m，宽度不应小于吊笼宽度。顶部强度应符合现行行业标准《龙门架及井架物料提升机安全技术规范》JGJ 88的规定	检查	
46		当司机对吊笼升降运行、停层平台观察视线不清时，必须设置通信装置，通信装置应同时具有语音和影像显示功能	检查、试验	
*47	吊笼安全停靠装置	吊笼安全停靠装置应为刚性机构，必须能够承担吊笼、物料及作业人员等全部荷载	检查、试验	
*48	附着装置	物料提升机附着装置的设置应符合说明书的要求	目测、查阅说明书	
*49		附着架与架体及建筑结构应采用刚性连接，不得与脚手架连接	检查、目测	

续表 9-8-3

序号	项目类别	检查内容及要求	检查方法	检查结果
50	缆风绳	当设置缆风绳时，其地锚设置应符合现行行业标准《龙门架及井架物料提升机安全技术规范》JGJ 88的规定	检查、目测	
51		缆风绳与地面夹角宜为45°～60°,其下端应与地锚连接牢靠	检查、目测，必要时测量验算	
52	缆风绳	缆风绳应设有预紧装置，张紧度应适宜	检查	
53		当架体高度30m及以上时,不应使用缆风绳	检查	
*54		应设置专用开关箱，其供电系统应符合现行行业标准《施工现场临时用电安全技术规范》JGJ 46的规定	检查、功能试验	
55		电气设备的绝缘电阻值不应小于0.5MΩ,电气线路的绝缘电阻值不应小于1MΩ	检查、用绝缘电阻仪测量	
56	电气系统	工作照明的开关应与主电源开关相互独立；当提升机主电源切断时，工作照明不应断电	目测、检查、试验	
*57		卷扬机的控制开关不得使用倒顺开关	检查、试验	
*58		应设置非自动复位型紧急断电开关，且开关应设在便于司机操作的位置	检查、功能试验	
59		提升机的金属结构及所有电气设备系统的金属外壳接地应良好，其重复接地电阻不应大于10Ω	检查、测量	
60		搭设应牢靠，应能防雨，且应视线良好	目测检查	
61		应设置专用开关箱，照明应满足使用要求	目测检查	
62	司机操作棚	应设有安全操作规程及警示标牌	目测检查	
63		操作柜的操作按钮应有指示功能和动作方向的标识	目测检查	

注：1.表中序号打*的为保证项目，其他为一般项目；
2.要求量化的参数应按实测数据填在检查结果中，无实测数据的填写观测到的状况。

第九节 起重吊装

一、吊装要求

起重吊装作业危险性大，必须依据《建筑施工起重吊装工程安全技术规范》JGJ 276—2012的相关规定进行作业。

（一）安全规定

起重吊装作业前，必须编制吊装作业的专项施工方案，并应进行安全技术措施交底；作业中，未经技术负责人批准，不得随意更改。起重吊装作业前，应检查起重吊装所使用的机械、滑轮、吊具和地锚等，应确保其完好，符合安全要求。

起重机操作人员、司索工等特种作业人员必须持特种作业资格证书上岗。严禁非起重机驾驶人员驾驶、操作起重机。起重作业人员必须穿防滑鞋、戴安全帽，高处作业应佩挂安全带，并应系挂可靠和严格遵守高挂低用。

（二）安全技术要求

1.吊装作业区四周应设置明显标志，严禁非操作人员入内。夜间不宜作业，当需夜间作业时，应有足够的照明设施。起重设备通行的道路应平整，承载力应满足设备通行要求。

2.登高梯子的上端应固定，高空用的吊篮和临时工作台应固定牢靠，并应设不低于1.2m的防护栏杆。吊篮和工作台的脚手板应铺平绑牢，严禁出现探头板。吊移操作平台时，平台上面严禁站人。当构件吊起时，所有人员不得站在吊物下方，并应保持一定的距离。

3.绑扎所用的吊索、卡环、绳扣等的规格应按计算确定。起吊前，应对起重机钢丝绳及连接部位和索具设备进行检查。高空吊装屋架、梁和斜吊法吊装柱时，应于构件两端绑扎溜绳，由操作人员控制构件的平衡和稳定。构件吊装和翻身扶直时的吊点必须符合设计规定。异型构件或无设计规定时，应经计算确定，并保证使构件起吊平稳。

4.安装所使用的螺栓、钢楔（或木楔）、钢垫板、垫木和电焊条等的材质应符合设计要求的材质标准及国家现行标准的有关规定。

5.吊装大、重、新结构构件和采用新的吊装工艺时，应先进行试吊，确认无问题后，方可正式起吊。大雨、雾、大雪及六级以上大风等恶劣天气应停止吊装作业。事后应及时清理冰雪并应采取防滑和防漏电措施。雨雪过后作业前，应先试吊，确认制动器灵敏可靠后方可进行作业。

6.吊起的构件应确保在起重机吊杆顶的正下方，严禁采用斜拉、斜吊，严禁起吊埋于地下或粘结在地面上的构件。

7.起重机靠近架空输电线路作业或在架空输电线路下行走时，与架空输电线的安全距离应符合《施工现场临时用电安全技术规范》JGJ 46—2005和其他相关标准的规定。当需要在小于规定的安全距离范围内进行作业时，必须采取严格的安全保护措施，并应经供电部门审查批准。

8.采用双机抬吊时，宜选用同类型或性能相近的起重机，负载分配应合理，单机载荷不得超过额定起重量的80%。两机应协调起吊和就位，起吊的速度应平稳缓慢。起吊过程中，在起重机行走、回转、俯仰吊臂、起落吊钩等动作前，起重司机应鸣声示意。一次只宜进行一个动作，待前一动作结束后，再进行下一动作。

9.开始起吊时，应先将构件吊离地面200mm～300mm后暂停，检查起重机的稳定性、制动装置的可靠性、构件的平衡性和绑扎的牢固性等，待确认无误后，方可继续起吊。对大体积或有晃动的物件，必须拴拉溜绳使之稳固。已吊起的构件不得长久停滞在空中。严禁超载吊装和起吊重量不明的重大构件和设备。严禁在吊起的构件上行走或站立，不得用起重机载运人员，不得在构件上堆放或悬挂零星物件。严禁在已吊起的构件下面或起重臂下旋转范围内作业或行走。起吊时不得忽快忽慢和突然制动。回转时动作应平稳，当回转未停稳前不得做反向动作。

10.因故（天气、下班、停电等）或暂停作业时，对吊装中未形成空间稳定体系的部分，应采取有效的临时固定措施。

11.高处作业所使用的工具和零配件等，必须放在工具袋（盒）内，严防掉落，并严禁上下抛掷。

12.吊装中的焊接作业应选择合理的焊接工艺，避免发生过大的变形，冬季焊接应有焊前预热（包括焊条预热）措施，焊接时应有防风防水措施，焊后应有保温措施。高处安装中的电、气焊作业，应严格采取安全防火措施，并应设专人看护。在作业部位下面周围10m范围内不得有人。

13.已安装好的结构构件，未经有关设计和技术部门批准不得用作受力支承点和在构件上随意凿洞开孔。不得在其上堆放超过设计荷载的施工荷载。对临时固定的构件，必须在完成了永久固定，并经检查确认无误后，方可拆除临时固定工具措施。

14.对起吊物进行移动、吊升、停止、安装时的全过程应用旗语或通用手势信号进行指挥，信号不明不得起动，上下相互协调联系应采用通信工具。

二、吊索具

（一）起重吊具、索具一般要求

1.吊具与索具产品应符合现行行业标准《起重机械吊具与索具安全规程》LD 48的规定。

2.吊具与索具应与吊重种类，吊运具体要求以及环境条件相适应。

3.吊具承载时不得超过额定起重量，吊索（含各分肢）不得超过安全工作载荷。

4.吊具、索具在每次使用前应进行检查，经检查确认符合要求后，方可继续使用。当发现有缺陷时，应停止使用；

5.吊具与索具每6个月应进行一次检查，并应作好记录。检查记录应作为继续使用、维修或报废的依据。

（二）吊具的安全要求及选用

1.在物件的吊运过程中，吊索的安全状态直接关系到人和物及地面设施的安全，吊索必须满足以下安全要求：

（1）钢丝绳部分：断丝数、磨损、被腐蚀程度不得超过报废标准，不得出现整股断，严重变形、绳径变细、绳芯外露、外层钢丝伸长呈笼状等缺陷。

（2）吊索上的刚性元件（如钩、环、卸钩夹具等）：不得有裂纹、螺纹部分脱扣、严重变形等缺陷，这类元件的承载能力应大于或相当于与之配置的挠性元件的承载力，报废的刚性元件要及时更换，不得用补焊办法修补。

（3）绳索之间的连接，绳索与刚性原件的连接，绳尾的固定，各环节一定要牢固可靠，不得在受力时松脱、分离。

2.选择吊索要根据吊索在作业中实际承受的拉力，参考各类绳或链条有关技术参数，经过计算，来确定吊索的型号和几何尺寸。

（三）索具的安全要求

1.钢丝绳在承受最大载荷时，应保证有足够的承载许用拉力。

2.捆绑的钢丝绳不得有弯曲、扭结，应选用麻芯钢丝绳，因为质地柔软，容易捆绑物体。

3.吊装用钢丝绳，不得使用对接或其他方式进行接长的钢丝绳，应与吊环相匹配使用。

4.吊索（钢丝绳、环形链、吊带等）在满足安全系数的情况下，不准超负荷使用。

（四）常用吊索具

1.卡环

用于吊索与吊索或吊索与构件吊环之间的连接。它由弯环和销子两部分组成，按销子与弯环的连接形式分为螺栓卡环和活络卡环，如图9-9-1（a）、（b）所示。活络卡环的销子端头和弯环孔眼无螺纹，可直接抽出，常用于柱子吊装，如图 9-9-1（c）所示。它的优点是在柱子就位后，在地面用系在销子尾部的绳子将销子拉出，解开吊索，避免了高空作业。

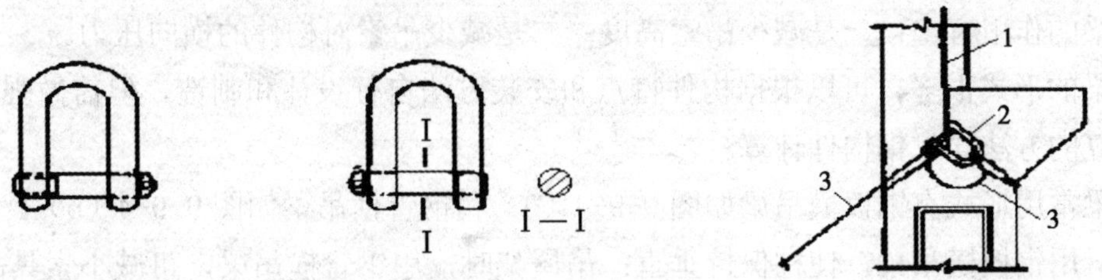

（a）螺栓式卡环　（b）活络式卡环　（c）卡环的使用

图 9-9-1　卡环及使用示意图

1—吊索；2—活络卡环；3—白棕绳

2. 钢丝绳夹头（卡子、卡扣）

钢丝绳夹头（卡子、卡扣）是用来连接两根钢丝绳的，又叫钢丝绳卡扣。

钢丝绳卡扣连接法一般常用夹头固定法。通常用的钢丝绳夹头有骑马式、压板式和拳握式 3 种，如图 9-9-2 所示。其中骑马式连接力最强，应用也最广，压板式其次，拳握式由于没有底座，容易损坏钢丝绳，连接力也差，因此，只用于次要的地方。

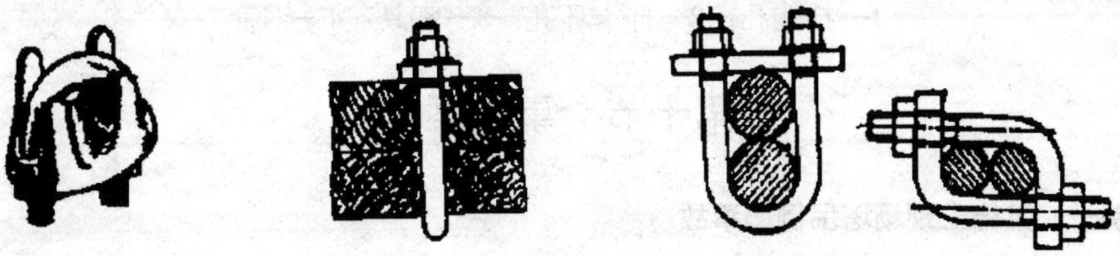

（a）骑马式　（b）压板式　（c）拳握式

图 9-9-2　钢丝绳子卡扣连接法

3. 吊钩

吊钩有单钩和双钩两种，如图 9-9-3 所示，在施工中常用的是单钩。

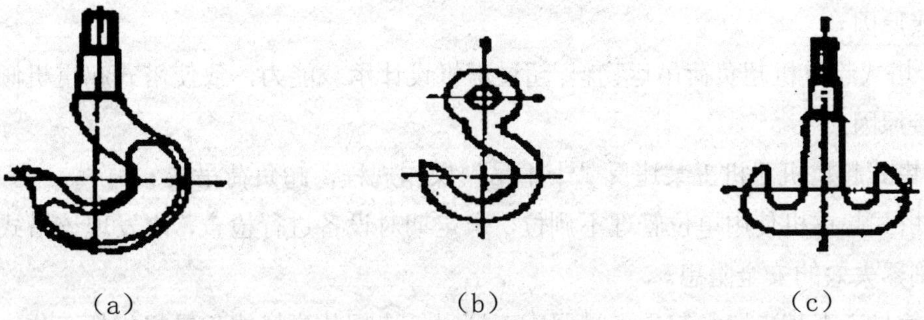

(a)　(b)　(c)

图 9-9-3　吊钩的种类

（1）吊钩不允许焊接；

（2）吊钩上需有防脱绳装置（吊钩保险装置）。

4. 横吊梁

横吊梁（又称铁扁担）。吊索与水平面的夹角越小，吊索受力越大。吊索受力越大，则其水平分力也就越大，对构件的轴向压力也就越大。当吊装水平长度大的构件时，为使构件的轴向压力不致过大，吊索与水平面的夹角应不小于 45°。

横吊梁的作用有二：一是减少吊索高度；二是减少吊索对构件的横向压力。

横吊梁的形式很多，可以根据构件特点和安装方法自行设计和制造，但需做强度和稳定性验算，验算的方法详见钢构件计算。

横吊梁常用形式有钢板横吊梁如图 9-9-4（a）和钢管横吊梁如图 9-9-4（b）。柱吊装采用直吊法时，用钢板横吊梁，使柱保持垂直；吊屋架时，用钢管横吊梁，可减小索具高度。

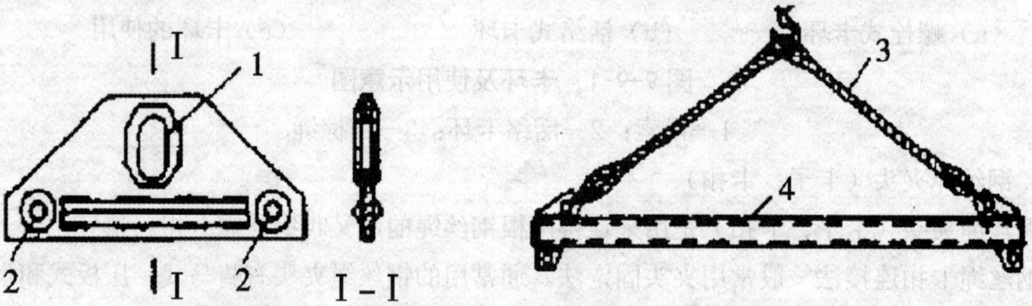

（a）钢板横吊梁　　（b）钢管横吊梁

图 9-9-4　横吊梁

1—挂钩孔；2—挂卡环孔；3—索具；4—钢管

第十节　事故案例

◆◇案例一、某施工现场塔吊倒塌事故

【背景资料】

××年 3 月 5 日上午 10 时许，某施工现场管理人员张某，安排起重信号司索工李某（没有取得起重信号司索工证书）指挥 2 号楼塔吊司机王某进行吊运钢筋，突然塔吊发生倒塌，倒塌时砸中 1 号楼塔吊，1 号楼塔吊又砸断高压线，造成一死一伤。

【事故原因】

1. 直接原因

2 号楼塔式起重机超负荷吊运物料，超过塔机设计承载能力，致使塔式起重机倾覆。

2. 间接原因

（1）塔式起重机司机王某违反“十不吊”操作规程，超负荷吊装。

（2）塔式起重机使用单位管理不到位，未定期对设备进行检查，未发现该塔式起重机存在起重量限制器失效的安全隐患。

（3）信号工李某未取得起重信号司索工证书，违规从事塔式起重机指挥工作，在不了解塔吊性能、货物重量的前提下，盲目指挥。

（4）施工现场管理混乱，安全管理人员张某安全意识淡薄，违章指挥，安排无操作证书人员指挥吊装作业。

【事故性质】

经调查认定，该现场塔式起重机倾覆事故是一起一般生产安全责任事故。

【防范措施】

（1）全面落实安全生产主体责任，严格落实特种作业人员持证上岗的规定，严禁违规操作，违章指挥，从制度上落实，是避免此类事故发生的有效措施之一。

（2）进一步强化安全培训教育工作，提高员工的安全意识，从思想上落实，是避免此类事故发生的有效措施之二。

（3）使用单位加强对设备的安全管理，加大检查力度，排除设备隐患，保证设备的安全状态，是避免此类事故发生的有效措施之三。

◆◇案例二、某建筑工地施工升降机坠落事故

【背景资料】

××年7月14日，某机械设备租赁有限公司经理安排安装班长、安装人员到该某施工项目工地进行施工升降机加节作业。13时30分左右，2名安装工到达工地现场，联系了塔式起重机司机协助进行施工升降机加节作业。2人首先拆除了施工升降机限位器，又拆除了封头，借用工地钢筋工的对讲机与塔吊司机协调，18点30分，2人对加装的标准节大部分仅安装了对角的2个螺栓、约21层楼高位置未架设附墙架的情况下，拉下施工升降机电闸后，下班离开工地。

7月15日，因其他原因，没有继续对施工升降机进行加节作业。17时35分，7名木工拟到24层进行模板支护作业，连同瓦工（工地指定施工升降机操作司机，无升降机操作资格证书）一起乘施工升降机西侧吊笼上行至约19层楼时，施工升降机导轨架上端发生倾覆，第36节标准节的中框架上所连接的第6道附墙架的小连接杆耳板断裂、大连接杆后端水平横杆撕裂，导轨架自第34节和第35节连接处断开，施工升降机西侧吊笼及与之相连的第35至45节标准节坠落地面，8名乘坐施工升降机的人员随之一同坠落地面，当场死亡。

【事故原因】

1.直接原因

（1）在施工升降机加节作业尚未完成、未经验收的情况下，使用单位擅自使用施工升降机；

（2）在导轨架第34、35节标准节连接处只连接了对角2个连接螺栓，达不到安全要求；

（3）第6道附墙架未安装可调连接杆，大连接杆的后端水平横杆拼接补焊，不符合设计要求；

（4）使用说明书要求导轨架自由端高度不大于7.5m，第6道附墙架以上导轨架自由端高度达到14.25m，不符合安全使用要求。

2.间接原因

（1）总包单位及项目部管理混乱，安全生产主体责任不落实。公司总部未对该工程项目部施工现场管理情况进行过安全检查，未能及时发现并整改事故升降机安装、使用过程中存在的违法行为；项目部未能有效履行项目部管理职责，未审核施工升降机安装单位资质和安装人员资格、专项施工方案，对监理单位提报的塔吊、升降机安装单位资质和人员资格、报检手续不全等问题未采取有效措施；在施工升降机未进行自检或专业检验检测情况下违规使用，且安排无操作资格证书人员操作施工升降机。

（2）设备租赁有限公司安全生产主体责任严重不落实。严重违反施工升降机安装使用有关规定：无安装资质承揽施工升降机安装业务，违规从事起重机械安装作业；施工升降机安装作业未编制专项施工方案，也未按要求向主管部门进行告知，且安排无施工升降机安拆作业资格

的人员参与安装作业。安装完成后，未严格按要求进行自检或专业机构检验检测情况下即默认使用单位投入使用。

（3）监理单位职责落实不到位。未审核施工升降机安装、拆卸工程专项施工方案；对发现存在施工升降机没有进行检验、验收等问题时，未采取有效措施要求相关单位整改。

（4）施工升降安拆人员违章作业。加节作业时，违规使用不合格附墙架，施工升降机加节和附着安装不规范，加装的部分标准节只有两个螺栓连接，自由端高度严重超标，未使已安装的部件达到稳定状态并固定牢靠的情况下停止了安装作业。

【事故性质】

经调查认定，该施工升降机坠落事故是一起较大生产安全责任事故。

【防范措施】

（1）总包单位应落实安全生产责任制、建立健全安全管理规章制度，严格审核施工升降机安装单位资质、安装人员资格证书、专项施工方案；按规定配备专职安全员，履行现场监督职责；并积极配合监理单位共同做好对施工现场的安全管理。

（2）项目部及项目经理应严格执行相关管理制度，在特种设备未进行验收并确认安装合格后，不得擅自使用；按规定配备专职安全员，履行现场监督职责，并积极配合监理单位共同做好对施工现场的安全管理；指派有证人员操作特种设备，定期进行安全生产教育，提高施工人员安全意识。

（3）设备租赁单位应在其资质允许范围内承揽施工业务，不得进行超范围承揽；出租、安装合格的特种设备，不合格的设备、零部件不得进入施工现场；成立安全管理机构并配备专职安全管理人员，落实安全生产责任制，建立健全安全管理制度；加强员工的安全教育及专业知识培训。

（4）监理单位应落实安全生产责任制、建立健全安全管理规章制度，有效监管、落实监理指令和通知。

（5）安拆人员应持证上岗，在施工中严格遵守相关安全管理制度及施工升降机安装使用说明书的有关规定，不得违规违章作业；不能连续完成安装作业时应及时采取措施，使已安装的部件达到稳定状态并固定牢靠，并采取必要的防护措施，设置明显的禁止使用警示标志。

第十章　施工机具

施工机具安全技术管理应执行《建筑机械使用安全技术规程》JGJ 33—2012 和《施工现场机械设备检查技术规程》JGJ 160—2016 的相关规定。

第一节　土石方机械

一、一般规定

1. 机械进入现场前，应查明行驶路线上的桥梁、涵洞的上部净空和下部承载能力，确保机械安全通过。

2. 作业前，必须查明施工场地内明、暗敷设的各类管线等设施，并应采用明显记号标识。严禁在离地下管线、承压管道 1m 距离以内进行大型机械作业。

3. 作业中，应随时监视机械各部位的运转及仪表指示值如发现异常，应立即停机检修。

4. 机械运行中，不得接触转动部位。在修理工作装置时应将工作装置降到最低位置，并应将悬空工作装置垫上垫木。

5. 在施工中遇下列情况之一时应立即停工：

（1）填挖区土体不稳定，土体有可能坍塌；

（2）地面涌水冒浆，机械陷车，或因雨水机械在坡道打滑；

（3）遇大雨、雷电、浓雾等恶劣天气；

（4）施工标志及防护设施被损坏；

（5）工作面安全净空不足。

6. 机械回转作业时，配合人员必须在机械回转半径以外工作。当需在回转半径以内工作时，必须将机械停止回转并制动。

7. 雨期施工时，机械应停放在地势较高的坚实位置。

8. 行驶或作业中的机械，除驾驶室外的任何地方不得有乘员。

二、挖掘机

（一）简介

挖掘机械按其作业特点分为周期性作业式和连续性作业式两种，前者为单斗挖掘机，后者为多斗挖掘机。

由于单斗挖掘机是工程机械的一个主要机种，也是各类工程施工中普遍采用的机械，在筑路工程中用来开挖堑壕，在建筑工程中用来开挖基础。更换工作装置后还可进行起重、浇筑、安装、打桩、破碎、夯土和拔桩等工作。

（二）安全使用要求

1. 单斗挖掘机的作业和行走场地应平整坚实，松软地面应用枕木或垫板垫实，沼泽或淤泥场地应进行路基处理，或更换专用湿地履带。

2.轮胎式挖掘机使用前应支好支腿，并应保持水平位置。支腿应置于作业面的方向，转向驱动桥应置于作业面的后方。履带式挖掘机的驱动轮应置于作业面的后方。采用液压悬挂装置的挖掘机，应锁住两个悬挂液压缸。

3.启动前，应将主离合器分离，各操纵杆放在空挡位置，并应发出信号，确认安全后启动设备。

4.启动后，应检查各仪表指示值，运转正常后再接合主离合器，再进行空载运转，顺序操纵各工作机构并测试各制动器，确认正常后开始作业。

5.作业时，挖掘机应保持水平位置，行走机构应制动。

6.平整场地时，不得用铲斗进行横扫或用铲斗对地面进行夯实。

7.挖掘机最大开挖高度和深度，不应超过机械本身性能规定。在拉铲或反铲作业时，履带式挖掘机的履带与工作面边缘距离应大于1.0m，轮胎式挖掘机的轮胎与工作面边缘距离应大于1.5m。

8.挖掘机应停稳后再进行挖土作业。当铲斗未离开工作面时，不得作回转、行走等动作。应使用回转制动器进行回转制动，不得用转向离合器反转制动。

9.挖掘机应停稳后再反铲作业，斗柄伸出长度应符合规定要求，提斗应平稳。

10.作业中，履带式挖掘机行走时，主动轮应在后面，斗臂应在正前方与履带平行，并应制动回转机构。下坡时应慢速行驶，不得在坡道上变速和空挡滑行。

11.轮胎式挖掘机行驶前，应收回支腿并固定可靠，监控仪表和报警信号灯应处于正常显示状态。轮胎气压应符合规定，工作装置应处于行驶方向，铲斗宜离地面1m。长距离行驶时，应将回转制动板踩下，并应采用固定销锁定回转平台。

12.作业后，挖掘机应停放在坚实、平坦、安全的位置，并应将铲斗收回平放在地面，所有操纵杆置于中位，关闭操作室和机棚。

13.保养或检修挖掘机时，应将内燃机熄火，并将液压系统卸荷，铲斗落地。

14.利用铲斗将底盘顶起进行检修时，应使用垫木将抬起的履带或轮胎垫稳，用木楔将落地履带或轮胎揳牢，然后再将液压系统卸荷，否则不得进入底盘下工作。

三、装载机

（一）简介

装载机是一种广泛用于公路、铁路、矿山、建筑、水电和港口等工程的土石方施工机械，它的作业对象主要是各种土壤、砂石等散状物料、灰料及其他筑路用散状物料等，主要完成铲、装、卸、运等作业，也可对岩石、硬土进行轻度铲掘作业，如果换装不同工作装置，还可以扩大其使用范围，完成推土、起重和装卸其他物料的工作。

（二）安全使用要求

1.装载机行驶前，应先鸣笛示意，铲斗宜提升离地0.5m，装载机行驶过程中应测试制动器的可靠性。装载机搭乘人员应符合规定。装载机铲斗不得载人。

2.装载机高速行驶时应采用前轮驱动；低速铲装时，应用四轮驱动。铲斗装载后升起行驶时，不得急转弯或紧急制动，下坡时不得空挡滑行。

3.装载机的装载量应符合使用说明书的规定。装载机铲应从正面铲料，铲斗不得单边受力。装载机应低速缓慢举臂翻转铲斗卸料。

4. 装载机运载物料时，铲臂下点宜保持离地面0.5m，并保持平稳行驶。铲斗提升到最高位置时，不得运输物料。

5. 铲装或挖掘时，铲斗不应偏。

6. 在向汽车装料时，铲斗不得在汽车驾驶室上方越过。如汽车驾驶室顶无防护，驾驶室内不得有人。

7. 装载机在坡、沟边卸料时，轮胎离边缘应保留安全距离，安全距离宜大于1.5m；铲斗不宜伸出坡、沟边缘。在大于3°的坡面上，装载机不得朝下坡方向俯身卸料。

8. 作业后，装载机应停放在安全场地，铲斗应平放在地面上，操纵杆应置于中位，制动应锁定。

9. 装载机转向架未锁闭时，严禁站在前后车架之间进行检修保养。

10. 装载机铲升起后，在进行润滑或检修等作业时，应先装好安全销，或先采取其他措施支住铲臂。

11. 停车时，应使内燃机转速逐步降低，不得突然熄火应防止液压油因惯性冲击而溢出油箱。

四、推土机

（一）简介

推土机是一种在履带式拖拉机或轮胎式牵引车的前面安装推土装置及操纵机构的自行式施工机械，主要用来完成短距离松散物料的铲运和堆集作业，如开挖路堑、构筑路堤、回填基坑、铲除障碍、清除积雪、平整场地等。

（二）安全使用要求

1. 启动前，应将主离合器分离，各操纵杆放在空挡位置。

2. 推土机机械四周不得有障碍物，并确认安全后开动，工作时不得有人站在履带或刀片的支架上。

3. 采用主离合器传动的推土机接合应平稳，起步不得过猛，不得使离合器处于半接合状态下运转；液力传动的推土机，应先解除变速杆的锁紧状态，踏下减速器踏板，变速杆应在低挡位，然后缓慢释放减速踏板。

4. 推土机上、下坡或超过障碍物时应采用低速挡。推土机上坡坡度不得超过25°，下坡坡度不得大于35°，横向坡度不得大于10°。在25°以上的陡坡上不得横向行驶，并不得急转弯，上坡时不得换挡，下坡时不得空挡滑行。当需要在陡坡上推土时，应先进行填挖，使机身保持平衡。

5. 下坡时，当推土机下行速度大于内燃机传动速度时，转向操纵的方向应与平地行走时操纵的方向相反，并不得使用制动器。

五、铲运机

（一）简介

铲运机是以带铲刀的铲斗为工作部件的铲土运输机械，兼有铲装、运输和铺卸土方的功能，铺卸厚度能够控制，主要用于大规模的土方调配和平土作业。适合中距离铲土运输，其经济运距为100m～2000m，应用于道路交通、港口建设、矿山采掘等平整土地、填筑路堤、开挖路堑以及浮土剥离等工作。

按行走方式的不同可分为拖式和自行式两种。

（二）拖式铲运机的安全使用要求

1.启动前，应检查钢丝绳、轮胎气压、铲土斗及卸土板、回缩弹簧、拖把万向头、撑架以及各部滑轮等，并确认处于正常工作状态；液压式铲运机铲斗和拖拉机连接叉座与牵引连接块应锁定，各液压管路应连接可靠。

2.开动前，应使铲斗离开地面，机械周围不得有障碍物。

3.作业中，严禁人员上、下机械，传递物件，以及在铲斗内、拖把或机架上坐立。

4.多台铲运机联合作业时，各机之间前后距离应大于10m（铲土时应大于5m），左右距离应大于2m，并应遵守下坡让上坡、空载让重载、支线让干线的原则。

5.在狭窄地段运行时，未经前机同意，后机不得超越。两机交会或超车时应减速，两机左右间距应大于0.5m。

6.铲运机上、下坡道时，应低速行驶，不得中途换挡，下坡时不得空挡滑行，行驶的横向坡度不得超过6°，坡宽应大于铲运机宽度2m。

7.在坡道上不得进行检修作业。在陡坡上不得转弯、倒车或停车。在坡上熄火时，应将铲斗落地、制动牢靠后再启动。下陡坡时，应将铲斗触地行驶，辅助制动。

8.作业后，应将铲运机停放在平坦地面，并应将铲斗落在地面上。液压操纵的铲运机应将液压缸缩回，将操纵杆放在中间位置，进行清洁、润滑后，锁好门窗。

9.非作业行驶时，铲斗应用锁紧链条挂牢在运输行驶位置上；拖式铲运机不得载人或装载易燃、易爆物品。

（三）自行式铲运机的安全使用要求

1.多台铲运机联合作业时，前后距离不得小于20m，左右距离不得小于2m。

2.铲土或在利用推土机助铲时，应随时微调转向盘，铲运机应始终保持直线前进，不得在转弯情况下铲土。

3.下坡时，不得空挡滑行，应踩下制动踏板辅助以内燃机制动，必要时可放下铲斗，以降低下滑速度。

4.不得在大于15°的横坡上行驶，也不得在横坡上铲土。

5.沿沟边或填方边坡作业时，轮胎离路肩不得小于0.7m，并应放低铲斗，降速缓行。

6.在坡道上不得进行检修作业。遇在坡道上熄火时，应立即制动，下降铲斗，把变速杆放在空挡位置，然后启动内燃机。

7.穿越泥泞或松软地面时，铲运机应直线行驶，当一侧轮胎打滑时，可踏下差速器锁止踏板。当离开不良地面时，应停止使用差速器锁止踏板，不得在差速器锁止时转弯。

六、平地机

（一）简介

平地机是一种完成大面积土壤的平整和整形作业的土方工程机械。其主要工作装置为铲刀，并可配备多种辅助装置（松土器、推土板等），完成多功能作业。主要用于平整路基和场地，挖沟、整修断面，修刷边坡，清除路面积雪，松土，拌和、摊铺路面基层材料等。

（二）安全使用安要求

1.起伏较大的地面宜先用推土机推平，再用平地机平整。

2. 平地机不得用于拖拉其他机械。

3. 作业时，应先将刮刀下降到接近地面，起步后再下降刮刀铲土。铲土时，应根据铲土阻力大小，随时调整刮刀的切土深度。

4. 刮刀的回转、铲土角的调整及向机外侧斜，应在停机时进行；刮刀左右端的升降动作，可在机械行驶中调整。

5. 刮刀角铲土和齿耙松地时应采用一挡速度行驶；刮土和平整作业时应用二三挡速度行驶。

6. 土质坚实的地面应先用齿耙翻松，翻松时应缓慢下齿。

7. 使用平地机清除积雪时，应在轮胎上安装防滑链，并应探明工作面的深坑、沟槽位置。

8. 平地机在转弯或调头时，应使用低速挡；在正常行驶时，应使用前轮转向；当场地特别狭小时，可使用前后轮同时转向。

9. 平地机行驶时，应将刮刀和齿耙升到最高位置，并将刮刀斜放，刮刀两端不得超出后轮外侧。行驶速度不得超过使用说明书规定。下坡时，不得空挡滑行。

10. 平地机作业中变矩器的油温不得超过 120℃。

11. 作业后，平地机应停放在平坦、安全的场地，刮刀应落在地面上，手制动器应拉紧。

七、压路机

（一）简介

压路机是一种利用设备自重或通过激振装置产生的激振力，在垂直或水平方向对地面施以持续重复的加载作用，排除土体内部的空气和水分，使材料颗粒之间发生位移、相互揳紧密实并处于稳定状态的作业机械。通过压实作业可以增强构筑基础的密实度，提高其抗压强度和承受永久性负载的能力，还可以增强基层的稳定性和防渗透性，消除建筑基础的沉陷、路面裂纹和松散等隐患。压路机广泛用于公路、城市道路、铁路强基、机场跑道和广场、堤坝及建筑物基础等各种建设工程的压实作业。

（二）静作用压路机的安全使用要求

1. 工作地段的纵坡不应超过压路机最大爬坡能力，横坡不应大于 20°。

2. 应根据碾压要求选择机种。当光轮压路机需要增加机重时，可在滚轮内加砂或水。当气温降至 0℃及以下时，不得用水增重。

3. 不得用压路机拖拉任何机械或物件。

4. 碾压时应低速行驶。速度宜控制在 3km/h～4km/h 范围内，在一个碾压行程中不得变速。碾压过程中应保持正确的行驶方向，碾压第二行时应与第一行重叠半个滚轮压痕。

5. 变换压路机前进、后退方向应在滚轮停止运动后进行。不得将换向离合器当作制动器使用。

6. 在新建场地上进行碾压时，应从中间向两侧碾压。碾压时，距场地边缘不应小于 0.5m。

7. 在坑边碾压施工时，应由里侧向外侧碾压，距坑边不应小于 1m。

8. 两台以上压路机同时作业时，前后间距不得小于 3m，在坡道上不得纵队行驶。

9. 对有差速器锁定装置的三轮压路机，当只有一只轮子打滑时，可使用差速器锁定装置，但不得转弯。

10. 压路机转移距离较远时，应采用汽车或平板拖车装运。

（三）振动压路机的安全使用要求

1. 作业时，压路机应先起步后起振，内燃机应先置于中速，然后再调至高速。

2. 压路机碾压松软路基时，应先碾压 1～2 遍后再振动碾压。

3. 压路机碾压时，压路机振动频率应保持一致。

4. 换向离合器、起振离合器和制动器的调整，应在主离合器脱开后进行。

5. 上、下坡时或急转弯时不得使用快速挡。铰接式振动压路机在转弯半径较小绕圈碾压时不得使用快速挡。

6. 压路机在高速行驶时不得接合振动。

7. 停机时应先停振，然后将换向机构置于中间位置，变速器置于空挡，最后拉起手制动操纵杆。

八、打夯机

（一）简介

打夯机是一种用于夯实路面的机械。多用于建设时对地基进行打平、夯实。

蛙式打夯机是利用偏心块旋转产生离心力的冲击作用进行夯实作业的一种小型夯实机械，它具有结构简单、工作可靠和操作容易的优点，因而在公路、建筑和水利等施工工程中被广泛采用。

振动冲击夯实机是由发动机（电动机）带动曲柄连杆机构运动，产生上、下往复作用力，在曲柄连杆机构作用力和夯实机重力的作用下，夯板往复冲击被压实材料，达到夯实的目的。

（二）蛙式打夯机的安全使用要求

1. 夯实机启动后，应检查电动机旋转方向，错误时应倒换相线。

2. 作业时，夯实机扶手上的按钮开关和电动机的接线应绝缘良好。当发现有漏电现象时，应立即切断电源，进行检修。

3. 夯实机作业时，应一人扶夯，一人传递电缆线，并应戴绝缘手套和穿绝缘鞋。递线人员应跟随夯机后或两侧调顺电缆线。电缆线不得扭结或缠绕，并应保持 3m～4m 的余量。

4. 作业时，不得夯击电缆线。

5. 作业时，应保持夯实机平衡，不得用力压扶手。转弯时应用力平稳，不得急转弯。

6. 夯实填高松软土方时，应先在边缘以内 100mm～150mm 夯实 2～3 遍后，再夯实边缘。

7. 夯实房心土时，夯板应避开钢筋混凝土基础及地下管道等地下物。

8. 多机作业时，其平行间距不得小于 5m，前后间距不得小于 10m。

9. 夯实机作业时，夯实机四周 2m 范围内，不得有非夯实机操作人员。

（三）振动冲击打夯机的安全使用要求

1. 振动冲击夯适用于压实黏性土、砂及砾石等散状物料，不得在水泥路面和其他坚硬地面作业。

2. 内燃机冲击夯作业前，应检查并确认有足够的润滑油，油门控制器应转动灵活。

3. 振动冲击夯作业时，应正确掌握夯机，不得倾斜，手把不宜握得过紧，能控制夯机前进速度即可。

4. 正常作业时，不得使劲往下压手把，以免影响夯机跳起高度。

第二节　桩工机械

一、一般规定

1. 桩工机械类型应根据桩的类型、桩长、桩径、地质条件、施工工艺等综合考虑选择。

2. 施工现场应按桩机使用说明书的要求进行整平压实，地基承载力应满足桩机的使用要求。在基坑和围堰内打桩，应配置足够的排水设备。

3. 桩机作业区内不得有妨碍作业的高压线路、地下管道和埋设电缆。作业区应有明显标志或围栏，非工作人员不得进入。

4. 作业前，应由项目技术负责人向作业人员作详细的安全技术交底。桩机的安装、试机、拆除应严格按设备使用说明书的要求进行。

5. 安装桩锤时，应将桩锤运到立柱正前方 2m 以内，并不得斜吊。桩机的立柱导轨应按规定润滑。桩机的垂直度应符合使用说明书的规定。

6. 作业前，应检查并确认桩机各部件连接牢靠，各传动机构、齿轮箱、防护罩、吊具、钢丝绳、制动器等应完好，起重机起升、变幅机构工作正常，润滑油、液压油的油位符合规定，液压系统无泄漏，液压缸动作灵敏，作业范围内不得有非工作人员或障碍物。

7. 桩锤在施打过程中，监视人员应在距离桩锤中心 5m 以外。非工作人员应离机 10m。起重机的起重臂及桩机配重下方严禁站人。

8. 遇风速 12.0m/s 及以上的大风和雷雨、大雾、大雪等恶劣气候时，应停止作业。当风速达到 13.9m/s 及以上时，应将桩机顺风向停置，并应按使用说明书的要求，增设缆风绳，或将桩架放倒。桩机应有防雷措施，遇雷电时，人员应远离桩机。冬期作业应清除桩机上积雪，工作平台应有防滑措施。

9. 桩孔成型后，当暂不浇筑混凝土时，孔口必须及时封盖。

10. 作业后，应将桩机停放在坚实平整的地面上，将桩锤落下垫实，并切断动力电源。轨道式桩架应夹紧夹轨器。

二、柴油打桩机

（一）简介

柴油打桩机由柴油桩锤和桩架组成，靠桩锤冲击桩头，使桩在冲击力的作用下沉入地下。

（二）安全使用要求

1. 作业前应检查导向板的固定与磨损情况，导向板不得有松动或缺件，导向面磨损不得大于 7mm。

2. 作业前应检查并确认起落架各工作机构安全可靠，启动钩与上活塞接触线距离应在 5mm～10mm 之间。

3. 作业前应检查柴油锤与桩帽的连接，提起柴油锤，柴油锤脱出砧座后，柴油锤下滑长度不应超过使用说明书的规定值，超过时，应调整桩帽连接钢丝绳的长度。

4. 作业前应检查缓冲胶垫，当砧座和橡胶垫的接触面小于原面积 2/3 时，或下汽缸法兰与砧座间隙小于使用说明书的规定值时，均应更换橡胶垫。

5. 水冷式柴油锤应加满水箱，并应保证柴油锤连续工作时有足够的冷却水。冷却水应使用清洁的软水。冬期作业时应加温水。

6. 桩帽上缓冲垫木的厚度应符合要求，垫木不得偏斜。金属桩的垫木厚度应为100mm～150mm；混凝土桩的垫木厚度应为200mm～250mm。

7. 柴油锤启动前，柴油锤、桩帽和桩应在同一轴线上，不得偏心打桩。

8. 在软土打桩时，应先关闭油门冷打，当每击贯入度小于100mm时，再启动柴油锤。

9. 柴油锤运转时，冲击部分的跳起高度应符合使用说明书的要求，达到规定高度时，应减小油门，控制落距。

10. 当上活塞下落而柴油锤未燃爆，上活塞发生短时间的起伏时，起落架不得落下，以防撞击碰块。

11. 打桩过程中，应有专人负责拉好曲臂上的控制绳，在意外情况下，可使用控制绳紧急停锤。

12. 柴油锤启动后，应提升起落架，在锤击过程中起落架与上汽缸顶部之间的距离不应小于2m。

13. 筒式柴油锤上活塞跳起时，应观察是否有润滑油从泄油孔中流出。下活塞的润滑油应按使用说明书的要求加注。

三、静力压桩机

（一）简介

静力压桩机是依靠静压力将桩压入地层的施工机械。当静压力大于沉桩阻力时，桩就沉入土中。静力压桩机施工时无振动、无噪声、无废气污染，对地基及周围建筑物影响较小，能避免冲击式打桩机因连续打击桩而引起桩头和桩身的破坏。它适用于软土地层及沿海沿江淤泥地层中施工。在城市中应用对周围的环境影响小。

（二）安全使用要求

1. 桩机纵向行走时，不得单向操作一个手柄，应两个手柄一起动作。短船回转或横向行走时，不应碰触长船边缘。

2. 桩机升降过程中，四个顶升缸中的两个一组，交替动作，每次行程不得超过100mm。当单个顶升缸动作时，行程不得超过50mm。压桩机在顶升过程中，船形轨道不宜压在已入土的单一桩顶上。

3. 压桩作业时，应有统一指挥，压桩人员和吊桩人员应密切联系，相互配合。

4. 起重机吊桩进入夹持机构，进行接桩或插桩作业后，操作人员在压桩前应确认吊钩已安全脱离桩体。

5. 桩机发生浮机时，严禁起重机作业。如起重机已起吊物体，应立即将起吊物卸下，暂停压桩，在查明原因采取相应措施后，方可继续施工。

6. 压桩过程中，桩产生倾斜时，不得采用桩机行走的方法强行纠正，应先将桩拔起，清除地下障碍物后，重新插桩。

7. 在压桩过程中，当夹持的桩出现打滑现象时，应通过提高液压缸压力增加夹持力，不得损坏桩，并应及时找出打滑原因，排除故障。

8. 桩机接桩时，上一节桩应提升350mm～400mm，并不得松开夹持板。

9. 当桩压到设计要求时，不得用桩机行走的方式，将超过规定高度的桩顶部分强行推断。

10. 作业完毕，桩机应停放在平整地面上，短船应运行至中间位置，其余液压缸应缩进回程，起重机吊钩应升至最高位置，各部制动器应制动，外露活塞杆应清理干净。

11. 转移工地时，应按规定程序拆卸桩机，所有油管接头处应加保护盖帽。

四、冲孔桩机

（一）简介

冲孔打桩机由桩锤、桩架及附属设备等组成。桩锤依附在桩架前部两根平行的竖直导杆（俗称龙门）之间，用提升吊钩吊升。桩架为一钢结构塔架，在其后部设有卷扬机，用以起吊桩和桩锤。

（二）安全使用要求

1. 冲孔桩机施工场地应平整坚实。

2. 卷扬机启动、停止或到达终点时，速度应平缓。

3. 冲孔作业时，不得碰撞护筒、孔壁和钩挂护筒底缘；重锤提升时，应缓慢平稳。

4. 卷扬机钢丝绳应按规定进行保养及更换。

5. 卷扬机换向应在重锤停稳后进行，减少对钢丝绳的破坏。

6. 钢丝绳上应设有标记，提升落锤高度应符合规定，防止提锤过高，击断锤齿。

7. 停止作业时，冲锤应提出孔外，不得埋锤，并应及时切断电源；重锤落地前，司机不得离岗。

五、旋挖钻机

（一）简介

旋挖钻机（简称为旋挖钻）是指用回转斗、短螺旋钻头或其他作业装置进行干、湿钻，逐次取土，反复循环作业成孔的机械设备。旋挖钻孔灌注桩技术被誉为绿色施工工艺，其特点是工作效率高、施工质量好、尘土泥浆污染少。

（二）安全使用要求

1. 作业地面应坚实平整，作业过程中地面不得下陷，工作坡度不得大于 2°。

2. 钻机驾驶员进出驾驶室时，应利用阶梯和扶手上、下。在作业过程中，不得将操纵杆当扶手使用。

3. 钻机行驶时，应将上车转台和底盘车架销住，履带式钻机还应锁定履带伸缩油缸的保护装置。

4. 钻孔作业前，应检查并确认固定上车转台和底盘车架的销轴已拔出。履带式钻机应将履带的轨距伸至最大。

5. 在钻机转移工作点、装卸钻具钻杆、收臂放塔和检修调试时，应有专人指挥，并确认附近不得有非作业人员和障碍。

6. 卷扬机提升钻杆、钻头和其他钻具时，重物应位于桅杆正前方。卷扬机钢丝绳与桅杆夹角应符合使用说明书的规定。

7. 开始钻孔时，钻杆应保持垂直，位置应正确，并应慢速钻进，在钻头进入土层后，再加快钻进。当钻斗穿过软硬土层交界处时，应慢速钻进。提钻时，钻头不得转动。

8. 作业中，发生浮机现象时，应立即停止作业，查明原因并正确处理后，继续作业。

9. 钻机移位时，应将钻及钻具提升到规定高度，并应检查钻杆，防止钻杆脱落。

10. 作业中，钻机作业范围内不得有非工作人员进入。

11. 钻机短时停机，钻可不放下，动力头及钻具应下放并宜尽量接近地面。长时间停机，钻桅应按使用说明书的要求放置。

12. 钻机保养时，应按使用说明书的要求进行，并应将钻机支撑牢靠。

第三节　木工机械

一、一般规定

1. 机械操作人员应穿紧口衣裤，并束紧长发，不得系领带和戴手套。

2. 机械的电源安装和拆除及机械电气故障的排除，应由专业电工进行。机械应使用单向开关，不得使用倒顺双向开关。

3. 机械安全装置应齐全有效，传动部位应安装防护罩，各部件应连接紧固。

4. 机械作业场所应配备齐全可靠的消防器材。在工作场所，不得吸烟和动火，并不得混放其他易燃易爆物品。

5. 工作场所的木料应堆放整齐，道路应畅通。

6. 加工前，应清除木料中的铁钉、铁丝等金属物。

7. 机械运行中，不得测量工件尺寸和清理木屑、刨花和杂物。

8. 机械运行中，不得跨越机械传动部分。排除故障、拆装刀具应在机械停止运转，并切断电源后进行。

二、各类木工机械的安全使用

（一）平面刨的安全使用

1. 刨料时，应保持身体平稳，用双手操作。刨大面时，手应按在木料上面；刨小料时，手指不得低于料高一半。

2. 当被刨木料的厚度小于 30mm，或长度小于 400mm 时，应采用压板或推棍推进。厚度小于 15mm 或长度小于 250mm 的木料，不得在平刨上加工。

3. 刨旧料前，应将料上的钉子、泥砂清除干净。被刨木料如有破裂或硬节等缺陷时，应处理后再施刨。遇木槎、节疤应缓慢送料。不得将手按在节疤上强行送料。

4. 刀片、刀片螺钉的厚度和质量应一致，刀架与夹板应吻合贴紧，刀片焊缝超出刀头或有裂缝的刀具不应使用。刀片紧固螺钉应嵌入刀片槽内，并离刀背不得小于 10mm。刀片紧固力应符合使用说明书的规定。

5. 机械运转时，不得将手伸进安全挡板里侧去移动挡板或拆除安全挡板。

（二）圆盘锯的安全使用

1. 木工圆锯机上的旋转锯片必须设置防护罩。

2. 安装锯片时，锯片应与轴同心，夹持锯片的法兰盘直径应为锯片直径的 1/4。

3. 锯片不得有裂纹，锯片不得有连续 2 个及以上的缺齿。

4. 被锯木料的长度不应小于 500mm，作业时，锯片应露出木料 10mm～20mm。

5.送料时，不得将木料左右晃动或抬高；遇木节时，应缓慢送料；接近端头时，应采用推棍送料。

6.当锯线走偏时，应逐渐纠正，不得猛扳，以防止损坏锯片。

7.作业时，操作人员应戴防护眼镜，手臂不得跨越锯片，人员不得站在锯片的旋转方向。

第四节　钢筋加工机械

一、一般规定

1.机械的安装应坚实稳固。固定式机械应有可靠的基础；移动式机械作业时应楔紧行走轮。

2.手持式钢筋加工机械作业时，应佩戴绝缘手套等防护用品。

3.加工较长的钢筋时，应有专人帮扶。帮扶人员应听从机械操作人员指挥，不得任意推拉。

二、各类钢筋加工机械的安全使用

（一）钢筋调直机的安全使用

1.料架、料槽应安装平直，并对准导向筒（置于调直筒前）、调直筒和传送压辊下切刀口的中心线。

2.应用手转动飞轮检查传动机构和工作装置，调整间隙，紧固螺栓，确认正常后，启动空运转；检查轴承无异响，齿轮啮合良好，运转正常后，方可作业。

3.在调直块未固定、防护罩未盖好前不得送料。作业中严禁打开各部防护罩和调整间隙。

4.当钢筋送入后，手与传动机构应保持一定的距离，不得接近。

5.送料前，应将不直的钢筋端头切除。导向筒前应安装一根1m长的钢管、钢筋应先穿过钢管再送入调直前端的导孔内，使钢筋通过钢管后能保持水平状态进入调直机构。

6.切断3～4根钢筋后，应停机检查其长度，当超过允许偏差时，应调整定长拉杆和定长版。

（二）钢筋切断机的安全使用

1.机械未达到正常转速前，不得切料。操作人员应使用切刀的中、下部位切料，应紧握钢筋对准刃口迅速投入，并应站在固定刀片一侧用力压住钢筋，防止钢筋末端弹出伤人。不得用双手分在刀片两边握住钢筋切料。

2.操作人员不得剪切超过机械性能规定强度及直径的钢筋或烧红的钢筋。一次切断多根钢筋时，其总截面积应在规定范围内。

3.切断短料时，手和切刀之间的距离应大于150mm，并应采用套管或夹具将切断的短料压住或夹牢。

4.机械运转中，不得用手直接清除切刀附近的断头和杂物。在钢筋摆动范围和机械周围，非操作人员不得停留。

5.手动液压式切断机使用前，应将放油阀按顺时针方向旋紧，作业完毕后，应立即按逆时针方向旋松。

（三）钢筋弯曲机的安全使用

1.工作台和弯曲机台面应保持水平。

2.作业前应准备好各种芯轴及工具，并应按加工钢筋的直径和弯曲半径的要求，装好相应规格的芯轴和成型轴、挡铁轴。

3. 作业时，应将需弯曲的一端钢筋插入在转盘固定销的间隙内，将另一端紧靠机身固定销，并用手压紧，在检查并确认机身固定销安放在挡住钢筋的一侧后，启动机械。

4. 弯曲作业时，不得更换轴芯、销子和变换角度以及调速，不得进行清扫和加油。

5. 对超过机械铭牌规定直径的钢筋不得进行弯曲。在弯曲未经冷拉或带有锈皮的钢筋时，应戴防护镜。

6. 操作人员应站在机身设有固定销的一侧。成品钢筋应堆放整齐，弯钩不得朝上。

第五节　混凝土机械

一、一般规定

1. 液压系统的溢流阀、安全阀应齐全有效，调定压力应符合说明书要求。系统应无泄漏，工作应平稳，不得有异响。

2. 混凝土机械的工作机构、制动器、离合器、各种仪表及安全装置应齐全完好。

3. 电气设备作业应符合现行行业标准《施工现场临时用电安全技术规范》JGJ 46—2005 的有关规定。插入式、平板式振捣器的漏电保护器应采用防溅型产品，其额定漏电动作电流不应大于 15mA；额定漏电动作时间不应大于 0.1s。

4. 冬期施工，机械设备的管道、水泵及水冷却装置应采取防冻保温措施。

二、各类混凝土机械的安全使用

（一）混凝土搅拌机的安全使用

1. 作业区应排水通畅，并应设置沉淀池及防尘设施。

2. 操作人员视线应良好。操作台应铺设绝缘垫板。

3. 搅拌机开关箱应设置在距搅拌机 5m 的范围内。

4. 作业前应进行空载运转，确认搅拌筒或叶片运转方向正确。空载运转时，不得有冲击现象和异常声响。

5. 供水系统的仪表计量应准确，水泵、管道等部件应连接可靠，不得有泄漏。

6. 搅拌机不宜带载启动，在达到正常转速后上料，上料量及上料程序应符合使用说明书的规定。

7. 料斗提升时，人员严禁在料斗下停留或通过；当需在料斗下方进行清理或检修时，应将料斗提升至上止点，并必须用保险销锁牢或用保险链挂牢。

8. 搅拌机运转时，不得进行维修、清理工作。当作业人员需进入搅拌筒内作业时，应先切断电源，锁好开关箱，悬挂“禁止合闸”的警示牌，并应派专人监护。

9. 作业完毕，宜将料斗降到最低位置，并应切断电源。

（二）混凝土输送泵的安全使用

1. 混凝土泵应安放在平整、坚实的地面上，周围不得有障碍物，支腿应支设牢靠，机身应保持水平和稳定，轮胎应揳紧。

2. 管道敷设前应检查并确认管壁的磨损量应符合使用说明书的要求，管道不得有裂纹、砂眼等缺陷。新管或磨损量较小的管道应敷设在泵出口处。

3. 敷设垂直向上的管道时，垂直管不得直接与泵的输出口连接，应在泵与垂直管之间敷设长度不小于 15m 的水平管。

4. 敷设向下倾斜的管道时，应在泵与斜管之间敷设长度不小于 5 倍落差的水平管。当倾斜度大于 7° 时，应加装排气阀。

5. 作业前应检查并确认管道连接处管卡扣牢，不得泄漏。混凝土泵的安全防护装置应齐全可靠，各部位操纵开关、手柄等位置应正确，搅拌斗防护网应完好牢固。

6. 混凝土泵启动后，应空载运转，观察各仪表的指示值，检查泵和搅拌装置的运转情况，并确认一切正常后作业。泵送前应向料斗加入清水和水泥砂浆润滑泵及管道。

7. 混凝土泵在开始或停止泵送混凝土前，作业人员应与出料软管保持安全距离，作业人员不得在出料口下方停留。出料软管不得埋在混凝土中。

8. 混凝土泵工作时，料斗中混凝土应保持在搅拌轴线以上，不应吸空或无料泵送。

9. 混凝土泵工作时，不得进行维修作业。

10. 混凝土泵作业中，应对泵送设备和管路进行观察，发现隐患应及时处理。对磨损超过规定的管子、卡箍、密封圈等应及时更换。

11. 混凝土泵作业后应将料斗和管道内的混凝土全部排出，并对泵、料斗、管道进行清洗。清洗作业应按说明书要求进行。

（三）混凝土振动机械的安全使用

1. 插入式振捣器的安全使用

（1）作业前应检查电动机、软管、电缆线、控制开关等，并应确认处于完好状态。电缆线连接应正确。

（2）操作人员作业时应穿戴符合要求的绝缘鞋和绝缘手套。

（3）电缆线应采用耐候型橡皮护套铜芯软电缆，并不得有接头。电缆线长度不应大于 30m。不得缠绕、扭结和挤压，并不得承受任何外力。

（4）振捣器软管的弯曲半径不得小于 500mm，操作时应将振捣器垂直插入混凝土，深度不宜超过 600mm。

（5）振捣器不得在初凝的混凝土、脚手板和干硬的地面上进行试振。在检修或作业间断时，应切断电源。

（6）作业完毕，应切断电源，并应将电动机、软管及振动棒清理干净。

2. 附着式、平板式振捣器的安全使用

（1）作业前应检查电动机、电源线、控制开关等，并确认完好无破损。附着式振捣器的安装位置应正确，连接应牢固，并应安装减振装置。

（2）平板式振捣器应采用耐气候型橡皮护套铜芯软电缆，并不得有接头和承受任何外力，其长度不应超过 30m。

（3）在同一块混凝土模板上同时使用多台附着式振捣器时，各振动器的振频应一致，安装位置宜交错设置。

（4）作业完毕，应切断电源，并应将振捣器清理干净。

（四）混凝土布料机的安全使用

1. 混凝土布料机设置安全要求

（1）设置混凝土布料机前，应确认现场有足够的作业空间，混凝土布料机任一部位与其他设备及构筑物的安全距离不应小于0.6m。

（2）手动式混凝土布料机应有可靠的防倾覆措施。

2.作业前安全要求

混凝土布料机作业前应重点检查下列项目，并应符合相应要求：

（1）支腿应打开垫实，并应锁紧；

（2）塔架的垂直度应符合使用说明书要求；

（3）配重块应与臂架安装长度匹配；

（4）臂架回转机构润滑应充足，转动应灵活；

（5）机动混凝土布料机的动力装置、传动装置、安全及制动装置应符合要求；

（6）混凝土输送管道应连接牢固。

3.作业中安全要求

（1）输送管出料口与混凝土浇筑面宜保持1m的距离，不得被混凝土掩埋。

（2）操作人员不得在臂架下方停留。

（3）当风速达到10.8m/s及以上或大雨、大雾等恶劣天气应停止作业。

第六节　焊接机械

一、基本要求

1.焊接（切割）前，应先进行动火审查，确认焊接（切割）现场防火措施符合要求，并应配备相应的消防器材和安全防护用品，落实监护人员后，开具动火证。

2.焊接设备应有完整的防护外壳，一、二次接线柱处应有保护罩。

3.现场使用的电焊机应设有防雨、防潮、防晒、防砸的措施。

4.焊割现场及高空焊割作业下方，严禁堆放油类、木材、氧气瓶、乙炔瓶、保温材料等易燃、易爆物品。

5.电焊机的一次侧电源线长度不应大于5m，二次线应采用防水橡皮护套铜芯软电缆，电缆长度不应大于30m，接头不得超过3个，并应双线到位。

6.对承压状态的压力容器和装有剧毒、易燃、易爆物品的容器，严禁进行焊接或切割作业。

7.在容器内和管道内焊割时，应采取防止触电、中毒和窒息的措施。焊、割密闭容器时，应留出气孔，必要时应在进、出气口处装设通风设备；容器内照明电压不得超过12V；容器外应有专人监护。

8.雨、雪天不得在露天电焊。在潮湿地带作业时，应铺设绝缘物品，操作人员应穿绝缘鞋。

9.当清除焊渣时，应戴防护眼镜，头部应避开焊渣飞溅方向。

10.交流电焊机应安装防二次侧触电保护装置。

二、各类焊机的安全使用

（一）交（直）流弧焊机的安全使用

1.使用前，应检查并确认初、次级线接线正确，输入电压符合电焊机的铭牌规定，接线螺母、螺栓及其他部件完好齐全，不得松动或损坏。直流焊机换向器与电刷接触应良好。

2.当多台焊机在同一场地作业时，相互间距不应小于600mm，应逐台启动，并应使三相负载保持平衡。多台焊机的接地装置不得串联。

3.移动电焊机或停电时，应切断电源，不得用拖拉电缆的方法移动焊机。

（二）氩弧焊机的安全使用

1.作业前，应检查并确认接地装置安全可靠，气管、水管应通畅，不得有外漏。工作场所应有良好的通风措施。

2.应先根据焊件的材质、尺寸、形状，确定极性，再选择焊机的电压、电流和氩气的流量。

3.安装氩气表、氩气减压阀、管接头等配件时，不得粘有油脂，并应拧紧丝扣（至少5扣）。开气时，严禁身体对准氩气表和气瓶节门，应防止氩气表和气瓶节门打开伤人。

4.水冷型焊机应保持冷却水清洁。在焊接过程中，冷却水的流量应正常，不得断水施焊。

5.焊机的高频防护装置应良好；振荡器电源线路中的连锁开关不得分接。

6.使用氩弧焊时，操作人员应戴防毒面罩。应根据焊接厚度确定钨极粗细，更换钨极时，必须切断电源。磨削钨极端头时，应设有通风装置，操作人员应佩戴手套和口罩，磨削下来的粉尘，应及时清除。钍、铈、钨极不得随身携带，应贮存在铅盒内。

7.焊机附近不宜有振动。焊机上及周围不得放置易燃、易爆或导电物品。

8.氮气瓶和氩气瓶与焊接地点应相距3m以上，并应直立固定放置。

9.作业后，应切断电源，关闭水源和气源。焊接人员应及时脱去工作服，清洗外露的皮肤。

（三）二氧化碳气体保护焊机的安全使用

1.作业前，二氧化碳气体应先预热15min。开气时，操作人员必须站在瓶嘴的侧面。

2.作业前，应检查并确认焊丝的进给机构、电线的连接部分、二氧化碳气体的供应系统及冷却水循环系统是否符合要求，焊枪冷却水系统不得漏水。大电流粗丝的二氧化碳焊接时，要防止焊枪水冷却系统漏水，破坏绝缘，发生触电事故。

3.二氧化碳气体瓶宜放在阴凉处，其最高温度不得超过30℃，并应放置牢靠，不得靠近热源。装有液态二氧化碳的气瓶，不能在阳光下暴晒或用火烤，以免造成瓶内压力增大而发生爆炸。

4.二氧化碳气体预热器的电压，要采用36V以下的安全电压，作业后，应切断电源。

（四）竖向钢筋电渣压力焊机的安全使用

1.应根据施焊钢筋直径选择具有足够输出电流的电焊机。电源电缆和控制电缆连接应正确、牢固。焊机及控制箱的外壳应接地或接零。

2.作业前，应检查供电电压并确认正常，当一次电压降大于8%时，不宜焊接。焊接导线长度不得大于30m。

3.作业前，应检查并确认控制电路正常，定时应准确，误差不得大于5%，机具的传动系统、夹装系统及焊钳的转动部分应灵活自如，焊剂应已干燥，所需附件应齐全。

4.起弧前，上、下钢筋应对齐，钢筋端头应接触良好。对锈蚀或粘有水泥等杂物的钢筋，应在焊接前用钢丝刷清除，并保证导电良好。

5.每个接头焊完后，应停留5min～6min保温，寒冷季节应适当延长保温时间。焊渣应在完全冷却后清除。

（五）气焊（割）设备的安全使用

1. 气瓶每 3 年应检验一次，使用期不应超过 20 年。气瓶压力表应灵敏正常。

2. 操作者不得正对气瓶阀门出气口，不得用明火检验是否漏气。

3. 现场使用的不同种类气瓶应装有不同的减压器，未安装减压器的氧气瓶不得使用。

4. 开启氧气瓶阀门时，应采用专用工具，动作应缓慢。氧气瓶中的氧气不得全部用尽，应留 49kPa 以上的剩余压力。关闭氧气瓶阀门时，应先松开减压器的活门螺栓。

5. 乙炔钢瓶使用时，应设有防止回火的安全装置；同时使用两种气体作业时，不同气瓶都应安装单向阀，防止气体相互倒灌。

6. 作业时，乙炔瓶与氧气瓶之间的距离不得少于 5m，气瓶与明火之间的距离不得少于 10m。

7. 乙炔软管、氧气软管不得错装。乙炔气胶管、防止回火装置及气瓶冻结时，应用 40℃以下热水加热解冻，不得用火烤。

8. 点燃焊（割）炬时，应先开乙炔阀点火，再开氧气阀调整火。关闭时，应先关闭乙炔阀，再关闭氧气阀。

氢氧并用时，应先开乙炔气，再开氢气，最后开氧气，再点燃。灭火时，应先关氧气，再关氢气，最后关乙炔气。

9. 操作时，氢气瓶、乙炔瓶应直立放置，且应安放稳固。

10. 作业中，发现氧气瓶阀门失灵或损坏不能关闭时，应让瓶内的氧气自动放尽后，再进行拆卸修理。

11. 作业中，当氧气软管着火时，不得折弯软管断气，应迅速关闭氧气阀门，停止供氧。当乙炔软管着火时，应先关熄炬火，可弯折前面一段软管将火熄灭。

12. 工作完毕，应将氧气瓶、乙炔瓶气阀关好，拧上安全罩，检查操作场地，确认无着火危险，方准离开。

13. 氧气瓶应与其他气瓶、油脂等易燃、易爆物品分开存放，且不得同车运输。氧气瓶不得散装吊运。运输时，氧气瓶应装有防振圈和安全帽。

第七节　场内机动车辆

一、叉车

（一）简介

叉车是工业搬运车辆，是指对成件托盘货物进行装卸、堆垛和短距离运输作业的各种轮式搬运车辆。国际标准化组织 ISO/TC110 称为工业车辆。常用于仓储大型物件的运输，通常使用燃油机或者电池驱动。

（二）安全使用要求

1. 叉装物件时，被装物件质量应在允许载荷范围内。当物件质量不明时，应将该物件叉起离地 100mm 后检查机械的稳定性，确认无超载现象后，方可运送。

2. 叉装时，物件应靠近起落架，其重心应在起落架中间，确认无误，方可提升。

3. 物件提升离地后，应将起落架后仰，使重心接近机械中心，保持行驶中的稳定性方可行驶。

4. 起步应平稳，变换前后方向时，应待机械停稳后方可进行。

5.叉车在转弯、后退及狭窄通道、不平地面等情况下行驶时，或在交叉路口和接近货物时，都应减速慢行，除紧急情况外，不宜使用紧急制动。

6.两辆叉车同时装卸一辆货车时，应有专人指挥联系，保证安全作业。

7.叉车在叉取易碎品、贵重品或装载不稳的货物时，应采用安全绳加固，必要时，应有专人引导，方可行驶。

8.严禁货叉上载人。驾驶室除规定的操作人员外，严禁其他任何人进入或搭乘。

二、摊铺机

（一）沥青混合料摊铺机

1.沥青混合料摊铺机简介

沥青摊铺机是铺筑沥青路面的专用施工机械，其作用是将拌制好的沥青混凝土均匀地摊铺在路面地基层上，并保证摊铺层厚度、宽度、路面拱度、平整度、密实度等达到施工要求。

2.沥青混合料摊铺机的安全使用要求

（1）摊铺机在行驶时，必须把摊铺机的熨平板抬起，并挂牢挂钩，同时应遵守交通规则。

（2）摊铺机上的所有安全防护设施必须配备齐全。加长后必须有相应的安全防护措施，脚踏板宽度必须与摊铺宽度相等。

（3）严禁用摊铺机拖拉任何机械。

（4）机械传动的沥青混合料摊铺机，换挡必须在摊铺机完全停止时进行，严禁强力挂档。

（5）摊铺机接受运料车运料时，必须保证不漏料，并与摊铺机工作一致，防止冲击摊铺机。

（6）严禁在已经铺好的路面上试验熨平板和振动梁的振动性能。

（7）摊铺机用其他车辆牵引时，只能用刚性拖杆，不得使用钢丝绳。其变速手柄应该置于空挡，并解除自动装置工作。

（8）驾驶员在离开前必须将摊铺机停稳，驻车制动必须可靠，料斗两侧必须完全放下。

（二）滑模式水泥混凝土摊铺机

1.滑模式水泥混凝土摊铺机简介

水泥混凝土摊铺机是将从搅拌输送车或自卸卡车中卸出的混合料，沿路基按给定的厚度、宽度及路型进行摊铺的机械。滑模式摊铺机比轨模式摊铺机更高度集成化，整机性能好，操纵方便，生产效率高，但对原材料、混凝土拌和物的要求更严格，设备费用较高。

2.滑模式水泥混凝土摊铺机的安全使用要求

（1）摊铺机安装完毕后，仔细检查各部螺栓紧固情况，各油管、线路有无接反、接错，以免造成反向动作或短路。

（2）启动前先鸣喇叭发出信号，使非操作人员离开工作区；启动发动机，进行无负荷运转，确认各系统工作正常后方可开始作业。

（3）调整时，用手动控制系统；进行摊铺作业时，用自动控制系统，举升锁要处于非锁紧状态。

（4）调整机器高度时，工作踏板和扶梯等处禁止站人。

（5）作业期间，严禁碰撞引导线；在路口等不能断交处作业时，须在引导线上悬挂颜色醒目的布条或纸条，警示过往行人；必要时，须派专人看守引导线。

（6）操作人员要随时注意纵向走向，方向感应器的偏位指针要对位；尤其是作业半径较小时，应密切监视传感器，以防止传感器脱离、掉线造成事故。

（7）作业中，禁止任何人员在抹平器轨道上行走或停留，以防挤伤脚部或绊倒发生事故。

（8）摊铺机应避免急剧转向，防止工作机与预置钢筋、临边路面、路缘石等物发生碰撞。

（9）严禁驾驶员在摊铺作业时离开驾驶台；作业时，无关人员不得上下或停留在驾驶台及踏板上。

第八节　高空作业车

一、简介

高空作业车是用液压装置或机械作为提升力，用来运送工作人员、工具和材料到达 3m 以上高处指定位置进行工作的具有自行能力的设备。

与起重机不能带载运行不同，高空作业车由于带载行驶作业稳定性好，在高度、位置和方向上方便调整，具有操纵方便、升降灵活、迅速安全，可以跨越障碍物进行作业等特点。广泛应用于邮电通信设施、高位信号灯、城市道路照明等的安装和检修，园林树枝的修剪消防救护，高层建筑外饰及物业装修，比赛场馆及高架桥的维修，影视高空摄影以及造船石油、化工、航空等行业。

高空作业车一般包括动力装置、支腿、工作装置与控制系统四部分。其中工作装置包括：升降机构、变幅机构、回转机构、平衡机构。

二、安全使用要求

1.作业车的各机构应保证平台起升、下降时动作平稳、准确，无爬行、振颤、冲击及驱动功率异常增大等现象。

2.平台的起升、下降速度应不大于 0.4m/s。

3.带有回转机构的作业车，回转时的速度应保证平台最外边缘的水平线速度不大于 0.7m/s 且最大回转速度不大于 2r/min。起动、回转、制动应平稳、准确，无抖动、晃动现象。在行驶状态时，回转部分不应产生相对运动。

4.作业车在行驶状态下，支腿收放机构应确保各支腿可靠地固定在作业车上，支腿最大位移量应不大于 5mm。

5.作业车的伸展机构及驱动控制系统应安全可靠。工作平台在额定载荷下起升时应能在任意位置可靠制动。制动后 15min，工作平台下沉量应不超过工作平台最大高度的 0.3%。

6.作业车空载时最大工作平台高度误差应不大于公称值的 1%。

7.支腿纵、横向跨距尺寸误差应不大于公称值的 1%。

8.具有伸展功能的平台，应在说明书中对伸展时所允许的载荷值和相应的工作条件做出明确规定。

9.作业车的调平机构应保证工作平台在任一工作位置均处于水平状态，工作平台底面与水平面的夹角不大于 5°，调平过程应平稳、可靠，不得出现振颤、冲击、打滑等现象。

10.采用钢丝绳调平的作业车，滑轮的直径应不小于钢丝绳直径的 12 倍，且滑轮应有防止钢丝绳脱槽的装置。由单根钢丝绳或链条传动的绳链的安全系数应不小于5；由双根绳链传动的绳链的安全系数应不小于9。

第九节　其他中小型机械

一、手持电动工具

1.使用手持电动工具时，应穿戴劳动防护用品。施工区域光线应充足。

2.刀具应保持锋利，并应完好无损；砂轮不得受潮、变形、破裂或接触过油、碱类，受潮的砂轮片不得自行烘干，应使用专用机具烘干。手持电动工具的砂轮和刀具的安装应稳固、配套，安装砂轮的螺母不得过紧。

3.在一般作业场所应使用Ⅰ类电动工具；在潮湿或金属构架等导电性能良好的作业场所应使用Ⅱ类电动工具；在锅炉、金属容器、管道内等作业场所应使用Ⅲ电动工具；Ⅱ、Ⅲ类电动工具开关箱、电源转换器应在作业场所外面；在狭窄作业场所操作时，应有专人监护。

4.使用Ⅰ类电动工具时，应安装额定漏电动作电流不大于15mA、额定漏电动作时间不大于0.1s的防溅型漏电保护器。

5.在雨期施工前或电动工具受潮后，必须采用500V兆欧表检测电动工具绝缘电阻，且每年不少于2次。绝缘电阻不应小于表10-9-1的规定。

表10-9-1　绝缘电阻值

测量部位	绝缘电阻（MΩ）		
	Ⅰ类电动工具	Ⅱ类电动工具	Ⅲ类电动工具
带电零件与外壳之间	2	7	1

6.非金属壳体的电动机、电器，在存放和使用时不应受压、受潮，并不得接触汽油等溶剂。

7.手持电动工具的负荷线应采用耐气候型橡胶护套铜芯软电缆，并不得有接头，水平距离不宜大于3m，负荷线插头插座应具备专用的保护触头。

8.作业前应重点检查下列项目，并应符合相应要求：

（1）外壳、手柄不得裂缝、破损；

（2）电缆软线及插头等应完好无损，保护接零连接应牢固可靠，开关动作应正常；

（3）各部防护罩装置应齐全牢固。

9.机具启动后，应空载运转，检查并确认机具转动应灵活无阻。

10.作业时，加力应平稳，不得超载使用。作业中应注意声响及温升，发现异常应立即停机检查。在作业时间过长，机具温升超过60℃时，应停机冷却。

11.作业中，不得用手触摸刃具、模具和砂轮，发现其有磨钝、破损情况时，应立即停机修整或更换。

12.停止作业时，应关闭电动工具，切断电源，并收好工具。

13.使用电钻、冲击钻或电锤时，应符合下列规定：

（1）机具启动后，应空载运转，应检查并确认机具联动灵活无阻。

（2）钻孔时，应先将钻头抵在工作表面，然后开动，用力应适度，不得晃动；转速急剧下降时，应减小用力，防止电机过载；不得用木杠加压钻孔。

（3）电钻和冲击钻或电锤实行 40%断续工作制，不得长时间连续使用。

14. 使用角向磨光机时，应符合下列要求：

（1）砂轮应选用增强纤维树脂型，其安全线速度不得小于 80m/s。配用的电缆与插头应具有加强绝缘性能，并不得任意更换；

（2）磨削作业时，应使砂轮与工件面保持 15°～30° 的倾斜位置；切削作业时，砂轮不得倾斜，并不得横向摆动。

15. 使用电剪时，应符合下列规定：

（1）作业前，应先根据钢板厚度调节刀头间隙量，最大剪切厚度不得大于铭牌标定值；

（2）作业时，不得用力过猛，当遇阻力，轴往复次数急剧下降时，应立即减少推力；

（3）使用电剪时，不得用手摸刀片和工件边缘。

16. 使用射钉枪时，应符合下列规定：

（1）不得用手掌推压钉管和将枪口对准人。

（2）击发时，应将射钉枪垂直压紧在工作面上。当两次扣动扳机，子弹不击发时，应保持原射击位置数秒钟后，再退出射钉弹。

（3）在更换零件或断开射钉枪之前，射枪内不得装有射钉弹。

17. 使用拉铆枪时，应符合下列规定：

（1）被铆接物体上的铆钉孔应与铆钉相配合，过盈量不得太大；

（2）铆接时，可重复扣动扳机，直到铆钉被拉断为止，不得强行扭断或撬断；

（3）作业中，当接铆头子或并帽有松动时，应立即拧紧。

二、潜水泵

1. 潜水泵应直立于水中，水深不得小于 0.5m，不宜在含大量泥砂的水中使用。

2. 潜水泵应装设保护接零和漏电保护装置，工作时，泵周围 30m 以内水面，不得有人、畜进入。

3. 接通电源后，应先试运转，检查并确认旋转方向应正确，无水运转时间不得超过使用说明书规定。

4. 应经常观察水位变化，叶轮中心至水平面距离应在 0.5m～3.0m 之间，泵体不得陷入污泥或露出水面。电缆不得与井壁、池壁摩擦。

5. 潜水泵不用时，不得长期浸没于水中，应放置在干燥通风处。

6. 电动机定子绕组的绝缘电阻不得低于 0.5MΩ。

三、套丝切管机

1. 应按加工管径选用板牙头和板牙，板牙应按顺序放入，板牙应充分润滑。

2. 当工件伸出卡盘端面的长度较长时，后部应加装辅助托架，并调整好高度。

3. 切断作业时，不得在旋转手柄上加长力臂。切平管端时，不得进刀过快。

4. 当加工件的管径或椭圆度较大时，应两次进刀。

四、小型台钻

1. 多台钻床布置时，应保持合适安全距离。

2.操作人员应按规定穿戴防护用品，并应扎紧袖口。不得围围巾及戴手套。

3.启动前应检查下列各项，并应符合相应要求：

（1）各部螺栓应紧固；

（2）润滑系统应保持清洁，油量应充足；

（3）电气开关、接地或接零应良好；

（4）传动及电气部分的防护装置应完好牢固；

（5）夹具、刀具不得有裂纹、破损。

4.钻小件时，应用工具夹持；钻薄板时，应用虎钳夹紧，并应在工件下垫好木板。

5.手动进钻退钻时，应逐渐增压或减压，不得用管子套在手柄上加压进钻。

6.排屑困难时，进钻、退钻应反复交替进行。

7.不得用手触摸旋转的刀具或将头部靠近机床旋转部分，不得在旋转着的刀具下翻转、卡压或测量工件。

第十节　事故案例

◆◇案例一、操作人员习惯性违章作业导致机械伤害事故

【背景资料】

××年3月23日下午16时左右，某地基基础工程有限公司在××机场1标段施工时，壮工（普工）班组人员李某琦违章进入挖掘机施工现场，挖掘机司机贾某飞在未确定挖掘机回转半径内有无人的情况下，盲目操纵挖掘机进行回转作业，发生一起死亡1人的机械伤害事故，事故造成直接经济损失约200万元。

【事故原因】

1.直接原因

（1）贾某飞，作为挖掘机司机，未严格执行挖掘机安全操作规程，未确定挖掘机回转半径内有无人员的情况下盲目操纵挖掘机进行回转作业，是事故发生的主要直接原因。

（2）李某琦，自身安全意识淡薄，违章进入挖掘机作业活动范围内，未与挖掘机回转半径保持足够的安全距离，是事故发生的次要直接原因。

2.间接原因

（1）该地基基础工程有限公司安全生产主体责任未落实。针对从业人员习惯性违章作业等安全隐患缺乏检查，不能对存在的安全隐患及时消除；未采取安全技术措施，在施工现场设立警戒标识；未及时发现并消除事故隐患。

（2）对作业现场管控不到位，未设置专业人员现场监护，对作业现场危险点辨识不足，岗位风险辨识工作落实不到位。

（3）安全教育培训不到位，虽对从业人员进行了“三级安全教育”，但作业人员安全意识淡薄，缺乏自我安全保护意识，不能认识到违章作业危害的严重性；挖掘机司机未认真履行安全操作规程，习惯性违章作业。

（4）该项目安全监理不到位。对施工单位缺乏监督管理，未及时发现并制止违章作业，安

全监理不到位，未有效督促施工单位落实风险管控措施，排查消除安全隐患。

【事故性质】

经调查认定，该挖掘机伤害事故是一起一般生产安全责任事故。

【防范措施】

（1）总包单位应落实安全生产责任制、建立健全安全管理规章制度，严格落实教育培训制度，明确安全管理人员职责，落实现场施工人员教育培训制度，对作业人员进行作业交底。严禁现场施工人员进入挖掘机作业半径内。

（2）制定规章措施是纠正和预防习惯性违章的前提保证，丰富安全知识是纠正和预防习惯性违章的坚实基础，培养良好习惯是纠正和预防习惯性违章的根本途径，做好现场监护是纠正和预防习惯性违章的关键环节，严格检查考核是纠正和预防习惯性违章的主要手段，改善操作环境是纠正和预防习惯性违章的重要措施。

（3）监理单位应落实安全生产责任制、建立健全安全管理规章制度，落实现场监理制度。

（4）挖掘机司机严格遵守挖掘机操作规程有关规定，作业前观察回转半径内是否有人进入挖掘机作业活动范围。

◆◇案例二、汽车式起重机司机玩手机造成错误操作导致机械伤害事故

【背景资料】

××年8月24日9时40分许，某路桥集团有限公司从A设备租赁站租赁了一台汽车式起重机，由司机罗某攀负责操作。在起重吊装过程期间，由于司机罗某攀在操作室有录制抖音的情况（玩手机），精力不集中，导致冲顶，发生一起起重机械伤害事故，造成2人死亡、1人受伤。

【事故原因】

1.直接原因

（1）汽车起重机司机工作期间，在操作室有录制抖音的情况，精力不集中，导致冲顶，由于大钩无高度限位器控制，吊机大钩起重钢丝绳仍继续工作直到拉断大钩起重钢丝绳，大钩垂直坠落砸中吊篮内的作业人员发生事故。

（2）吊机大钩无高度限位器和左控制器上的开关被卡失效。

事故现场的吊机大臂上和地面均未发现有大钩高度限位器，左控制器的过载解除开关被人为用细铁丝卡住未起到保护作用，吊机上的安全保险装置缺失，存在极大的安全隐患，当出现错误操作时，不能限制吊机大钩钢丝绳继续工作而发生事故。

2.间接原因

（1）操作司机安全意识淡薄，安全教育培训流于形式。违反公司安全生产规章制度及起重机操作规程，在工作时间、工作场所玩手机，忽视对身边安全风险隐患的辨识和观察。

（2）A设备租赁站出租起重机时未对设备安全性能进行检测。《建设工程安全生产管理条例》规定，出租的机械设备和施工机具及配件，应当具有生产（制造）许可证、产品合格证。出租单位应当对出租的机械设备和施工机具及配件的安全性能进行检测，在签订租赁协议时，应当出具检测合格证明。禁止出租检测不合格的机械设备和施工机具及配件。

【事故性质】

经调查认定，该起重机伤害事故是一起一般生产安全责任事故。

【防范措施】

1.加强安全生产教育培训，严禁操作司机工作期间使用手机视频聊天或录制抖音（玩手机），以免导致精力不集中，造成违章违规操作。

2.严格执行安全生产法律法规，规范施工机械设备租赁管理。为建设工程提供机械设备和配件的单位，应当按照安全施工的要求配备齐全有效的保险、限位等安全设施和装置。

3.在手机普及和多功能化的当今，施工现场因玩手机引起事故频发。各施工企业应研究制定有关规章制度，划定专门区域，在工作时间将手机集中存放，促进大家集中精力做好本职工作。

（1）要将安全管理延伸至8h以外，关心员工8h以外的业余生活。8h以外如果休息不足、劳累过度，会直接影响到8h以内的本职工作和生命安全，一定要科学合理安排8h以外的时间，确保充足的休息调整，以良好的精神状态投入工作。

（2）加强对施工现场直接作业环节操作人员工作期间的手机使用管理，在生产操作及工作间隙等时段严禁用手机聊天、上网、炒股、看小说、淘宝和玩游戏等。

◆◇案例三、机械的不安全状态导致机械伤害事故

【背景资料】

××年5月11日，某施工现场木工李某操作平板刨床加工木板作业，木板尺寸为300mm×25mm×3800mm。作业前操作人员嫌弃刨床安全防护盖板遮挡麻烦，于是自行拆除。在作业过程中张某军进行推送，另有一人接拉木板。在快刨到木板端头时遇到节疤，木板抖动，张某军右手脱离木板而直接按到了刨刀上，瞬间四个手指被刨掉。

【事故原因】

1.直接原因

刨床安全操作规程规定：工作时必须把安全盖板调整到适当位置，以免手指进入刀口伤人。操作人员私自拆除该设备安全防护盖板，是导致此次事故的直接原因。

2.间接原因

（1）该操作人员未按刨床安全操作规程使用刨床，未落实刨床安全操作规程要求，违规进行操作，是导致此次事故的主要间接原因。

（2）该施工现场管理混乱，施工企业安全生产责任主体不落实。安全管理人员形同虚设，未能有效履行安全管理职责；安全管理不到位，未能及时发现并整改刨床存在的安全隐患；未落实现场操作人员教育培训制度，未进行必要的作业交底。

【事故性质】

经调查认定，该现场木工机械伤害事故是一起一般生产安全责任事故。

【防范措施】

（1）施工项目部应严格执行安全生产责任制及相关管理制度，落实安全教育培训，提高作业人员的安全意识；加强对机械设备的安全管理，检查机械设备的安全状况，发现机械存在安全隐患，应及时停机进行整改。

（2）操作人员应严格遵守操作规程及相关管理制度，禁止私自拆除机械的安全防护装置。

第十一章　有限空间作业

第一节　基础知识

一、有限空间定义和分类

（一）有限空间的定义和特点

有限空间是指封闭或部分封闭、进出口受限但人员可以进入，未被设计为固定工作场所，通风不良，易造成有毒有害、易燃易爆物质积聚或氧含量不足的空间。有限空间一般具备以下特点：

1. 空间有限，与外界相对隔离。有限空间既可以是全部封闭的，也可以是部分封闭的。

2. 进出口受限或进出不便，但人员能够进入开展有关工作。

3. 未按固定工作场所设计，人员只是在必要时进入有限空间进行临时性工作。

4. 通风不良，易造成有毒有害、易燃易爆物质积聚或氧含量不足。

（二）有限空间的分类

有限空间分为地下有限空间、地上有限空间和密闭设备 3 类。

1. 地下有限空间，如地下室、地下仓库、地下工程、地下管沟、暗沟、隧道、涵洞、地坑、深基坑、废井、地窖、检查井室、沼气池、化粪池、污水处理池等。

2. 地上有限空间，如酒糟池、发酵池、腌渍池、纸浆池、粮仓、料仓等。

3. 密闭设备，如船舱、贮（槽）罐、车载槽罐、反应塔（釜）、窑炉、炉膛、烟道、管道及锅炉等。

二、有限空间作业定义和分类

有限空间作业是指人员进入有限空间实施作业。

1. 常见的有限空间作业。

（1）清除、清理作业，如进入污水井进行疏通，进入发酵池进行清理等；

（2）设备设施的安装、更换、维修等作业，如进入地下管沟敷设线缆、进入污水调节池更换设备等；

（3）涂装、防腐、防水、焊接等作业，如在储罐内进行防腐作业、在船舱内进行焊接作业等；

（4）巡查、检修等作业，如进入检查井、热力管沟进行巡检等。

2. 按作业频次划分，有限空间作业可分为经常性作业和偶发性作业。

（1）经常性作业指有限空间作业是单位的主要作业类型，作业量大、作业频次高；

（2）偶发性作业指有限空间作业仅是单位偶尔涉及的作业类型，作业量小、作业频次低。

3. 按作业主体划分，有限空间作业可分为自行作业和发包作业。

（1）自行作业指由本单位人员实施的有限空间作业；

（2）发包作业指将作业进行发包，由承包单位实施的有限空间作业。

第二节　安全风险

一、存在的主要风险

有限空间作业存在的主要安全风险包括中毒、缺氧窒息、燃爆以及淹溺、高处坠落、触电、物体打击、机械伤害、灼烫、坍塌、掩埋、高温高湿等。在某些环境下，上述风险可能共存，并具有隐蔽性和突发性，造成重伤以上事故的概率非常高。

（一）中毒

有限空间内存在或积聚有毒气体，作业人员吸入后会引起化学性中毒，甚至死亡。有限空间中有毒气体可能的来源包括：有限空间内存储的有毒物质的挥发，有机物分解产生的有毒气体，进行焊接、涂装等作业时产生的有毒气体，相连或相近设备、管道中有毒物质的泄漏等。

引发有限空间作业中毒风险的典型物质有：硫化氢、一氧化碳、苯和苯系物、氰化氢、磷化氢等。

（二）缺氧窒息

空气中氧含量的体积分数约为20.9%，氧含量低于19.5%时就是缺氧。缺氧会对人体多个系统及脏器造成影响，甚至使人致命。空气中氧气含量不同，对人体的影响也不同（表11-2-1）。

表11-2-1　不同氧气含量对人体的影响

氧气含量（体积浓度）（%）	对人体的影响
15～19.5	体力下降，难以从事重体力劳动，动作协调性降低，易引发冠心病、肺病等
12～14	呼吸加重，频率加快，脉搏加快，动作协调性进一步降低，判断能力下降
10～12	呼吸加重、加快，几乎丧失判断能力，嘴唇发紫
8～10	精神失常，昏迷，失去知觉，呕吐，脸色死灰
6～8	4min～5min通过治疗可恢复，6min后50%致命，8min后100%致命
4～6	40s内昏迷、痉挛，呼吸减缓、死亡

有限空间内缺氧主要有两种情形：一是由于生物的呼吸作用或物质的氧化作用，有限空间内的氧气被消耗导致缺氧；二是有限空间内存在二氧化碳、甲烷、氮气、氩气、水蒸气和六氟化硫等单纯性窒息气体，排挤氧空间，使空气中氧含量降低，造成缺氧。引发有限空间作业缺氧风险的典型物质有二氧化碳、甲烷、氮气、氩气等。

（三）燃爆

有限空间中积聚的易燃易爆物质与空气混合形成爆炸性混合物，若混合物浓度达到其爆炸极限，遇明火、化学反应放热、撞击或摩擦火花、电气火花、静电火花等点火源时，就会发生燃爆事故。有限空间作业中常见的易燃易爆物质有甲烷、氢气等可燃性气体以及铝粉、玉米淀粉、煤粉等可燃性粉尘。

（四）其他安全风险

有限空间内还可能存在淹溺、高处坠落、触电、物体打击、机械伤害、灼烫、坍塌、掩埋和高温高湿等安全风险。

二、主要安全风险辨识

（一）气体危害辨识方法

对于中毒、缺氧窒息、气体燃爆风险，主要从有限空间内部存在或产生、作业时产生和外部环境影响 3 个方面进行辨识。

1. 内部存在或产生的风险

（1）有限空间内是否储存、使用、残留有毒有害气体以及可能产生有毒有害气体的物质，导致中毒；

（2）有限空间是否长期封闭、通风不良，或内部发生生物有氧呼吸等耗氧性化学反应，或存在单纯性窒息气体，导致缺氧；

（3）有限空间内是否储存、残留或产生易燃易爆气体，导致燃爆。

2. 作业时产生的风险

（1）作业时使用的物料是否会挥发或产生有毒有害、易燃易爆气体，导致中毒或燃爆；

（2）作业时是否会大量消耗氧气，或引入单纯性窒息气体，导致缺氧；

（3）作业时是否会产生明火或潜在的点火源，增加燃爆风险。

3. 外部环境影响产生的风险

与有限空间相连或接近的管道内单纯性窒息气体、有毒有害气体、易燃易爆气体扩散、泄漏到有限空间内，导致缺氧、中毒、燃爆等风险。

对于中毒、缺氧窒息和气体燃爆风险，使用气体检测报警仪进行针对性检测是最直接有效的方法。

（二）其他安全风险辨识方法

1. 对淹溺风险，应重点考虑有限空间内是否存在较深的积水，作业期间是否可能遇到强降雨等极端天气导致水位上涨；

2. 对高处坠落风险，应重点考虑有限空间深度是否超过 2m，是否在其内进行高于基准面 2m 的作业；

3. 对触电风险，应重点考虑有限空间内使用的电气设备、电源线路是否存在老化破损；

4. 对物体打击风险，应重点考虑有限空间作业是否需要进行工具、物料传送；

5. 对机械伤害，应重点考虑有限空间内的机械设备是否可能意外启动或防护措施失效；

6. 对灼烫风险，应重点考虑有限空间内是否有高温物体或酸碱类化学品、放射性物质；

7. 对坍塌风险，应重点考虑处于在建状态的有限空间边坡、护坡、支护设施是否出现松动，或有限空间周边是否有严重影响其结构安全的建（构）筑物等；

8. 对掩埋风险，应重点考虑有限空间内是否存在谷物、泥沙等可流动固体；

9. 对高温高湿风险，应重点考虑有限空间内是否温度过高、湿度过大等。

第三节　作业防护设施设备

一、便携式气体检测报警仪

便携式气体检测报警仪有复合式气体检测报警仪、扩散式气体检测报警仪、泵收式气体检测报警仪。

有限空间作业主要使用复合式气体检测报警仪。

扩散式气体检测报警仪利用被测气体自然扩散到达检测仪的传感器进行检测，因此无法进行远距离采样，一般适合作业人员随身携带进入有限空间，在作业过程中实时检测周边气体浓度。

泵吸式气体检测报警仪采用一体化吸气泵或者外置吸气泵，通过采气管将远距离的气体吸入检测仪中进行检测。作业前应在有限空间外使用泵吸式气体检测报警仪进行检测。

二、呼吸防护用品

根据呼吸防护方法，呼吸防护用品可分为隔绝式和过滤式两大类。

（一）隔绝式呼吸防护用品

隔绝式呼吸防护用品能使佩戴者呼吸器官与作业环境隔绝，靠本身携带的气源或者通过导气管引入作业环境以外的洁净气源供佩戴者呼吸。常见的隔绝式呼吸防护用品有长管呼吸器、正压式空气呼吸器和隔绝式紧急逃生呼吸器。

1. 长管呼吸器

长管呼吸器主要分为自吸式、连续送风式和高压送风式 3 种。

2. 正压式空气呼吸器

正压式空气呼吸器是使用者自带压缩空气源的一种正压式隔绝式呼吸防护用品。

3. 隔绝式紧急逃生呼吸器

隔绝式紧急逃生呼吸器是在出现意外情况时，帮助作业人员自主逃生使用的隔绝式呼吸防护用品，一般供气时间为 15min 左右。

呼吸防护用品使用前应确保其完好、可用。使用后应根据产品说明书的指引定期清洗和消毒，不用时应存放于清洁、干燥、无油污、无阳光直射和无腐蚀性气体的地方。

（二）过滤式呼吸防护用品

过滤式呼吸防护用品能把使用者从作业环境吸入的气体通过净化部件的吸附、吸收、催化或过滤等作用，去除其中有害物质后作为气源供使用者呼吸。常见的过滤式呼吸防护用品有防尘口罩和防毒面具等。

鉴于过滤式呼吸防护用品的局限性和有限空间作业的高风险性，作业时不宜使用过滤式呼吸防护用品，若使用必须严格论证，充分考虑有限空间作业环境中有毒有害气体种类和浓度范围，确保所选用的过滤式呼吸防护用品与作业环境中有毒有害气体相匹配，防护能力满足作业安全要求，并在使用过程中加强监护，确保使用人员安全。

三、坠落防护用品

有限空间作业常用的坠落防护用品主要包括全身式安全带、速差自控器、安全绳以及三脚架等。

1. 全身式安全带

全身式安全带可在坠落者坠落时保持其正常体位，防止坠落者从安全带内滑脱，还能将冲击力平均分散到整个躯干部分，减少对坠落者的身体伤害。

2. 速差自控器

速差自控器又称速差器、防坠器等，使用时安装在挂点上，通过装有可伸缩长度的绳（带）串联在系带和挂点之间，在坠落发生时因速度变化引发制动从而对坠落者进行防护。

3. 安全绳

安全绳是在安全带中连接系带与挂点的绳（带），一般与缓冲器配合使用，起到吸收冲击能量的作用。

4.三脚架

三脚架作为一种移动式挂点装置广泛用于有限空间作业（垂直方向）中，特别是三脚架与绞盘、速差自控器、安全绳、全身式安全带等配合使用，可用于有限空间作业的坠落防护和事故应急救援。

四、其他个体防护用品

为避免或减轻人员头部受到伤害，有限空间作业人员应佩戴安全帽。

另外，作业单位应根据有限空间作业环境特点，按照《个体防护装备配备规范 第1部分：总则》GB 39800.1—2020的要求为作业人员配备防护服、防护手套、防护眼镜、防护鞋等个体防护用品。例如，易燃易爆环境，应配备防静电服、防静电鞋；涉水作业环境，应配备防水服、防水胶鞋；有限空间作业时可能接触酸碱等腐蚀性化学品的，应配备防酸碱防护服、防护鞋、防护手套等。

五、安全器具

（一）通风设备

移动式风机是对有限空间进行强制通风的设备，通常有送风和排风2种通风方式。使用时应注意：

1.移动式风机应与风管配合使用。

2.使用前应检查风管有无破损，风机叶片是否完好，电线有无裸露，插头有无松动，风机能否正常运转。

（二）照明设备

当有限空间内照度不足时，应使用照明设备。有限空间作业常用的照明设备有头灯、手电等。使用前应检查照明设备的电池电量，保证作业过程中能够正常使用。有限空间内使用照明灯具电压应不大于24V，在积水、结露等潮湿环境的有限空间和金属容器中作业，照明灯具电压应不大于12V。

（三）通信设备

当作业现场无法通过目视、喊话等方式进行沟通时，应使用对讲机等通信设备，便于现场作业人员之间的沟通。

（四）围挡设备和警示设施

有限空间作业过程中常用到围挡设备以及安全警示标志或安全告知牌。

第四节　作业过程风险防控

一、有限空间作业安全风险防控与事故隐患排查

1.建立健全有限空间作业安全管理制度

主要包括安全责任制度、作业审批制度、作业现场安全管理制度、相关从业人员安全教育培训制度、应急管理制度等。有限空间作业安全管理制度应纳入单位安全管理制度体系统一管

理，可单独建立也可与相应的安全管理制度进行有机融合。在制度和操作规程内容方面：一方面要符合相关法律法规、规范和标准要求，另一方面要充分结合本单位有限空间作业的特点和实际情况，确保具备科学性和可操作性。

2. 辨识有限空间并建立健全管理台账

存在有限空间作业的单位应根据有限空间的定义，辨识存在的有限空间及其安全风险，确定有限空间数量、位置、名称、主要危险有害因素、可能导致的事故及后果、防护要求、作业主体等情况，建立有限空间管理台账并及时更新。

3. 设置安全警示标志或安全告知牌

对辨识出的有限空间作业场所，应在显著位置设置安全警示标志或安全告知牌，以提醒人员增强风险防控意识并采取相应的防护措施。

4. 开展相关人员有限空间作业安全专项培训

单位应对有限空间作业分管负责人、安全管理人员、作业现场负责人、监护人员、作业人员、应急救援人员进行专项安全培训。参加培训的人员应在培训记录上签字确认，单位应妥善保存培训相关材料。

培训内容主要包括：有限空间作业安全基础知识，有限空间作业安全管理，有限空间作业危险有害因素和安全防范措施，有限空间作业安全操作规程，安全防护设备、个体防护用品及应急救援装备的正确使用，紧急情况下的应急处置措施等。

企业分管负责人和专职安全管理人员应当具备相应的有限空间作业安全生产知识和管理能力。有限空间作业现场负责人、监护人员、作业人员和应急救援人员应当了解和掌握有限空间作业危险有害因素和安全防范措施，熟悉有限空间作业安全操作规程、设备使用方法、事故应急处置措施及自救和互救知识等。

5. 配置有限空间作业安全防护设备设施

根据有限空间作业环境和作业内容，配备气体检测设备、呼吸防护用品、坠落防护用品、其他个体防护用品和通风设备、照明设备、通信设备以及应急救援装备等。加强设备设施的管理和维护保养，并指定专人建立设备台账，负责维护、保养和定期检验、检定和校准等工作，确保处于完好状态，发现设备设施影响安全使用时，应及时修复或更换。

6. 制定应急救援预案并定期演练

根据有限空间作业的特点，辨识可能的安全风险，明确救援工作分工及职责、现场处置程序等，按照《生产安全事故应急预案管理办法》（应急管理部令第 2 号）和《生产经营单位生产安全事故应急预案编制导则》GB/T 29639—2020，制定科学、合理、可行、有效的有限空间作业安全事故专项应急预案或现场处置方案，定期组织培训，确保有限空间作业现场负责人、监护人员、作业人员以及应急救援人员掌握应急预案内容。有限空间作业安全事故专项应急预案应每年至少组织 1 次演练，现场处置方案应至少每半年组织 1 次演练。

7. 加强有限空间发包作业管理

将有限空间作业发包的，承包单位应具备相应的安全生产条件，即应满足有限空间作业安全所需的安全生产责任制、安全生产规章制度、安全操作规程、安全防护设备、应急救援装备、人员资质和应急处置能力等方面的要求。发包单位对发包作业安全承担主体责任。发包单位应与承包单位签订安全生产管理协议，明确双方的安全管理职责，或在合同中明确约定各自的安全生产管理职责。发包单位应对承包单位的作业方案和实施的作业进行审批，对承包单位的安全生产工作统一协调、管理，定期进行安全检查，发现安全问题的，应当及时督促整改。

承包单位对其承包的有限空间作业安全承担直接责任，应严格按照有限空间作业安全要求开展作业。

二、有限空间作业过程风险防控

有限空间作业风险防控分为四个阶段：作业审批阶段、作业准备阶段、安全作业阶段、作业完成阶段。

（一）作业审批阶段

1. 制定作业方案

作业前应对作业环境进行安全风险辨识，分析存在的危险有害因素，提出消除、控制危害的措施，编制详细的作业方案。作业方案应经本单位相关人员审核和批准。

2. 明确人员职责

根据有限空间作业方案，确定作业现场负责人、监护人员、作业人员，并明确其安全职责。根据工作实际，现场负责人和监护人员可以为同一人。相关人员主要安全职责如下：

（1）作业现场负责人

①填写有限空间作业审批材料，办理作业审批手续；

②对全体人员进行安全交底；

③确认作业人员上岗资格、身体状况符合要求；

④掌控作业现场情况，作业环境和安全防护措施符合要求后许可作业，当有限空间作业条件发生变化且不符合安全要求时，终止作业；

⑤发生有限空间作业事故，及时报告，并按要求组织现场处置。

（2）监护人员

①接受安全交底；

②检查安全措施的落实情况，发现落实不到位或措施不完善时，有权下达暂停或终止作业的指令；

③持续对有限空间作业进行监护，确保和作业人员进行有效的信息沟通；

④出现异常情况时，发出撤离警告，并协助人员撤离有限空间；

⑤警告并劝离未经许可试图进入有限空间作业区域的人员。

（3）作业人员

①接受安全交底；

②遵守安全操作规程，正确使用有限空间作业安全防护设备与个体防护用品；

③服从作业现场负责人安全管理，接受现场安全监督，配合监护人员的指令，作业过程中与监护人员定期进行沟通；

④出现异常时立即中断作业，撤离有限空间。

3. 作业审批

应严格执行有限空间作业审批制度。审批内容应包括但不限于是否制定作业方案、是否配备经过专项安全培训的人员、是否配备满足作业安全需要的设备设施等。审批负责人应在审批单上签字确认，未经审批不得擅自开展有限空间作业。

（二）作业准备阶段

1. 安全交底

作业现场负责人应对实施作业的全体人员进行安全交底，告知作业内容、作业过程中可能存在的安全风险、作业安全要求和应急处置措施等。交底后，交底人与被交底人双方应签字确认。

2. 设备检查

作业前应对安全防护设备、个体防护用品、应急救援装备、作业设备和用具的齐备性和安全性进行检查，发现问题应立即修复或更换。当有限空间可能为易燃易爆环境时，设备和用具应符合防爆安全要求。

3. 封闭作业区域及安全警示

（1）应在作业现场设置围挡，封闭作业区域，并在进出口周边显著位置设置安全警示标志或安全告知牌；

（2）占道作业的，应在作业区域周边设置交通安全设施。夜间作业的，作业区域周边显著位置应设置警示灯，人员应穿着高可视警示服。

4. 打开进出口

（1）作业人员站在有限空间外上风侧，打开进出口进行自然通风；

（2）可能存在爆炸危险的，开启时应采取防爆措施；

（3）若受进出口周边区域限制，作业人员开启时可能接触有限空间内涌出的有毒有害气体的，应佩戴相应的呼吸防护用品。

5. 安全隔离

存在可能危及有限空间作业安全的设备设施、物料及能源时，应采取封闭、封堵、切断能源等可靠的隔离（隔断）措施，并上锁挂牌或设专人看管，防止无关人员意外开启或移除隔离设施。

6. 清除置换

有限空间内盛装或残留的物料对作业存在危害时，应在作业前对物料进行清洗、清空或置换。

7. 初始气体检测

（1）作业前应在有限空间外上风侧，使用泵吸式气体检测报警仪对有限空间内气体进行检测。同时，应根据有限空间内可能存在的气体种类进行有针对性检测，但应至少检测氧气、可燃气体、硫化氢和一氧化碳；

（2）检测应从出入口开始，沿人员进入有限空间的方向进行。垂直方向的检测由上至下，至少进行上、中、下三点检测，水平方向的检测由近至远，至少进行进出口近端点和远端点两点检测；

（3）有限空间内仍存在未清除的积水、积泥或物料残渣时，应先在有限空间外利用工具进行充分搅动，使有毒有害气体充分释放；

（4）当有限空间内气体环境复杂，作业单位不具备检测能力时，应委托具有相应检测能力的单位进行检测。检测人员应当记录检测的时间、地点、气体种类、浓度等信息，并在检测记录表上签字。有限空间内气体浓度检测合格后方可作业。

各类气体浓度合格标准如下：

①有毒气体浓度应符合《工作场所有害因素职业接触限值 第1部分：化学有害因素》GBZ 2.1—2019规定；

②氧气含量（体积分数）应在19.5%～23.5%；

③可燃气体浓度应低于爆炸下限的10%。

8.强制通风

经检测，有限空间内气体浓度不合格的，必须对有限空间进行强制通风。强制通风时应注意：

（1）作业环境存在爆炸危险的，应使用防爆型通风设备；

（2）应向有限空间内输送清洁空气，禁止使用纯氧通风；

（3）有限空间仅有1个进出口时，应将通风设备出风口置于作业区域底部进行送风；有限空间有2个或2个以上进出口、通风口时，应在邻近作业人员处进行送风，远离作业人员处进行排风，且出风口应远离有限空间进出口，防止有害气体循环进入有限空间；

（4）有限空间设置固定机械通风系统的，作业过程中应全程运行。

9.再次检测

对有限空间进行强制通风一段时间后，应再次进行气体检测。

（1）检测结果合格后方可作业；

（2）检测结果不合格的，不得进入有限空间作业，必须继续进行通风，并分可能造成气体浓度不合格的原因，采取更具针对性的防控措施。

10.人员防护

气体检测结果合格后，作业人员在进入有限空间前还应根据作业环境选择并佩戴符合要求的个体防护用品与安全防护设备，主要有安全帽、全身式安全带、安全绳、呼吸防护用品、便携式气体检测报警仪、照明灯和对讲机等。

（三）安全作业阶段

在确认作业环境、作业程序、安全防护设备和个体防护用品等符合要求后，作业现场负责人方可许可作业人员进入有限空间作业。

1.注意事项

（1）作业人员使用踏步、安全梯进入有限空间的，作业前应检查其牢固性和安全性，确保进出安全。

（2）作业人员应严格执行作业方案，正确使用安全防护设备和个体防护用品，作业过程中与监护人员保持有效的信息沟通。

（3）传递物料时应稳妥、可靠，防止滑脱；起吊物料所用绳索、吊桶等必须牢固、可靠，避免吊物时突然损坏、物料掉落。

（4）应通过轮换作业等方式合理安排工作时间，避免人员长时间在有限空间工作。

2. 实时监测与持续通风

（1）作业过程中，应采取适当的方式对有限空间作业面进行实时监测。监测方式有两种：一种是监护人员在有限空间外使用泵吸式气体检测报警仪对作业面进行监护检测；另一种是作业人员自行佩戴便携式气体检测报警仪对作业面进行个体检测。

（2）除实时监测外，作业过程中还应持续进行通风。当有限空间内进行涂装作业、防水作业、防腐作业以及焊接等动火作业时，应持续进行机械通风。

3. 作业监护

监护人员应在有限空间外全程持续监护，不得擅离职守，主要做好两方面工作：

（1）跟踪作业人员的作业过程，与其保持信息沟通，发现有限空间气体环境发生不良变化、安全防护措施失效和其他异常情况时，应立即向作业人员发出撤离警报，并采取措施协助作业人员撤离；

（2）防止未经许可的人员进入作业区域。

4. 异常情况紧急撤离有限空间

作业期间发生下列情况之一时，作业人员应立即中断作业，撤离有限空间：

（1）作业人员出现身体不适；

（2）安全防护设备或个体防护用品失效；

（3）气体检测报警仪报警；

（4）监护人员或作业现场负责人下达撤离命令；

（5）其他可能危及安全的情况。

（四）作业完成阶段

有限空间作业在完成后，应做到以下安全要求：

（1）作业人员应将全部设备和工具带离有限空间；

（2）清点人员和设备，确保有限空间内无人员和设备遗留；

（3）关闭进出口，解除本次作业前采取的隔离、封闭措施，恢复现场环境后安全撤离作业现场。

第五节　应急救援

通过对近年来有限空间作业事故进行分析发现：盲目施救问题非常突出，近80%的事故由于盲目施救导致伤亡人数增多，在有限空间作业事故致死人员中超过50%的为救援人员。因此，必须杜绝盲目施救，避免伤亡扩大。

一、应急准备

（一）日常应急准备

1. 风险辨识

生产经营单位按照有关法规标准要求，对本单位有限空间作业风险进行辨识，确定有限空间数量、位置以及危险有害因素等，对辨识出的有限空间，设置明显的安全警示标志和警示说明，警示说明包括辨识结果、个体防护要求、应急处置流程等内容。

2. 预案编制

根据风险辨识结果，生产经营单位组织编制本单位有限空间作业事故应急预案或现场处置方案（应急处置卡），或将有限空间作业事故专项应急预案并入本单位综合应急预案，明确人员职责，确定事故应急处置流程，落实救援装备和相关内外部应急资源。应急预案与相关部门和单位应急预案衔接，并按照有关法规标准要求通过评审或论证。

3.应急演练

生产经营单位将有限空间作业事故应急演练纳入本单位应急演练计划，组织开展桌面推演、现场实操等形式的演练，提高有限空间作业事故应急救援能力。应急演练结束后，对演练效果进行评估，撰写评估报告，分析存在的问题，提出改进措施，修订完善应急预案或现场处置方案（应急处置卡）。

4.装备配备

生产经营单位针对本单位有限空间危险有害因素及作业风险，配备符合国家法规制度和标准规范要求的应急救援装备，如便携式气体检测报警仪、正压式空气呼吸器、安全带、安全绳和医疗急救器材等，建立管理制度加强维护管理，确保装备处于完好可靠状态。

5.教育培训

生产经营单位将有限空间作业事故安全施救知识技能培训纳入本单位安全生产教育培训计划，定期开展有针对性的有限空间作业风险、安全施救知识、应急救援装备使用和应急救援技能等教育培训，确保有限空间作业现场负责人、监护人员、作业人员和救援人员了解和掌握有限空间作业危险有害因素和安全防范措施、应急救援装备使用、应急处置措施等。

（二）作业前应急准备

1.明确应急处置措施

生产经营单位对作业环境进行评估，检测和分析存在的危险有害因素，明确本次有限空间作业应急处置措施并纳入作业方案，确保作业现场负责人、监护人员、作业人员、救援人员了解本次有限空间作业的危险有害因素及应急处置措施。

2.确定联络信号

作业现场负责人会同监护人员、作业人员、救援人员根据有限空间作业环境，明确声音、光、手势等一种或多种作为安全、报警、撤离、支援的联络信号。有条件的可以使用符合当前作业安全要求的即时通信设备，如防爆对讲机等。

3.检查装备

结合有限空间辨识情况，作业前，救援人员正确选用应急救援装备，并检查确保处于完好可用状态，发现存在问题的应急救援装备，立即修复或更换。

二、救援实施

（一）信息报告

事故发生后，作业现场负责人、监护人员立即停止作业，了解受困人员状态，组织开展安全施救，禁止未经培训、未佩戴个体防护装备的人员进入有限空间施救。作业现场负责人及时向本单位报告事故情况，必要时拨打“119”“120”电话报警或向其他专业救援力量求救，单位负责人按照有关规定报告事故信息。

（二）事故警戒

作业现场负责人、监护人员根据救援需要设置警戒区域（包括通风排放口），设立明显警示标志，严禁无关人员和车辆进入警戒区域。

（三）救援防护

1. 个体防护

救援人员必须正确穿戴个体防护装备开展救援行动。

2. 安全隔离

有限空间内存在可能危及救援人员安全的设备设施、有毒有害物质输入、电能、高温物料及其他危险能量输入等情况，采取可靠的隔离（隔断）措施。

3. 持续通风

使用机械通风设备向有限空间内输送清洁空气，通风排放口远离作业处，直至救援行动结束。当有限空间内含有易燃易爆气体或粉尘时，使用防爆型通风设备；含有毒有害气体时，通风排放口采取有效隔离防护措施。

（四）救援行动

事故发生后，被困人员积极主动开展自救互救，配合救援人员实施救援行动，救援人员针对被困人员所处位置、身体状态、个体防护装备穿戴等不同情况，采取应急救援行动。

1. 非进入式救援

被困人员所处位置、身体状态、个体防护装备穿戴等情况，具备从有限空间外直接施救条件的，救援人员在外部通过安全绳等装备将被困人员迅速移出。

2. 进入式救援

被困人员所处位置、身体状态、个体防护装备穿戴等情况，不具备从有限空间外直接施救条件的，救援人员进入内部施救。

（五）保持联络

救援人员进入有限空间实施救援行动过程中，按照事先明确的联络信号，与外部人员进行有效联络，并保持通信畅通。

（六）轮换救援

救援人员进入有限空间实施救援持续时间较长时，应实施轮换救援，保持救援人员体力充足，能够持续开展救援行动。

（七）撤离危险区域

出现可能危及救援人员安全的情况，救援人员立即撤离危险区域，安全条件具备后再进入有限空间内实施救援。

（八）医疗救护

被困人员救出后，立即移至通风良好处，具有医疗救护资质或具备急救技能的人员，及时采取正确的院前医疗救护措施，并迅速送医治疗。

（九）清理现场等后续工作

救援行动基本结束后，及时清点核实现场人员、装备，清理事故现场残留的有毒有害物质，同时尽可能保护事故现场，便于后续事故调查及救援评估。必要时开展事故现场环境检测和人员、装备洗消，对参与救援行动人员进行健康检查。

第六节　事故案例

◆◇案例一、市政工程管网清淤，硫化氢中毒窒息事故

【背景资料】

某市政工程有限公司（施工单位）中标某经济开发区污水管网修复改建二期非开挖修复工程项目，项目由某项目管理有限公司进行监理。该市政工程有限公司将项目部分配套工程（点修补）口头安排给其分公司，该分公司又将作业再次口头安排给某环境工程有限公司（实际施工作业单位）。××年5月1日，某环境工程有限公司8名人员前往该经济开发区纬五路与经三路交叉口处开展施工作业。抽水后，井下水位已经达到清淤作业条件，作业人员使用水枪对井下进行管道冲洗清淤。10时58分，因水枪枪头位置不当需要调整，1名作业人员在未通风、未检测及未佩戴安全带、安全绳和呼吸防护用品的情况下，仅穿戴防水衣和安全帽下井作业，因吸入硫化氢气体中毒晕倒。井上人员发现后，在没有任何安全防护的情况下，有2人接连进入井内施救，均晕倒在井内；后经消防救援人员将3人救出，但均已死亡。事故直接经济损失约400万元。

【事故原因】

1.直接原因

事故发生的井室内存在硫化氢、甲烷等有毒有害气体，该环境工程有限公司施工工人违反《城镇排水管道维护安全技术规程》CJJ 6—2009和“先通风、再检测、后作业”原则，在未采取井下通风、检测有毒有害气体浓度和佩戴必要的防护用品情况下违规下井作业是事故发生的直接原因，现场作业人员在未做好个人防护的情况下盲目施救，造成了事故扩大。

2.间接原因

（1）某市政工程有限公司，未认真履行安全生产主体责任，“施工合同”中约定的项目经理等管理人员未能全部在岗履行职责；将该项目中部分辅助工程安排给其分公司施工，分公司又口头安排给某环境工程有限公司施工，但未对该环境工程有限公司现场施工班组进行安全技术交底，未对施工现场进行安全管理，未能及时发现、制止和纠正施工人员违反操作规程的行为。

（2）该环境工程有限公司，组织不具备有限空间作业安全基本知识的工人进行污水管网维修施工作业，岗前安全教育培训不到位，污水管网维修必需的劳动防护设备配备不全。

【事故性质】

经调查认定，该起事故是一起施工人员违规作业、施工救援人员盲目施救、施工单位主体责任不落实、监理单位监理不到位，相关部门和属地安全监管不到位而造成的较大生产安全责任事故。

【防范措施】

1.凡可能产生或存有有毒有害气体的施工作业，一律先由专业人员专用设备探测，并采取相应自然通风、强制通风等处置措施，作业前必须先行清理出紧急逃生通道，作为此类施工作

业的前置条件。

2.有关施工企业应对有限空间进行辨识建档，严格落实各项安全防范和应急措施。凡涉及到有限空间作业，必须严格实行作业审批制度，严禁擅自进入有限空间作业；必须做到“先通风、再检测、后作业”，严禁通风、检测不合格作业；必须配备个人防中毒窒息等防护装备，设置安全警示标识，严禁无防护监护措施作业；必须制定应急措施，现场配备应急装备设备，严禁盲目施救。

3.有关施工企业应开展内部专题教育，落实作业前培训，切实使从业人员掌握危险作业风险和作业要求。在井下、管道等有限空间作业时，必须按要求做好个人安全防护，尤其是开展现场救援时，必须使用气体检测仪进行检测，施救人员必须做好个人防护，坚决杜绝盲目施救，避免事故伤亡扩大。

◆◇案例二、井室内涂装作业，三氯甲烷急性中毒事故

【背景资料】

××年4月29日，某有限公司施工单位，在未书面告知项目管理单位和监理单位的情况下，安排了4名工人对某市政检修维护工程施工第一标段12号排空井进行井内除锈刷漆作业。

6时30分，该施工单位所属工人班长蒋某某,安排葛某某、马某某、蒋某某、李某某4名工人至第一标段12号排空井对井下阀门进行刷防锈漆作业。8时30分左右，葛某某、马某某、蒋某某3人下到12号排空井中，李某某在井外。作业过程中葛某某感觉气闷，蒋某某安排葛某某和马某某上去透气，葛某某上来后与蒋某某沟通发现其在井下没回应，葛某某、马某某、李某某立即下到井下救人，下去后3人感到呼吸困难，葛某某全力爬出井口向路人求助，这时另3人已晕倒在井下，路人立即帮忙报警。

9时16分，当地总指挥中心接警，有3人被困井下，即调派城关消防站3部消防车赶往现场。9时28分，城关消防站人员到场，9时49分，人员全部救出，昏迷人员经过指战员和120抢救恢复意识，随后送往医院救治。蒋某某、李某某、马某某3人住院治疗，葛某某医学观察。经向医院了解情况，4人经医学检查，肺部无损伤，已于送医院的第二天全部出院。

【事故原因】

1.直接原因

经检测机构及专家对提取的物证、证人证言、鉴定检测结论、医院诊断证明，进行综合分析，确认事故直接原因为某有限公司施工单位作业人员违规进入12号排空井有限空间对阀门进行刷涂防锈漆作业，吸入混合性气体（三氯甲烷等）导致急性中毒。

2.间接原因

（1）某有限公司施工单位未严格落实有限空间作业审批、检测、管理等制度，未监督、教育从业人员按照规定佩戴、使用有限空间作业防护用品，未对工人进行专项培训，未安排现场监护人员；作业人员作业前未检测含氧量及有害气体，未进行机械强制通风，未配备呼吸防护用品等个体防护用品，在未佩戴个人防护用品的情况下贸然施救。

（2）监理单位监督管理不到位，未及时发现施工单位在未上报有限空间作业方案的情况下擅自施工的行为。

【事故性质】

经调查认定，该事故是一起违章作业导致的生产安全责任事故。

【防范措施】

1. 认识不足、违章指挥、违规作业仍是有限空间事故多发的主要原因，90%以上的有限空间事故都存在盲目施救导致伤亡人数扩大的问题，因此事前风险预判和防范是有限空间安全作业重中之重。

2. 作业人员作业前必须经针对性安全教育培训和安全技术交底，有限空间作业面要进行机械强制通风、仪器检测、应急救援等有关有限空间作业演练。

3. 作业前风险辨识到位；强制机械通风置换到位，即将可燃物、有毒有害物浓度降低至国家标准、行业标准规定值以内；取样分析到位，即取样点、时间间隔要符合规范要求，分析结果必须准确、可靠；应急器具到位，即必须按照规范要求配备安全防护器材和施救装备；作业监护到位，即按照规范要求安排经过专门培训、具备资质的监护人员；应急人员到位，即根据存在的现实危险情况，在作业现场附近安排足够的应急力量，以防不测；有关演练到位，即有毒有害气体检测、强制机械通风、实时监护、紧急避险、应急救援等各个重要环节演练到位。

附录1 施工安全、卫生和职业健康标准

序 号	规范名称	代 号
1	《起重机械安全技术规程》	TSG 51—2023
2	《建筑与市政施工现场安全卫生与职业健康通用规范》	GB 55034—2022
3	《施工脚手架通用规范》	GB 55023—2022
4	《头部防护 安全帽》	GB 2811—2019
5	《建筑施工脚手架安全技术统一标准》	GB 51210—2016
6	《建设工程施工现场供用电安全规范》	GB 50194—2014
7	《建筑施工安全技术统一规范》	GB 50870—2013
8	《施工企业安全生产管理规范》	GB 50656—2011
9	《建设工程施工现场消防安全技术规范》	GB 50720—2011
10	《安全网》	GB 5725—2009
11	《坠落防护 安全带》	GB 6095—2021
12	《建筑基坑工程监测技术标准》	GB 50497—2019
13	《施工升降机安全规程》	GB 10055—2007
14	《塔式起重机安全规程》	GB 5144—2006
15	《职业健康安全管理体系 要求及使用指南》	GB/T 45001—2020
16	《起重机械超载保护装置》	GB/T 12602—2020
17	《生产经营单位生产安全事故应急预案编制导则》	GB/T 29639—2020
18	《建设工程文件归档规范》	GB/T 50328—2019
19	《企业安全生产标准化基本规范》	GB/T 33000—2016
20	《市政工程施工组织设计规范》	GB/T 50903—2013
21	《建筑工程绿色施工评价标准》	GB/T 50640—2010
22	《建筑工程施工组织设计规范》	GB/T 50502—2009
23	《建筑施工承插型盘扣式钢管脚手架安全技术标准》	JGJ/T 231—2021
24	《建筑施工门式钢管脚手架安全技术标准》	JGJ/T 128—2019
25	《市政工程施工安全检查标准》	CJJ/T 275—2018
26	《建筑施工高处作业安全技术规范》	JGJ 80—2016
27	《建筑施工碗扣式脚手架安全技术规范》	JGJ 166—2016
28	《施工现场机械设备检查技术规程》	JGJ 160—2016
29	《建筑拆除工程安全技术规范》	JGJ 147—2016
30	《组合铝合金模板工程技术规程》	JGJ 386—2016
31	《建筑工程施工现场标志设置技术规程》	JGJ 348—2014

序 号	规范名称	代 号
32	《建筑施工现场环境与卫生标准》	JGJ 146—2013
33	《建筑施工临时支撑结构技术规范》	JGJ 300—2013
34	《建筑施工升降设备设施检查标准》	JGJ 305—2013
35	《建筑基坑支护技术规程》	JGJ 120—2012
36	《建筑施工起重吊装安全技术规范》	JGJ 276—2012
37	《建筑机械使用安全技术规程》	JGJ 33—2012
38	《建筑工程施工现场视频监控技术规范》	JGJ/T 292—2012
39	《建筑施工安全检查标准》	JGJ 59—2011
40	《建筑施工扣件钢管脚手架安全技术规范》	JGJ 130—2011
41	《建筑施工工具式脚手架安全技术规范》	JGJ 202—2010
42	《建筑施工塔式起重机安装、使用、拆卸安全技术规程》	JGJ 196—2010
43	《龙门架及井架物料提升机安全技术规范》	JGJ 88—2010
44	《施工企业安全生产评价标准》	JGJ/T 77—2010
45	《建筑施工升降机安装、使用、拆除安全技术规程》	JGJ 215—2010
46	《湿陷性黄土地区建筑基坑工程安全技术规程》	JGJ 167—2009
47	《建筑施工土石方工程安全技术规范》	JGJ 180—2009
48	《建筑起重机械安全评估技术规程》	JGJ/T 189—2009
49	《塔式起重机混凝土基础工程技术规程》	JGJ/T 187—2009
50	《施工现场临时建筑物技术规范》	JGJ/T 188—2009
51	《建筑施工作业劳动保护用品配备及使用标准》	JGJ 184—2009
52	《建筑施工模板安全技术规范》	JGJ 162—2008
53	《施工现场临时用电安全技术规范》	JGJ 46—2005
54	《企业安全文化建设导则》	AQ/T 9004—2008
55	《生产安全事故应急演练基本规范》	AQ/T 9007—2019
56	《轮扣式钢管脚手架安全技术标准》	DBJ04/T 400—2020
57	《建筑施工键插接式钢管支架安全技术规程》	DBJ04/T 329—2016
58	《建筑工程施工安全管理标准》	DBJ04/T 253—2021
59	《建筑工程安全资料管理标准》	DBJ04/T 289—2020
60	《建筑与市政施工企业及项目安全生产标准化评价标准》	DBJ04/T 364—2018

附录2 《房屋建筑和市政基础设施工程危及生产安全施工工艺、设备和材料淘汰目录（第一批）》

（住建部公告2021年第214号）

为防范化解房屋建筑和市政基础设施工程重大事故隐患，降低施工安全风险，推动住房和城乡建设行业淘汰落后工艺、设备和材料，提升房屋建筑和市政基础设施工程安全生产水平，根据《建设工程安全生产管理条例》等有关法规，我部组织制定了《房屋建筑和市政基础设施工程危及生产安全施工工艺、设备和材料淘汰目录（第一批）》（以下简称《目录》），现予发布。

房屋建筑和市政基础设施工程从业单位要在本公告发布之日起9个月后，全面停止在新开工项目中使用本《目录》所列禁止类施工工艺、设备和材料；本公告发布之日起6个月后，新开工项目不得在限制条件和范围内使用本《目录》所列限制类施工工艺、设备和材料。负有安全生产监督管理职责的各级住房城乡建设主管部门依据《建设工程安全生产管理条例》有关规定，开展对本《目录》执行情况的监督检查工作。

特此公告。

住房城乡建设部

2021年12月14日

房屋建筑和市政基础设施工程危及生产安全施工工艺、设备和材料淘汰目录（第一批）

序号	编码	名称	简要描述	淘汰类型	限制条件和范围	可替代的施工工艺、设备、材料
				一、房屋建筑工程		
				1. 施工工艺		
1	1.1.1	现场简易制作钢筋保护层垫块工艺	在施工现场采用拌制砂浆，通过切割成型等方法制作钢筋保护层垫块	禁止		专业化压制设备和标准模具生产垫块工艺等
2	1.1.2	卷扬机钢筋调直工艺	利用卷扬机拉直钢筋	禁止		普通钢筋调直机、数控钢筋调直切断机的钢筋调直工艺等
3	1.1.3	饰面砖水泥砂浆粘贴工艺	使用现场水泥拌砂浆粘贴外墙饰面砖	禁止		水泥基粘接材料粘贴工艺等
4	1.1.4	钢筋闪光对焊工艺	人工操作闪光对焊机进行钢筋焊接	限制	在非固定的专业预制厂（场）或钢筋加工厂（场）内，对直径大于或等于22毫米的钢筋进行连接作业时，不得使用钢筋闪光对焊工艺	套筒冷挤压连接、滚压直螺纹套筒连接等机械连接工艺
5	1.1.5	基桩人工挖孔工艺	采用人工开挖方式，进行基桩成孔	限制	存在下列条件之一的区域不得使用：1. 地下水丰富、软弱土层、流沙等不良地质条件的区域；2. 孔内空气污染物超标准；3. 机械成孔设备可以到达的区域	冲击钻、回转钻、旋挖钻等机械成孔工艺
6	1.1.6	沥青类防水卷材热熔工艺（明火施工）	使用明火热熔法施工的沥青类防水卷材	限制	不得用于地下密闭空间、通风不畅空间、易燃材料附近的防水工程	粘接剂施工工艺（冷粘、热粘、自粘）等
				2. 施工设备		
7	1.2.1	竹（木）脚手架	采用竹（木）材料搭设的脚手架	禁止		承插型盘扣式钢管脚手架、扣件式非悬挑钢管脚手架等
8	1.2.2	门式钢管支撑架	主架呈“门”字型，主要由主框、横框、交叉斜撑、脚手板、可调底座等组成	限制	不得用于搭设满堂承重支撑架体系	承插型盘扣式钢管支撑架、钢管柱梁式支架、移动模架等

续表

序号	编码	名称	简要描述	淘汰类型	限制条件和范围	可替代的施工工艺、设备、材料
9	1.2.3	白炽灯、碘钨灯、卤素灯	施工工地用于照明的白炽灯、碘钨灯、卤素灯等非节能光源	限制	不得用于建设工地的生产、办公、生活等区域的照明	LED 灯、节能灯等
10	1.2.4	龙门架、井架物料提升机	安装龙门架、井架物料提升机进行材料的垂直运输	限制	不得用于 25 米及以上的建设工程	人货两用施工升降机等
				3. 工程材料		
11	1.3.1	有碱速凝剂	氧化钠当量含量大于 1.0%且小于生产厂控制值的速凝剂	禁止		溶液型液体无碱速凝剂、悬浮液型液体无碱速凝剂等
				二、市政基础设施工程		
				1. 施工工艺		
12	2.1.1	盖梁（系梁）无漏油保险装置的液压千斤顶卸落模板工艺	盖梁或系梁施工时底模采用无保险装置液压千斤顶做支撑，通过液压千斤顶卸压脱模	禁止		砂筒、自锁式液压千斤顶等卸落模板工艺
13	2.1.2	空心板、箱型梁气囊内模工艺	用橡胶充气气囊作为空心梁板或箱型梁的内模	禁止		空心板、箱型梁预制刚性（钢质、PVC、高密度泡沫等）内模工艺等
14	2.1.3	污水检查井砖砌工艺	又称窨井，可分为砖砌矩形检查井和砖砌圆形检查井，采取砖砌的方式	禁止		检查井钢筋混凝土现浇工艺或一体式成品检查井等
15	2.1.4	顶管工作竖井钢木支架支护施工工艺	顶管工作竖井支护采用外侧竖插木质大板围护加内侧水平环向钢制围撑组合支护结构型式	限制	在下列任一条件下不得使用：1. 基坑深度超过 3 米；2. 地下水位超过基坑底板高度	钻孔护壁桩、地下连续墙、沉井、钢格栅锚喷护壁施工工艺等
16	2.1.5	桥梁悬浇挂篮上部与底篮精轧螺纹钢吊杆连接工艺	采用精轧螺纹钢作为吊点吊杆，将挂篮上部与底篮连接	限制	在下列任一条件下不得使用：1. 前吊点连接；2. 其他吊点连接：（1）上下钢结构直接连接（未穿过混凝土结构）；（2）与底篮连接未采用活动铰；（3）吊杆未设外保护套	挂篮锰钢吊带连接工艺等

续表

序号	编码	名称	简要描述	淘汰类型	限制条件和范围	可替代的施工工艺、设备、材料
2. 施工设备						
17	2.2.1	桥梁悬浇配重式挂篮设备	挂篮后锚处设置配重块平衡前方荷载，以防止挂篮倾覆	禁止		自锚式挂篮设备等
18	2.2.2	非数控孔道压浆设备	采用人工手动操作进行孔道压浆的设备	限制	在二类以上市政工程项目预制场内进行后张法预应力构件施工时不得使用	数控压浆设备等
19	2.2.3	非数控预应力张拉设备	采用人工手动操作张拉油泵，从压力表读取张拉力，伸长量靠尺量测的张拉设备	限制	在二类以上市政工程项目预制场内进行后张法预应力构件施工时不得使用	数控预应力张拉设备等
3. 工程材料						
20	2.3.1	九格砖	利用混凝土和工业废料，或一些材料制成的人造水泥块材料	限制	不得用于市政道路工程。	陶瓷透水砖、透水方砖等
21	2.3.2	防滑性能差的光面路面板(砖)	光面混凝土路面砖、光面天然石板、光面陶瓷砖、光面烧结路面砖等防滑性能差的路面板（砖）	限制	不得用于新建和维修广场、停车场、人行步道、慢行车道	陶瓷透水砖、预制混凝土大方砖等
22	2.3.3	平口混凝土排水管（含钢筋混凝土管）	采用混凝土制作而成（含里面配置钢筋骨架）、接口采取平接方式的排水圆管	限制	不得用于住宅小区、企事业单位和市政管网用的埋地排水工程	承插口排水管等

备注：1. 发布之日起 9 个月后，全面停止在新开工项目中使用本《目录》所列禁止类施工工艺、设备和材料。
2. 发布之日起 6 个月后，新开工项目不得在限制条件和范围内使用本《目录》所列限制类施工工艺、设备和材料。
3. 可替代的工艺、设备、材料包括但不限于《目录》中所列名称。
4. 《目录》中列出的工艺、设备、材料淘汰范围，适用于新建、改建、扩建的房屋建筑和市政工程，不适用于限额以下工程、临时工程、日常维修养护工程。

参 考 文 献

[1]全国人大常委会法制工作委员会社会法室.中华人民共和国安全生产法解读[M].北京：中国法制出版社，2021.

[2]中国安全生产协会注册安全工程师工作委员会，中国安全生产科学研究院.安全生产管理知识[M].北京：应急管理出版社，2022.

[3]全国中级注册安全工程师职业资格考试辅导教材编写委员会.建筑施工安全生产专业实务[M].北京：中国建筑工业出版社，中国城市出版社，2022.

[4]邬燕云.《中华人民共和国安全生产法》专家解读[M].北京：应急管理出版社，2021.

[5]杨一伟.建筑施工安全生产风险隐患双重预防体系实施指南[M].北京：中国建筑工业出版社，2022.

[6]张晓艳，刘善安.安全员岗位实务知识[M].2版.北京：中国建筑工业出版社，2012.

[7]住房和城乡建设部工程质量安全监督司组织编写.建筑施工安全事故案例分析[M].北京：中国建筑工业出版社，2019.

[8]乔秀军，原玉磊，贾楠.施工企业专职安全员安全生产考核培训教材（C1机械类）[M].北京：中国建材工业出版社，2022.

[9]张洪.现代施工工程机械[M].2版.北京：机械工业出版社，2019.

[10]高志坚.设备管理[M].北京：机械工业出版社，2022.

[11]中华人民共和国住房和城乡建设部，中华人民共和国国家市场监督管理总局.建筑与市政施工现场安全卫生与职业健康通用规范：GB 55034—2022[S].北京： 中国建筑工业出版社，2023.

[12]中华人民共和国住房和城乡建设部.建筑施工安全技术统一规范：GB 50870—2013[S].北京：中国计划出版社，2013.

[13]中华人民共和国住房和城乡建设部，中华人民共和国国家质量监督检验检疫总局.施工企业安全生产管理规范：GB 50656—2011[S].北京：中国计划出版社，2012.

[14]中华人民共和国住房和城乡建设部.建设工程施工现场供用电安全规范：GB 50194—2014[S].北京：中国计划出版社，2015.

[15]中华人民共和国国家市场监督管理总局，中国国家标准化管理委员会.安全帽：GB 2811—2019[S].北京：中国质检出版社，2019.

[16]中华人民共和国国家质量监督检验检疫总局，中国国家标准化管理委员会.安全网：GB 5725—2009[S].北京：中国标准出版社，2009.

[17]中华人民共和国国家质量监督检验检疫总局，中国国家标准化管理委员会.安全带：GB 6095—2009[S].北京：中国标准出版社，2009.

[18]中华人民共和国住房和城乡建设部，中华人民共和国国家质量监督检验检疫总局.建筑

基坑工程监测技术规范：GB 50497—2009[S].北京：中国计划出版社，2009.

[19]中华人民共和国住房和城乡建设部.建设工程施工现场消防安全技术规范：GB 50720—2011[S].北京：中国计划出版，2011.

[20]中华人民共和国国家质量监督检验检疫总局，中国国家标准化管理委员会.高处作业分级：GB/T 3608—2008[S].北京：中国标准出版社，2009.

[21]中华人民共和国住房和城乡建设部.建筑施工安全检查标准：JGJ 59—2011[S].北京：中国建筑工业出版社，2012.

[22]中华人民共和国住房和城乡建设部.建筑施工起重吊装工程安全技术规范：JGJ 276—2012[S].北京：中国建筑工业出版社，2012.

[23]中华人民共和国住房和城乡建设部.建筑施工塔式起重机安装、使用、拆卸安全技术规程：JGJ 196—2010[S].北京：中国建筑工业出版社，2010.

[24]中华人民共和国住房和城乡建设部.建筑施工土石方工程安全技术规范：JGJ 180—2009[S].北京：中国建筑工业出版社，2009.

[25]中华人民共和国住房和城乡建设部.建筑机械使用安全技术规程：JGJ 33—2012[S].北京：中国建筑工业出版社，2012.

[26]中华人民共和国建设部.施工现场临时用电安全技术规范：JGJ 46—2005[S].北京：中国建筑工业出版社，2005.

[27]中华人民共和国住房和城乡建设部.建筑深基坑工程施工安全技术规范：JGJ 311—2013[S].北京：中国建筑工业出版，2014.

[28]中华人民共和国住房和城乡建设部.建筑基坑支护技术规程：JGJ 120—2012[S].北京：中国建筑工业出版社，2012.

[29]中华人民共和国住房和城乡建设部.建筑施工碗扣式钢管脚手架安全技术规范：JGJ 166—2016[S].北京：中国建筑工业出版社，2017.

[30]中华人民共和国住房和城乡建设部.建筑施工工具式脚手架安全技术规范：JGJ 202—2010[S].北京：中国建筑工业出版社，2010.

[31]中华人民共和国住房和城乡建设部.建筑施工门式钢管脚手架安全技术规范：JGJ/T 128—2019[S].北京：中国建筑工业出版社，2019.

[32]中华人民共和国住房和城乡建设部.建筑施工承插型盘扣式钢管脚手架安全技术标准：JGJ/T 231—2021[S].北京：中国建筑工业出版社，2021.

[33]中华人民共和国住房和城乡建设部.建筑施工扣件式钢管脚手架安全技术规范：JGJ 130—2011[S].北京：中国建筑工业出版社，2011.

[34]中华人民共和国住房和城乡建设部.建筑施工模板安全技术规范：JGJ 162—2008[S].北京：中国建筑工业出版社，2008.

[35]中华人民共和国住房和城乡建设部.建筑施工高处作业安全技术规范：JGJ 80—2016[S].北京：中国建筑工业出版社，2016.

[36]中华人民共和国卫生健康委员会.工作场所有害因素职业接触限值第1部分：化学有害

因素：GBZ 2.1—2019[S].北京：人民卫生出版社，2019.

[37]中华人民共和国国家市场监督管理总局，中国国家标准化管理委员会.生产经营单位安全生产事故应急预案编制导则：GB/T 29639—2020[S].北京：中国标准出版社，2020.

[38]中华人民共和国应急管理部.生产安全事故应急演练基本规范：AQ/T 9007—2019[S].北京：应急管理出版社，2019.